高等学校计算机专业核心课
名师精品·系列教材

计算机组成与系统结构

微课版

蒋本珊 **主编**
马忠梅 王娟 **副主编**

COMPUTER ORGANIZATION AND ARCHITECTURE

人民邮电出版社
北京

图书在版编目（CIP）数据

计算机组成与系统结构 : 微课版 / 蒋本珊主编. --
北京 : 人民邮电出版社, 2022.7(2023.4重印)
高等学校计算机专业核心课名师精品系列教材
ISBN 978-7-115-58871-5

Ⅰ. ①计… Ⅱ. ①蒋… Ⅲ. ①计算机组成原理－高等学校－教材②计算机体系结构－高等学校－教材 Ⅳ. ①TP30

中国版本图书馆CIP数据核字(2022)第043655号

内 容 提 要

本书系统地介绍了计算机的基本组成原理和内部工作机制，以及计算机体系结构的基本概念、结构和分析方法。全书共 9 章，主要内容包括计算机系统概述、数据的机器层次表示、指令系统、运算方法和运算器、主存储器、存储系统设计、中央处理器、总线与输入/输出系统，以及并行体系结构等。本书内容由浅入深，通俗易懂，每章都附有学习指南和习题，便于学生巩固课堂所学。

本书可作为高等院校计算机及相关专业“计算机组成原理”“计算机组成与系统结构”等相关课程的教材，也可作为计算机工程技术人员的参考书。

◆ 主　　编　蒋本珊
副 主 编　马忠梅　王　娟
责任编辑　许金霞
责任印制　王　郁　陈　犇

◆ 人民邮电出版社出版发行　　北京市丰台区成寿寺路 11 号
邮编　100164　　电子邮件　315@ptpress.com.cn
网址　https://www.ptpress.com.cn
三河市祥达印刷包装有限公司印刷

◆ 开本：787×1092　1/16
印张：18.5　　2022 年 7 月第 1 版
字数：484 千字　　2023 年 4 月河北第 2 次印刷

定价：69.80 元

读者服务热线：(010) 81055256　印装质量热线：(010) 81055316
反盗版热线：(010) 81055315
广告经营许可证：京东市监广登字 20170147 号

“计算机组成与系统结构”是计算机类计算机科学与技术、网络工程等专业的基础课。随着物联网、云计算、大数据，以及人工智能技术的快速发展，这些技术的应用领域对计算机系统硬件的计算能力与软硬件的协同支持能力要求也在不断提高。目前，很多高校将“计算机组成原理”与“计算机体系结构”的内容整合，目的是使学生在深入理解计算机系统硬件的完整组成和基本工作原理的同时，在系统层次上掌握计算机工作的全貌，进而深入理解数据结构、高级语言程序、汇编语言程序、编译、操作系统和硬件部件之间的关系。基于此，笔者编写了本书。

本书特点

1. 以“计算机组成原理”的经典内容为主，同时涵盖“计算机体系结构”的核心内容。本书重点讲授了单处理器系统的组成和工作原理，并在此基础上，系统地讲授了并行系统结构的内容，加深了学生对计算机软、硬件系统的整体理解，有效地提高了学生的计算机系统设计能力。

2. 以计算机系统设计能力的培养为目标，立足教育部“高等学校计算机科学与技术专业发展战略研究报告暨专业规范”对“计算机组成原理”课程的知识体系搭建的内容框架，同时，全面覆盖全国计算机科学与技术学科联考计算机学科专业基础综合考试（简称“408统考”）中“计算机组成原理”的全部考点，旨在培养具有创新和实践能力，掌握计算机系统软硬件综合设计技术的人才。

3. 立体化教学资源配套，高清微课视频逐一归纳重点难点。扫描书中二维码，即可观看重点难点讲解视频；登录“爱课程”网站，也可观看与本书配套的国家级在线远程精品课程。同时，本书还提供教学课件PPT、教学大纲、教学日历、学习指南等资源，配套有《计算机组成与系统结构学习指导及习题解析》一书。

使用指南

本书适合作为普通高等院校计算机及相关专业“计算机组成原理”“计算机组成与系统结构”等相关课程的教材。

全书共9章，授课教师可按模块化结构组织教学，同时可以根据所在学校关于本课程的学时情况，对教学内容进行灵活取舍。建议使用本书进行理论教学的学时为56学时～64学时。“学时建议表”中给出了针对理论内容教学的学时建议。

学时建议表

章序	教学内容	56学时	64学时
第1章	计算机系统概述	3	4
第2章	数据的机器层次表示	7	8
第3章	指令系统	6	7
第4章	运算方法和运算器	6	7
第5章	主存储器	5	5
第6章	存储系统设计	6	7
第7章	中央处理器	8	9
第8章	总线与输入/输出系统	9	10
第9章	并行体系结构	6	7

编写分工及感谢

本书的第6章（除6.4.4小节外）由马忠梅编写，第7章（除7.5节外）由王娟编写，其余章节的编写及全书的统稿由蒋本珊完成。

本书在编写过程中得到人民邮电出版社的大力支持。人民邮电出版社组织多所院校的相关任课教师对教材初稿进行了认真的审阅，并提出了宝贵的修改意见，在此一并表示感谢。

编　者

2022年2月

CONTENTS 目录

目录 CONTENTS

目录 CONTENTS

第1章 计算机系统概述

本章将从存储程序的概念开始介绍，然后讨论计算机系统的基本组成，以及计算机系统的性能评价等，使读者对计算机系统有一个简单的整体了解，为今后深入了解各个部件打下基础。

学习指南

1. 知识点和学习要求

- 计算机的发展与存储程序概念
  了解计算机发展简史
  掌握存储程序的概念
- 计算机系统的基本组成
  掌握计算机硬件各大部件的作用
  了解计算机软件的基本组成
  理解硬件与软件的关系
- 计算机系统的层次结构
  理解计算机系统的多层次结构
  领会实际机器、虚拟机器和透明性概念
  了解系列机的特点
- 计算机的工作过程与主要性能指标
  了解计算机的工作过程
  理解计算机硬件的主要性能指标
- 计算机系统的性能评价
  掌握阿姆达尔定律与计算机系统性能定义
  了解计算机系统的性能评估方法

2. 重点与难点

本章的重点：存储程序概念，计算机硬件各大部件的作用，计算机系统的多层次结构，透明性问题，计算机硬件的主要性能指标，阿姆达尔定律和计算机系统性能定义等。

本章的难点：存储程序概念的关键点，透明性问题分析，计算机系统的性能评价。

1.1　计算机的发展与存储程序概念

计算机自诞生以来的发展速度是惊人的，但就其结构原理来说，目前绝大多数计算机仍建立在存储程序概念的基础上。

1.1.1　计算机的发展阶段

世界上第一台通用电子计算机是1946年2月在美国宾夕法尼亚大学诞生的ENIAC。ENIAC是一个庞然大物，它共用了约18 000个电子管，重约30t，占地面积约170m^2，每秒可完成约5000次加法运算。从第一台通用电子计算机诞生至今已70多年，从使用的电子器件角度来说，计算机的发展大致经历了4个发展阶段。

第一阶段，约1946年—1958年。这一时期的计算机采用电子管作为基本器件，初期使用延迟线作为存储器，之后发明了磁芯存储器。早期的计算机主要用于科学计算，为军事与国防等尖端科技服务。

第二阶段，约1959年—1964年。这一时期计算机的基本器件由电子管改为晶体管，存储器采用磁芯存储器。运算速度从每秒几千次提高到几十万次，存储器的容量从几千个存储单元提高到10万个存储单元以上。这不仅使计算机在军事与尖端技术上的应用范围进一步扩大，而且在气象、工程设计、数据处理以及其他科学研究等领域也得到应用。

第三阶段，约1965年—1970年。这一时期的计算机采用小、中规模集成电路为基本器件，因此功耗、体积和价格等有了下降，而速度及可靠性相应提高，使得计算机的应用范围进一步扩大。

第四阶段，约1971年至今。1971年开始出现包含CPU的单片集成电路（微处理器），以微处理器为核心的电子计算机就是微型计算机。微型计算机的出现，使计算机进入了几乎所有的行业。这一时期的计算机开始采用大规模集成电路（LSI）和超大规模集成电路（VLSI）为基本器件，随着集成电路的不断发展，单片集成电路的规模越来越大。有专家将单片超出100万只晶体管以上的集成电路称为特大规模集成电路（ULSI），单片达到一亿到十亿只晶体管的集成电路称为极大规模集成电路（ELSI）。

1.1.2　存储程序概念

存储程序概念是冯·诺依曼等人于1945年6月首先提出来的，它可以简要地概括为以下3点。

① 计算机（指硬件）应由运算器、控制器、存储器、输入设备和输出设备五大基本部件组成。

② 计算机内部采用二进制数来表示指令和数据。

③ 将编好的程序和原始数据事先存入存储器中，然后启动计算机工作，这就是存储程序的基本含义。

冯·诺依曼对计算机界的最大贡献在于“存储程序控制”概念的提出和实现，通常把符合“存储程序概念”的计算机统称为“冯·诺依曼计算机”。

1.2　计算机系统的基本组成

一个完整的计算机系统包含硬件系统和软件系统两大部分。硬件通常是指一切看得见、摸得到的设备实体；软件通常泛指各类程序和文件。

1.2.1 计算机硬件

前面已提到计算机硬件由运算器、控制器、存储器、输入设备和输出设备五大基本部件组成，最基本的组成示意图如图1-1所示。

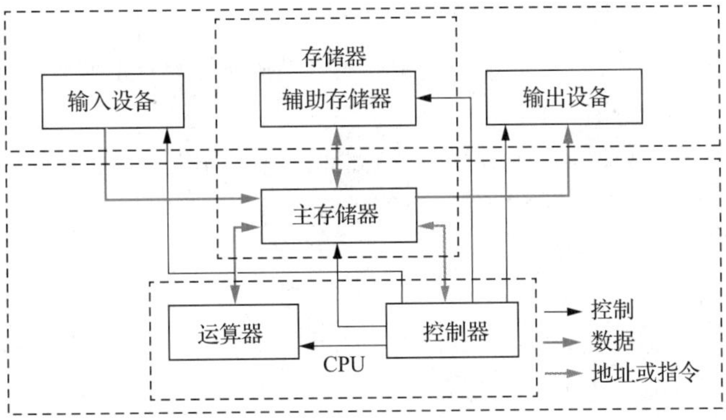

图 1-1 计算机硬件的组成示意图

通常将运算器和控制器合称为中央处理器（CPU）。在由超大规模集成电路构成的微型计算机中，往往将CPU制成一块芯片，称其为微处理器。

中央处理器和主存储器（内存储器）一起组成主机部分。除去主机以外的硬件装置（如输入设备、输出设备和辅助存储器等）称为外围设备或外部设备（简称外设）。图1-1中，存储器分为主存储器（简称主存）和辅助存储器（有时也称外存储器，简称辅存、外存）两个部分，辅助存储器属于外部设备。

各部件的功能如下。

（1）输入设备

输入设备的任务是把人们编好的程序和原始数据送到计算机中去，并且将这些数据转换成计算机内部所能识别和接收的信息。

按输入信息的形态可将输入分为字符（包括汉字）输入、图形输入、图像输入及语音输入等。目前，常见的输入设备有键盘、鼠标、扫描仪、摄像头、手写输入板等。辅助存储器（磁盘、磁带）也可以视为输入设备。

（2）输出设备

输出设备的任务是将计算机的处理结果以数字、字符（汉字）、图形、图像、声音等形式送出计算机。

常见的输出设备有打印机、显示器、绘图仪等。辅助存储器也可以视为输出设备。

（3）存储器

存储器是用来存放程序和数据的部件，它是一种记忆装置，也是计算机能够实现“存储程序控制”的基础。主存储器可由CPU直接访问，它一般用来存放当前正在执行的程序和数据。CPU不可以直接访问辅存，辅存一般用来存放暂时不参与运行的程序和数据，辅存中的程序和数据在需要时才传送到主存。

当CPU速度很高时，为了使访问存储器的速度能与CPU的速度相匹配，又在主存和CPU间增设了一级Cache（高速缓冲存储器）。Cache存取速度比主存更快，但容量更小，用来存放当前最急需处理的程序和数据，以便快速地向CPU提供指令和数据。

（4）运算器

运算器是对信息进行处理和运算的部件。其经常进行的运算是算术运算和逻辑运算，所以运算器的核心部件称为算术逻辑部件（ALU）。

运算器的核心是加法器。运算器中还有若干个通用寄存器或累加寄存器用来暂存操作数并存放运算结果。寄存器的存取速度比存储器的存取速度快得多。

（5）控制器

控制器是整个计算机的指挥中心，它的主要功能是按照人们预先确定的操作步骤，控制整个计算机的各部件有条不紊地自动工作。

控制器从主存中逐条地取出指令进行分析，根据指令的不同来安排操作顺序，向各部件发出相应的操作信号，控制它们执行指令所规定的任务。

控制器中包括一些专用的寄存器。

（6）总线

将上述的五大基本部件，按某种方式连接起来就构成了计算机的硬件系统。最简单的连接方式就是单总线结构，如图1-2所示。

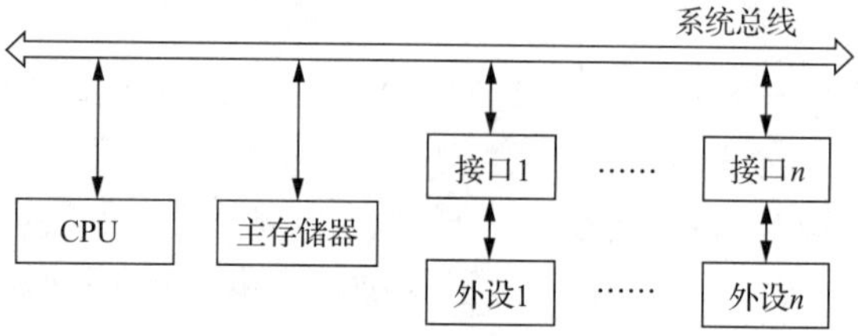

图1-2　单总线结构

总线（Bus）是一组能为多个部件服务的公共信息传送线路，它能分时地发送与接收各部件的信息。计算机中采用总线结构可以极大减少信息传送线的数量，又可以提高计算机扩充主存及外部设备的灵活性。

单总线结构能提高CPU的工作效率，但由于所有部件都挂在同一组总线上，而总线又只能分时工作，故同一时刻只允许在一对设备（或部件）之间传送信息。

单总线并不是指只有一根信号线。系统总线按传送信息的不同可以细分为地址总线、数据总线和控制总线。地址总线（AB）由单方向的多根信号线组成，它用于CPU向主存、外设传输地址信息；数据总线（DB）由双方向的多根信号线组成，CPU可以沿这些线从主存或外设读入数据，也可以沿这些线向主存或外设送出数据；控制总线（CB）上传输的是控制信息，如CPU送出的控制命令和主存（或外设）返回CPU的反馈信号。

1.2.2　计算机软件

计算机软件按其功能分，有应用软件和系统软件两大类。应用软件是用户为解决某种应用问题而编制的程序，系统软件用于实现计算机系统的管理、调度、监视和服务等功能。

应用软件是用户或第三方软件公司为各自业务开发和使用的各种软件，种类繁多。

通常将系统软件分为以下5种。

（1）操作系统

操作系统的主要任务是管理和控制计算机各种资源（包括硬件、软件及其他信息）、调度用户作业程序、处理各种中断。它是用户和计算机之间的接口，提供了软件的开发环境和运行环境。常见的操作系统有批处理操作系统、分时操作系统、实时操作系统等。

（2）语言处理程序

语言处理程序的主要任务是将用计算机可识别的语言（如汇编语言和各种高级语言）编写的源程序翻译成计算机能直接执行的机器语言，语言处理程序包括编译程序、汇编程序、解释程序等。编译程序和解释程序都可以把高级语言转换成机器语言，但前者是先将源程序转换为目标程序，再开始执行；而后者对源程序的处理采用边解释边执行的方法。

（3）服务性程序

服务性程序为用户使用的系统提供许多功能，如链接程序、编辑程序、调试程序、诊断程序等。

（4）数据库管理系统

数据库管理系统包括数据库和数据库管理软件。数据库管理软件是为数据库的建立、使用和维护而配置的软件。

（5）计算机网络软件

计算机网络软件是为计算机网络配置的系统软件。

1.2.3 硬件与软件的关系

硬件是计算机系统的物质基础。正是在硬件高度发展的基础上，才有软件赖以生存的空间和活动场所，没有硬件对软件的支持，软件的功能就无从谈起；同样，软件是计算机系统的“灵魂”，没有软件的硬件（称为“裸机”）将不能被用户使用，犹如一堆废铁。因此，硬件和软件是相辅相成、不可分割的整体。

当前，计算机的硬件和软件正朝着互相渗透、互相融合的方向发展，在计算机系统中没有明确的硬件与软件的分界线。原来一些由硬件实现的功能可以改由软件模拟来实现，这种做法称为硬件软化，它可以增强系统的功能和适应性；同样，原来由软件实现的功能也可以改由硬件来实现，这种做法称为软件硬化，它可以显著降低软件在时间上的开销。由此可见，硬件和软件之间的界线是浮动的。对于程序设计人员来说，硬件和软件在逻辑上是等价的。一项功能究竟采用何种方式实现，应从系统的效率、速度、价格和资源状况等诸多方面综合考虑。

除去硬件和软件，还有一个概念需要引起注意，那就是固件（Firmware）。固件是指存储了特定的程序、能永久保存信息的器件（如ROM），它是具有软件功能的硬件。固件的性能指标介于硬件与软件之间，吸收了软、硬件各自的优点，其执行速度快于软件，灵活性优于硬件。计算机功能的固件化将成为计算机发展的一个趋势。

1.3 计算机系统的层次结构

现代计算机系统是一个由硬件与软件组成的综合体，我们可以把它看成按功能划分的多级层次结构。

1.3.1 计算机系统的多层次结构

把计算机系统按功能划分成多级层次结构，有利于正确理解计算机系统的工作过程，明确软件、硬件在计算机系统中的地位和作用。计算机系统的多层次结构如图1-3所示。

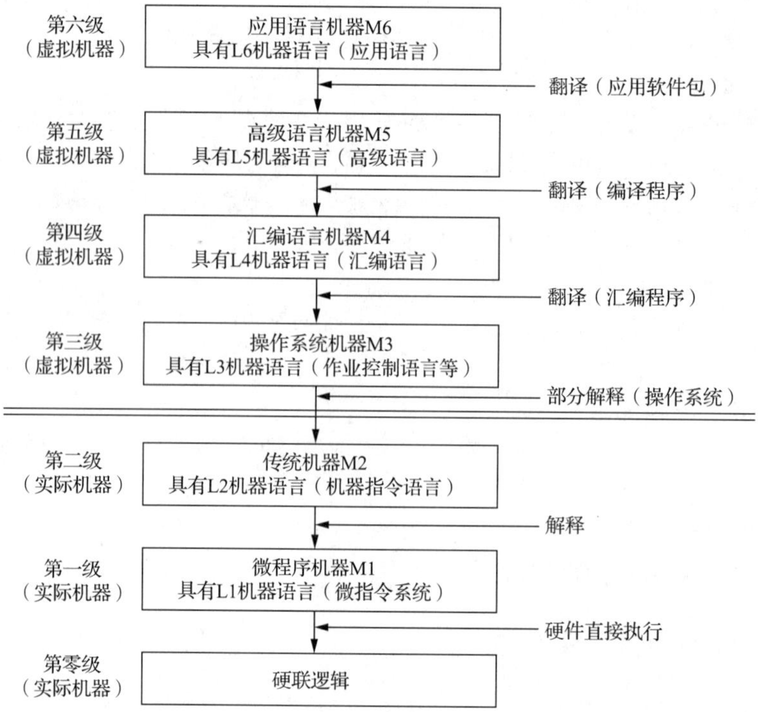

图1-3　计算机系统的多层次结构

第零级是硬联逻辑级。这是计算机的内核，由门、触发器等逻辑电路组成。

第一级是微程序机器级。这级的机器语言是微指令集，用微指令编写的微程序一般是直接由硬件执行的。

第二级是传统机器级。这级的机器语言是该机的指令集，用机器指令编写的程序可以由微程序进行解释。

第三级是操作系统机器级。从操作系统的基本功能来看，一方面它要直接管理传统机器中的软硬件资源，另一方面它又是传统机器的延伸。

第四级是汇编语言机器级。这级的机器语言是汇编语言，完成汇编语言翻译的程序称为汇编程序。

第五级是高级语言机器级。这级的机器语言是各种高级语言，通常用编译程序来完成高级语言翻译的工作。

第六级是应用语言机器级。这一级是为了使计算机满足某种需求而专门设计的，因此这级语言就是各种面向问题的应用语言。

1.3.2　实际机器和虚拟机器

在图1-3所示的多层次结构中，每一个机器级的用户都可以将相应机器级看成一台独立的、使用自己特有“机器语言”的机器。

实际机器是指由硬件或固件实现的机器，如图1-3所示的第零级到第二级。虚拟机器是指以软件或以软件为主实现的机器，如图1-3所示的第三级到第六级。在多级层次结构中，实际机器和虚拟机器之间的分隔线是指令系统所在的位置。指令系统位于软件和硬件的交界面，是软件和硬件的接口。

虚拟机器只对相应级的观察者存在，即在某一级观察者看来，他/她只需要通过该级的语言来了解和使用计算机，至于下级如何工作和实现就不必关心了。如高级语言机器级及应用语言机器级的用户可以不了解机器的具体组成，不必熟悉指令系统，直接用所指定的语言描述所要解决的问题。

1.3.3 透明性问题

透明性是指在计算机技术中，本来客观存在的事物或属性，从某种角度看似乎不存在。这与日常生活中“透明”的含义正好相反。日常生活中的“透明”是要公开，让大家看得到；而计算机中的“透明”，则是指看不到的意思，实际上就是指那些“不属于自己管的部分”。

通常，在一个计算机系统中，系统程序员所看到的底层机器级的概念性结构和功能特性对高级语言程序员（往往就是应用程序员）来说是透明的，即看不见或感觉不到。因为对应用程序员来说，他们直接用高级语言编程，不需要了解有关汇编语言的编程问题，也不用了解机器语言中规定的指令格式、寻址方式、数据类型和格式等问题。

1.3.4 系列机与软件兼容

计算机技术是飞速发展的技术，随着元器件、硬件技术和工业生产能力的迅猛发展，新的高性能的计算机不断地被研制和生产出来。用户希望在新的计算机系统出台后，原先已开发的软件仍能继续在升级换代后的新型号的机器上使用，这样就要求软件具有可兼容性。

系列机是指一个厂家生产的具有相同的系统结构，但具有不同组成和实现的一系列不同型号的机器。

系列机从程序设计者的角度看具有相同的机器属性，即相同的系统结构。这里的相同是指在指令系统、数据格式、字符编码、中断系统、控制方式和输入/输出操作方式等多个方面保持统一，从而保证了软件的兼容。系列机的软件兼容分为向上兼容、向下兼容、向前兼容和向后兼容4种。向上（下）兼容指的是按某档次机器编制的程序，不加修改就能运行在比它更高（低）档的机器上；向前（后）兼容是指按某个时期投入市场的某种型号机器编制的程序，不加修改就能运行在它之前（后）投入市场的机器上。图1-4形象地说明了兼容性的概念。对系列机的软件向下和向前兼容可以不进行要求，但设计者必须保证系列机软件的向后兼容，力争做到向上兼容。

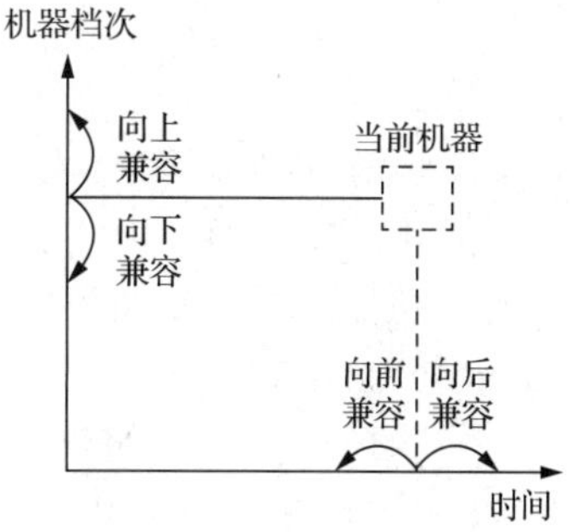

图1-4 兼容性示意图

1.4 计算机的工作过程与主要性能指标

计算机的工作过程是计算机执行程序的过程，这里主要考虑硬件的作用以及衡量计算机硬件的主要性能指标。

计算机的
工作过程

1.4.1 计算机的工作过程

人们将事先编好的程序（指令序列）和数据送到计算机的主存储器内，然后计算机按此指令序列逐条完成全部指令的功能，直至程序结束。具体的工作过程如下。

① 把程序和数据装入主存储器中。

② 从程序的起始地址开始运行程序。

③ 从主存中取出一条指令，经过分析取数、执行等步骤控制计算机各功能部件协调运行，并计算出下一条指令的地址，为取下一条指令做准备。

④ 重复第③步，如此周而复始，直到程序结束为止。

下面以一个例子来加以说明。例如，计算$a+b-c$的结果（设a、b、c为已知的3个数，分别存放在主存的第5～第7号单元中，计算结果将存放在主存的第8号单元中），如果采用单累加寄存器结构的运算器，完成上述计算至少需要5条指令，这5条指令依次存放在主存的第0～第4号单元中，参加运算的数也必须存放在主存指定的单元中，主存中有关单元的内容如图1-5（a）所示。运算器的简单结构如图1-5（b）所示，参加运算的两个操作数分别来自累加寄存器和主存，运算结果则放在累加寄存器中。图1-5（b）中的存储器数据寄存器是用来暂存从主存中读出的数据或写入主存的数据的，它本身不属于运算器的范畴。

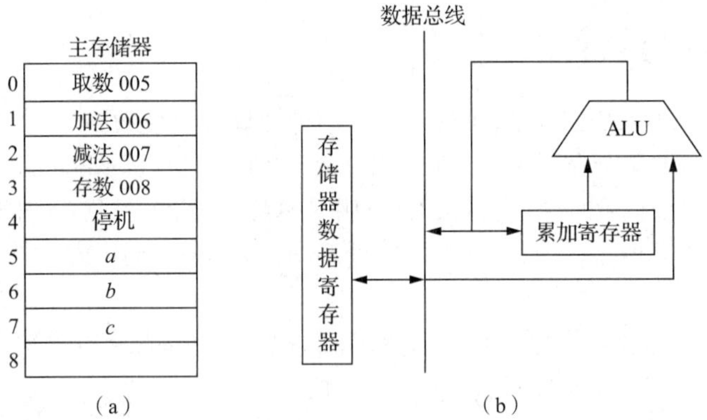

图1-5　计算机执行过程实例

计算机的控制器将控制指令逐条执行，最终得到正确的结果。具体执行步骤如下。

① 执行取数指令，从主存第5号单元取出数a，送入累加寄存器中。

② 执行加法指令，将累加寄存器中的内容a与从主存第6号单元取出数b一起送到ALU中相加，结果$a+b$保留在累加寄存器中。

③ 执行减法指令，将累加寄存器中的内容$a+b$与从主存第7号单元取出的数c一起送到ALU中相减，结果$a+b-c$保留在累加寄存器中。

④ 执行存数指令，把累加寄存器的内容$a+b-c$存至主存第8号单元。

⑤ 执行停机指令，计算机停止工作。

1.4.2　计算机硬件的主要性能指标

计算机硬件的主要性能指标包括机器字长、数据通路宽度、主存容量、运算速度等。

1. 机器字长

机器字长是指参与运算的数的基本位数。它是由加法器、寄存器的位数决定的，所以机器字长一般等于内部寄存器的大小。字长标志着精度，字长越长，计算的精度就越高。

在计算机中为了更灵活地表达和处理信息，以字节（Byte）为基本单位，用大写字母B表示。一字节等于8位二进制位（bit）。通常所说的字（Word）是指数据字，不同的计算机，数据字长度可以不相同；但对于系列机来说，数据字的长度应该是固定的。

需要注意的是，这里所说的字（数据字）和字长（机器字长）的概念是有区别的，字实际上是一个度量单位，用来度量各种数据类型的宽度；而字长表示数据运算的宽度，反映了计算机处理信息的能力。两者的长度可以一样，也可以不一样。

2. 数据通路宽度

数据通路宽度是指数据总线一次所能并行传送信息的位数。它影响信息的传送能力，从而影响计算机的有效处理速度。这里所说的数据通路宽度是指外部数据总线的宽度，它与CPU内部的数据总线宽度（内部寄存器的位数）有可能不同。有些CPU的内、外数据总线宽度相等，有些CPU的外部数据总线宽度小于内部数据总线宽度，也有些CPU的外部数据总线宽度大于内部数据总线宽度。

3. 主存容量

主存容量是指一个主存所能存储的全部信息量。通常，以字节数来表示存储容量，这样的计算机称为字节编址的计算机。也有一些计算机是以字为单位编址的，它们用字数乘字长来表示存储容量。在表示容量大小时，经常用到K、M、G、T、P、E、Z等字符，它们与国际单位制（SI）词头K、M、G、T、P、E、Z有些差异，如表1-1所示。

表 1-1 国际单位制词头 K、M、G、T、P、E、Z 的定义

词头	因数	实际表示
K（Kilo）	10^3	2^{10}=1024
M（Mega）	10^6	2^{20}=1 048 576
G（Giga）	10^9	2^{30}=1 073 741 824
T（Tera）	10^{12}	2^{40}=1 099 511 627 776
P（Peta）	10^{15}	2^{50}=1 125 899 906 842 624
E（Exa）	10^{18}	2^{60}
Z（Zetta）	10^{21}	2^{70}

1024B称为1KB，1024KB称为1MB，1024MB称为1GB……计算机的主存容量越大，可存放的信息就越多，处理问题的能力就越强。

4. 运算速度

运算速度是指每秒所能执行的指令数量或每秒执行的浮点运算次数。

MIPS表示每秒执行多少百万条指令。对一个给定的程序可用以下公式计算MIPS。

$$\text{MIPS}=\frac{\text{指令条数}}{\text{执行时间（s）}\times 10^6}$$

这里所说的指令一般是指加、减运算这类短指令。

MFLOPS表示每秒执行多少百万次浮点运算。对一个给定的程序可用以下公式计算MFLOPS。

$$\text{MFLOPS}=\frac{\text{浮点操作次数}}{\text{执行时间（s）}\times 10^6}$$

过去，人们多用MFLOPS表示向量机的运算速度指标。随着巨型计算机运算速度的不断提升，再用MFLOPS表示运算速度的指标就显得太小了，GFLOPS、TFLOPS、PFLOPS、EFLOPS，甚至ZFLOPS等指标就应运而生了。这些指标与MFLOPS实质是相同的，只是词头有一定的变化，就像毫米、厘米等不同的长度单位一样。需要注意的是，M、G、T、P、E、Z的定义和它们之间的关系。

1 MFLOPS（MegaFLOPS）等于每秒100万（$=10^6$）次的浮点运算。

1 GFLOPS（GigaFLOPS）等于每秒10亿（$=10^9$）次的浮点运算。

1 TFLOPS（TeraFLOPS）等于每秒1万亿（$=10^{12}$）次的浮点运算。

1 PFLOPS（PetaFLOPS）等于每秒1000万亿（$=10^{15}$）次的浮点运算。

1 EFLOPS（ExaFLOPS）等于每秒100亿亿（$=10^{18}$）次的浮点运算。

1 ZFLOPS（ZettaFLOPS）等于每秒10万亿亿（$=10^{21}$）次的浮点运算。

1.5 计算机系统的性能评价

对计算机系统性能进行评价就是衡量计算机系统的优劣，其中硬件的性能检测和评价比较困难，因为硬件的性能只能通过运行软件才能反映出来。因此，必须有一套综合测试和评价硬件性能的方法。

1.5.1 计算机系统设计的定量原理

1. 阿姆达尔定律

阿姆达尔定律指出：当对一个系统中的某个部件进行改进后，所能获得的整个系统性能的提高，受限于该部件的执行时间占总执行时间的比例。

首先，阿姆达尔定律定义了加速比的概念。假设对机器进行某种改进，那么机器系统的加速比（S_n）为：

$$\text{加速比}=\frac{\text{改进后的性能}}{\text{改进前的性能}}=\frac{\text{改进前的总执行时间}}{\text{改进后的总执行时间}}$$

系统加速比告诉人们改进后的机器比改进前的快多少，阿姆达尔定律使人们能快速得出改进所获得的效益。系统加速比依赖于以下两个因素。

可改进比例（Fe），它总是小于1的。

$$Fe=\frac{\text{可改进部分占用的时间}}{\text{改进前整个任务的执行时间}}$$

性能提高比（Se），它总是大于1的。

$$Se=\frac{\text{改进前改进部分的执行时间}}{\text{改进后改进部分的执行时间}}$$

某部件改进后，整个任务的执行时间为：

$$T_n=T_0\times\left(1-Fe+\frac{Fe}{Se}\right)$$

其中，T_0为改进前整个任务的执行时间。

改进后整个系统的加速比为：

$$S_n=\frac{T_0}{T_n}=\frac{1}{(1-Fe)+\dfrac{Fe}{Se}}$$

其中$1-Fe$为不可改进比例。

例1-1　假设将某一部件的处理速度加快到10倍，该部件的原处理时间仅为整个运行时间的40%，则采用加快措施后能使整个系统的性能提高多少？

解：由题意可知Fe=0.4，Se=10，根据阿姆达尔定律，加速比为：

$$S_n = \frac{1}{(1-Fe)+\frac{Fe}{Se}} = \frac{1}{(1-0.4)+\frac{0.4}{10}} = \frac{1}{0.64} \approx 1.56$$

2．计算机系统性能的定义

吞吐量和响应时间是衡量计算机系统性能的两个基本指标。吞吐量是指系统在单位时间内处理请求的数量；响应时间是指系统对请求做出响应所用的时间，响应时间包括CPU时间（运行一个程序所耗费的时间）与等待时间（用于磁盘访问、存储器访问、I/O操作、操作系统开销等时间）的总和。

计算机系统的性能评价主要考虑的是CPU的性能，即CPU的执行时间。与之相关的参数如下。

（1）主频

CPU的主频又称为时钟频率，它表示在CPU内数字脉冲信号振荡的速度。

（2）时钟周期

主频的倒数就是时钟周期，它是CPU中最小的时间元素。每个动作至少需要一个时钟周期。

（3）CPI

CPI是指每条指令执行所用的时钟周期数。由于不同指令的功能不同，所需的时钟周期数也不同。所以对一条特定指令而言，CPI是一个确定的值；对于一个程序或一台机器来说，CPI是一个平均值。

在现代高性能计算机中，采用各种并行技术使指令执行高度并行化，常常是一个系统时钟周期内可以处理若干条指令，所以也可以用每个时钟周期执行的指令数（IPC）来表示CPI参数。

$$\text{IPC} = \frac{1}{\text{CPI}}$$

3．CPU 执行时间

程序的CPU执行时间计算公式为：

$$\text{CPU执行时间} = \frac{\text{CPU时钟周期数}}{\text{时钟频率}} = \frac{\text{IC} \times \text{CPI}}{\text{时钟频率}}$$

这个公式通常称为CPU性能公式。它取决于3个要素：①时钟频率；②指令执行所需的时钟周期数CPI；③程序所含指令条数IC。这3个因素是相互制约的。例如，更改指令系统可以减少程序所含指令的条数，但同时可能引起CPU结构的调整，从而可能会降低时钟频率。对于解决同一个问题的不同程序，即使在同一台计算机上，指令条数最少的程序也不一定执行得最快。

1.5.2　计算机系统的性能评估方法

1．用指令执行速度进行性能评估

这是一种类似MIPS的性能估计方式。指令平均执行时间也称等效指令速度或吉布森混合法。随着计算机体系结构的发展，不同指令所需的执行时间差别越来越大。根据等效指令速度法，通过统计各类指令在程序中所占比例进行折算。

$$\text{等效指令执行时间}T = \sum_{i=1}^{n} W_i \times T_i$$

其中，W_i是指令i在程序中所占比例。

若指令执行时间用时钟周期数来衡量，则上述计算结果就是平均CPI。

$$\text{平均CPI} = \sum_{i=1}^{n} W_i \times \text{CPI}_i$$

指令执行时间的倒数就是指令执行速度，故

$$\text{MIPS} = \frac{\text{主频}}{\text{CPI}}$$

若一组指令组合得到的平均CPI最小，由此得到的MIPS就是峰值MIPS。

例1-2　假设在一台40MHz处理机上运行200 000条指令的目标代码，程序主要由4种指令组成。根据程序跟踪实验结果，已知指令混合比和每种指令所需的时钟周期数如表1-2所示。

表 1-2　指令混合比和每种指令所需的时钟周期数

指令类型	CPI	指令混合比
1	1	60%
2	2	18%
3	4	12%
4	8	10%

（1）计算在单处理机上用上述跟踪数据运行程序的平均CPI。

（2）根据（1）所得CPI，计算相应的MIPS速率。

解：

（1）平均CPI=1 × 0.6+2 × 0.18+4 × 0.12+8 × 0.1=2.24。

（2）MIPS速率=40MHz ÷ 2.24≈17.86MIPS。

MIPS可反映机器执行定点指令的速度，但用MIPS来对不同的机器进行性能比较，有时是不准确或不客观的。与MIPS相对应的是MFLOPS，其用来反映机器执行浮点操作的速度。

2. 用基准程序进行性能评估

基准程序是专门用来进行性能评价的一组程序，它能够很好地反映机器在实际负载时的性能。通过在不同机器上运行相同的基准程序可以比较不同机器上的运行时间，从而评测其性能。基准程序最好是用户经常使用的一些实际程序，或是某个应用领域的一些典型简单程序。

最常见的基准测试程序是SPEC测试程序集，它以VAX11/780机的测试结果作为基数表示其他计算机的性能。SPEC最初提出的基准程序分为两类：整数测试程序集SPECint和浮点测试程序集SPECfp，后来分成按不同性能测试用的基准程序集，如CPU性能测试集等。SPEC CPU 2006是CPU子系统评估软件，它包括CINT2006和CFP2006两个子项目，前者用于评测整数计算性能，后者用于评测浮点计算性能。

如果基准测试程序集中不同的程序在两台机器测试的结论不同，通常采用执行时间的算术平均值或几何平均值来综合评价机器的性能。如果考虑每个程序的使用频度而用加权平均的方式，结果会更准确。

此外，还可以将执行时间进行归一化，来得到被测试的机器相对于参考机器的性能。

$$\text{执行时间的归一化值} = \frac{\text{参考机器上的执行时间}}{\text{被测机器上的执行时间}}$$

该比值越大，则机器的性能越好。

使用基准程序进行计算机性能评测也存在一些缺陷。基准程序的性能可能与某一小段的短代码密切相关，如果因为特殊优化致使执行这段代码的速度非常快，可能会使性能评测结果不准确。

习　　题

1-1　冯·诺依曼计算机的特点是什么？其中最主要的一点是什么？

1-2　计算机的硬件是由哪些部件组成的？它们各有哪些功能？

1-3　什么叫总线？简述单总线结构的特点。

1-4　硬件和软件在什么意义上是等效的？在什么意义上又是不等效的？试举例说明。

1-5　简述计算机的层次结构，说明各层次的主要特点。

1-6　有一个计算机系统可按功能划分成4级，每级的指令互不相同，每一级的指令都比其下一级的指令在效能上强M倍，即第i级的一条指令能完成第$i-1$级的M条指令的计算量。现若需第i级的N条指令来解释第$i+1$级的一条指令，而有一段第1级的程序需要运行K秒，问在第2、第3和第4级的一段等效程序各需要运行多长时间？

1-7　从机器（汇编）语言程序员看，以下哪些是透明的？

指令地址寄存器　指令缓冲器　时序发生器　条件码寄存器　乘法器　主存地址寄存器

磁盘外设　先行进位链　移位器　通用寄存器　中断字寄存器

1-8　计算机系统的主要技术指标有哪些？

1-9　如果某一计算任务用向量方式求解比用标量方式求解快20倍，称可用向量方式求解部分所耗费时间占总时间百分比为可向量化百分比。写出加速比与可向量化比例两者的关系式。为达到加速比2，可向量化的百分比应为多少？

1-10　用一台40MHz处理机执行标准测试程序，它含的混合指令数和相应所需的时钟周期数如表1-3所示。

表 1-3　40MHz 处理机相关数据

指令类型	指令数	时钟周期数
整数运算	45 000	1
数据传送	32 000	2
浮点	15 000	2
控制传送	8000	2

求平均CPI、MIPS速率和程序的执行时间。

1-11　假设在一台100MHz处理机上运行200 000条指令的目标代码，程序主要由4种指令组成。根据程序跟踪实验结果，已知指令混合比和每种指令所需的指令数如表1-4所示。

表 1-4　100MHz 处理机相关数据

指令类型	CPI	指令混合比
算术和逻辑	1	60%
高速缓存命中的加载/存储	2	16%
转移	4	14%
高速缓存缺失的存储器访问	8	10%

（1）计算在单处理机上用上述跟踪数据运行程序的平均CPI。

（2）根据（1）所得CPI，计算相应的MIPS速率。

第2章 数据的机器层次表示

数据是计算机加工和处理的对象，数据的机器层次表示直接影响计算机的结构和性能。本章主要介绍进位计数制、无符号数和带符号数的表示方法、数的定点与浮点表示方法、字符和汉字的编码方法、数据校验码等。熟悉和掌握本章的内容是学习计算机原理的最基本要求。

学习指南

1. 知识点和学习要求

- 数值数据的表示
  掌握计算机中常用的进位计数制及其转换方法
  掌握无符号数和带符号数的区别
  掌握原码、补码、反码3种带符号机器数的表示方法
- 机器数的定点表示与浮点表示
  掌握定点小数和定点整数的表示方法
  掌握浮点数的表示方法
  理解浮点数阶码的移码表示法
  掌握IEEE 754标准浮点数
- 非数值数据表示
  理解逻辑值数据的表示
  理解西文字符的表示
  掌握汉字的各种编码表示
- 十进制数的编码
  掌握常见BCD码的特点
- 基本数据表示和高级数据表示
  了解C语言中的基本数据表示
  了解高级数据表示
- 数据校验码
  掌握奇偶检验码的特点
  理解汉明校验码的校验原理
  了解循环冗余校验码的校验原理

2. 重点与难点

本章的重点：无符号数与带符号数，原码/补码和反码的特点及区别，定点数与浮点数，汉字的各种编码表示，常见BCD码，高级数据表示和数据校验码等。

本章的难点：IEEE 754标准浮点数，汉明校验码。

2.1 数值数据的表示

在计算机中，采用数字化方式来表示数据。而数据有无符号数和带符号数之分，其中带符号数根据其编码的不同又有原码、补码和反码等表示形式。

2.1.1 计算机中的数值数据

人们在日常生活中最常使用的是十进制数。然而，在计算机中数据通常用二进制来表示，任何数值数据都可以由一串“0”或“1”的数字构成。考虑到二进制数位数比较长，书写起来不方便，在计算机中也使用八进制和十六进制来表示数值数据。

为了避免出现歧义，在给出一个数的同时就必须指明这个数的数制。例如，$(1010)_2$、$(1010)_8$、$(1010)_{10}$、$(1010)_{16}$所代表的数值就不同。除了用下标来表示不同的数制以外，在计算机中还常用后缀字母来表示不同的数制。后缀B表示这个数是二进制数（Binary）；后缀Q表示这个数是八进制数（Octal），本来八进制数的英文单词第一个字母应当是O，因为字母O与数字0太容易混淆，所以常使用字母Q作为八进制数的后缀；后缀H表示这个数是十六进制数（Hexadecimal）；而后缀D表示这个数是十进制数（Decimal）。十进制数在书写时后缀D可以省略，其他进制在书写时后缀一般不可省略。例如，有4个数分别为375D、101B、76Q、A17H，从后缀字母就可以知道它们分别是十进制数、二进制数、八进制数和十六进制数。

计算机系统设计师和程序员更钟情于采用程序设计语言的记号来表示不同进制的数，即前缀表示法。例如，在C语言中，八进制常数以前缀0开始，十六进制常数以前缀0x开始。

2.1.2 进位计数制及其相互转换

1. 进位计数制的基本概念

讨论进位计数制时会涉及两个基本概念：基数和权。

在进位计数制中，每个数位所用到的不同数码的个数叫作基数。在一个数中，数码在不同的数位上所表示的数值是不同的。每个数码所表示的数值就等于该数码本身乘一个与它所在数位有关的常数，这个常数叫作位权，简称权。一个数的数值大小就是它的各位数码按权值相加。例如：

$4952=4\times10^3+9\times10^2+5\times10^1+2\times10^0$

由此可见，任何一个十进制数都可以用一个多项式来表示：

$$
\begin{aligned}
(N)_{10} &= K_n\times10^n+K_{n-1}\times10^{n-1}+\cdots+K_0\times10^0+K_{-1}\times10^{-1}+\cdots+K_{-m}\times10^{-m}\\
&=\sum_{i=n}^{-m}K_i\times10^i
\end{aligned}
$$

式中，K_i的取值是0～9中的一个数码，m和n为正整数。

推广来看，一个基数为r的r进制数可表示为：

$$
\begin{aligned}
(N)_r &= K_n\times r^n+K_{n-1}\times r^{n-1}+\cdots+K_0\times r^0+K_{-1}\times r^{-1}+\cdots+K_{-m}\times r^{-m}\\
&=\sum_{i=n}^{-m}K_i\times r^i
\end{aligned}
$$

式中，r^i为第i位的权，K_i的取值可以是$0,1,\cdots,r-1$共r个数码中的任意一个。r进制数的进位原则是：逢r进一。

二进制是一种最简单的进位计数制，它只有两个不同的数码："0"和"1"，即基数为2，逢二进一。八进制数的基数为8，逢八进一，每个数位可取8个不同的数码（0～7）中的任意一个；因为$r=8=2^3$，所以只要把二进制中的3位数码编为一组就是一位八进制数码。十六进制数的基数为16，逢十六进一，每个数位可取16个不同的数码和符号（0,1,⋯,9,A,⋯,F）中的任意一个，其中A～F分别表示十进制数值10～15；因为$r=16=2^4$，所以只要把二进制中的4位数码编为一组就是一位十六进制数码。

2. 进位计数制的相互转换

如上所述，由二进制转换成八进制和十六进制是很容易的，但需要注意的是，对于一个二进制混合数，在转换时应以小数点为界。其整数部分，从小数点开始往左数，将一串二进制数分为三位一组或四位一组，在数的最左边可根据需要随意加"0"；对于小数部分，从小数点开始往右数，也将一串二进制数分为三位一组或四位一组，在数的最右边也可根据需要随意加"0"。最终使总的位数成为三或四的倍数，然后分别用相应的八进制或十六进制数取代之。例如：

$$
\begin{aligned}
11011.1010011011\text{B} &= \underline{011}\ \underline{011}.\underline{101}\ \underline{001}\ \underline{101}\ \underline{100}\text{B} \\
&= 33.5154\text{Q} \\
&= \underline{0001}\ \underline{1011}.\underline{1010}\ \underline{0110}\ \underline{1100}\text{B} \\
&= 1\text{B.A6CH}
\end{aligned}
$$

由八进制或十六进制转换成二进制，或者八进制与十六进制之间的转换也是很容易的，例如：

3.145Q=011.001100101B=3.328H

任意进制数之间的相互转换常以十进制数为中介。

（1）任意进制数转换为十进制数

一个任意进制的数转换成十进制数，只要把各位数码与它们的权相乘，再把乘积相加，就得到了一个十进制数，这种方法称为按权展开相加法。例如：

$100011.1011\text{B}=1\times2^5+1\times2^1+1\times2^0+1\times2^{-1}+1\times2^{-3}+1\times2^{-4}=35.6875\text{D}$

$37.2\text{Q}=3\times8^1+7\times8^0+2\times8^{-1}=31.25\text{D}$

$4\text{E}6.\text{CH}=4\times16^2+14\times16^1+6\times16^0+12\times16^{-1}=1254.75\text{D}$

（2）十进制数转换为任意进制数

一个十进制数转换成任意进制数，常采用基数乘除法。这种转换方法对十进制数的整数部分和小数部分分别进行处理，即对整数部分用除基取余法，对小数部分用乘基取整法，最后把它们拼接起来。除基取余法就是用基数连续去除十进制整数，直至商等于0为止，然后逆序排列每次的余数（先取得的余数为低位），便得到与该十进制数相对应的进制数各位的数值。乘基取整法就是连续用基数去乘十进制小数，直至乘积的小数部分等于0为止，然后顺序排列每次乘积的整数部分（先取得的整数为高位），便得到与该十进制数相对应的进制数各位的数值。在转换小数时，乘积的小数部分可能永远也不等于0，这样将使转换存在误差。

2.1.3 无符号数与带符号数

无符号数就是整个机器字长的全部二进制位均表示数值位（没有符号位），相当于数的绝对值。例如：

$(01001)_2$表示无符号数9。

$(11001)_2$表示无符号数25。

机器字长为n+1位的无符号数的表示范围为0～(2^{n+1}−1)，此时二进制的最高位也是数值位，其权值等于2^n。若字长为8位，则数的表示范围为0～255。

一般计算机中都设置有一些无符号数的运算和处理指令，还有一些条件转移指令也是专门针对无符号数的。

然而，大量用到的数据还是带符号数，即正、负数。在日常生活中用正号（+）、负号（−）加绝对值来表示数值的大小，用这种形式表示的数值在计算机技术中称为“真值”。

对于数的符号+或−，计算机是无法识别的，因此需要把符号数码化。通常，约定二进制数的最高位为符号位，0表示正号，1表示负号。这种在计算机中使用的表示数的形式称为机器数，常见的机器数有原码、反码、补码等不同的表示形式。

带符号数的最高位被用来表示符号位，而不再表示数值位。前例中的$(01001)_2$、$(11001)_2$在这里的含义变为：$(01001)_2$表示+9。

$(11001)_2$根据机器数的不同形式表示不同的值，若是原码则表示−9，若是补码则表示−7，若是反码则表示−6。

为了能正确地区别出真值和各种机器数，本书用X表示真值，$[X]_{原}$表示原码，$[X]_{补}$表示补码，$[X]_{反}$表示反码。

2.1.4 带符号机器数的表示

1. 原码表示法

原码表示法是一种最简单的机器数表示法，其最高位为符号位，符号位为0时表示该数为正，符号位为1时表示该数为负，数值部分与真值相同。

若真值为纯小数，它的原码形式为$X_s.X_1X_2\cdots X_n$，其中X_s表示符号位。假设机器数长度为5位，则：

X=0.0110　　　　$[X]_{原}$=0.0110

X=−0.0110　　　　$[X]_{原}$=1.0110

若真值为纯整数，它的原码形式为$X_sX_1X_2\cdots X_n$，其中X_s表示符号位。假设机器数长度为5位，则：

X=1101　　　　$[X]_{原}$=01101

X=−1101　　　　$[X]_{原}$=11101

在用原码表示数时，真值0有两种不同的表示形式：

$$[+0]_{原}=00000$$

$$[-0]_{原}=10000$$

原码表示法的优点是直观易懂，机器数和真值间的相互转换很容易，用原码实现乘、除运算的规则很简单；缺点是实现加、减运算的规则较复杂。

2. 补码表示法

补码的符号位表示方法与原码相同，其数值部分的表示与数的正负有关：对于正数，数值部分与真值形式相同；对于负数，将真值的数值部分按位取反，且在最低位上加1。

若真值为纯小数，它的补码形式为$X_s.X_1X_2\cdots X_n$，其中X_s表示符号位。假设机器数长度为5位，则：

X=0.0110　　　　$[X]_{补}$=0.0110

X=−0.0110　　　　　$[X]_{补}$=1.1010

若真值为纯整数，它的补码形式为$X_sX_1X_2\cdots X_n$，其中X_s表示符号位。假设机器数长度为5位，则：

X=1101　　　　　$[X]_{补}$=01101

X=−1101　　　　　$[X]_{补}$=10011

在用补码表示数时，真值0的表示形式是唯一的。即：

$$[+0]_{补}=[-0]_{补}=00000$$

采用补码系统的计算机需要将真值或原码形式表示的数据转换为补码形式，以便于运算器对其进行运算。通常，从原码形式入手来求补码。

当X为正数时，$[X]_{补}=[X]_{原}=X$。

当X为负数时，其$[X]_{补}$等于把$[X]_{原}$除去符号位外的各位求反后最低位再加1。

反之，当X为负数时，已知$[X]_{补}$，也可通过对其除符号位外的各位求反最低位加1求得$[X]_{原}$。

当X为负数时，由$[X]_{原}$转换为$[X]_{补}$的另一种更有效的方法是：自低位向高位，尾数的第一个1及其右部的0保持不变，左部的各位取反，符号位保持不变。

例2-1　$[X]_{原}$=1.1110011000，求$[X]_{补}$。

$[X]_{补}$=$\underline{1}.\underline{000110}\ \underline{1000}$

↑　↑　↑

不变 取反　不变

这种方法能避免加1运算，是实际求补线路逻辑实现的依据。

负数也可以直接由真值X转换为$[X]_{补}$，其方法更简单：数值位自低位向高位，尾数的第一个1及其右部的0保持不变，左部的各位取反，负号用1表示。

例2-2　X=−0.1010001010，求$[X]_{补}$。

$[X]_{补}$=1.0101110110

3．反码表示法

反码表示法与补码表示法有许多类似之处，对于正数，数值部分与真值形式相同；对于负数，将真值的数值部分按位取反。反码与补码的区别是末位少加一个1，因此很容易从补码的定义推出反码的定义。

若真值为纯小数，它的反码形式为$X_s.X_1X_2\cdots X_n$，其中X_s表示符号位。假设机器数长度为5位，则：

X=0.0110　　　　　$[X]_{反}$=0.0110

X=−0.0110　　　　　$[X]_{反}$=1.1001

若真值为纯整数，它的反码形式为$X_sX_1X_2\cdots X_n$，其中X_s表示符号位。假设机器数长度为5位，则：

X=1101　　　　　$[X]_{反}$=01101

X=−1101　　　　　$[X]_{反}$=10010

在用反码表示数时，真值0也有两种不同的表示形式：

$$[+0]_{反}=00000$$

$$[-0]_{反}=11111$$

2.1.5　3 种机器数的比较与转换

3种机器数的
比较与转换

1. 比较

原码、补码和反码这3种机器数既有共同点，又有各自不同的性质，主要区别有以下几点。

① 对于正数，它们都等于真值本身，而对于负数，它们各有不同的表示方式。

② 最高位都表示符号位，补码和反码的符号位可作为数值位的一部分看待，与数值位一起参加运算；但原码的符号位不允许与数值位同等看待，必须分开进行处理。

③ 对于真值0，原码和反码各有两种不同的表示形式，而补码只有唯一的表示形式。

④ 原码、反码表示的正、负数范围相对零来说是对称的；但补码负数表示范围较正数表示范围宽，能多表示一个负数（绝对值最大的负数），其值等于-2^n（纯整数）或-1（纯小数）。

表2-1列出了真值与3种机器数间的对照，这里设字长等于4位（含1位符号位）。

表 2-1　真值与 3 种机器数间的对照

真值X		$[X]_原$、$[X]_反$、$[X]_补$	真值X		$[X]_原$	$[X]_反$	$[X]_补$
十进制	二进制		十进制	二进制			
+0	+000	0000	−0	−000	**1000**	1111	0000
+1	+001	0001	−1	−001	1001	1110	1111
+2	+010	0010	−2	−010	1010	1101	1110
+3	+011	0011	−3	−011	1011	1100	1101
+4	+100	0100	−4	−100	1100	1011	1100
+5	+101	0101	−5	−101	1101	1010	1011
+6	+110	0110	−6	−110	1110	**1001**	1010
+7	+111	0111	−7	−111	1111	1000	1001
+8	—	—	−8	−1000	—	—	**1000**

在表2-1中，请特别注意1000这个代码，当用原码表示时，对应的真值是-0；当用补码表示时，对应的真值是-8；当用反码表示时，对应的真值是-7。

2. 转换

3种不同机器数及真值间的转换关系如图2-1所示。

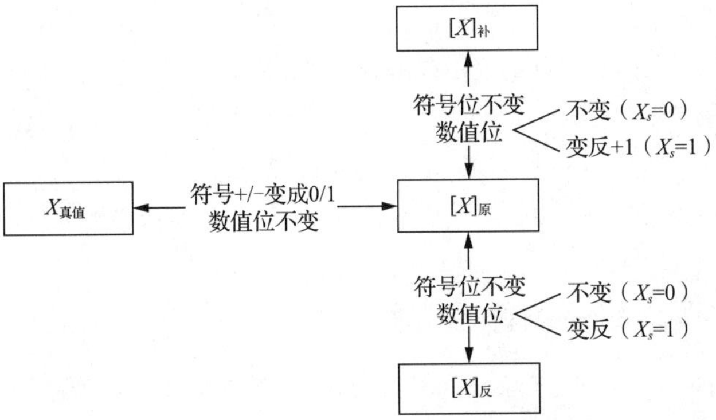

图2-1　3种不同机器数及真值间的转换关系

从图2-1可看出，真值X与补码或反码之间的转换通常是通过原码实现的。已熟练掌握转换方法的读者也可以直接完成真值与补码或反码之间的转换。

如果已知机器的字长，则机器数的位数应补够相应的位数。例如，设机器字长为8位，则：

X=1011	$[X]_{原}$=00001011	$[X]_{补}$=00001011	$[X]_{反}$=00001011
X=−1011	$[X]_{原}$=10001011	$[X]_{补}$=11110101	$[X]_{反}$=11110100
X=0.1011	$[X]_{原}$=0.1011000	$[X]_{补}$=0.1011000	$[X]_{反}$=0.1011000
X=−0.1011	$[X]_{原}$=1.1011000	$[X]_{补}$=1.0101000	$[X]_{反}$=1.0100111

2.2 机器数的定点表示与浮点表示

计算机在进行算术运算时，需要指出小数点的位置。根据小数点的位置是否固定，在计算机中有两种数据格式：定点表示和浮点表示。

2.2.1 定点表示法

定点表示法中约定所有数据的小数点位置固定不变。通常，把小数点固定在有效数位的最前面或末尾，这样就形成了两类定点数。

1. 定点小数

定点小数即纯小数，小数点的位置固定在最高有效数位之前，符号位之后，如图2-2所示。定点小数的小数点位置是隐含约定的，小数点并不需要真正地占据一个二进制位。

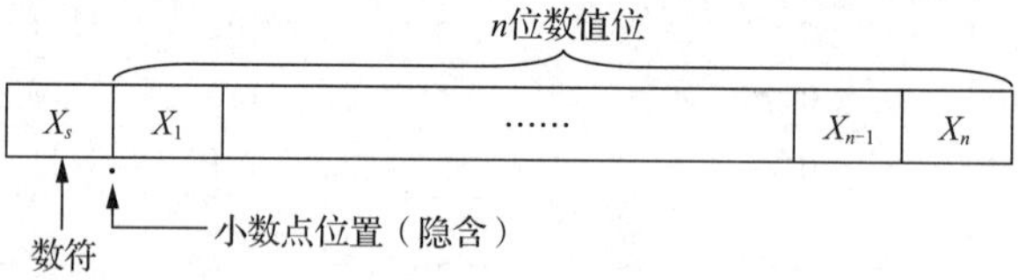

图2-2 定点小数格式

当$X_s=0, X_1=1, X_2=1, \cdots, X_n=1$时，$X$为最大正数，其真值为：

$$X_{最大正数}=1-2^{-n}$$

当$X_s=0, X_1=0, \cdots, X_{n-1}=0, X_n=1$时，$X$为最小正数，其真值为：

$$X_{最小正数}=2^{-n}$$

当$X_s=1$时，表示X为负数，情况要稍微复杂一些，这是因为在计算机中带符号数可用补码表示，也可用原码表示，原码和补码的表示范围有一些差别。

若机器数用原码表示，当X_s～X_n均等于1时，X为绝对值最大的负数，其真值为：

$$X_{绝对值最大负数}=-(1-2^{-n})$$

若机器数用补码表示，当$X_s=1$，X_1～X_n均等于0时，X为绝对值最大的负数，其真值为：

$$X_{绝对值最大负数}=-1$$

综上所述，设机器字长有n+1位，原码定点小数的表示范围为$-(1-2^{-n})$～$(1-2^{-n})$，补码定点小数的表示范围为-1～$(1-2^{-n})$。若字长为8位，原码定点小数的表示范围为$-\frac{127}{128}$～$\frac{127}{128}$，补码定点小数的表示范围为-1～$\frac{127}{128}$。

2．定点整数

定点整数即纯整数，小数点位置隐含固定在最低有效数位之后，如图2-3所示。

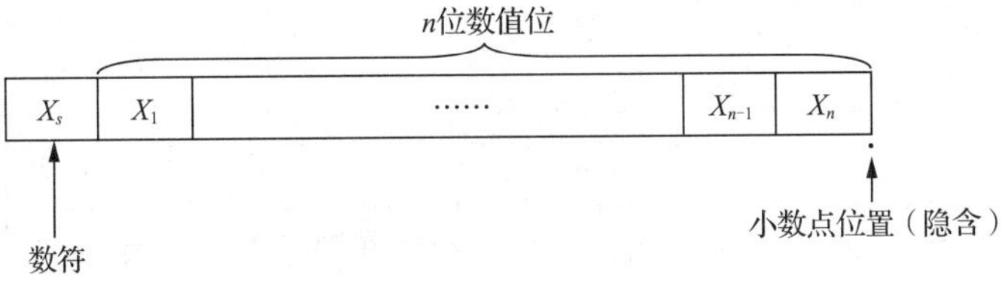

图 2-3　定点整数格式

根据前述方法不难推出：

$$X_{最大正数}=2^n-1$$

$$X_{最小正数}=1$$

$$X_{绝对值最大负数}=-(2^n-1)\text{（原码表示时）}$$

$$X_{绝对值最大负数}=-2^n\text{（补码表示时）}$$

综上所述，设机器字长为n+1位，原码定点整数的表示范围为$-(2^n-1)$～(2^n-1)，补码定点整数的表示范围为-2^n～(2^n-1)。若字长为8位，原码定点整数的表示范围为−127～127，补码定点整数的表示范围为−128～127。

在定点表示法中，参加运算的数以及运算的结果都必须保证落在该定点数所能表示的数值范围内，如结果大于最大正数和小于绝对值最大的负数，统称为“溢出”。这时计算机将暂时中止运算操作，而进行溢出处理。

需要说明的是，现代计算机中大多只采用整数数据表示，小数则通过浮点数表示来实现。

2.2.2　浮点表示法

在科学计算中，计算机处理的数往往是混合数，它既有整数部分又有小数部分。如果要将这些数变为上述约定的两种定点数形式，就必须在运算前设定一个比例因子，把原始的数缩小成定点小数或扩大成定点整数，运算后的结果还需要根据比例因子还原成实际的数值，这样会给编程带来很多麻烦。另外，运算中常常会遇到非常大或非常小的数值，如果用同样的比例因子来处理，很难兼顾数值范围和运算精度的要求。因此，在计算机中引入了浮点数据表示。

让小数点的位置根据需要而浮动，这样的数就是浮点数。例如：

$$N=M\times r^E$$

其中，r是浮点数阶码的底，与尾数的基数相同，通常r=2。E和M都是带符号的定点数，E称为阶码（Exponent），M称为尾数（Mantissa）。在大多数计算机中，尾数为纯小数，常用原码或补码表示；阶码为纯整数，常用移码或补码表示。

浮点数的一般格式如图2-4所示，浮点数的底是隐含的，在整个机器数中不出现。阶码的符号位为e_s，阶码的大小反映了在数N中小数点的实际位置；尾数的符号位为m_s，它也是整个浮点数的符号位，表示该浮点数的正、负。

浮点数的表示范围主要由阶码的位数来决定，有效数字的精度主要由尾数的位数来决定，下面介绍这两个问题。

1．浮点数的表示范围

设某浮点数的格式如图2-4所示，k和n分别表示阶码和尾数的数值位位数（不包括符号位），尾数和阶码均用补码表示。

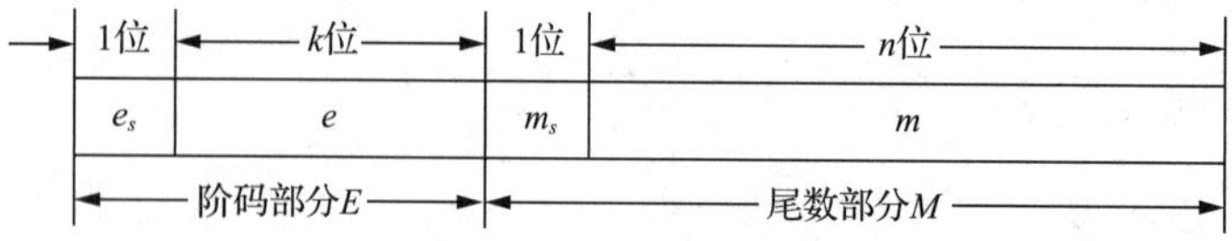

图2-4　浮点数的一般格式

当e_s=0，m_s=0，阶码和尾数的数值位各位全为1（即阶码和尾数都为最大正数）时，该浮点数为最大正数。

$$X_{最大正数}=(1-2^{-n})\times 2^{2^k-1}$$

当e_s=1，m_s=0，尾数的最低位m_n=1，其余各位为0（即阶码为绝对值最大的负数，尾数为最小正数）时，该浮点数为最小正数。

$$X_{最小正数}=2^{-n}\times 2^{-2^k}$$

当e_s=0，阶码的数值位全为1，且m_s=1，尾数的数值位全为0（即阶码为最大正数，尾数为绝对值最大的负数）时，该浮点数为绝对值最大负数。

$$X_{绝对值最大负数}=-1\times 2^{2^k-1}$$

2．规格化浮点数

为了提高运算的精度，我们需要充分地利用尾数的有效数位，通常采取浮点数规格化形式，即规定尾数的最高数位必须是一个有效值。

一个浮点数的表示形式并不是唯一的。例如，二进制数0.0001101可以表示为0.001101×2^{-01}、0.01101×2^{-10}、0.1101×2^{-11}……而其中只有0.1101×2^{-11}是规格化数，这就如同十进制实数中的科学标识法一样。

规格化浮点数尾数M的绝对值应在下列范围内：

$$\frac{1}{r}\leqslant |M|<1$$

如果r=2，则有$\frac{1}{2}\leqslant M<1$。尾数用原码表示时，规格化浮点数尾数的最高数位总等于1。尾数用补码表示时，规格化浮点数应满足尾数最高数位与符号位不同$(m_s\oplus m_1=1)$，即当$\frac{1}{2}\leqslant M<1$时，应有$0.1\times\times\cdots\times$形式；当$-1\leqslant M<-\frac{1}{2}$时，应有$1.0\times\times\cdots\times$形式。

注 意

当$M=-\frac{1}{2}$时，对于原码来说，这是一个规格化数，而对于补码来说，这不是一个规格化数；当M=-1时，对于原码来说，这将无法表示，而对于补码来说，这是一个规格化数。

当e_s=1，m_s=0，尾数的最高位m_1=1，其余各位为0时，该浮点数为规格化的最小正数。

$$X_{规格化的最小正数}=2^{-1}\times 2^{-2^k}$$

规格化的最小正数大于非规格化的最小正数。非规格化浮点数需要进行规格化操作才能变成规格化浮点数。规格化操作就是通过相应地调整一个非规格化浮点数的尾数和阶码的大小，使非零浮点数在尾数的最高数位上保证是一个有效值，具体的操作方法将留待第4章介绍。

表2-2列出了浮点数的几个典型值，设阶码和尾数均用补码表示，阶码共k+1位（含一位阶符），尾数共n+1位（含一位尾符）。

表 2-2　浮点数的典型值

浮点数	浮点数代码		真值
	阶码	尾数	
最大正数	01…1	0.11…11	$(1-2^{-n})\times 2^{2^k-1}$
绝对值最大负数	01…1	1.00…00	$-1\times 2^{2^k-1}$
最小正数	10…0	0.00…01	$2^{-n}\times 2^{-2^k}$
规格化的最小正数	10…0	0.10…00	$2^{-1}\times 2^{-2^k}$
绝对值最小负数	10…0	1.11…11	$-2^{-n}\times 2^{-2^k}$
规格化的绝对值最小负数	10…0	1.01…11	$-(2^{-1}+2^{-n})\times 2^{-2^k}$

当运算结果大于最大正数称为正上溢，小于绝对值最大负数时称为负上溢，正上溢和负上溢统一称为上溢。数据一旦产生上溢，计算机必须中止运算操作，进行溢出处理。当运算结果在0至规格化最小正数之间称为正下溢，在0至规格化的绝对值最小负数之间称为负下溢，正下溢和负下溢统一称为下溢。数据一旦出现下溢，计算机仅将数据置成机器零。

2.2.3　浮点数阶码的移码表示法

浮点数的阶码是带符号的定点整数，理论上说它可以用前面提到的任何一种机器数的表示方法来表示，但在大多数通用计算机中，它还采用另一种编码方法——移码表示法。

移码就是在真值X的基础上加一个常数，这个常数被称为偏置值。其相当于X在数轴上向正方向偏移了若干单位，这就是“移码”一词的由来，移码也可称为增码或偏码。即

$$[X]_{移}=偏置值+X$$

图2-5是移码和真值的映射图，此时偏置值等于2^n。

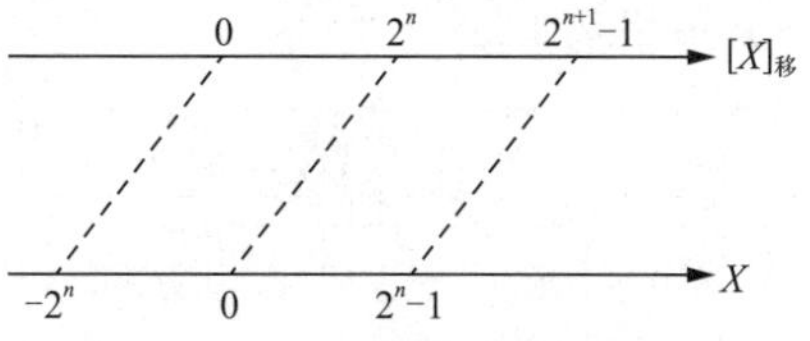

图2-5　移码和真值的映射图

例2-3　字长为8位的定点整数X=1101101，如果偏置值为2^7，求其$[X]_{移}$和$[X]_{补}$。

$[X]_{移}=2^7+1101101=10000000+1101101=\mathbf{1}1101101$

而此时$[X]_{补}=\mathbf{0}1101101$。

例2-4　字长为8位的定点整数X=−1101101，如果偏置值为2^7，求其$[X]_{移}$和$[X]_{补}$。

$[X]_{移}=2^7+(-1101101)=10000000-1101101=\mathbf{0}0010011$

而此时$[X]_{补}=\mathbf{1}0010011$。

表2-3给出了偏置值为2^7的移码、补码和真值之间的关系。

表 2-3　偏置值为 2^7 的移码、补码和真值之间的关系

真值X（十进制）	真值X（二进制）	$[X]_{补}$	$[X]_{移}$
−128	−10000000	10000000	00000000
−127	−1111111	10000001	00000001
……	……	……	……
−1	−0000001	11111111	01111111
0	0000000	00000000	10000000
1	0000001	00000001	10000001
……	……	……	……
127	1111111	01111111	11111111

从表2-3中可以看出这种移码具有以下特点。

① 在移码中，最高位为0表示负数，最高位为1表示正数，这一点与原码、补码以及反码的符号位取值正好相反。

② 移码全为0时，它所对应的真值最小；全为1时，它所对应的真值最大。因此，移码的大小直观地反映了真值的大小，这样有助于对两个浮点数进行阶码的大小比较。

③ 真值0在移码中的表示形式也是唯一的，即$[+0]_{移}=[-0]_{移}$=10000000。

④ 移码把真值映射到一个正数域，所以可将移码视为无符号数，直接按无符号数规则比较大小。

⑤ 同一数值的移码和补码除最高位相反外，其他各位相同。

浮点数的阶码常采用移码表示的最主要原因有以下两个。

① 便于比较浮点数的大小。阶码大的，其对应的真值就大；阶码小的，对应的真值就小。

② 简化机器中的判零电路。当阶码全为0，尾数也全为0时，表示机器零。

2.2.4　IEEE 754 标准浮点数

IEEE 754 标准浮点数

在目前常用的80x86系列微型计算机中，通常设有支持浮点运算的部件。这些机器中的浮点数采用IEEE 754标准，它与前面介绍的浮点数格式有一些差别。

按IEEE 754标准，常用的浮点数格式如图2-6所示。

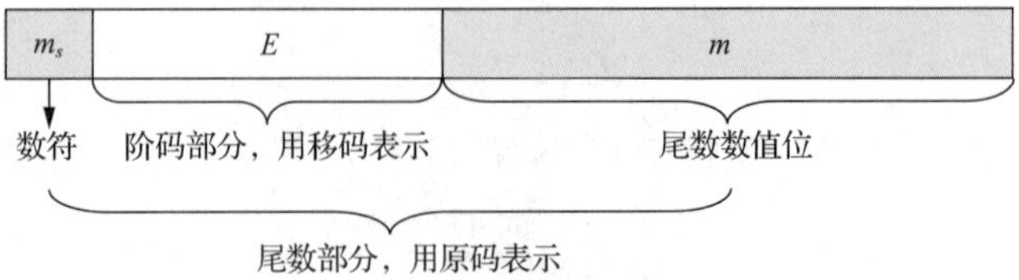

图2-6　IEEE 754 标准的浮点数格式

此时将尾数的符号位放在最高位（MSB）的位置上，与定点数一致，便于判定数的正负。尾数部分（图2-6中的红色底纹部分）用原码表示。

IEEE 754标准中有3种形式的浮点数，它们的具体格式如表2-4所示。

表 2-4　IEEE 754 标准中 3 种浮点数的格式

类型	数符占位	阶码占位	尾数数值占位	总位数	偏置值	
					十六进制	十进制
短浮点数	1	8	23	32	7FH	127
长浮点数	1	11	52	64	3FFH	1023
临时浮点数	1	15	64	80	3FFFH	1 6383

短浮点数又称为单精度浮点数，长浮点数又称为双精度浮点数，它们都采用隐含尾数最高数位的方法，这样无形中又增加了一位尾数。临时浮点数又称为扩展精度浮点数，它没有隐含位。

下面以32位的短浮点数为例，讨论浮点代码与其真值之间的关系。最高位为数符位；其后是8位阶码，以2为底，用移码表示，阶码的偏置值为127；其余23位是尾数数值位。对于规格化的二进制浮点数来说，其数值的最高位总是1；为了能使尾数多表示一位有效值，我们可将这个1隐含，因此尾数数值实际上是24位（1位隐含位+23位小数位）。

注　意

隐含的 1 是一位整数（即位权为 2^0）。在浮点格式中表示出来的 23 位尾数是纯小数，用原码表示。例如，$(12)_{10}=(1100)_2$，将它规格化后结果为 1.1×2^3，其中整数部分的“1”不存储在 23 位尾数内。

阶码是以移码形式存储的。对于短浮点数，偏置值为127（7FH）；对于长浮点数，偏置值为1023（3FFH）。存储浮点数阶码部分之前，偏置值要先加到阶码真值上。上述例子中，阶码真值为3，故在短浮点数中，移码表示的阶码为127+3=130（82H）；而在长浮点数中，移码表示的阶码为1023+3=1026（402H）。

例2-5　将$(100.25)_{10}$转换成短浮点数格式。

① 把十进制数转换成二进制数。

$$(100.25)_{10}=(1100100.01)_2$$

② 规格化二进制数。

$$1100100.01=1.10010001\times2^6$$

③ 计算出阶码的移码（偏置值 + 阶码真值）。

$$1111111+110=10000101$$

④ 以短浮点数格式存储该数。

因为

符号位=0

阶码=10000101

尾数=10010001000000000000000

所以短浮点数为：

01000010110010001000000000000000

其表示十六进制为：42C88000H。

例2-6　把短浮点数C1C90000H转换成为十进制数。

① 将十六进制数转换成二进制形式，并分离出符号位、阶码和尾数。

因为

$$C1C90000H=11000001110010010000000000000000$$

所以

符号位=1

阶码=10000011

尾数=10010010000000000000000

② 计算出阶码真值（移码减去偏置值）。

$$10000011-1111111=100$$

③ 以规格化二进制数形式写出此数。

$$1.1001001\times 2^4$$

④ 写成非规格化二进制数形式。

$$11001.001$$

⑤ 转换成十进制数，并加上符号位。

$$(11001.001)_2=(25.125)_{10}$$

所以该浮点数=–25.125。

通常，将IEEE 754短浮点数规格化的数值v表示为：

$$v=(-1)^S\times(1.f)\times 2^{E-127}$$

其中，S代表符号位，S=0表示正数，S=1表示负数；E为用移码表示的阶码；f为尾数的小数部分。

为了表示∞和一些特殊的数值，E的最小值0和最大值255将留作他用。因此，正常值范围内，最小的E=1，最大的E=254，所以短浮点数阶码真值的取值范围为–126～127。当E和m均为全0时，表示机器零；当E为全1，m为全0时，表示±∞。

2.3　非数值数据表示

在计算机中除数值数据外，还大量出现非数值数据，如逻辑值、字符和汉字等，在计算机内部它们也用二进制表示。

2.3.1　逻辑数据的表示

正常情况下，一个n位数据是作为一个整体数据单元对待的。但是，有时也需要将一个n位数据看作由n个1位数据组成，每位数据取值为0或1，这个数据就是逻辑数据。逻辑数据只能参加逻辑运算，并且是按位进行的。

逻辑数据和数值数据都是一串0、1序列，在形式上无任何差异，我们需要通过指令的操作码类型来识别它们。逻辑运算指令处理的是逻辑数据，算术运算指令处理的是数值数据。

2.3.2　字符的表示

由于计算机内部只能识别和处理二进制代码，因此字符必须按照一定的规则用一组二进制编码来表示。字符编码方式有很多种，用得最广泛的是ASCII。

常见的ASCII用7位二进制表示一个字符，ASCII包括10个十进制数字（0～9）、52个英文大写和小写字母（A～Z和a～z）、34个专用符号和32个控制符号，共128个字符。在128个字符中有96个是可打印字符。

在计算机中，通常用一字节来存放一个字符。对于ASCII来说，一字节右边的7位表示不同的字符代码，而最左边一位可以作为奇偶校验位用来检查错误，也可以用于西文字符和汉字的区分标识。

ASCII字符编码表如表2-5所示。由表2-5可见，数字和英文字母都是按顺序排列的，只要知道其中一个的二进制代码，不用查表就可以推导出其他数字或字母的二进制代码。另外，如果将ASCII中0～9这10个数字的二进制代码去掉最高3位011，正好与它们的二进制值相同，这样不但使十进制数字进入计算机后易于压缩成4位代码，而且便于进一步的信息处理。

表 2-5　ASCII 字符编码表

$b_3b_2b_1b_0$	$b_6b_5b_4$							
	000	001	010	011	100	101	110	111
0000	NUL	DLE	(SPACE)	0	@	P	`	p
0001	SOH	DC1	!	1	A	Q	a	q
0010	STX	DC2	"	2	B	R	b	r
0011	ETX	DC3	#	3	C	S	c	s
0100	EOT	DC4	$	4	D	T	d	t
0101	ENQ	NAK	%	5	E	U	e	u
0110	ACK	SYN	&	6	F	V	f	v
0111	BEL	ETB	′	7	G	W	g	w
1000	BS	CAN	(	8	H	X	h	x
1001	HT	EM	)	9	I	Y	i	y
1010	LF	SUB	*	:	J	Z	j	z
1011	VT	ESC	+	;	K	[	k	{
1100	FF	FS	,	<	L	\	l	|
1101	CR	GS	−	=	M	]	m	}
1110	SO	RS	.	>	N	^	n	~
1111	SI	US	/	?	O	_	o	DEL

除标准ASCII字符编码外，许多公司还使用8位二进制编码来表示更大的字符集，例如IBM公司就用8位扩展二进制编码的十进制交换码（EBCDIC码）来表示IBM计算机所用到的字符集。

2.3.3　汉字的表示

汉字处理技术是计算机推广应用工作中必须要解决的问题。汉字的字数繁多，字形复杂，读音多变。要在计算机中表示汉字，最方便的方法是为汉字安排编码，而且要使这些编码与西文字符和其他字符有明显的区别。

1. 汉字国标码

汉字国标码也称为汉字交换码，它主要用于汉字信息处理系统之间或者通信系统之间交换信息时。1981年国家标准总局公布了GB 2312，即《信息交换用汉字编码字符集 基本集》，简称GB码。该标准共收集常用汉字6763个，其中一级汉字3755个，按拼音排序；二级汉字3008个，按部首排序。另外，还有各种图形符号682个，共7445个。

GB 2312规定每个汉字、图形符号都用两字节表示，每字节只使用低7位编码，因此最多能表示出128×128=16 384个汉字。

2. 汉字区位码

区位码将汉字编码GB 2312中的6763个汉字分为94个区，每个区中包含94个汉字（位），区和位组成一个二维数组，每个汉字在数组中对应唯一的区位码。汉字的区位码定长4位，前两位表示区号，后两位表示位号，区号和位号用十进制数表示，区号从01到94，位号也从01到94。例如，“中”字在54区的48位上，其区位码为“54-48”，“国”字在25区的90位上，其区位码为“25-90”。

区位码表的布局是这样安排的，第1～15区包含西文字母、数字和图形符号，以及用户自行定义的专用符号（统称非汉字图形字符）；第16～55区为一级汉字；第56～87区为二级汉字；87区以上为空白区，可供造新字用。

注 意

汉字区位码并不等于汉字国标码，两者之间的关系可用以下公式表示：

国标码 = 区位码（十六进制）+2020H

即首先将用十进制表示的区位码转换成用十六进制表示，然后加上 2020H。

例2-7 已知汉字“春”的区位码为“20-26”，计算它的国标码。

	第一字节	第二字节	
区位码：	20	26	十进制
	↓	↓	
	14H	1AH	十六进制
	+ 20H	+ 20H	
国标码：	34H	3AH	

使用区位码输入汉字时，每输入4位数字可得到一个汉字，没有重码，但由于要查阅区位码表，因此较麻烦。

3. 汉字机内码

汉字可以通过不同的输入码输入，但在计算机内部其内码是唯一的。系统中同时存在ASCII和汉字国标码时，将会产生二义性，例如，有两字节的内容为30H和21H，它既可表示汉字“啊”的国标码，又可表示西文“0”和“!”的ASCII。汉字处理系统要保证中西文的兼容，为此，汉字机内码应对国标码加以适当处理和变换。

汉字机内码也是两字节长的代码，它是在相应国标码的每个字节最高位上加1所得，即

汉字机内码=汉字国标码+8080H

例如，上述“啊”字的国标码是3021H，其机内码则是B0A1H。

4. 汉字字形码

汉字字形码是指确定一个汉字字形点阵的代码，它又叫汉字字模码或汉字输出码。在一个汉字点阵中，凡笔画所到之处，记为1，否则记为0。

根据对汉字质量的不同要求，可有16×16、24×24、32×32或48×48的点阵结构。汉字点阵分类如表2-6所示。由表2-6显然可知，点阵越大，输出汉字的质量越高，每个汉字所占用的字节数也越多。

表 2-6 汉字点阵分类

字形	点阵（行×列）	字节数	特征
简易型	16×16	32	显示字体骨架
普及型	24×24	72	有笔锋，可分字体
提高型	32×32	128	笔锋清晰，字体齐全
精密型	48×48	288	能表示复杂字型

汉字字形码在汉字输出时经常使用，所以要把各个汉字的字形信息固定存储起来，存放各个汉字字形信息的实体称为汉字库。汉字库的信息量很大，一个16×16点阵的基本汉字库至少需要256KB，而24×24点阵的汉字库至少需576KB。

2.4 十进制数的编码

二进制是计算机最适合的数据表示方法，把十进制数的各位数字变成一组对应的二进制代码，用4位二进制数来表示1位十进制数，称为二进制编码的十进制数，即BCD码。4位二进制数可以组合出16种代码，能表示16种不同的状态。只需要使用其中的10种状态，就可以表示十进制数的0～9这10个数码，而其他的6种状态为冗余状态。由于可取任意的10种代码来表示10个数码，因此就可能产生多种BCD编码。BCD编码既具有二进制数的形式，又保持了十进制数的特点，它可以作为人机联系的一种中间表示，也可以用它直接进行运算。表2-7列出了几种常见的BCD编码。

表 2-7 常见的 BCD 编码

十进制数	8421码	2421码	余3码
0	0000	0000	0011
1	0001	0001	0100
2	0010	0010	0101
3	0011	0011	0110
4	0100	0100	0111
5	0101	1011	1000
6	0110	1100	1001
7	0111	1101	1010
8	1000	1110	1011
9	1001	1111	1100

1. 8421码

8421码又称为自然（Nature）BCD码，简称NBCD码。8421码4位二进制代码的位权从高到低分别为8、4、2、1，这种编码的主要特点如下。

① 它是一种有权码，设其各位的值为$b_3b_2b_1b_0$，则它所表示的十进制数为：

$$D=8b_3+4b_2+2b_1+1b_0。$$

② 简单、直观，每个代码与它所代表的十进制数之间符合二进制数和十进制数相互转换的规则。

③ 不允许出现1010～1111，这6个代码在8421码中是非法码。

注 意

尽管在8421码中0～9这10个数码的表示形式与用二进制表示的形式一样，但这是两个完全不同的概念，不能混淆。例如，一个两位的十进制数为39，它可以表示为$(0011\ 1001)_{8421}$与100111B，这两者是完全不同的。

2. 2421码

这种编码各位的位权从高到低分别为2、4、2、1，它的主要特点如下。

① 它也是一种有权码，所表示的十进制数为$D=2b_3+4b_2+2b_1+1b_0$。

② 它又是一种对9的自补码，即某数的2421码，只要自身按位取反，就能得到该数对9补数的2421码。例如，3的2421码是0011，3对9的补数是6，而6的2421码是1100，即将3的2421码自身按位取反可得到6的2421码。在十进制运算中，采用自补码，可以使运算器线路简化。

③ 不允许出现0101～1010，这6个代码在2421码中是非法码。

对于有权码来说，当规定各位的权不同时，可以有多种不同的编码方案，例如4221码、4421码、5421码和84-2-1码等。

3. 余3码

余3码是一种无权码。从表2-7中可以看出，余3码是在8421码的基础上加0011形成的。因其每个数都余3，故称余3码。其主要特点如下。

① 它是一种无权码，在这种编码中各位的“1”不表示一个固定的十进制数值，因而不直观，且容易搞错。

② 它也是一种对9的自补码。

③ 不允许出现0000～0010和1101～1111，这6个代码在余3码中是非法码。

2.5 基本数据表示与高级数据表示

前述的各种数据表示都是基本的数据表示，根据应用环境，还可以有较复杂的高级数据表示。

2.5.1 C语言中的基本数据表示

数据表示指的是能由机器硬件直接识别和引用的数据类型。程序需要对不同类型、不同长度的数据进行处理，计算机中对这些基本的数据类型必须提供相应的支持。实际应用广泛的C语言中的数据类型主要有整数类型（简称整型）、实数类型（简称实型）、字符类型等。

1. 整数类型

C语言中支持多种整数类型，二进制整数分为无符号整数和带符号整数。

无符号整数对应无符号短整型（unsigned short）、无符号基本整型（unsigned int）、无符号长整型（unsigned long）等类型。以个人计算机为例，unsigned short和unsigned int字长为16位，数的范围是0～65 535；unsigned long字长为32位，数的范围是0～4 294 967 295。

带符号整数对应短整型（short）、基本整型（int）、长整型（long）等类型。以个人计算机为例，short和int字长为16位，数的范围为-32 768～32 767；long字长为32位，数的范围为-2 147 483 648～2 147 483 647。

2. 实数（浮点数）类型

C语言中有float和double两种不同浮点数类型，分别对应IEEE 754单精度浮点数格式（32位）和双精度浮点数格式（64位），前者数的范围是-3.4×10^{38}～3.4×10^{38}，后者数的范围是-1.79×10^{308}～1.79×10^{308}，相应的十进制有效数字分别为6位和16位。

浮点数均为带符号浮点数，没有无符号浮点数。

3. 字符类型

C语言中char表示单个字节，能用来表示单个字符，也可以用来表示8位整数。

2.5.2 高级数据表示

较复杂的高级数据表示有自定义数据表示、向量数组数据表示等。

1. 自定义数据表示

自定义数据表示包括带标志符的数据表示和数据描述符两类。

（1）带标志符的数据表示

在高级语言中使用类型说明语句指明数据的类型，让数据类型直接与数据本身联系在一起；运算符不反映数据类型，它是通用的。例如，在FORTRAN语言程序中，实数（浮点数）*I*和*J*的相加是采用如下的语句指明的。

```
REAL I, J
I=I+J
```

在说明I、J的数据为实型后，用通用的“+”运算符就可实现实数加法。而在传统的机器语言程序中则需要用操作码指明操作数的类型。如浮点加法指令中，由于操作码是“浮加”，那么无论I和J是否是浮点数，总是按浮点数对待，进行浮点数加法运算。这样，编译时就需要把高级语言程序中的数据类型说明语句和运算符变换成机器语言中不同类型指令的操作码，并验证操作数的类型是否与运算符所要求的一致，若不一致，还需进行转换，这些都增加了编译的负担。

为了缩短高级语言与机器语言的这种语义差距，机器中的每个数据用图2-7所示的方式表示，即每个数据都带有类型标志位，以说明数据值究竟是二进制整数、十进制整数、浮点数、字符串还是地址字，将数据类型与数据本身直接联系在一起。这样，机器语言中的操作码也就与高级语言中的运算符一样，可以通用于各种数据类型的操作了。这种数据表示就称为带标志符数据表示。

标志符	数值

图2-7　带标志符的数据表示方式

在采用带标志符数据表示的机器中，因为每个数据都带有标志符，必定要加长数据的字长，数据的总存储量会增加，但指令只需指出操作类型，不需要指出数据类型，从而简化了指令系统，使得指令的字长缩短。只要设计合理，整个程序（包括指令和数据）的总存储量有可能不增反减，图2-8所示为在带标志符和不带标志符两种情况下程序所占存储空间的比较。

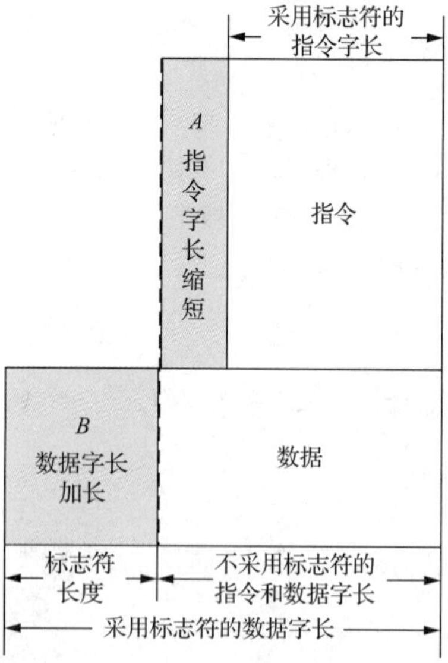

图2-8　在两种情况下程序所占存储空间的比较

在图2-8中，虚线右侧分别表示在不采用标识符情况下，指令和数据各自所占用存储空间的大小，此时假设指令字长和数据字长是相等的。当数据带有标志符时，数据字长要加长，指令字长要缩短。图2-8中左上方阴影部分面积*A*表示因为指令字长的缩短，程序减少的存储空间，左下方阴影部分的面积*B*表示因为数据字长的增加，数据增加的存储空间。由于一般程序中指令条数比数据条数多，即左上方阴影部分的高度必然大于左下方阴影部分的高度。即使指令字长缩短的位数少于数据字长加长的位数，只要设计合理，也很可能使*A*（指令字长缩短的面积）大于*B*（数据字长加长的面积）。此时，当数据带标志符时，整个程序占用的存储空间反而减少。

（2）数据描述符

向量、数组、记录等多维或结构比较复杂的数据由于其每个元素具有相同的属性，因此没有必要让每个数据都带有标志符。为进一步减小标志符所占的存储空间，为此发展出数据描述符。

数据描述符和标志符的区别在于，标志符用于描述单个数据的类型和属性（作用于一个数据），而描述符主要用于描述成块数据的特征（作用于一组数据）。所以标志符通常与数据一起存放在同一个数据单元中，而描述符是与数据分开存放的，单独占据一个存储单元。描述符专门用来描述所要访问的数据是整块数据还是单个数据，访问该数据块或数据元素所需要的地址、长度以及其他特征信息等。

以B-6700机的描述符为例，其数据描述符和数据的形式如图2-9所示。当最高三位为101

时，表示这是一个数据描述符，最高三位为000时表示这是一个数据。当描述的是整块数据时，“地址”字段用于指明首元素的地址，“长度”字段用于指明块内的元素个数。

描述符

101	标志	长度	地址

数据

000	数值

图2-9　B-6700机的数据描述符表示方法

例2-8　用数据描述符表示方法表示一个3×4矩阵$\boldsymbol{A}$。

$$\boldsymbol{A}=\begin{bmatrix} a_{11} & a_{12} & a_{13} & a_{14} \\ a_{21} & a_{22} & a_{23} & a_{24} \\ a_{31} & a_{32} & a_{33} & a_{34} \end{bmatrix}$$

这个3×4二维矩阵的描述如图2-10所示。

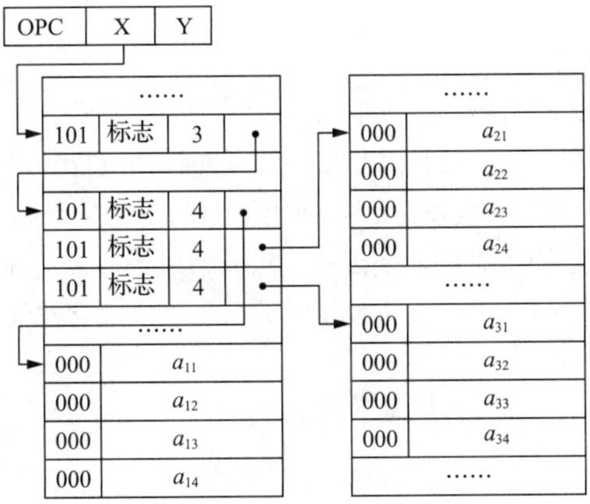

图2-10　用数据描述符表示法表示一个3×4矩阵

指令中的一个地址X指向一个描述符，这个描述符的“标志”“长度”“地址”共同构成一个由3个描述符组成的描述符组，每个描述符描述一个数据块，每个数据块由4个数据组成。

数据描述符方法为向量、数组数据结构的实现提供了一定的支持，有利于简化编译中的代码生成。

2. 向量数组数据表示

为向量、数组数据结构的实现和快速运算提供更好的硬件支持的方法是增设向量、数组数据表示，组成向量机。

例如，计算

$$\boldsymbol{c}_i=\boldsymbol{a}_{i+5}+\boldsymbol{b}_i \quad i=10,11,\cdots,1000$$

用高级语言需要写成一段DO循环程序来实现。在没有向量、数组数据表示的机器上经编译后需借助变址操作实现。而在具有向量、数组数据表示的向量处理机（VP）上，因为硬件上设置有丰富的向量或阵列运算指令，配置有以流水或阵列方式处理的高速运算器，所以只需用一条以下的向量加法指令：

向量加	*A*向量参数	*B*向量参数	*C*向量参数

就可以实现DO循环功能。显然A、B、C这3个向量参数中应指明其基地址、位移量、向量长度和运算步距等。

2.5.3 引入高级数据表示的原则

遵循什么原则来确定机器的数据结构是一个比较复杂的问题，除去基本数据表示不可少外，其他高级数据表示的引入可从以下两个方面来衡量。

一方面是看系统的效率是否有提高，即是否缩短了实现时间和减小了所需的存储空间。衡量实现时间是否缩短，主要是看在主存和CPU之间传送的信息量有否减少。传送的信息量越少，其实现时间就会越短。

以A、B两个200 × 200的定点数二维数组相加为例，如果在没有向量数据表示的计算机系统上实现，一般需要6条指令，其中有4条指令要循环4万次。因此，CPU与主存储器之间的通信量如下。

取指令：2 + 4 × 40 000条。

读或写数据：3 × 40 000个。

共访问主存：7 × 40 000次以上。

如果有向量数据表示，只需要一条指令$A+B$。

减少访问主存（取指令）次数：4 × 40 000次，缩短程序执行时间一半以上。

另一方面是看引入这种数据表示后，其通用性和利用率是否高。如果只对某种数据结构的实现效率很高，而对其他数据结构的实现效率很低，或者引入这种数据表示在应用中很少用到，那么为此所用的硬件过多却并未在性能上得到好处，必然导致性能价格比的下降，特别是对一些复杂的数据表示。

满足下列条件是引入新的高级数据表示的原则。

① 缩短程序的运行时间。

② 减少CPU与主存之间的通信量。

③ 通用性和利用率有所提高。

2.6 数据校验码

数据校验码是指那些能够发现错误或者能够自动纠正错误的数据编码，它又称为检错纠错编码。

具有检错、纠错能力的数据校验码的实现原理是：在编码中，除去合法的码字外，再加进一些非法的码字，当某个合法码字出现错误时就变成为非法码字。合理地安排非法码字的数量和编码规则，就能达到检错、纠错的目的。

2.6.1 奇偶校验码

1. 奇偶校验概念

奇偶校验码

奇偶校验码是一种最简单的数据校验码，它可以检测出一位错误（或奇数位错误），但不能确定出错的位置，也不能检测出偶数位错误。

奇偶校验实现方法是：由若干位有效信息（如一字节），再加上一个二进制位（校验位）组成校验码，如图2-11所示。校验位的取值（0或1）将使整个校验码中1的个数为奇数或偶数，所以有以下两种可供选择的校验规律。

① 奇校验——整个校验码（有效信息位和校验位）中1的个数为奇数。

② 偶校验——整个校验码中1的个数为偶数。

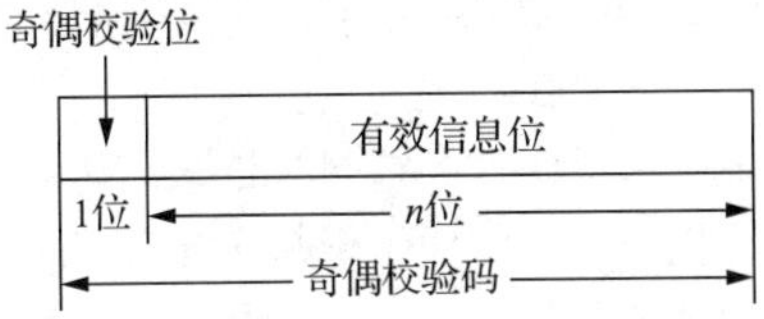

图2-11　奇偶校验码

2. 简单奇偶校验

简单奇偶校验仅实现横向的奇偶校验，表2-8给出了几字节奇偶校验码的编码结果。

表 2-8　奇偶校验码的编码结果

有效信息（8位）	奇校验码（9位）	偶校验码（9位）
00000000	**1**00000000	**0**00000000
01010100	**0**01010100	**1**01010100
01111111	**0**01111111	**1**01111111
11111111	**1**11111111	**0**11111111

在表2-8所示的奇校验码或偶校验码中，最高一位为校验位，其余8位为信息位。在实际应用中，多采用奇校验码，因为奇校验码中不存在全0代码，在某些场合下更便于判别。

奇偶校验码的编码和校验是由专门的电路实现的，常见的有并行奇偶统计电路，如图2-12所示。这是一个由若干个异或门组成的塔形结构，同时给出了“偶形成”“奇形成”“偶校验出错”“奇校验出错”等信号。

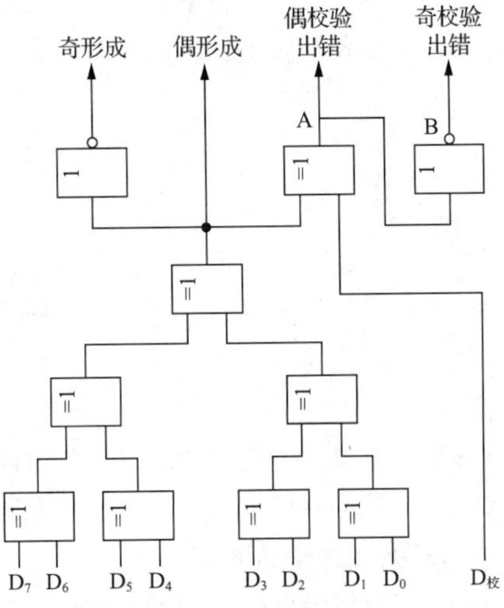

图2-12　奇偶校验位的形成及校验电路

$$偶形成=D_7 \oplus D_6 \oplus D_5 \oplus D_4 \oplus D_3 \oplus D_2 \oplus D_1 \oplus D_0$$

$$奇形成=\overline{D_7 \oplus D_6 \oplus D_5 \oplus D_4 \oplus D_3 \oplus D_2 \oplus D_1 \oplus D_0}$$

$$偶校验出错=D_{校} \oplus D_7 \oplus D_6 \oplus D_5 \oplus D_4 \oplus D_3 \oplus D_2 \oplus D_1 \oplus D_0$$

$$奇校验出错=\overline{D_{校} \oplus D_7 \oplus D_6 \oplus D_5 \oplus D_4 \oplus D_3 \oplus D_2 \oplus D_1 \oplus D_0}$$

下面以奇校验为例，说明对主存信息进行奇偶校验的全过程。

（1）校验位形成

当要把一字节的代码D_7～D_0写入主存时，就同时将它们送往奇偶校验逻辑电路，该电路产生的“奇形成”信号就是校验位。它将与8位代码一起作为奇校验码写入主存。

若D_7～D_0中有偶数个1，则“奇形成”=1，若D_7～D_0中有奇数个1，则“奇形成”=0。

（2）校验检测

读出时，将读出的9位代码（8位信息位和1位校验位）同时送入奇偶校验电路检测。若读出代码无错，则“奇校验出错”=0；若读出代码中的某一位上出现错误，则“奇校验出错”=1，从而指示这个9位代码中一定有某一位出现了错误，但具体的错误位置是不能确定的。

3．交叉奇偶校验

计算机在进行大量字节（数据块）传送时，不仅每一字节有一个奇偶校验位做横向校验，而且全部字节的同一位也设置一个奇偶校验位做纵向校验，这种横向、纵向同时校验的方法称为交叉校验。

例如，4字节组成的一个信息块，纵、横向均约定为偶校验，各校验位取值如下。

	A_7	A_6	A_5	A_4	A_3	A_2	A_1	A_0		横向校验位
第1字节	1	1	0	0	1	0	1	1	→	1
第2字节	0	1	0	1	1	1	0	0	→	0
第3字节	1	0	0	1	1	0	1	0	→	0
第4字节	1	0	0	1	0	1	0	1	→	0
	↓	↓	↓	↓	↓	↓	↓	↓		
纵向校验位	1	0	0	1	1	0	0	0		

交叉校验可以发现两位同时出错的情况，假设第2字节的A_6、A_4两位均出错，第2字节的横向校验位无法检出错误，但是第A_6、A_4位所在列的纵向校验位会显示出错，这与前述的简单奇偶校验相比要保险多了。

2.6.2 汉明校验码

汉明校验码（简称汉明码）实际上是一种多重奇偶校验码，其实现原理是：在有效信息位中加入几个校验位形成汉明码，并把汉明码的每一个二进制位分配到几个奇偶校验组中。当某一位出错后，就会引起有关的几个校验位的值发生变化，这样不但可以发现错误，还可以指出错误的位置，为自动纠错提供依据。

下面仅介绍能检测和自动校正一位错并能发现两位错的汉明码的编码原理。此时，校验位的位数K和信息位的位数N应满足：$2^{K-1} \geqslant N+K+1$。若汉明码的最高位号为m，最低位号为1，即有$H_m H_{m-1} \cdots H_2 H_1$，则此汉明码的编码规则通常如下。

① 校验位和信息位之和为m，每个校验位P_i在汉明码中被分到位号2^{i-1}的位置上，其余各位为信息位。

② 汉明码每一位H_i由多个校验位校验，其关系是被校验的每一位位号等于校验它的各校验位的位号之和，即汉明码的位号实质上是参与校验的各校验位权值之和。这样安排的目的，是希望校验的结果能正确地反映出错位的位号。

下面按以上原则介绍对一字节信息进行汉明编码和校验的过程。

（1）编码

一字节由8位二进制位组成，此时N=8，K=5，故汉明码的总位数为13位，可表示为：

$$H_{13}H_{12}\cdots H_2H_1$$

5个校验位P_5～P_1对应的汉明码位号应分别为H_{13}、H_8、H_4、H_2、H_1，除P_5外，其余4位都满足P_i的位号等于2^{i-1}的关系，而P_5只能放在H_{13}上，因为它已经是汉明码的最高位了。因此，有如下排列关系：

$$P_5\quad D_8\quad D_7\quad D_6\quad D_5\quad P_4\quad D_4\quad D_3\quad D_2\quad P_3\quad D_1\quad P_2\quad P_1$$

校验位P_i（i=1～4）的偶校验结果为：

$$P_1=D_1\oplus D_2\oplus D_4\oplus D_5\oplus D_7$$
$$P_2=D_1\oplus D_3\oplus D_4\oplus D_6\oplus D_7$$
$$P_3=D_2\oplus D_3\oplus D_4\oplus D_8$$
$$P_4=D_5\oplus D_6\oplus D_7\oplus D_8$$

在上述4个公式中，不同信息位出现在P_i项中的次数是不一样的，其中D_4和D_7出现了3次，而D_1、D_2、D_3、D_5、D_6、D_8仅出现了两次，为此再补充一位P_5校验位，使得：

$$P_5=D_1\oplus D_2\oplus D_3\oplus D_5\oplus D_6\oplus D_8$$

在这种安排下，每一位信息位都均匀地出现在3个P_i值的形成关系中。当任一信息位发生变化时，必将引起3个P_i值跟着变化。

（2）校验

将接收到的汉明码按如下关系进行偶校验。

$$S_1=P_1\oplus D_1\oplus D_2\oplus D_4\oplus D_5\oplus D_7$$
$$S_2=P_2\oplus D_1\oplus D_3\oplus D_4\oplus D_6\oplus D_7$$
$$S_3=P_3\oplus D_2\oplus D_3\oplus D_4\oplus D_8$$
$$S_4=P_4\oplus D_5\oplus D_6\oplus D_7\oplus D_8$$
$$S_5=P_5\oplus D_1\oplus D_2\oplus D_3\oplus D_5\oplus D_6\oplus D_8$$

校验得到的结果值S_5～S_1（指误字）能反映13位汉明码的出错情况。

① 当S_5～S_1为00000时，表明无错。

② 当S_5～S_1中仅有一位不为0时，表明是某一校验位出错或3位汉明码（包括信息位和校验位）同时出错。由于后一种出错的可能性很小，故认为是前一种错，出错位是该S_i对应的P_i位。

③ 当S_5～S_1中有两位不为0时，表明是两位汉明码同时出错，此时只能发现错误，而无法确定出错的位置。

④ 当S_5～S_1中有3位不为0时，表明是1位信息位出错或3位校验位同时出错，由于后一种错误的可能性很小，故认为是前一种错。出错位的位号由S_4～S_1这4位代码值指明，此时不仅能检查出一位错，而且能准确地定位，因此可以纠正这个错误（将该位变反）。

⑤ 当S_5～S_1中有4位或5位不为0时，表明出错情况严重，系统工作可能出现故障，应检查系统硬件的正确性。

将②和④两种出错的情况列于表2-9中。若表2-9中仅有一个S_i不为0，表示P_i出错，因为是校验位出错，故此时并不需要校正它们。当5个S_i位有3个为1时，表示是某一信息位D_i出错。出错信息位的汉明码位号由S_4～S_1这4位的译码值指出（分别为12、11、10、9、7、6、5、3）。例如，当S_5～S_1=00111时，S_4～S_1的译码值为7，即对应H_7（也就是D_4）位出错。

表 2-9　汉明码出错情况

汉明码	P_5	D_8	D_7	D_6	D_5	P_4	D_4	D_3	D_2	P_3	D_1	P_2	P_1
位号	H_{13}	H_{12}	H_{11}	H_{10}	H_9	H_8	H_7	H_6	H_5	H_4	H_3	H_2	H_1
S_5	1	1	0	1	1	0	0	1	1	0	1	0	0
S_4	0	1	1	1	1	1	0	0	0	0	0	0	0
S_3	0	1	0	0	0	0	1	1	1	1	0	0	0
S_2	0	0	1	1	0	0	1	1	0	0	1	1	0
S_1	0	0	1	0	1	0	1	0	1	0	1	0	1

例2-9　设有一个8位信息为10101100，试求汉明编码的生成和校验过程。

（1）编码生成

校验位长度为5位，按偶校验有：

$$P_1=0\oplus 0\oplus 1\oplus 0\oplus 0=1$$

$$P_2=0\oplus 1\oplus 1\oplus 1\oplus 0=1$$

$$P_3=0\oplus 1\oplus 1\oplus 1=1$$

$$P_4=0\oplus 1\oplus 0\oplus 1=0$$

$$P_5=0\oplus 0\oplus 1\oplus 0\oplus 1\oplus 1=1$$

故可得到用二进制表示的汉明码为：

$$\underline{1}\ 1\ 0\ 1\ 0\ \underline{0}\ 1\ 1\ 0\ \underline{1}\ 0\ \underline{1}\ \underline{1}$$

下画线表示校验位在汉明码中的位置。

（2）校验

上述汉明码经传送后，若H_{11}（D_7）位发生了错误，原码字就变为：

$$1\ 1\ \underline{1}\ 1\ 0\ 0\ 1\ 1\ 0\ 1\ 0\ 1\ 1$$

↑

出错

校错的过程很简单，只要将接收到的码字重新进行偶校验即可。

$$S_1=1\oplus 0\oplus 0\oplus 1\oplus 0\oplus 1=1$$

$$S_2=1\oplus 0\oplus 1\oplus 1\oplus 1\oplus 1=1$$

$$S_3=1\oplus 0\oplus 1\oplus 1\oplus 1=0$$

$$S_4=0\oplus 0\oplus 1\oplus 1\oplus 1=1$$

$$S_5=1\oplus 0\oplus 0\oplus 1\oplus 0\oplus 1\oplus 1=0$$

故指误字为01011，其中低4位有效，相应的十进制数是11，指出H_{11}出错。现在H_{11}错成了1，纠错就是将H_{11}位取反让它恢复为0。即

错误码：$1\ 1\ \underline{1}\ 1\ 0\ 0\ 1\ 1\ 0\ 1\ 0\ 1\ 1$

↓

纠正后：$1\ 1\ \underline{0}\ 1\ 0\ 0\ 1\ 1\ 0\ 1\ 0\ 1\ 1$

通常，汉明码可以分为两种，能纠正一位错的汉明码和能纠正一位错并能同时发现两位错的汉明码，两者的区别仅在于前者比后者要少一位校验位。校验位的位数*K*和信息位的位数*N*应

满足下列关系：$2^K \geq N+K+1$（单纠错）或$2^{K-1} \geq N+K+1$（单纠错/双检错）。后者能纠正一位错并能发现两位错，前者可以减少一位校验位，如前述的P_5。

2.6.3　循环冗余校验码

除了奇偶校验码和汉明码外，在计算机网络、同步通信以及磁表面存储器中广泛使用循环冗余校验码（CRC码）。

循环冗余校验码是通过除法运算来建立有效信息位和校验位之间的约定关系的。假设待编码的有效信息以多项式$M(X)$表示，将它左移若干位后，用另一个约定的多项式$G(X)$去除，所产生的余数$R(X)$就是校验位。有效信息和校验位相拼接就构成了CRC码。当整个CRC码被接收后，仍用约定的多项式$G(X)$去除，若余数为0表明该代码是正确的；若余数不为0则表明某一位出错，再进一步由余数值确定出错的位置，以便进行纠正。

1. 循环冗余校验码的编码方法

循环冗余校验码是由两个部分组成的，如图2-13所示。左边为信息位，右边为校验位。若信息位为N位，校验位为K位，则该校验码被称为$(N+K, N)$码。

信息位	校验位
N位	K位

图2-13　循环冗余校验码的格式

循环冗余校验码编码规律如下。

① 把待编码的N位有效信息表示为多项式$M(X)$。

② 把$M(X)$左移K位，得到$M(X) \times X^K$，这样空出了K位，以便拼装K位余数（即校验位）。

③ 选取一个K+1位的产生多项式$G(X)$，对$M(X) \times X^K$进行模2除运算，商为$Q(X)$。

$$\frac{M(X) \times X^K}{G(X)} = Q(X) + \frac{R(X)}{G(X)}$$

④ 把左移K位以后的有效信息与余数$R(X)$进行模2加减运算，拼接为CRC码，此时的CRC码共有$N+K$位。

$$M(X) \times X^K + R(X) = Q(X) \times G(X)$$

注 意

CRC 校验技术中使用的模 2 运算是一种二进制运算，模 2 运算与四则运算的不同之处在于它不用考虑进位和借位。

例2-10　选择生成多项式为1011，把4位有效信息1100编成CRC码。

$$M(X)=X^3+X^2=1100$$

$$M(X) \times X^3=X^6+X^5=1100000$$

$$G(X)=X^3+X+1=1011$$

$$\frac{M(X) \times X^3}{G(X)} = \frac{1100000}{1011} = 1110 + \frac{010}{1011}$$

$$M(X) \times X^3+R(X)=1100000+010=1100010$$

这种CRC码称为(7,4)码。

2. 循环冗余校验码的校验与纠错

把接收到的CRC码用约定的生成多项式$G(X)$去除，如果正确，则余数为0；如果某一位出错，则余数不为0。不同的位数出错，其余数不同，余数和出错位序号之间有唯一的对应关系。表2-10列出(7,4)码的出错模式（$G(X)$=1011）。

表 2-10 (7,4) 码的出错模式

	A_1	A_2	A_3	A_4	A_5	A_6	A_7	余数	出错位
正确码	1	1	0	0	0	1	0	000	无
错误码	1	1	0	0	0	1	1	001	7
	1	1	0	0	0	0	0	010	6
	1	1	0	0	1	1	0	100	5
	1	1	0	1	0	1	0	011	4
	1	1	1	0	0	1	0	110	3
	1	0	0	0	0	1	0	111	2
	0	1	0	0	0	1	0	101	1

如果某一位出错，则余数不为0，对此余数补0后，当作被除数再继续除下去，余数将按表2-10的顺序循环。例如，第七位（A_7）出错，余数为001，把其补0后再除以$G(X)$，第二次余数为010，以后依次分别为100、011、110、111、101，然后又回到001，反复循环，这就是“循环码”一词的来源。根据循环码的特征，一边对余数补0继续进行模2除运算，一边让被检测的校验码循环左移。当余数为101时，原来出错的A_7位已移到A_1的位置，通过异或门将其求反纠正，在下一次循环左移时送回A_7。所以移满一个循环（7次），就得到一个纠正的码字。

3. 生成多项式的选择

生成多项式被用来生成CRC码，并不是任何一个K+1位多项式都可以作为生成多项式用的，它应满足下列要求。

① 任何一位发生错误都应使余数不为0。

② 不同位发生错误应当使余数不同。

③ 对余数进行模2除运算，应使余数循环。

常用的生成多项式有多个，读者可从有关资料上查到可选生成多项式。在计算机和通信系统中广泛使用下述两个生成多项式，它们是：

$$G(X)=X^{16}+X^{15}+X^{2}+1$$

$$G(X)=X^{16}+X^{12}+X^{6}+1$$

习　题

2-1　将十进制数725.6875分别转换为八进制数、十六进制数和二进制数。

2-2　分别将下列二进制数转换成八进制数和十六进制数。

111010.011，1000101.1001

2-3 设机器数的字长为8位（含1位符号位），分别写出下列各二进制数的原码、补码和反码。

0，-0，0.1000，-0.1000，0.1111，-0.1111，1101，-1101

2-4 写出下列各数的原码、补码和反码。

$\frac{7}{16}$，$\frac{4}{16}$，$\frac{1}{16}$，± 0，$-\frac{1}{16}$，$-\frac{4}{16}$，$-\frac{7}{16}$

2-5 已知下列数的原码表示，分别写出它们的补码表示。

$[X]_{原}=0.10100$，$[X]_{原}=1.10111$

2-6 已知下列数的补码表示，分别写出它们的真值。

$[X]_{补}=0.10100$，$[X]_{补}=1.10111$

2-7 设一个二进制小数$X\geqslant 0$，表示成$X=0.A_1A_2A_3A_4A_5A_6$，其中A_1～A_6取1或0。

（1）若要$X>\frac{1}{2}$，则A_1～A_6要满足什么条件？

（2）若要$X\geqslant\frac{1}{8}$，则A_1～A_6要满足什么条件？

（3）若要$\frac{1}{4}\geqslant X>\frac{1}{16}$，则$A_1$～$A_6$要满足什么条件？

2-8 设$[X]_{原}=1.A_1A_2A_3A_4A_5A_6$。

（1）若要$X>-\frac{1}{2}$，则A_1～A_6要满足什么条件？

（2）若要$-\frac{1}{8}\geqslant X\geqslant -\frac{1}{4}$，则$A_1$～$A_6$要满足什么条件？

2-9 若将第2-8题中的$[X]_{原}$改为$[X]_{补}$，结果如何？

2-10 一个n位字长的二进制定点整数，其中1位为符号位，分别写出在补码和反码两种情况下，下列各情况的表示。

（1）模数。

（2）最大的正数。

（3）最小的负数。

（4）符号位的权。

（5）-1的表示形式。

（6）0的表示形式。

2-11 某计算机字长为16位，简述下列几种情况下所能表示数值的范围。

（1）无符号整数。

（2）用原码表示定点小数。

（3）用补码表示定点小数。

（4）用原码表示定点整数。

（5）用补码表示定点整数。

2-12 某计算机字长为32位，试分别写出无符号整数和带符号整数（补码）的表示范围（用十进制数表示）。

2-13 假设机器数字长为8位，若机器数为81H，当它分别代表原码、补码、反码和移码时，等价的十进制整数分别是多少？

2-14　设计补码表示法的目的是什么？列表写出+0、+25、+127、−127及−128的8位二进制原码、反码、补码和移码，并将补码用十六进制表示出来。

2-15　十进制数12345用32位补码整数和32位浮点数（IEEE 754标准）表示的结果各是什么（用十六进制表示）？

2-16　某浮点数字长为12位，其中，阶符1位，阶码部分3位；数符1位，尾数部分7位。阶码以2为底，阶码和尾数均用补码表示。它所能表示的最大正数是多少？最小规格化正数是多少？绝对值最大的负数是多少？

2-17　某浮点数字长为16位，其中，阶码部分6位（含1位阶符），移码表示，以2为底；尾数部分10位（含1位数符，位于尾数最高位），补码表示，规格化。分别写出下列情况的二进制代码与十进制真值。

（1）非零最小正数。

（2）最大正数。

（3）绝对值最小负数。

（4）绝对值最大负数。

2-18　一浮点数，其阶码部分为p位，尾数部分为q位，各包含1位符号位，均用补码表示；尾数基数r=2，该浮点数格式所能表示数的上限、下限及非零的最小正数是多少？写出表达式。

2-19　某浮点数字长为32位，格式如下。其中，阶码部分为8位，以2为底，移码表示；尾数部分一共24位（含1位数符），补码表示。现有一浮点代码为$(8C5A3E00)_{16}$，试写出它所表示的十进制真值。

0　　　　7	8	9　　　　　　31
阶码	数符	尾数

2-20　试将$(-0.1101)_2$用IEEE 754标准的短浮点数格式表示出来。

2-21　将下列十进制数转换为IEEE短浮点数。

（1）28.75　　（2）624　　（3）−0.625

（4）+0.0　　（5）−1000.5

2-22　将下列IEEE 754标准的短浮点数转换为十进制数。

（1）11000000 11110000 00000000 00000000

（2）00111111 00010000 00000000 00000000

（3）01000011 10011001 00000000 00000000

（4）01000000 00000000 00000000 00000000

（5）01000001 00100000 00000000 00000000

（6）00000000 00000000 00000000 00000000

2-23　对下列ASCII进行译码。

1001001，0100001，1100001，1110111，1000101，1010000，1010111，0100100

2-24　以下列形式表示$(5382)_{10}$。

（1）8421码　　（2）余3码　　（3）2421码　　（4）二进制数

2-25　标志符数据表示与描述符数据表示有何区别？描述符数据表示与向量数据表示对向量数据结构所提供的支持有什么不同？

2-26　填写下列代码的奇偶校验位，现设为奇校验。

10100001

00011001

01001110

2-27　已知下面数据块约定横向校验、纵向校验均为奇校验，指出至少有多少位出错。

	A_7	A_6	A_5	A_4	A_3	A_2	A_1	A_0		校验位
	1	0	0	1	1	0	1	1	→	0
	0	0	1	1	0	1	0	1	→	1
	1	1	0	1	0	0	0	0	→	0
	1	1	1	0	0	0	0	0	→	0
	0	1	0	0	1	1	1	1	→	0
	↓	↓	↓	↓	↓	↓	↓	↓		
校验位	1	0	1	0	1	1	1	1		

2-28　求有效信息位为01101110的汉明校验码。

2-29　设计算机准备传送的信息是1010110010001111，生成多项式是X^5+X^2+1，计算校验位，写出CRC码。

第3章 指令系统

指令和指令系统是计算机中基本的概念。指令是指示计算机执行某些操作的命令。一台计算机的所有指令的集合构成该机的指令系统，其也称为指令集。指令系统是计算机的主要属性，它位于硬件和软件的交界面上。本章将讨论一般计算机的指令系统所涉及的基本问题。

学习指南

1. 知识点和学习要求

- 指令格式
  理解指令地址码个数对运算类指令的影响
  掌握规整型和非规整型指令操作码的编码
- 寻址技术
  理解编址方式
  理解指令寻址与数据寻址的区别
  掌握基本的数据寻址方式
- 堆栈与堆栈操作
  了解硬堆栈结构
  理解软堆栈结构
  掌握软堆栈的堆栈操作方法
- 指令类型
  了解数据传送类指令
  了解运算类指令
  理解程序控制类指令
  理解输入/输出类指令
- 指令系统的发展与改进
  了解指令操作码的优化方法
  理解CISC与RISC的特点
  了解设计RISC的关键技术

2. 重点与难点

本章的重点：指令的地址码和操作码、指令的寻址方式、堆栈操作、指令类型、指令系统的发展与改进等。

本章的难点：非规整型指令操作码的编码、基本数据寻址方式的特点和区别。

3.1 指令格式

一台计算机指令格式的选择和确定涉及多方面的因素，如指令长度、地址码结构以及操作码结构等，这是一个很复杂的问题。它与计算机系统结构、数据表示方法、指令功能设计等都密切相关。

3.1.1 机器指令的基本格式

一条指令就是机器语言的一个语句，它是一组有意义的二进制代码。机器指令的基本格式如下。

操作码字段	地址码字段

其中，操作码字段指明了指令的操作性质及其功能，地址码字段则给出了操作数或操作数的地址。

指令的长度是指一条指令中所包含的二进制代码的位数，它取决于操作码字段的长度、操作数地址的个数及长度。指令长度与机器字长没有固定的关系，它既可以等于机器字长，也可以大于或小于机器字长。

在一个指令系统中，若所有指令的长度都是相等的，我们就称该指令系统为定长指令字结构。定长结构指令系统控制简单，但不够灵活。若各种指令的长度随指令功能而异，我们就称该指令系统为变长指令字结构。变长结构指令系统灵活，能充分利用指令长度，但指令的控制较复杂。

3.1.2 地址码结构

计算机执行一条指令所需要的全部信息都必须包含在指令中。对于一般的双操作数运算类指令来说，除操作码之外，指令还应包含以下信息。

① 第一操作数地址，用A_1表示。

② 第二操作数地址，用A_2表示。

③ 操作结果存放地址，用A_3表示。

④ 下一条将要执行指令的地址，用A_4表示。

这些信息既可以在指令中明显地给出（该类地址称为显地址），也可以依照某种事先的约定，用隐含的方式给出（该类地址称为隐地址）。下面从地址结构的角度介绍几种指令格式。

1. 四地址指令

前述的4个地址信息在地址字段中明显地给出，其指令的格式为：

OP	A_1	A_2	A_3	A_4

指令的含义：

$$(A_1)OP(A_2)\rightarrow A_3$$

$$A_4 = \text{下一条将要执行指令的地址}$$

其中，OP表示具体的操作；A_i表示地址；(A_i)表示存放在该地址中的内容。

这种格式的主要优点是直观，下一条指令的地址明显。但是最严重的缺点是指令的长度太长，所以这种格式是不切实际的。

2. 三地址指令

正常情况下，大多数指令按顺序依次从主存中被取出来执行，只有在遇到转移指令时，程序的执行顺序才会改变。因此，可以考虑用一个程序计数器（PC）来存放指令地址。通常每执行一条指令，PC就自动加1（设每条指令只占一个主存单元），直接得到将要执行的下一条指令的地址。这样，指令中就不必再明显地给出下一条指令的地址了。三地址指令格式为：

OP	A_1	A_2	A_3

指令的含义：

$$(A_1)OP(A_2)\rightarrow A_3$$

$$(PC)+1\rightarrow PC（隐含）$$

执行一条三地址的双操作数运算指令至少需要访问4次主存。第一次取指令本身，第二次取第一操作数，第三次取第二操作数，第四次保存运算结果。

这种格式省去了一个地址，但指令长度仍比较长，所以只在字长较长的大型、中型计算机中使用，小型、微型计算机中很少使用。

3. 二地址指令

三地址指令执行完后，主存中的两个操作数均不会被破坏。然而，通常并不一定需要完整地保留两个操作数。例如，让第一操作数地址同时兼作存放结果的地址（目的地址），这样即得到了二地址指令，其格式为：

OP	A_1	A_2

指令的含义：

$$(A_1)OP(A_2)\rightarrow A_1$$

$$(PC)+1\rightarrow PC（隐含）$$

其中，A_1为目的操作数地址，A_2为源操作数地址。

注 意

指令执行之后，目的操作数地址中原存的内容已被破坏了。执行一条二地址的双操作数运算指令，同样至少需要访问 4 次主存。

4. 一地址指令

一地址指令顾名思义只有一个显地址，它的指令格式为：

OP	A_1

一地址指令只有一个地址，那么另一个操作数来自何方呢？指令中虽未明显地给出，但按事先约定，这个隐含的操作数就放在一个专门的寄存器中。因为这个寄存器在连续运算时保存着多条指令连续操作的累计结果，故称为累加寄存器（Acc）。

指令的含义：

$$(Acc)OP(A_1)\rightarrow Acc$$

$$(PC)+1\rightarrow PC（隐含）$$

执行一条一地址的双操作数运算指令，只需要访问两次主存。第一次取指令本身，第二次取第二操作数。第一操作数和运算结果都放在累加寄存器中，所以读取和存入都不需要访问主存。

5. 零地址指令

零地址指令格式中只有操作码字段，没有地址码字段，其格式为：

OP

零地址的算术逻辑类指令是用在堆栈计算机中的。堆栈计算机没有一般计算机中必备的通用寄存器，因此堆栈就成为提供操作数和保存运算结果的唯一场所。通常，参加算术逻辑运算的两个操作数隐含地从堆栈顶部弹出，并送到运算器中进行运算，运算的结果再隐含地压入堆栈。有关堆栈的概念将在后续章节中讨论。

指令中地址个数的选取要考虑诸多的因素。从缩短程序长度、用户使用方便、增加操作并行度等方面来看，选用三地址指令格式较好；从缩短指令长度、减少访存次数、简化硬件设计等方面来看，一地址指令格式较好。对于同一个问题，用三地址指令编写的程序最短，但指令长度（程序存储量）最长；而用二地址、一地址、零地址指令来编写程序，程序的长度一个比一个长，但指令的长度一个比一个短。表3-1给出了不同地址数指令的特点及其适用场合。

表 3-1 不同地址数指令的特点及其适用场合

地址数量	程序长度	程序存储量	执行速度	适用场合
三地址	短	最大	一般	向量、矩阵运算
二地址	一般	很大	很慢	一般不宜采用
一地址	较长	较大	较快	连续运算，硬件结构简单
零地址	最长	最小	最慢	嵌套、递归问题运算

前面介绍的操作数地址都是指主存单元的地址，实际上许多操作数可能是存放在通用寄存器里的。计算机在CPU中设置了相当数量的通用寄存器，用它们来暂存运算数据或中间结果，这样可以极大减少访存次数，提高计算机的处理速度。实际使用的二地址指令多为二地址R（通用寄存器）型，一般通用寄存器数量有8～32个，其地址（或称为寄存器编号）有3～5位即可。由于二地址R型指令的地址码字段很短，且操作数在寄存器中，所以这类指令程序存储量最小，程序执行速度最快，在小型、微型计算机中被大量使用。

3.1.3 指令的操作码

指令系统中的每一条指令都有唯一确定的操作码。指令不同，其操作码的编码也不同。通常，希望用尽可能短的操作码字段来表达全部的指令。指令操作码的编码可以分为规整型定长编码和非规整型变长编码两类。

1. 规整型定长编码

定长编码是一种简单的编码方法，操作码字段的位数和位置是固定的。为了能表示整个指令系统中的全部指令，指令的操作码字段应当具有足够的位数。

假定指令系统共有m条指令，指令中操作码字段的位数为N位，则有如下关系式：

$$m \leqslant 2^N$$

所以

$$N \geqslant \log_2 m$$

定长编码对于简化硬件设计、缩短指令译码的时间是非常有利的，它在字长较长的大型、中型计算机及超级小型计算机上得到广泛采用。例如，IBM 370（字长32位）采用的就是这种方式。IBM 370的指令可分为3种不同的长度形式：半字长指令（16位）、单字长指令（32位）和一个半字长指令（48位）。在IBM 370中不论指令的长度为多少位，其操作码字段一律都是8位。8位操作码允许容纳256条指令。而实际上，在IBM 370中仅有183条指令，存在着极大的信息冗余。这种信息冗余的编码也称为非法操作码。

2. 非规整型变长编码

变长编码操作码字段的位数不固定，且分散地存放在指令字的不同位置上。这种方式能够有效地压缩指令中操作码字段的平均长度，在字长较短的小型、微型计算机上得到广泛采用。例如，PDP-11（字长16位）采用的就是这种方式。PDP-11的指令分为单字长、二字长、三字长3种，操作码字段为4～16位，可遍及整个指令长度。

显然，操作码字段的位数和位置不固定将增加指令译码和分析的难度，使控制器的设计复杂化。

常用的非规整型编码方式是扩展操作码法。因为如果指令长度一定，则地址码与操作码字段的长度是相互制约的。为了解决这一矛盾，让操作数地址个数多的指令（三地址指令）的操作码字段短些，操作数地址个数少的指令（一或零地址指令）的操作码字段长些，这样既能充分地利用指令的各个字段，又能在不增加指令长度的情况下扩展操作码的位数，使它能表示更多的指令。例如，设某机的指令长度为16位，操作码字段为4位，有3个4位的地址码字段，其格式为：

15　　12	11　　8	7　　4	3　　0
OP	A_1	A_2	A_3

如果按照定长编码的方法，4位操作码最多只能表示16条不同的三地址指令。假设指令系统中不仅有三地址指令，还有二地址指令、一地址指令和零地址指令，利用扩展操作码法可以使在指令长度不变的情况下，指令的总数远远大于16条。例如，指令系统中要求有15条三地址指令、15条二地址指令、15条一地址指令和16条零地址指令，共61条指令。显然，只有4位操作码是不够的，解决的方法就是向地址码字段扩展操作码的位数。扩展的方法如下。

① 4位操作码的编码0000～1110定义了15条三地址指令，留下1111作为扩展窗口，与下一个4位（A_1）组成一个8位的操作码字段。

② 8位操作码的编码11110000～11111110定义了15条二地址指令，留下11111111作为扩展窗口，与下一个4位（A_2）组成一个12位的操作码字段。

③ 12位操作码的编码111111110000～111111111110定义了15条一地址指令，扩展窗口为111111111111，与A_3组成16位的操作码字段。

④ 16条零地址指令由16位操作码的编码1111111111110000～1111111111111111给出。

根据指令系统的要求，扩展操作码的组合方案可以有很多种，但有以下两点要注意。

① 不允许短码是长码的前缀，即短码不能与长码开始部分的代码相同，否则将无法保证解码的唯一性和实时性。

② 各条指令的操作码一定不能重复，而且各类指令的格式安排应统一、规整。

3.2 寻址技术

寻址指的是寻找操作数的地址或下一条将要执行的指令地址。寻址技术是计算机设计中硬件对软件最早提供支持的技术之一。寻址技术包括编址方式和寻址方式。

3.2.1 编址方式

在计算机中，编址方式是指对各种存储设备进行编码的方式。

1. 编址

通常，指令中的地址码字段指出操作数的来源和去向，而操作数则存放在相应的存储设备中。在计算机中需要编址的设备主要有CPU中的通用寄存器、主存储器和输入/输出设备3种。

如果要对通用寄存器、主存储器和输入/输出设备进行访问，则必须对它们进行编址。就像一所大楼里有许多房间，必须给每一个房间编上唯一的号码，人们才能据此找到需要的房间。

如果存储设备是CPU中的通用寄存器，那么在指令字中应给出寄存器编号；如果是主存的一个存储单元，那么在指令字中应给出该存储单元的地址；如果是输入/输出设备（接口）中的一个寄存器，那么指令字中应给出设备编号、设备端口地址或设备映像地址（与主存地址统一编址时）。

2. 编址单位

目前常用的编址单位有字编址、字节编址和位编址。

（1）字编址

字编址是实现起来非常容易的一种编址方式。这是因为每个编址单位与访问单位一致，即每个编址单位所包含的信息量（二进制位数）与访问一次寄存器、主存所获得的信息量相同。早期的大多数机器都采用这种编址方式。

在采用字编址的机器中，每执行一条指令，程序计数器加1；每从主存中读出一个数据，地址计数器加1。这种控制方式实现起来简单，地址信息没有任何浪费。但它的主要缺点是不支持非数值应用，而目前在计算机的实际应用领域中，非数值应用已超过数值应用。

（2）字节编址

目前使用普遍的编址方式是字节编址，这种编址方式是为了满足非数值应用的需要。字节编址方式使编址单位与信息的基本单位（一字节）一致，这是它的最大优点。然而，如果主存的访问单位也是一字节，那么主存的带宽就太窄了，所以编址单位和主存的访问单位是不相同的。通常主存的访问单位大小是编址单位大小的若干倍。

在采用字节编址的机器中，如果指令长度是32位，那么每执行完一条指令，程序计数器要加4。如果数据字长是32位，当连续访问存储器时，每读写完一个数据字，地址寄存器要加4。由此可见，字节编址方式存在着地址信息浪费的现象。

（3）位编址

有部分计算机系统采用位编址方式，如STAR-100巨型计算机等。这种编址方式的地址信息浪费更大。

3. 指令中地址码的位数

指令格式中每个地址码的位数是与主存容量和最小寻址单位（编址单位）有关联的。主存容量越大，所需的地址码位数就越长。对于相同容量来说，如果以字节为最小寻址单位，那么地址码的位数就长一些，但是这样可以方便对每一个字符进行处理；如果以字为最小寻址单位（假定字长为16位或更长），那么地址码的位数可以减少，但对字符的操作比较困难。例如，某计算机主存容量为2^{20}字节，机器字长为32位，若最小寻址单位为字节（按字节编址），其地址码应为20位；若最小寻址单位为字（按字编址），其地址码只需18位。从减少指令长度的角度看，最小寻址单位越大越好；而从对字符或位的操作是否方便的角度看，最小寻址单位越小越好。

3.2.2 指令寻址与数据寻址

寻址可以分为指令寻址和数据寻址。寻找下一条将要执行的指令地址称为指令寻址；寻找操作数的地址称为数据寻址。指令寻址比较简单，它又可以细分为顺序寻址和跳跃寻址。而数据寻址方式种类较多，其最终目的都是寻找所需要的操作数。

顺序寻址可通过将程序计数器加1，自动形成下一条指令的地址；跳跃寻址则需要通过程序转移类指令实现。

跳跃寻址的转移地址形成方式有3种：直接（绝对）寻址、相对寻址和间接寻址。它们与数据寻址方式中的直接、相对和间接寻址是相同的，只不过寻找到的不是操作数的有效地址，而是转移的有效地址。

3.2.3 寻址方式

基本的数据寻址方式

寻址方式是根据指令中给出的地址码字段寻找真实操作数地址的方式。指令中地址码字段给出的地址称为形式地址（用字母A表示），这个地址有可能不能直接用来访问主存。形式地址经过某种运算而得到的能够直接访问主存的地址称为有效地址（用字母EA表示）。从形式地址生成有效地址的各种方式称为寻址方式，即：

$$\text{指令中的形式地址} \xrightarrow{\text{寻址方式}} \text{有效地址}$$

每种计算机的指令系统都有自己的一套数据寻址方式，不同计算机的寻址方式名称和含义并不统一。下面介绍大多数计算机常用的几种基本寻址方式。

1. 立即寻址

立即寻址是一种特殊的寻址方式，指令中在操作码字段后面的部分不是通常意义上的操作数地址，而是操作数本身。也就是说，数据包含在指令中，只要取出指令，也就取出了可以立即使用的操作数，这样的数称为立即数。其指令格式为：

OP	立即数

这种方式的特点是：在取指令时，操作码和操作数同时被取出，不必再次访问主存，从而可提高指令的执行速度。但是，因为操作数是指令的一部分，不能被修改，而且立即数的大小受到指令长度的限制，所以这种寻址方式灵活性非常差，通常用于给某一寄存器（或主存单元）赋初值或提供一个常数。

2. 寄存器寻址

寄存器寻址指令的地址码部分给出某一个通用寄存器的编号R_i，这个指定的寄存器中存放着操作数。其寻址过程如图3-1所示。图3-1中的IR表示指令寄存器，它用于存放从主存中取出的指令。操作数S与寄存器R_i的关系为：

$$S = (R_i)$$

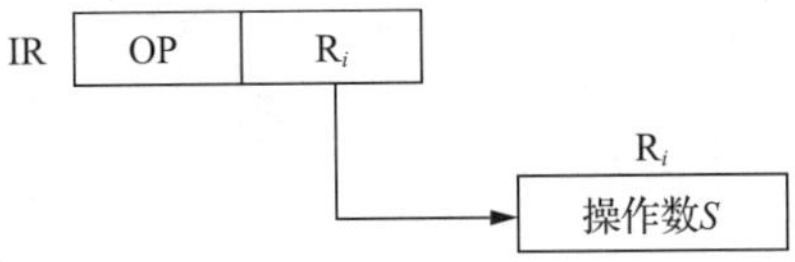

图3-1　寄存器寻址过程

这种寻址方式具有如下两个明显的优点。

① 从寄存器中存取数据比从主存中存取的速度快得多。

② 由于寄存器的数量较少，其地址码字段比主存单元地址字段短得多。

这种方式可以缩短指令长度，提高指令的执行速度。几乎所有的计算机都使用寄存器寻址方式。

3. 直接寻址

直接寻址指令中地址码字段给出的地址A就是操作数的有效地址，即形式地址等于有效地址（EA=A）。这样给出的操作数地址是不能修改的，且与程序本身所在的位置无关，所以其又被称为绝对寻址方式。图3-2所示为直接寻址过程。操作数S与地址码A的关系为：

$$S=(A)$$

这种寻址方式不需进行任何寻址运算，简单、直观，也便于硬件实现，但地址空间受到指令中地址码字段位数的限制。

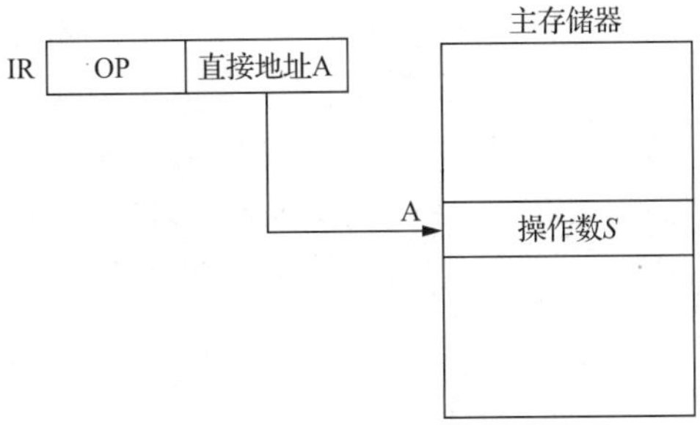

图3-2　直接寻址过程

4. 间接寻址

间接寻址意味着指令中给出的地址A不是操作数的地址，而是存放操作数地址的主存单元的地址，简称操作数地址的地址。通常在指令格式中设有一位作为直接或间接寻址的标志位，间接寻址时标志位@=1。

间接寻址中又有一级间接寻址和多级间接寻址之分。在一级间接寻址中，首先按指令的地址码字段从主存中取出操作数的有效地址，即EA=(A)，然后按此有效地址从主存中读出操作数，如图3-3（a）所示。操作数S与地址码A的关系为：

$$S=((A))$$

多级间接寻址为取得操作数需要多次访问主存，即使在找到操作数有效地址后，还需再访问一次主存才可得到真正的操作数，如图3-3（b）所示。对于多级间接寻址来说，在寻址过程中所访问到的每个主存单元的内容中都应设有一个间接地址（简称间址）标志位，通常将这个标志放在主存单元的最高位。当该位为1时，表示这一主存单元中仍然是间接地址，需要继续间接寻址；当该位为0时，表示已经找到了有效地址，根据这个地址可以读出真正的操作数。

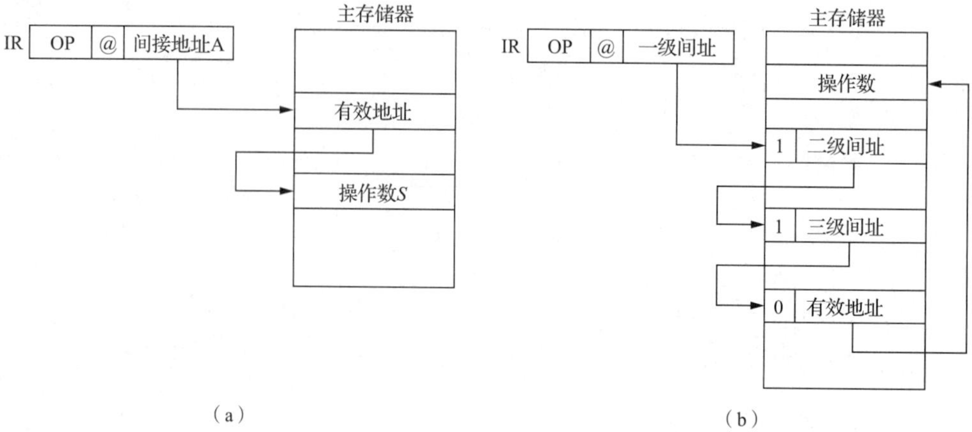

图3-3　间接寻址过程

间接寻址要比直接寻址灵活得多，它的主要优点如下。

① 扩大了寻址范围，可用指令中的短地址访问大的主存空间。

② 可将主存单元作为程序的地址指针，用以指示操作数在主存中的位置。当操作数的地址需要改变时，不必修改指令，只需修改存放有效地址的主存单元的内容即可。

但是，间接寻址在取址之后至少需要访问两次主存才能取出操作数，降低了取操作数的速度。尤其是在多级间接寻址时，寻找操作数要耗费相当长的时间，甚至可能发生间址循环。

5. 寄存器间接寻址

为了克服间接寻址中访存次数多的缺点，可采用寄存器间接寻址，即指令中的地址码给出某一通用寄存器的编号，在被指定的寄存器中存放操作数的有效地址，而操作数则存放在主存单元中，其寻址过程如图3-4所示。操作数S与寄存器编号R_i的关系为：

$$S=((R_i))$$

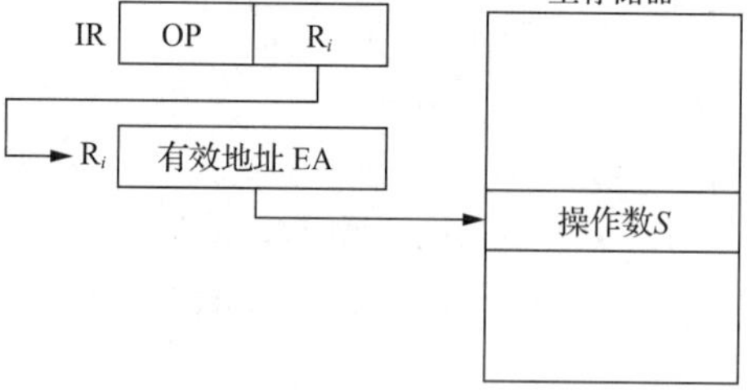

图3-4　寄存器间接寻址过程

这种寻址方式的指令较短，并且在取指后只需访存一次便可得到操作数，因此其指令的执行速度较间接寻址方式要快。这是一种使用广泛的寻址方式。

6. 变址寻址

变址寻址就是把变址寄存器R_x的内容与指令中给出的形式地址A相加，形成操作数有效地址，即$EA=(R_x)+A$。R_x的内容称为变址值，其寻址过程如图3-5所示。操作数S与地址码、变址寄存器的关系为：

$$S=((R_x)+A)$$

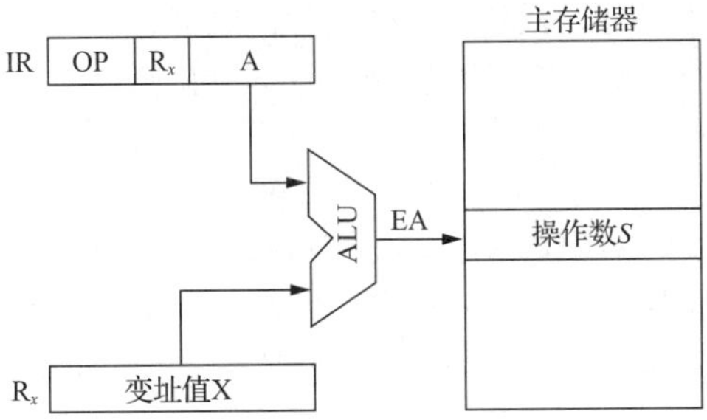

图3-5 变址寻址过程

变址寻址是一种广泛采用的寻址方式，其典型的用法是将指令中的形式地址作为基准地址，而变址寄存器的内容作为修改量。遇到需要频繁修改地址的情况时，无须修改指令，只需修改变址值就可以了，这样对于数组运算、字符串操作等成批数据处理是很有用的。例如，要把一组连续存放在主存单元中的数据（首地址是A）依次传送到另一个存储区（首地址为B）中，则只需在指令中指明两个存储区的首地址A和B（形式地址），用同一变址寄存器提供修改量K，即可实现(A+K)→B+K。变址寄存器的内容在每次传送之后自动地修改。

在具有变址寻址的指令中，除操作码和形式地址外，还应具有变址寻址标志。当有多个变址寄存器时，必须指明具体寻找哪一个变址寄存器。

7. 基址寻址

基址寻址是将基址寄存器R_b的内容与指令中给出的位移量D相加，形成操作数有效地址，即EA=$(R_b)+D$。基址寄存器的内容称为基址值。指令的地址码字段是一个位移量，位移量可正、可负，如图3-6所示。操作数与基址寄存器、地址码的关系为：

$$S=((R_b)+D)$$

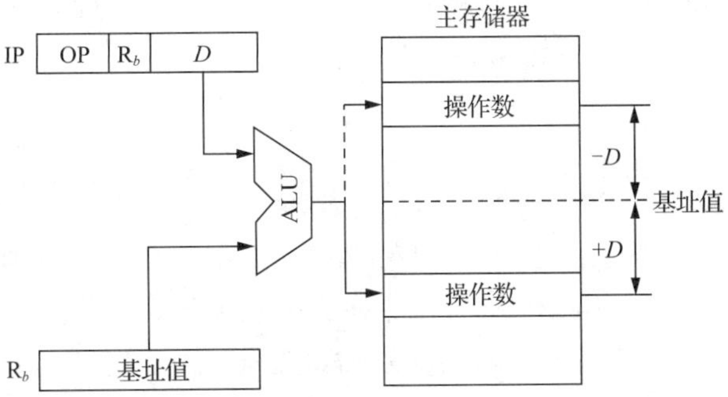

图3-6 基址寻址过程

基址寻址原是大型计算机采用的一种技术，用来将用户的逻辑地址（用户编程时使用的地址）转换成主存的物理地址（程序在主存中的实际地址）。

基址寻址和变址寻址在形成有效地址时所用的算法是相同的，而且在一些计算机中，这两种寻址方式都是由同样的硬件来实现的。但是，它们两者实际上是有区别的。一般来说，变址寻址中变址寄存器提供修改量（可变的），而指令中提供基准值（固定的）；基址寻址中基址寄存器提供基准值（固定的），而指令中提供位移量（可变的）。这两种寻址方式应用的场合也不同：变址寻址是面向用户的，它用于访问字符串、向量和数组等成批数据；基址寻址面向系统，它主要用于逻辑地址和物理地址的变换，用以解决程序在主存中的再定位和扩大寻址空间等问题。在某些大型计算机中，基址寄存器只能由特权指令来管理，用户指令无权操作和修改。在某些小型、微型计算机中，基址寻址和变址寻址实际上是合二为一的。

8. 相对寻址

相对寻址是基址寻址的一种变通，它由程序计数器（PC）提供基准地址，指令中的地址码字段作为位移量D，两者相加后得到操作数的有效地址，即EA=(PC)+D。其中，位移量指出的是操作数和现行指令之间的相对位置。相对寻址过程如图3-7所示。

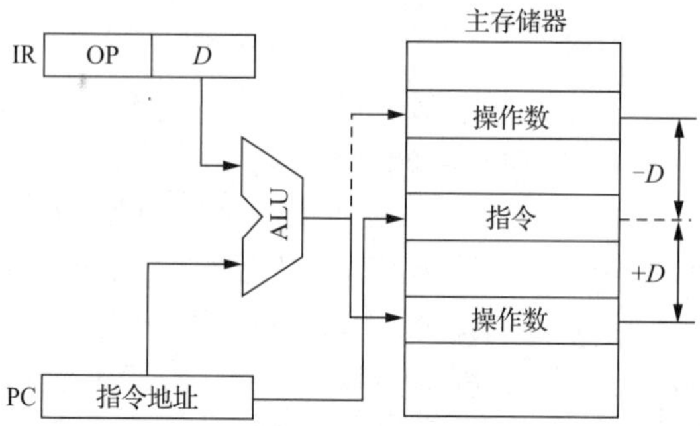

图3-7 相对寻址过程

这种寻址方式有如下两个特点。

① 操作数的地址不是固定的，它会随着PC值的变化而发生变化，并且与指令地址之间总是相差一个固定值。当指令地址变换时，由于其位移量不变，操作数与指令在可用的存储区内一起移动，因此仍能保证程序的正确运行。采用PC相对寻址方式编写的程序可在主存中任意浮动，它放在主存的任何地方所运行的结果都是一样的。

② 对于指令地址而言，操作数地址可能在指令地址之前或之后，因此指令中给出的位移量可负、可正，通常用补码表示。如果位移量为n位，则相对寻址的寻址范围为：

$$(PC)-2^{n-1} \sim (PC)+2^{n-1}-1$$

注 意

有些计算机是以当前指令地址为基准的，有些计算机是以下一条指令地址为基准的。这是因为有的机器是在当前指令执行完时，才将PC的内容加1（或加增量），而有的机器是在取出当前指令后立即将PC的内容加1（或加增量），使之变成下一条指令的地址。后一种方法将使位移量的计算变得比较复杂，特别是对于变字长指令更加麻烦。不过，在实际应用时，位移量是由汇编程序自动形成的，程序员并不需要特别关注。

9. 页面寻址

页面寻址相当于将整个主存空间分成若干个大小相同的区，每个区称为一页，每页有若干个主存单元。例如，一个64KB的存储器被划分为256个页面，每个页面中有256字节，如图3-8（a）所示。每页都有自己的编号，该编号被称为页面地址；页面内的每个主存单元也有自己的编号，该编号被称为页内地址。这样，存储器的有效地址就被分为两部分：前部为页面地址（在此例中占8位），后部为页内地址（也占8位）。页内地址由指令的地址码部分自动直接提供，它与页面地址通过简单的拼装、连接就可得到有效地址，无须进行计算，因此寻址迅速。

根据页面地址的来源不同，页面寻址又可以分成以下3种不同的方式。

① 基页寻址。基页寻址又称为零页寻址。由于页面地址全等于0，因此有效地址EA=0//A（//在这里表示简单拼接），操作数S在零页面中，如图3-8（b）所示。基页寻址实际上就是直接寻址。

② 当前页寻址。页面地址就等于程序计数器高位部分的内容，所以有效地址EA=$(PC)_H$//A，操作数S与指令本身处于同一页面中，如图3-8（c）所示。

③ 页寄存器寻址。页面地址取自页寄存器，它与页内地址相拼接形成有效地址，如图3-8（d）所示。

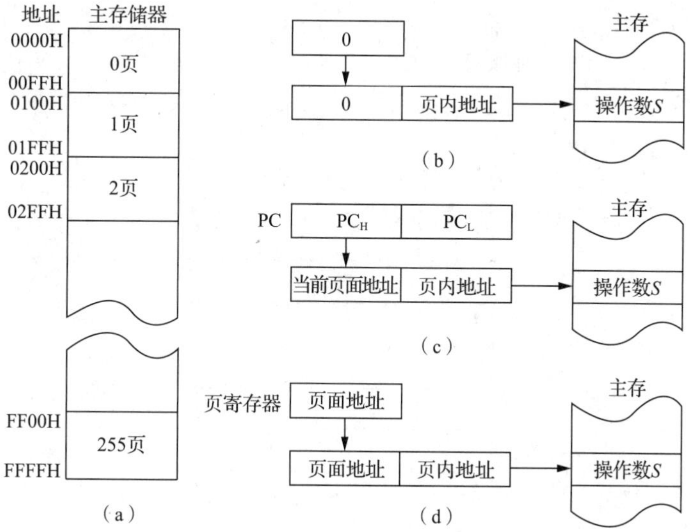

图3-8 页面寻址

前两种方式因不需要页寄存器，所以经常使用。有些计算机在指令格式中设置了一个页面标志位（Z/C）。当Z/C=0，表示零页寻址；当Z/C=1，表示当前页寻址。

为了区分各种不同的寻址方式，我们必须在指令中给出标识。标识的方式通常有两种：显式和隐式。显式的方式就是在指令中设置专门的寻址方式字段，用二进制编码来表明寻址方式类型；隐式的方式是由指令的操作码字段说明指令格式并隐含约定寻址方式。

注 意

一条指令若有两个或两个以上的地址码时，各地址码可采用不同的寻址方式。例如，源地址采用一种寻址方式，而目的地址采用另一种寻址方式。

3.3 堆栈与堆栈操作

堆栈是一种按特定顺序进行存取的存储区，这种特定顺序可归结为“后进先出”（LIFO）或“先进后出”（FILO）。在一般计算机中，堆栈主要用来暂存中断断点、子程序调用时的返回地址、状态标志及现场信息等，也可用于子程序调用时参数的传递。

3.3.1 堆栈结构

堆栈区通常是主存储器中指定的一个区域，我们也可以专门设置一个小而快的存储器作为堆栈区，还可以在堆栈容量很小的情况下，用一组寄存器来构成堆栈。

1. 寄存器堆栈

有些计算机中用一组专门的寄存器构成寄存器堆栈，这种堆栈又称为硬堆栈。这种堆栈的栈顶是固定的，寄存器组中各寄存器是相互连接的，它们之间具有对应位自动推移的功能，即可将一个寄存器的内容推移到相邻的另一个寄存器中，如图3-9所示。在执行压入操作（进栈）时，一个压入信号将使所有寄存器的内容依次向下推移一个位置，即寄存器i的内容被传送到寄存器i+1，同时一个n位的数据被压入栈顶（寄存器0）。在执行弹出操作（出栈）时，一个弹出信号将把所有寄存器的内容依次向上推移一个位置，即寄存器i的内容被传送到寄存器i−1，栈顶（寄存器0）的内容被弹出。

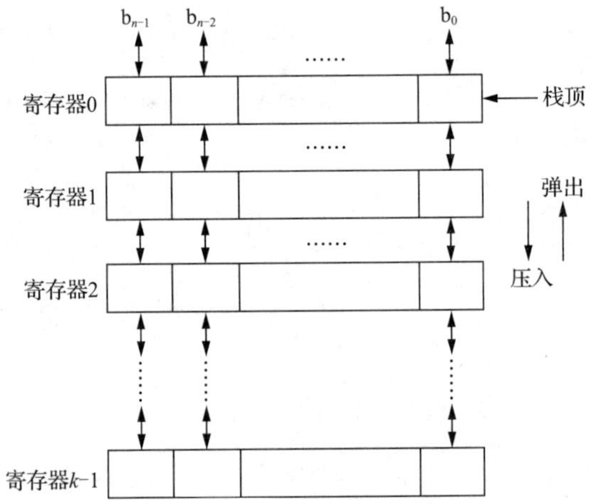

图3-9　寄存器堆栈结构

从图3-9可看出，上述堆栈中最多只能压入k个数据，否则将丢失信息。这种堆栈的工作过程很像子弹夹的弹仓，由于栈顶位置固定，故不必设置堆栈的栈顶指针。

2. 存储器堆栈

寄存器堆栈的成本比较高，它不适合用于大容量的堆栈。而从主存中划出一段区域来作为堆栈区域是合理且常用的方法。这种堆栈又称为软堆栈，其堆栈的大小可变，栈底固定，栈顶浮动，故需要一个专门的硬件寄存器作为堆栈栈顶指针（简称栈指针，SP）。栈指针所指定的存储单元就是堆栈的栈顶。存储器堆栈又可分为两种：自底向上生成堆栈和自顶向下生成堆栈。

软堆栈的容量可以很大，而且可以在整个主存中浮动，但是速度比较慢，每访问一次堆栈实际就是访问一次主存。一些大型的计算机系统往往希望堆栈的容量大、速度快，故我们可以将前述两种堆栈组合起来构成软、硬结合的堆栈。在这样的堆栈中，一般压入、弹出操作在小容量的硬堆栈中进行，可保证访问速度快。当硬堆栈已满之后，每向硬堆栈压入一个数据总是将其栈底寄存器中的数据压入软堆栈中，使堆栈总容量有效扩大；同样，数据出栈时，不断将软堆栈中栈顶的内容上移至硬堆栈的栈底寄存器中。显然，这种堆栈集中了硬堆栈速度快、软堆栈容量大的优点，只是在控制上稍复杂些，但这是完全可以接受的。

3.3.2 堆栈操作

堆栈操作

访问堆栈的指令只有进栈（压入）和出栈（弹出）两种。堆栈操作既不是在堆栈中移动它所存储的内容，也不是把已存储在栈中的内容从栈中抹掉，而是通过调整堆栈指针而给出新的栈顶位置，以便对位于栈顶位置的数据进行操作。下面以自底向上生成（向低地址方向生成）堆栈为例来讨论堆栈操作。假设栈指针始终指向栈顶的满单元，且压入和弹出的数据为1字节。

这种堆栈的栈底地址大于栈顶地址，如图3-10所示。因此，进栈时，堆栈指针SP的内容需要先自动减1，然后将数据压入堆栈；出栈时，需要先将堆栈中的数据弹出，然后SP的内容再自动加1。进栈、出栈的过程描述如下。

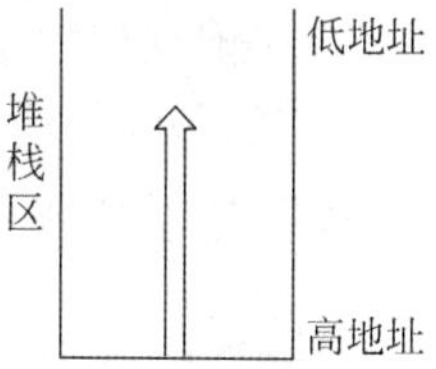

图3-10　存储器堆栈结构

进栈：

(SP)−1→SP　#修改栈指针

(A)→(SP)　#将A中的内容压入栈顶单元

出栈：

((SP))→A　#将栈顶单元内容弹出，送入A中

(SP)+1→SP　#修改栈指针

其中，A为寄存器或主存单元地址；(SP)表示堆栈指针的内容，即栈顶单元地址；((SP))表示栈顶单元的内容。

而对于自顶向下生成（向高地址方向生成）堆栈，由于它的栈底地址小于栈顶地址，因此，所以进栈时，先令(SP)+1→SP，然后压入数据；出栈时，先将数据弹出，然后(SP)−1→SP。

在堆栈计算机（如HP-3000和B5000机等）中，算术逻辑类指令中没有地址码字段，故称为零地址指令。参加运算的两个操作数隐含地从堆栈顶部弹出，送到运算器中进行运算，运算的结果再隐含地压入堆栈。如果将算术表达式改写为逆波兰表达式，用零地址指令进行运算是十分方便的。例如，有算术表达式$a \times b + c \div d$，运算结果存入X单元，这个算术表达式可以用逆波兰表达式表示为$ab \times cd \div +$。现在用零地址指令和一地址指令对该算式编程，并利用堆栈完成运算。假设堆栈采用自底向上生成方式，用大写字母A表示数据a的地址，其他依此类推，其程序段为：

```
PUSH A  #数据A压入堆栈
PUSH B  #数据B压入堆栈
MUL     #完成A×B
PUSH C  #数据C压入堆栈
PUSH D  #数据D压入堆栈
DIV     #完成C÷D
ADD     #完成A×B+C÷D
POP X   #结果存入X单元
```

注 意

执行一条零地址的双操作数运算指令，如果是软堆栈，则需要访问4次主存；如果是硬堆栈，则只需要访问一次主存。

3.4 指令类型

一台计算机的指令系统可以有上百条指令，这些指令按其功能可以分成数据传送类指令、运算类指令、程序控制类指令、输入/输出类指令等几种类型。

3.4.1 数据传送类指令

数据传送类指令是基本的指令类型，它主要用于实现寄存器与寄存器之间、寄存器与主存单元之间以及两个主存单元之间的数据传送。数据传送类指令又可以细分为以下几种。

1．一般传送类指令

一般传送类指令具有数据复制的性质，即数据从源地址传送到目的地址，而源地址中的内容保持不变。一般传送类指令常用助记符MOV表示，根据数据传送的源地址和目的地址的不同，又可分为以下几种传递方式。

① 主存单元之间的传送。

② 从主存单元传送到寄存器。在有些计算机中，该指令用助记符LOAD（取数指令）表示。

③ 从寄存器传送到主存单元。在有些计算机里，该指令用助记符STORE（存数指令）表示。

④ 寄存器之间的传送。

2．堆栈操作指令

堆栈操作指令实际上是一种特殊的数据传送指令，它分为进栈（PUSH）和出栈（POP）两种。在程序中，它们往往是成对出现的。

如果堆栈是主存的一个特定区域，那么对堆栈的操作也就是对存储器的操作。

3．数据交换指令

前述的数据传送都是单方向的。然而，数据传送也可以是双方向的，即将源操作数与目的操作数（一字节或一个字）相互交换位置。

3.4.2 运算类指令

1．算术运算类指令

算术运算类指令主要用于定点和浮点运算。这类运算包括定点加/减/乘/除指令、浮点加/减/乘/除指令以及加1、减1、比较等，有些机器还有十进制算术运算指令。

绝大多数算术运算指令会影响状态标志位，通常的标志位有进位、溢出、全零、正负和奇偶等。为了实现高精度的加减运算（双倍字长或多字长），低位字（字节）加法运算所产生的进位（或减法运算所产生的借位）都存放在进位标志中；在高位字（字节）加减运算时，应考虑低位字（字节）的进位（或借位），因此，指令系统中除普通的加、减指令外，一般设置了带进位加指令和带借位减指令。

2．逻辑运算类指令

一般计算机都具有与、或、非和异或等逻辑运算指令。这类指令在没有设置专门的位操作指令的计算机中常用于对数据字（字节）中某些位（一位或多位）进行操作，常见的应用如下。

（1）按位检（位检查）

利用“与”指令可以屏蔽数据字（字节）中的某些位。通常让被检查数作为目的操作数，屏蔽字作为源操作数，要检测某些位可使屏蔽字的相应位为“1”，其余位为“0”，然后执行“与”指令，则可取出所要检查的位。

（2）按位清（位清除）

利用“与”指令可以使目的操作数的某些位置“0”。只要源操作数的相应位为“0”，其余位为“1”，然后执行“与”指令即可。

（3）按位置（位设置）

利用“或”指令可以使目的操作数的某些位置“1”。只要源操作数的相应位为“1”，其余位为“0”，然后执行“或”指令即可。

（4）按位修改

利用“异或”指令可以修改目的操作数的某些位。只要源操作数的相应位为“1”，其余位为“0”，执行“异或”操作之后就可达到修改这些位的目的（因为$A\oplus 1=\overline{A}$，所以$A\oplus 0=A$）。

（5）判符合

若两数相符合，其“异或”之后的结果必定为全“0”。

3．移位类指令

移位类指令分为算术移位、逻辑移位和循环移位3类，它们又各自可分为左移和右移两种。全部的移位操作过程如图3-11所示，其中C表示进位位。

（1）算术移位

算术移位的对象是带符号数，移位过程中必须保持操作数的符号不变，如图3-11（a）所示。当左移一位时，如不产生溢出，则数值乘2；而右移一位时，如不考虑因移出舍去的末位尾数，则数值除以2。

（2）逻辑移位

逻辑移位的对象是无符号数，因此移位时不必考虑符号问题，如图3-11（b）所示。从图3-11中可以看出，逻辑左移指令和算术左移指令的移位操作过程完全相同，这是因为正确的算术左移（不产生溢出时）与逻辑左移结果相同。

（3）循环移位

循环移位按是否与进位位一起循环，又分为两种：小循环（不带进位循环），如图3-11（c）所示；大循环（带进位循环），如图3-11（d）所示。

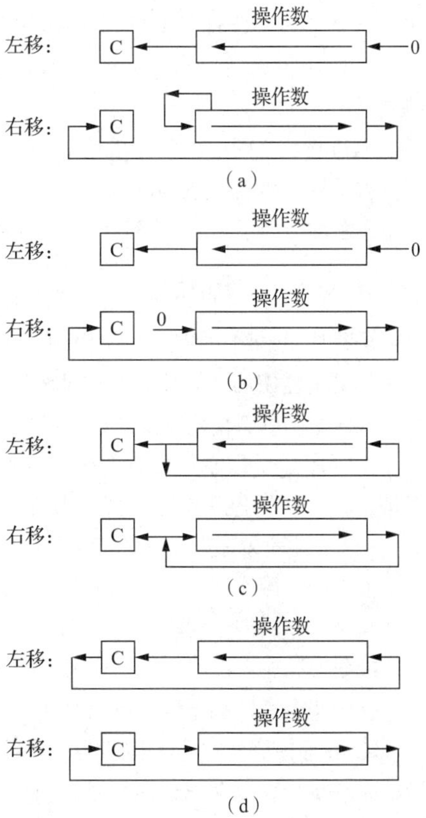

图3-11　移位操作过程

3.4.3　程序控制类指令

程序控制类指令用于控制程序的执行顺序，并使程序具有测试、分析与判断的能力。因此，它们是指令系统中一组非常重要的指令，主要指令包括转移指令、子程序调用指令和返回指令等。

1. 转移指令

在程序执行过程中，通常采用转移指令来改变程序的执行顺序。转移又分无条件转移和条件转移两种。

① 无条件转移又称为必转，它在执行时将改变程序的常规执行顺序，不受任何条件的约束，直接把程序转向该指令指出的新的位置并执行，其助记符一般为JMP。

② 条件转移必须受到条件的约束，若满足指令所规定条件，则程序转移，否则，程序仍顺序执行。条件转移指令主要用于程序的分支操作，即程序执行到某处时，要在两个分支中选择一支，这样就需要根据某些测试条件做出判断。

无论是条件转移还是无条件转移，都需要给出转移地址。若采用相对寻址方式，则转移地址为当前指令地址（PC的值）和指令中给出的位移量之和，即(PC)+位移量→PC；若采用绝对寻址方式，则转移地址由指令的地址码字段直接给出，即A→PC。

相对寻址方式中的位移量通常只有一个字节，这样转移范围只能在离当前PC的-128～+127字节之内；若位移量允许多字节表示，此时转移范围可以超出原来的-128～+127字节。

转移的条件以某些标志位或这些标志位的逻辑运算作为依据，根据单个标志位的条件转移指令的转移条件是上次运算结果的某些标志，如进位标志、结果为零标志、结果溢出标志等，而用于无符号数和带符号数的条件转移指令的转移条件则是上述标志位逻辑运算的结果。

无符号数之间的大小比较后的条件转移指令和带符号数之间的大小比较后的条件转移指令有很大不同。带符号数间的次序关系称为大于（G）、等于（E）和小于（L）；无符号数间的次序关系称为高于（A）、等于（E）和低于（B）。

2. 子程序调用指令

子程序是一组可以公用的指令序列，用户只要知道子程序的入口地址就能调用它。通常把一些需要重复使用并能独立完成某种特定功能的程序单独编成子程序，需要时由主程序调用它们，这样做既可简化程序设计，又可节省存储空间。

主程序和子程序是相对的概念，调用其他程序的程序是主程序，而被其他程序调用的程序是子程序。子程序允许嵌套，即程序A调用程序B，程序B又调用程序C，程序C再调用程序D……这个过程又称为多重转子。其中，程序B对于程序A来说是子程序，而程序B对于程序C来说是主程序。另外，子程序还允许自己调用自己，即子程序递归。

从主程序转向子程序的指令称为子程序调用指令，简称转子指令，其助记符一般为CALL。转子指令安排在主程序中需要调用子程序的地方，转子指令是一种地址指令。

转子指令和转移指令都可以改变程序的执行顺序，但事实上两者存在以下差别。

① 转移指令使程序转移到新的地址后继续执行指令，不存在返回的问题，所以没有返回地址；而转子指令要考虑返回问题，所以必须以某种方式保存返回地址，以便返回时能找到原来的位置。

② 转移指令用于实现同一程序内的转移；而转子指令转去执行一段子程序，实现的是不同程序之间的转移。

返回地址是转子指令的下一条指令的地址，保存返回地址的方法有如下几种。

① 用子程序的第一个字单元存放返回地址。转子指令把返回地址存放在子程序的第一个字单元中，子程序从第二个字单元开始执行。返回时将第一个字单元地址作为间接地址，采用间址方式返回主程序。这种方法可以实现多重转子，但不能实现递归循环。

② 用寄存器存放返回地址。转子指令先把返回地址放到某一个寄存器中，再由子程序将寄存器中的内容转移到另一个安全的地方，如主存的某个区域。这是一种较为安全的方法，该方法可以实现子程序的递归循环，但这种方法会相对增加子程序的复杂程度。

③ 用堆栈保存返回地址。不管是多重转子还是子程序递归，最后存放的返回地址总是最先被使用的。堆栈的“后进先出”存取原则正好支持实现多重转子和递归循环，而且也不增加子程序的复杂程度。这是一种应用广泛的方法。

3. 返回指令

从子程序转向主程序的指令称为返回指令，其助记符一般为RET，子程序的最后一条指令一定是返回指令。返回地址存放的位置决定返回指令的格式，通常返回地址保存在堆栈中，所以返回指令常是零地址指令。

转子指令和返回指令可以是带条件的，条件转子和条件返回与前述条件转移的条件是相同的。

3.4.4 输入 / 输出类指令

输入/输出（I/O）类指令用来实现主机与外部设备（外设）之间的信息交换，如输入/输出数据、主机向外设发控制命令或外设向主机报告工作状态等。从广义的角度看，I/O类指令可以归入数据传送类。各种不同计算机的I/O类指令差别很大，通常有两种编址方式：独立编址方式和统一编址方式。

1. 独立编址方式

独立编址方式使用专门的输入/输出指令（IN/OUT）。以主机为基准，信息由外设传送给主机称为输入，反之称为输出。指令中应给出外设编号（端口地址）。这些端口地址与主存地址无关，它们是另一些独立的地址空间。

2. 统一编址方式

统一编址方式就是把外设寄存器与主存单元统一编址方式。在这种方式下，不需要专门的I/O类指令，用一般的数据传送类指令即可实现I/O操作。一个外设通常至少有两个寄存器：数据寄存器以及命令与状态寄存器。每个外设寄存器都可以由分配给它们的唯一主存地址来识别，主机可以像访问主存一样访问外设寄存器。

独立编址和统一编址两种方式各有优缺点，它们的比较如表3-2所示。

表 3-2 两种编址方式的比较

优缺点	独立编址方式	统一编址方式
优点	I/O指令和访存指令容易区分，外设地址线少，译码简单，主存空间不会减少	总线结构简单，全部访存类指令都可用于控制外设，可直接对外设寄存器进行各种运算
缺点	控制线增加了I/O Read和I/O Write信号	占用主存一部分地址，缩小了可用的主存空间

3.5　指令系统的发展

不同类型的计算机有各具特色的指令系统。由于计算机的性能、机器结构和使用环境不同，指令系统的差异也是很大的，更何况指令系统在不断地发展。

3.5.1　指令操作码的优化

指令操作码的优化就是要在足够表达全部指令的前提下，使操作码字段占用的位数最少。操作码优化主要是为了缩短指令字长、减少程序总位数，以节省程序的存储空间。

要对操作码进行优化就需要知道每种指令在程序中出现的概率（使用频度）、每条指令在程序中被使用的频度，一般我们对此可通过大量的典型程序进行统计求得。现有一台模型机，其共有7条指令，7条指令及其使用频度如表3-3所示。

表 3-3　7 条指令及其使用频度

指令	使用频度（P_i）
I_1	0.40
I_2	0.30
I_3	0.15
I_4	0.05
I_5	0.04
I_6	0.03
I_7	0.03

为了减少信息冗余，这里改用哈夫曼编码。哈夫曼编码法的编码原则是：对使用频度较高的指令，分配较短的操作码字段；对使用频度较低的指令，分配较长的操作码字段。使用哈夫曼编码法，首先要构造哈夫曼树，这种方法又称为最小概率合并法。

构造哈夫曼树的方法如下。

① 把所有指令按照操作码在程序中出现的概率，自左向右，从小到大排列好。

② 选取两个概率最小的结点合并成一个概率值是两者之和的新结点，并把这个新结点与其他还没有合并的结点一起形成新结点集合。

③ 在新结点集合中选取两个概率最小的结点进行合并，如此继续进行下去，直至全部结点合并完毕。

④ 最后得到的根结点的概率为1。

⑤ 每个结点都有两个分支，分别用代码0和1表示。

⑥ 从根结点开始，沿箭头所指方向到达属于该指令的概率结点，把沿线所经过的代码组合起来得到这条指令的操作码编码。

7条指令的哈夫曼树如图3-12所示。哈夫曼编码要求短码不可以是长码的前缀，所以能够保证译码的唯一性和实时性。

哈夫曼编码的具体码值不唯一，但平均码长肯定是唯一的，而且是可用二进制位编码平均码长最短的编码。本例中，操作码的平均码长为：

$$\sum_{i=1}^{n} P_i l_i = 0.40\times1+0.30\times2+0.15\times3+0.05\times5+0.04\times5+0.03\times5+0.03\times5=2.20$$

其中，P_i为各指令的使用频度，l_i为各指令的操作码编码长度。

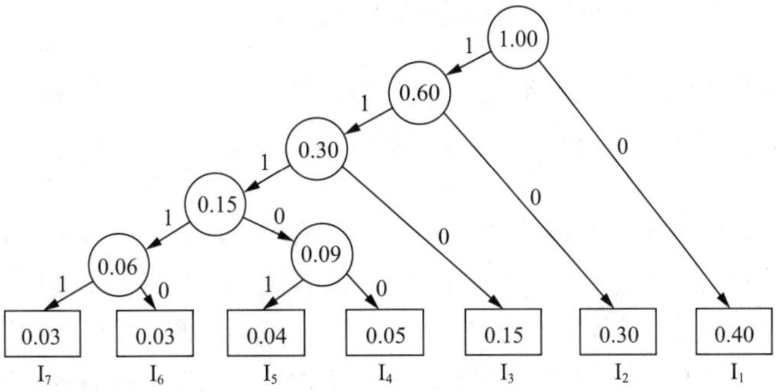

图3-12　7条指令的哈夫曼树

哈夫曼编码是最优化的编码，但这种编码存在的主要缺点如下。

① 操作码长度很不规整，硬件译码困难。

② 与地址码共同组成固定长的指令比较困难。

因而，哈夫曼编码实际中不太采用，而扩展操作码是一种实际可用的优化编码。

扩展操作码编码法是由固定长操作码与哈夫曼编码法相结合形成的一种编码方式，操作码长度被限定使用有限的几种码长，仍体现高概率指令用短码、低概率指令用长码的哈夫曼编码思想，使操作码的平均码长虽大于哈夫曼编码，但小于等长编码。

扩展操作码有等长扩展和不等长扩展两种方式。等长扩展是指每次扩展操作码的位数相同，不等长扩展是指每次扩展操作码的位数不相同。

例如，将上例改为2–4等长扩展编码（操作码分为2位和4位两种）。采用2–4等长扩展编码法时，有：

$$操作码平均长度=\sum_{i=1}^{n} P_i l_i = (0.40+0.30+0.15)\times 2+(0.05+0.04+0.03+0.03)\times 4=2.30$$

指令操作码的哈夫曼编码和扩展操作码编码如表3–4所示。

表 3–4　指令操作码的哈夫曼编码和扩展操作码编码

指令I_i	使用频度P_i	哈夫曼编码	哈夫曼编码OP长度（l_i）	2–4等长扩展编码	2–4等长扩展编码OP长度（l_i）
I_1	0.40	0	1	00	2
I_2	0.30	10	2	01	2
I_3	0.15	110	3	10	2
I_4	0.05	11100	5	1100	4
I_5	0.04	11101	5	1101	4
I_6	0.03	11110	5	1110	4
I_7	0.03	11111	5	1111	4
平均码长	—	2.20	—	2.3	—

注　意

在指令操作码优化时的扩展操作码编码与前述非规整型（变长编码）中的扩展操作码的含义有所不同。这里是从指令的使用频度出发，而不是从地址码的个数出发决定操作码字段位数的，此时对指令的长度是没有限制的。

3.5.2 从复杂指令系统到精简指令系统

指令系统的发展有两种截然不同的方向：一种是增强原有指令的功能，设置更为复杂的新指令实现软件功能的硬化；另一种是减少指令种类和简化指令功能，提高指令的执行速度。前者称为复杂指令系统，后者称为精简指令系统。

长期以来，计算机性能的提高往往是通过增加硬件的复杂性获得的。随着VLSI技术的迅速发展，硬件成本不断下降，软件成本不断上升，促使人们在指令系统中增加更多的指令和更复杂的指令，以满足不同应用领域的需要。这种基于复杂指令系统设计的计算机称为复杂指令系统计算机（CISC）。CISC的指令系统多达几百条指令，例如，Intel 80x86系列就是典型的CISC，其中Pentium 4的指令条数已达到500多条（包括扩展的指令集）。

如此庞大的指令系统使得计算机的研制周期变得很长，同时也增加了设计失误的可能性，而且由于复杂指令需进行复杂的操作，有时还可能降低系统的执行速度。通过对传统的CISC指令系统进行测试表明，各种指令的使用频度相差很悬殊。常使用的比较简单的指令仅占指令总数的约20%，但在各种程序中出现的频度却占约80%；其余大多数指令是功能复杂的指令，这类指令占指令总数的约80%，但其使用频度仅占约20%。因此，人们把这种情况称为“20%～80%律”。从这一事实出发，人们开始了对指令系统合理性的研究，于是基于精简指令系统的精简指令系统计算机（RISC）随之诞生。

RISC的中心思想是要求指令系统简化，尽量使用寄存器-寄存器操作指令，除访存指令（LOAD和STORE）外，其他指令的操作均在单周期内完成，指令格式力求一致，寻址方式尽可能减少，并提高编译的效率，最终达到加快机器处理速度的目的。表3-5所示为CISC和RISC的区别。

表 3-5 CISC 和 RISC 的区别

指标	CISC	RISC
指令系统	复杂、庞大	简单、精简
指令数量	一般大于200条	一般小于100条
指令字长	不固定	等长
寻址方式	一般大于4	一般小于4
可访存指令	不加限制	只有LOAD和STORE指令
各种指令执行时间	相差较大	绝大多数在一个周期内完成
通用寄存器数量	较少	较多
控制方式	绝大多数为微程序控制	绝大多数为组合逻辑控制

3.5.3 设计 RISC 的关键技术

RISC要达到很高的性能，必须要有相应的技术支持。

1. 重叠寄存器窗口技术

RISC的指令系统比较简单，CISC中的一条复杂指令在RISC中通常要用一段子程序来实现。因此，RISC程序中的CALL和RETURN指令要比CISC程序中的多。为了使CALL和RETURN操作尽量少地访问存储器，我们可采用重叠寄存器窗口技术。

其基本思想如下。在CPU中设置大量寄存器，并把它们划分成很多窗口。每个过程使用其中相邻的3个窗口和1个公共的窗口。在3个相邻的窗口中有一个窗口是与前一个过程共用，还有一个窗口是与下一个过程共用。与前一过程共有的窗口可以用来存放前一过程传送给本过程的参数，同时也存放本过程给前一过程的计算结果。同样，与下一过程共有的窗口可以用来存放本过程传送给下一过程的参数和存放下一过程传送给本过程的计算结果。

以RISC Ⅱ为例，如图3-13所示，CPU共有138个32位的寄存器，编号为0～137，每个程序和过程可直接访问32个寄存器，其中编号为0～9的10个寄存器被称为全局寄存器，它们可被各过程直接访问；此外，还有22个局部寄存器构成一个寄存器窗口，如图3-13中的寄存器R_{10}～R_{31}所示。寄存器窗口被分成3个部分，R_{10}～R_{15}的6个寄存器作为本程序与被调用的低级程序交换参数用，称为低区；R_{16}～R_{25}的10个寄存器只用于本程序，称为本区；R_{26}～R_{31}的6个寄存器作为本程序与调用本程序的高一级程序交换参数用，称为高区。整个系统共有8个窗口，采用相邻过程的低区和高区共用一组物理寄存器的重叠技术可以实现这两个过程直接交换参数，显著减少过程调用和返回的执行时间、执行的指令条数即访存次数。

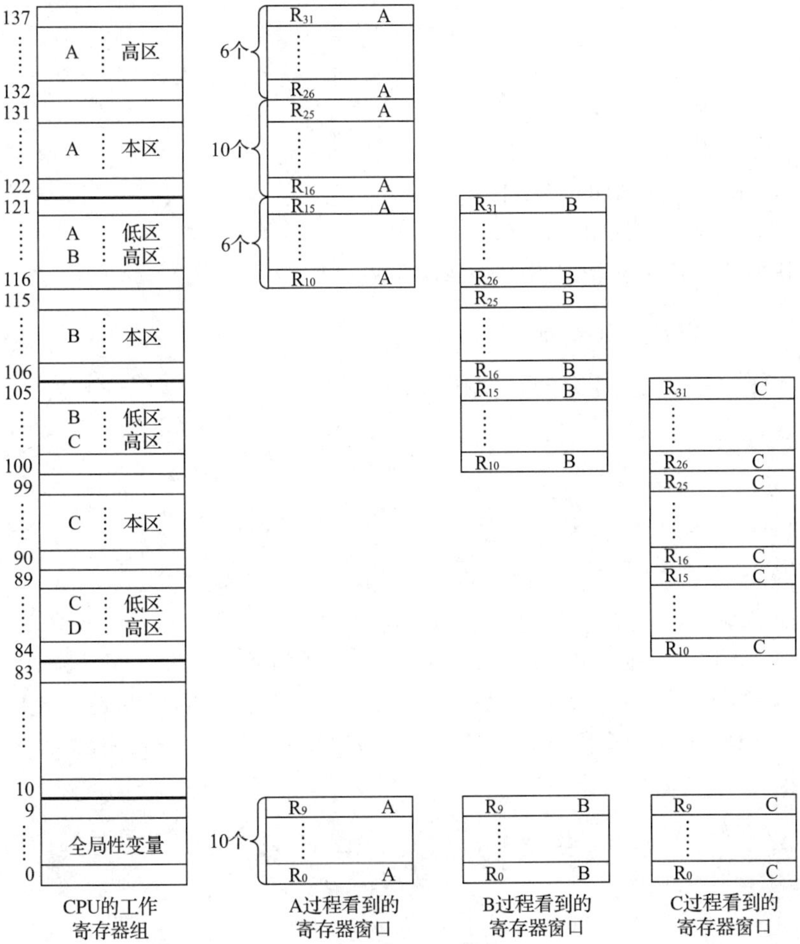

图3-13　重叠寄存器窗口技术

2. 延迟转移技术和指令取消技术

在RISC处理机中，指令一般采用“流水线”方式工作。假设一条指令由取指令和执行指令两个部分完成，取指令和执行指令各需要一个机器周期。如果本条指令的执行和下条指令的预取在时间上重叠，即并行进行，则在正常情况下，每一个机器周期可以执行完一条指令。然而，在遇到转移指令或条件转移指令条件满足的情况下，预取的指令就会作废，流水线出现断流。

为了尽量保证流水线的执行效率，在转移指令之后插入一条有效的指令，而转移指令好像被延时了，这样的技术即延迟转移技术。通常指令序列的调整由编译器自动进行。

若采用指令延迟技术找不到可以用来调整的指令时，则采用了指令取消技术。为了提高执行效率，采用取消规则为：如果向后转移（转移的目标地址小于当前的PC值），则转移不成功时取消下一条指令，否则执行下一条指令；如果向前转移，则相反，在转移不成功时执行下一条指令，否则取消。

3．指令流调整技术

为了保持指令流水线高效率，当发现指令有断流可能时，要调整指令顺序。通过变量重新命名消除数据相关，可以提高流水线执行效率。

例如：

调整前		调整后	
ADD	R_1, R_2, R_3	ADD	R_1, R_2, R_3
ADD	R_3, R_4, R_5	MUL	R_6, R_7, R_0
MUL	R_6, R_7, R_3	ADD	R_3, R_4, R_5
MUL	R_3, R_8, R_9	MUL	R_0, R_8, R_9

调整后的指令序列比原指令序列的执行速度快一倍。

4．编译系统设计优化技术

设A、A+1、B、B+1 为主存单元，则程序：

```
(A)→Ra   #取A，存入Ra
(Ra)→(B)   #存Ra到B
(A+1)→Ra   #取A+1存入Ra
(Ra)→(B+1)   #存Ra到B+1
```

实现的是将A和A+1两个主存单元的内容转存到B和B+1 两个主存单元。由于取和存两条指令交替进行，又使用同一个寄存器R_a，出现寄存器R_a必须先取得A的内容，然后才能由R_a存入B，即上一条指令未结束之前，下一条指令无法开始。后面的指令也是如此。因此，指令之间实际上不能“流水”，每条指令均需两个机器周期。如果通过编译调整其指令的顺序为：

```
(A)→Ra   #取A，存入Ra
(A+1)→Rb   #取A+1，存入Rb
(Ra)→(B)   #存Ra到B
(Rb)→(B+1)   #存Rb到B+1
```

调整之后的指令序列可以实现流水。

上述第2～第4个关键技术都与RISC的流水线结构密切相关。有关流水线的基本概念及流水线的相关性问题将在第7章中介绍，在此不做详细讨论。

习　题

3-1　指令长度与机器字长有什么关系？半字长指令、单字长指令、一个半字长指令分别表示什么意思？

3-2　零地址指令的操作数来自哪里？一地址指令中另一个操作数的地址通常可采用什么寻址方式获得？各举例说明。

3-3　某计算机为定长指令字结构，指令长度为16位，每个操作数的地址码占6位，指令分为无操作数、单操作数和双操作数3类。若双操作数指令已有*K*种、无操作数指令已有*L*种，现问单操作数指令最多可能有多少种？上述3类指令各自允许的最大指令条数是多少？

3-4　设某计算机为定长指令字结构，指令长度为12位，每个地址码占3位，试提出一种分配方案，使该指令系统包含4条三地址指令、8条二地址指令、180条单地址指令。

3-5　指令格式同上题，能否构成4条三地址指令、255条单地址指令、64条零地址指令？为什么？

3-6　指令中地址码的位数与直接访问的主存容量和最小寻址单位有什么关系？

3-7　试比较间接寻址与寄存器间接寻址。

3-8　试比较基址寻址与变址寻址。

3-9　某计算机字长为16位，主存容量为64K字，采用单字长单地址指令，共有50条指令。假设有直接寻址、间接寻址、变址寻址和相对寻址4种寻址方式，试设计其指令格式。

3-10　某计算机字长为16位，主存容量为64K字，采用单字长单地址指令，共有64条指令。试说明：

（1）若只采用直接寻址方式，指令能访问多少个主存单元？

（2）为扩充指令的寻址范围，可采用直接/间接寻址方式。若只增加一位直接/间接标志，那么指令可寻址范围为多少？指令直接寻址的范围为多少？

（3）采用页面寻址方式，若只增加一位Z/C标志，那么指令可寻址范围为多少？指令直接寻址范围为多少？

（4）采用（2）、（3）两种方式结合，指令可寻址范围为多少？指令直接寻址范围为多少？

3-11　设某计算机字长为32位，CPU有32个32位的通用寄存器，设计一个能容纳64种操作的单字长指令系统。试说明：

（1）如果是存储器间接寻址方式的寄存器-存储器型指令，那么直接寻址的最大主存空间是多少？

（2）如果采用通用寄存器作为基址寄存器，那么直接寻址的最大主存空间又是多少？

3-12　已知某小型机字长为16位，其双操作数指令的格式如下：

0　　　5	6　7	8　　　　15
OP	R	A

其中，OP为操作码，R为通用寄存器地址，试说明下列各种情况下能访问的最大主存区域有多少个机器字。

（1）A为立即数。

（2）A为直接主存单元地址。

（3）A为间接地址（非多重间址）。

（4）A为变址寻址的形式地址，假定变址寄存器为R_1（字长为16位）。

3-13　计算下列4条指令的有效地址（指令长度为16位）。

（1）000000Q　　（2）100000Q　　（3）170710Q　　（4）012305Q

假设：上述4条指令均用八进制书写，指令的最左边是一位间址指示位@（@=0为直接寻址；@=1为间接寻址），且具有多重间接访问功能；指令的最右边两位为形式地址；主存容量为2^{15}的单元，表3-6所示为有关主存单元的内容（八进制）。

表 3-6　习题 3-13 的主存单元内容

地址	内容
00000	100002
00001	046710
00002	054304
00003	100000
00004	102543
00005	100001
00006	063215
00007	077710
00010	100005

3-14　假定某计算机的指令格式如下：

11	10　9	8	7	6	5　　　0
@	OP	I_1	I_2	Z/C	A

其中，

bit11=1：间接寻址。

bit8=1：变址寄存器I_1寻址。

bit7=1：变址寄存器I_2寻址。

bit6（零页/现行页寻址）：Z/C=0，表示0页面；Z/C=1，表示现行页面，即指令所在页面。

若主存容量为2^{12}个存储单元，分为2^6个页面，每个页面有2^6个字。

设有关寄存器的内容为：

(PC)=0340Q　　(I_1)=1111Q　　(I_2)=0256Q

试计算下列指令的有效地址。

（1）1046Q　　（2）2433Q　　（3）3215Q　　（4）1111Q

3-15　假定指令格式如下：

15　　12	11	10	9	8	7　　　0
OP	I_1	I_2	Z/C	D/I	A

其中，D/I为直接/间接寻址标志，D/I=0表示直接寻址，D/I=1表示间接寻址。其余标志位同习题3-14的说明。

若主存容量为2^{16}个存储单元，分为2^8个页面，每个页面有2^8个字。

设有关寄存器的内容为：

(PC)=004350Q　　(I_1)=002543Q　　(I_2)=063215Q

试计算下列指令的有效地址。

（1）152301Q　　（2）074013Q　　（3）161123Q　　（4）140011Q

3-16　设某计算机有变址寻址、间接寻址和相对寻址等寻址方式，设当前指令的地址码部分为001AH，正在执行的指令所在地址为1F05H，变址寄存器中的内容为23A0H。

（1）当执行取数指令时，如为变址寻址方式，则取出的数是多少？

（2）如为间接寻址，取出的数是多少？

（3）当执行转移指令时，转移地址是多少？

已知主存部分地址及相应内容如表3-7所示。

表3-7　习题3-16的主存部分地址及对应内容

地址	内容
001AH	23A0H
1F05H	2400H
1F1FH	2500H
23A0H	2600H
23BAH	1748H

3-17　举例说明，哪几种寻址方式除取指令以外不访问存储器？哪几种寻址方式除取指令以外只需访问一次存储器？完成什么样的指令（包括取指令在内）共访问4次存储器？

3-18　设相对寻址的转移指令占两字节，第一字节是操作码，第二字节是相对位移量，用补码表示。假设当前转移指令第一字节所在的地址为2000H，且CPU每取一字节便自动完成(PC)+1→PC的操作。试问：当执行JMP*+8和JMP*-9指令（*为相对寻址特征）时，转移指令第二字节的内容各为多少？转移的目的地址各是什么？

3-19　设在某堆栈计算机中，用一地址指令PUSH、POP及零地址指令ADD、MPY编写出计算$Z=(A\times(B+C+D)\times E+F\times F)\times(B+C+D)$的程序。

3-20　如果在习题3-19中增加一条DUP指令，该指令的功能是将栈顶内容复制一次。试问：上述程序如何简化？

3-21　什么叫主程序和子程序？调用子程序时还可采用哪几种方法保存返回地址？画图说明调用子程序的过程。

3-22　在某些计算机中，调用子程序的方法是这样实现的：转子指令将返回地址存入子程序的第一个字单元，然后从第二个字单元开始执行子程序。回答下列问题。

（1）为这种方法设计一条从子程序转到主程序的返回指令。

（2）在这种情况下，如何在主、子程序间进行参数的传递？

（3）上述方法是否可用于子程序的嵌套？

（4）上述方法是否可用于子程序的递归（某个子程序自己调用自己）？

（5）如果改用堆栈方法，是否可实现（4）所提出的问题？

3-23　经统计，某机14条指令的使用频度分别为：0.01, 0.15, 0.12, 0.03, 0.02, 0.04, 0.02, 0.04, 0.01, 0.13, 0.15, 0.14, 0.11, 0.03。试分别求出用等长码、哈夫曼码、只有两种码长的扩展操作码3种编码方式的操作码平均码长。

3-24　一个处理机共有10条指令，各指令在程序中出现的概率如表3-8所示。

（1）计算这10条指令的操作码最短平均长度。

（2）采用哈夫曼编码法编写这10条指令的操作码，并计算操作码的平均长度和信息冗余量。

（3）采用2/8扩展编码法编写这10条指令的操作码，并计算操作码的平均长度和信息冗余量。

（4）采用3/7扩展编码法编写这10条指令的操作码，并计算操作码的平均长度和信息冗余量。

把得到的操作码编码和计算的结果填入表3-8中。

表 3-8　习题 3-24 各指令在程序中出现的概率

指令序号	出现的概率	哈夫曼编码	2/8扩展编码法	3/7扩展编码法
I_1	0.25			
I_2	0.20			
I_3	0.15			
I_4	0.10			
I_5	0.08			
I_6	0.08			
I_7	0.05			
I_8	0.04			
I_9	0.03			
I_{10}	0.02			
操作码的平均长度				

注：此题中的3/7、2/8是指10条指令中短码和长码指令的分配比例。

3-25　某模型机9条指令使用频度为：

ADD（加）	30%	SUB（减）	24%	JOM（按负转移）	6%
STO（存）	7%	JMP（转移）	7%	SHR（右移）	2%
CIL（循环左移）	3%	CLA（清加）	20%	STP（停机）	1%

要求有两种指令字长，且都按双操作数指令格式编排，采用扩展操作码，并限制只能有两种操作码码长。设该机有若干通用寄存器，主存为16位宽，按字节编址，采用按整数边界存储，任何指令都在一个主存周期中取得，短指令为寄存器-寄存器型，长指令为寄存器-主存型，主存地址应能变址寻址。

（1）仅根据使用频度，不考虑其他要求，设计出全哈夫曼操作码，计算其操作码的平均码长。

（2）考虑题目全部要求，设计优化实用的操作码形式，并计算其操作码的平均码长。

（3）该机允许使用多少可编址的通用寄存器？

（4）画出该机两种指令字格式，标出各字段的位数。

（5）指出访存操作数地址寻址的最大相对位移量为多少字节。

3-26　某模型机有8条指令，使用频率分别为0.3, 0.3, 0.2, 0.1, 0.05, 0.02, 0.02, 0.01。

试分别用哈夫曼编码和扩展操作码编码法对其操作码进行编码，限定扩展编码只能有两种长度，则它们的平均编码长度各比定长操作码的平均编码长度减少多少？

3-27　采用哈夫曼编码或扩展操作码编码法时，要求短码与长码要符合什么样的原则，才能使解（译）码唯一？

3-28　文电由A～J及空格字符组成，其字符出现的频度依次为0.17, 0.05, 0.20, 0.06, 0.08, 0.03, 0.01, 0.08, 0.13, 0.08, 0.11。

（1）各字符用等长二进制编码，传送10^3个字符时，共需传送多少个二进制码码位？

（2）构造哈夫曼树，写出各字符的二进制码码位数。

（3）按哈夫曼编码，计算字符的二进制码平均码长。

（4）用哈夫曼码传送10^3字节，比用定长码传送，可减少传送的二进制码位数是多少？

3-29　简述RISC的特点及设计RISC采用的关键技术。

第4章

运算方法和运算器

运算器是计算机进行算术运算和逻辑运算的主要部件，运算器的逻辑结构取决于机器的指令系统、数据表示方法和运算方法等。本章主要讨论数值数据在计算机中实现算术运算和逻辑运算的方法，以及运算部件的基本结构和工作原理。

学习指南

1. 知识点和学习要求

- 基本算术运算的实现
  了解基本运算部件
  理解进位的产生和传递原理
  掌握并行加法器的快速进位方法
- 定点数的移位运算与舍入操作
  理解无符号数和带符号数移位的区别
  了解不同的舍入方法
- 定点加减运算
  了解原码加减运算方法
  掌握补码加减运算方法
  掌握补码的溢出判断与检测方法
- 定点乘除运算
  理解原码乘除运算方法
  掌握补码乘除运算方法
- 规格化浮点运算
  掌握浮点加减运算方法
  理解浮点乘除运算方法
- 十进制整数的加法运算
  掌握一位BCD码加法运算的校正规律
  了解一位8421码和余3码加法器
- 逻辑运算与实现
  掌握逻辑运算的特点
- 运算器的基本组成
  了解运算器结构
  了解算术逻辑部件
  了解浮点运算单元

2. 重点与难点

本章的重点：并行加法器的进位产生和传递、无符号数和带符号数移位、定点加减运算、定点乘除运算、规格化浮点运算和运算器的基本组成等。

本章的难点：加快并行加法器的进位传递方法、补码乘除运算方法、规格化浮点数运算方法。

4.1 基本算术运算的实现

计算机中基本的算术运算是加法运算，加、减、乘、除运算最终都可以归结为加法运算。所以在此节讨论最基本的运算部件——加法器，以及并行加法器的进位问题。

4.1.1 基本运算部件

加法器是最基本的运算部件，它由全加器再配以其他必要的逻辑电路组成。

全加器（FA）有3个输入量，即操作数A_i和B_i、低位传来的进位C_{i-1}，以及两个输出量，即本位和S_i、向高位的进位C_i。全加器的逻辑结构如图4-1所示，其真值表如表4-1所示。

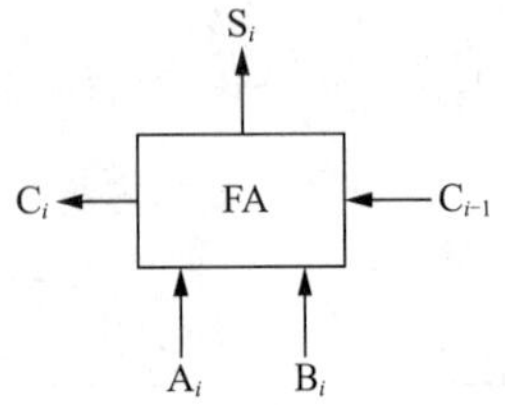

图4-1 全加器的逻辑结构

表 4-1 全加器真值表

A_i	B_i	C_{i-1}	S_i	C_i
0	0	0	0	0
0	0	1	1	0
0	1	0	1	0
0	1	1	0	1
1	0	0	1	0
1	0	1	0	1
1	1	0	0	1
1	1	1	1	1

根据真值表，可得到全加器的逻辑表达式：

$$S_i=A_i \oplus B_i \oplus C_{i-1}$$

$$C_i=A_iB_i+(A_i \oplus B_i)C_{i-1}$$

加法器有串行和并行之分。在串行加法器中只有一个全加器，数据逐位串行送入加法器进行运算；并行加法器则由多个全加器组成，其位数的多少取决于机器的字长，数据的各位同时运算。

串行加法器具有器件少、成本低的优点，但n位数据的运算需要分成n步进行，运算速度实在太慢，所以几乎没有实用价值。目前，我们讨论的加法器都是并行加法器。并行加法器可同时对数据的各位相加，但也存在着一个加法的最长运算时间问题。这是因为虽然操作数的各位是同时提供的，但低位运算所产生的进位会影响高位的运算结果。例如，11…11和00…01相加，最低位产生的进位将逐位影响至最高位，因此，并行加法器的最长运算时间主要是由进位信号的传递时间决定的，而每个全加器本身的求和延迟只是次要影响因素。很明显，提升并行加法器速度的关键是尽量加快进位产生和传递的速度。

4.1.2 进位的产生与传递

并行加法器中的每一个全加器都有一个从低位送来的进位输入和一个传送给高位的进位输出。通常将传递进位信号的逻辑线路连接起来构成的进位网络称为进位链。每一位的进位表达式为：

$$C_i=A_iB_i+(A_i \oplus B_i)C_{i-1}$$

其中，“A_iB_i”取决于本位参加运算的两个数，而与低位进位无关，因此称A_iB_i为进位产生函数

（本次进位产生），用G_i表示；其含义是，若本位的两个输入均为1，必然要向高位产生进位。“$(A_i \oplus B_i)C_{i-1}$”则不但与本位的两个数有关，还依赖于低位送来的进位，因此称$A_i \oplus B_i$为进位传递函数（低位进位传递），用P_i表示；其含义是，当两个输入中有一个为1，低位传来的进位C_{i-1}将向更高位传送。所以进位表达式又可以写成：

$$C_i=G_i+P_iC_{i-1}$$

把n个全加器串接起来，就可进行两个n位数的相加。这种加法器称为串行进位的并行加法器，如图4-2所示。串行进位又称为行波进位，每一级进位直接依赖于前一级的进位，即进位信号是逐级形成的。

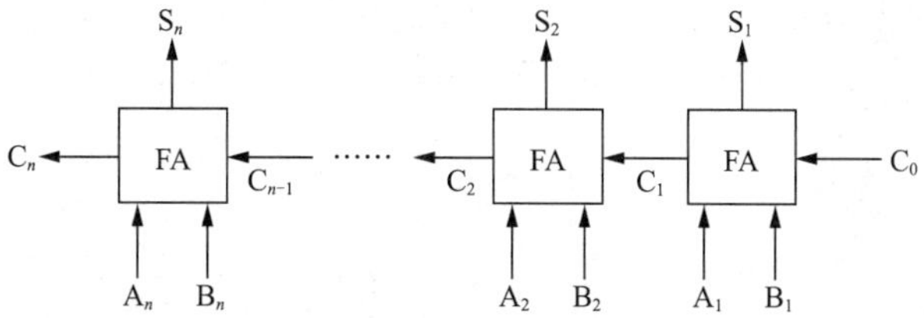

图4-2　串行进位的并行加法器

其中：

$$C_1=G_1+P_1C_0$$
$$C_2=G_2+P_2C_1$$
……
$$C_n=G_n+P_nC_{n-1}$$

串行进位的并行加法器的总延迟时间与字长成正比，字长越长，总延迟时间就越长。假设将一级“与门”“或门”的延迟时间定为ty，从上述公式中可看出，每一级全加器的进位延迟时间为2ty。在字长为n位的情况下，若不考虑G_i、P_i的形成时间，从$C_0 \rightarrow C_n$的最长延迟时间为2$n$ty（设C_0为加法器最低位的进位输入，C_n为加法器最高位的进位输出）。

4.1.3　并行加法器的快速进位

显然，串行进位方式的进位延迟时间太长了。要想提升加法运算的速度，就要尽可能地缩短进位延迟时间，也就是要改进进位方式。

并行加法器的快速进位

1. 并行进位方式

并行进位又叫作先行进位、同时进位，其特点是各级进位信号同时形成。

$C_1=G_1+P_1C_0$

$C_2=G_2+P_2C_1=G_2+P_2G_1+P_2P_1C_0$

$C_3=G_3+P_3C_2=G_3+P_3G_2+P_3P_2G_1+P_3P_2P_1C_0$

$C_4=G_4+P_4C_3=G_4+P_4G_3+P_4P_3G_2+P_4P_3P_2G_1+P_4P_3P_2P_1C_0$

……

上述各式中所有的进位输出仅由G_i、P_i及最低进位输入C_0决定，而不依赖于其低位的进位输入C_{i-1}，因此各级进位输出可以同时产生。这种进位方式是快速的。若不考虑G_i、P_i的形成时间，从$C_0 \rightarrow C_n$的最长延迟时间仅为2ty，而与字长无关。但是，随着加法器位数的增加，C_i的逻辑表达式会变得越来越长，输入变量会越来越多，这样会使电路结构变得很复杂，所以完全采用并行进位是不现实的。

2. 分组并行进位方式

实际上，通常采用分组并行进位方式。这种进位方式是把n位字长分为若干小组，在组内各位之间实行并行快速进位，在组间既可以采用串行进位方式，也可以采用并行快速进位方式，因此有以下两种情况。

（1）单级先行进位方式（组内并行且组间串行）

以16位加法器为例，可分为4组，每组4位。第一小组组内的进位逻辑函数C_1、C_2、C_3、C_4的表达式与前述相同，C_1～C_4信号是同时产生的，实现上述进位逻辑函数的电路称为4位先行进位（CLA）电路，其延迟时间是2ty。

利用这种4位的CLA电路以及进位产生/传递电路和求和电路可以构成4位的CLA加法器。用4个这样的CLA加法器，很容易构成16位的单级先行进位加法器，如图4-3所示。

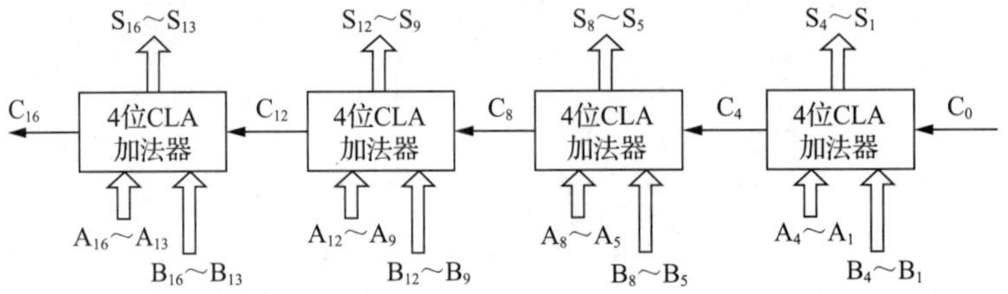

图4-3 16位单级先行进位加法器

若不考虑G_i、P_i的形成时间，从$C_0 \to C_n$的最长延迟时间为2$m$ty，其中m为分组的组数。16位单级先行进位加法器，从C_1～C_{16}的最长延迟时间为4×2ty=8ty。图4-4给出了这种加法器的进位时间图。

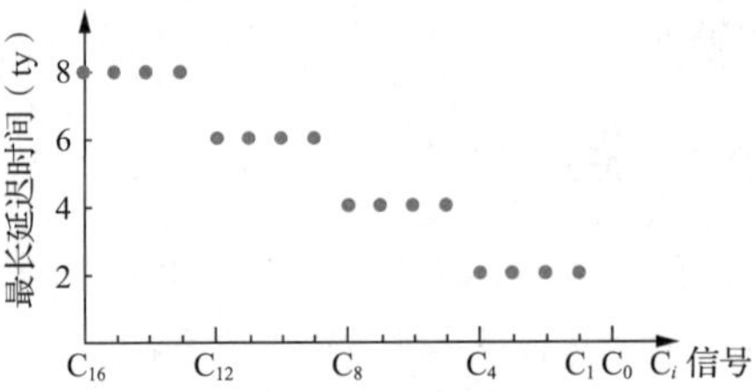

图4-4 16位单级先行进位时间图

（2）多级先行进位方式（组内并行且组间并行）

在单级先行进位电路中，进位的延迟时间和组数是成正比的，组数越多，则进位延迟时间就越长。因此当加法器的字长较长（$n \geqslant 16$）时，为了加快进位传递时间，我们就有必要采用多级先行进位方式。

下面仍以字长为16位的加法器作为例子，分析两级先行进位加法器的设计方法。第一小组的进位输出C_4可以写为：

$$C_4=G_4+P_4G_3+P_4P_3G_2+P_4P_3P_2G_1+P_4P_3P_2P_1C_0=G_1^*+P_1^*C_0$$

其中，$G_1^*=G_4+P_4G_3+P_4P_3G_2+P_4P_3P_2G_1$，$P_1^*=P_4P_3P_2P_1$。

G_i^*称为组进位产生函数，P_i^*称为组进位传递函数，这两个辅助函数只与P_i、G_i有关。依此类推，可以得到：

$$C_8=G_2^*+P_2^*C_4=G_2^*+P_2^*G_1^*+P_2^*P_1^*C_0$$

$$C_{12}=G_3^*+P_3^*G_2^*+P_3^*P_2^*G_1^*+P_3^*P_2^*P_1^*C_0$$

$$C_{16}=G_4^*+P_4^*G_3^*+P_4^*P_3^*G_2^*+P_4^*P_3^*P_2^*G_1^*+P_4^*P_3^*P_2^*P_1^*C_0$$

为了产生组进位函数，需要对原来的CLA电路进行修改：

第一小组内产生G_1^*、P_1^*、C_3、C_2、C_1，不产生C_4；

第二小组内产生G_2^*、P_2^*、C_7、C_6、C_5，不产生C_8；

第三小组内产生G_3^*、P_3^*、C_{11}、C_{10}、C_9，不产生C_{12}；

第四小组内产生G_4^*、P_4^*、C_{15}、C_{14}、C_{13}，不产生C_{16}。

这种电路称为成组先行进位（BCLA）电路，其延迟时间是2ty。利用这种4位的BCLA电路以及进位产生与传递电路和求和电路可以构成4位的BCLA加法器。16位的两级先行进位加法器可由4个BCLA加法器和1个CLA电路组成，如图4-5所示。

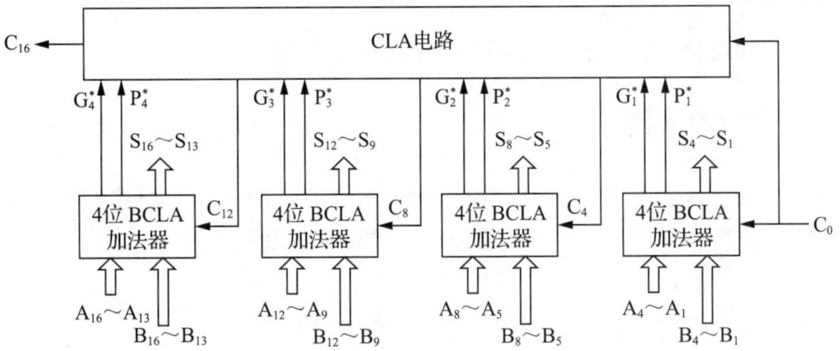

图4-5　16位两级先行进位加法器

由图4-5可见，若不考虑G_i、P_i的形成时间，C_0经过2ty产生第一小组的C_1、C_2、C_3及所有组进位产生函数G_i^*和组进位传递函数P_i^*；再经过2ty，由CLA电路产生C_4、C_8、C_{12}、C_{16}；又经过2ty后，才能产生第二、第三、第四小组内的C_5～C_7、C_9～C_{11}、C_{13}～C_{15}。它的进位时间图如图4-6所示，此时加法器的最长进位延迟时间是6ty。

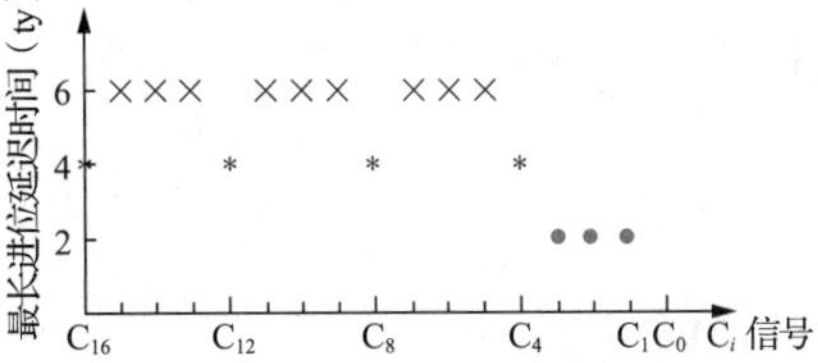

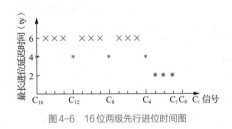

图4-6　16位两级先行进位时间图

用同样的方法可以扩展到多于两级的先行进位加法器，如用三级先行进位结构设计64位加法器。这种加法器的字长对加法时间影响甚小，但造价较高。

注 意

从图 4-3 和图 4-5 中可以看出，4 位 CLA 加法器和 4 位 BCLA 加法器的区别仅在于进位逻辑电路。前者产生进位输出信号 C_4 ～ C_1；后者产生进位输出信号 C_3 ～ C_1 及组进位产生和传递信号 G_1^*、P_1^*。

4.2 定点数的移位运算与舍入操作

定点数有无符号数和带符号数之分，它们的移位运算既有相同之处又有不同之处。

4.2.1 无符号数的移位

无符号数的移位就是逻辑移位。无论是左移还是右移，移位后的空出位一律以“0”补入，而移出位则丢失。

左移：移位前有$X_0\,X_1\,X_2\cdots X_{n-1}\,X_n$

移位后有$X_1\,X_2\,X_3\cdots X_n\,0$

右移：移位前有$X_0\,X_1\,X_2\cdots X_{n-1}\,X_n$

移位后有$0\,X_0\,X_1\cdots X_{n-2}\,X_{n-1}$

对于无符号数的逻辑左移，如果最高位移出的是1，则发生溢出。

4.2.2 带符号数的移位

带符号数的移位就是算术移位。移位时应保持数的符号位不变，而数值的大小则要发生变化。计算机内部的带符号整数都是用补码表示的，其移位规则如下。

（1）正数

符号位不变，不论是左移还是右移，空出位一律以“0”补入。

（2）负数

符号位不变，左移后的空出位补“0”，右移后的空出位补“1”。

左移：移位前有$1\,X_1\,X_2\cdots X_{n-1}\,X_n$

移位后有$1\,X_2\,X_3\cdots X_n\quad 0$

右移：移位前有$1\,X_1\,X_2\cdots X_{n-1}\,X_n$

移位后有$1\,1\,X_1\cdots X_{n-2}\,X_{n-1}$

每左移一位相当于数值扩大一倍，即乘以2；左移k位相当于数值乘以2^k。每右移一位相当于数值缩小一半，即除以2；右移k位相当于数值除以2^k。

4.2.3 移位功能的实现

在计算机中，通常移位操作由移位寄存器来实现，但也有一些计算机不设置专门的移位寄存器，而在加法器的输出端加一个移位器。移位器是由与门和或门组成的逻辑电路（实际是一个多路选择器），其可以实现直传（不移位）、左斜一位送（左移一位）和右斜一位送（右移一位）的功能。移位器逻辑电路如图4-7所示，其中分别用2F→L、F→L和F/2→L这3个不同的控制信号选择左移、直传和右移操作。

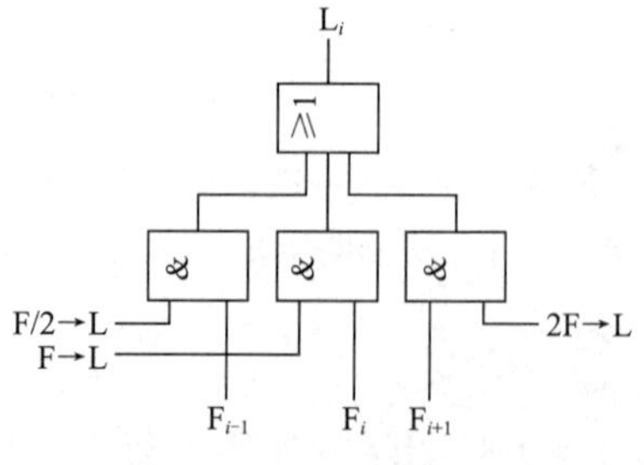

图4-7　移位器逻辑电路

假设F_0为加法器的最高位，F_n为加法器的最低位。左移相当于乘以2，用2F→L信号控制，将F_{i+1}送到L_i；右移相当于除以2，用F/2→L信号控制，将F_{i-1}送到L_i；直传即不移位，用F→L信号控制，将F_i送到L_i。

注 意

移位器与移位寄存器不同，它本身只有移位功能，没有寄存功能，所以移位之后的结果一定要保存到有关寄存器中去。

4.2.4 舍入操作

在算术右移时，由于受到硬件的限制，运算结果有可能需要舍去一定的尾数，这样会造成一些误差。为了缩小误差，就要进行舍入处理。假定经过运算后的数共有$p+q$位，现仅允许保留前p位，舍入方法有许多种，常见的舍入方法如下。

① 恒舍（切断）。这是一种最容易实现的舍入方法，无论多余部分q位为何代码，一律舍去，保留部分的p位不进行任何改变。这种方法实现简单，但误差大。

② 冯·诺依曼舍入法。这种舍入法又称为恒置1法，即不论多余部分q位为何代码，都把保留部分p位的最低位置1。这种方法实现简单，平均误差接近0，故应用较多。

③ 下舍上入法。下舍上入就是0舍1入，相当于十进制中的四舍五入。用将要舍去的q位的最高位作为判断标志，以决定保留部分是否加1。如该位为0，则舍去整个q位（相当于恒舍）；如该位为1，则在保留的p位的最低位上加1。这种方法在降低误差上有很大进步，但需要增加硬件做加法舍入。

④ 查表舍入法。查表舍入法又称ROM舍入法，因为它用ROM来存放舍入处理表，每次经查表来读得相应的处理结果。这种方法实现速度快，虽然增加了硬件，但是整体性能最佳。查表舍入法的原理如图4-8所示，图4-8中的ROM容量为256×7位。通常，ROM表的容量为2^K个单元，每个单元字长为$K-1$位。舍入处理表的内容设置一般采用的方法是：当K位数据的高$K-1$位全为1时，让那些单元按恒舍法填入$K-1$位全1，其余单元都按下舍上入法来填其内容。例如，4位数经ROM查表，舍入成3位结果，其ROM地址与内容的对应关系如表4-2所示。

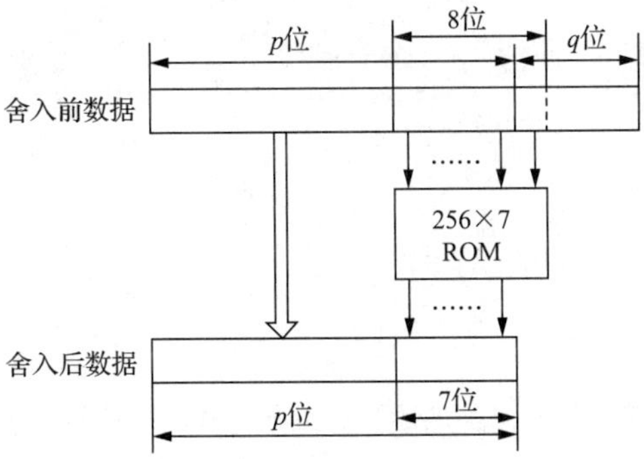

图4-8 查表舍入法的原理

表 4-2 ROM 地址与内容的对应关系

地址	0000	0001	0010	0011	0100	0101	0110	0111
内容	000	001	001	010	010	011	011	100
地址	1000	1001	1010	1011	1100	1101	1110	1111
内容	100	101	101	110	110	111	111	111

4.3 定点加减运算

定点数的加减运算包括原码、补码和反码3种带符号数的加减运算，其中补码加减运算实现起来最方便。

4.3.1 原码加减运算

对两个数进行加减运算时，计算机的实际操作是加还是减不仅取决于指令的操作码，还取决于两个操作数的符号。例如，加法运算时可能要做减法操作（两数异号）；而减法运算时又可能做加法操作（两数异号）。当进行原码加减运算时，符号位并不参与运算，只有两数的绝对值参加运算。首先要判断参加运算的两个操作数的符号，再根据要求决定进行相加还是相减操作，最后还要根据两个操作数绝对值的大小决定结果的符号，整个运算过程比较复杂。

在大多数计算机中，通常只设置加法器而不设置减法器，这是因为减法运算会被转换为加法运算来实现。原码运算时，用$|X|+[|Y|]_{变补}$来代替$|X|-|Y|$。

原码加减运算规则如下。

① 参加运算的操作数取其绝对值。

② 若进行加法运算，则两数直接相加；若进行减法运算，则将减数先变一次补，再进行加法操作。

③ 运算之后，可能有如下两种情况：

- 有进位，结果为正，即得到正确的结果；
- 无进位，结果为负，则应再变一次补，才能得到正确的结果。

④ 结果加上符号位。

通常，把运算之前的变补称为前变补，运算之后的变补称为后变补。

注 意

变补是指所有的二进制数各位变反后最低位加1。

4.3.2 补码加减运算

补码加减运算要比原码加减运算简单得多。

1. 补码加法

两个补码表示的数相加，符号位参加运算，且两数和的补码等于两数补码之和，即：

$$[X+Y]_{补}=[X]_{补}+[Y]_{补}$$

2. 补码减法

补码也可以借用加法器来实现减法运算，根据补码加法公式可以推出：

$$[X-Y]_{补}=[X+(-Y)]_{补}=[X]_{补}+[-Y]_{补}$$

从补码减法公式可以看出，只要求得$[-Y]_{补}$，就可以变减法为加法。

综合以上两种情况，不管Y的真值为正或为负，已知$[Y]_{补}$求$[-Y]_{补}$的方法是：将$[Y]_{补}$连同符号位一起求反，末位加1（在定点小数中这个“1”实际上是2^{-n}）。将$[-Y]_{补}$称为$[Y]_{补}$的机器负数，由$[Y]_{补}$求$[-Y]_{补}$的过程称为对$[Y]_{补}$变补（求补），表示为：

$$[-Y]_{补}=[[Y]_{补}]_{变补}$$

注 意

我们应将"某数的补码表示"与"变补"这两个概念区分开来。一个负数由原码表示转换成补码表示时，符号位是不变的，仅对数值位各位变反，末位加"1"。而变补则不论这个数的真值是正还是负，一律连同符号位一起变反（所有的二进制位一起变反），末位加"1"。$[Y]_{补}$表示的真值如果是正数，则变补后$[-Y]_{补}$所表示的真值变为负数，反之亦然。

例4-1　设$Y=-0.0110$，则有：

$$[Y]_{原}=1.0110，[Y]_{补}=1.1010，[-Y]_{补}=0.0110$$

例4-2　设$Y=0.0110$，则有：

$$[Y]_{原}=0.0110，[Y]_{补}=0.0110，[-Y]_{补}=1.1010$$

3．补码加减运算规则

补码加减运算规则如下。

① 参加运算的两个操作数均用补码表示。

② 符号位作为数的一部分参加运算。

③ 若进行加法运算，则两数直接相加；若进行减法运算，则将被减数与减数的机器负数相加。

④ 运算结果仍用补码表示。

例4-3　设$A=0.1011$，$B=-0.1110$，求$A+B$。

其中：　$[A]_{补}=0.1011$　　$[B]_{补}=1.0010$

$$\begin{array}{rl} 0.1011 & [A]_{补} \\ +\quad 1.0010 & [B]_{补} \\ \hline 1.1101 & [A+B]_{补} \end{array}$$

故　$[A+B]_{补}=1.1101$

$A+B=-0.0011$

例4-4　设$A=0.1011$，$B=-0.0010$，求$A-B$。

其中：　$[A]_{补}=0.1011$　　$[B]_{补}=1.1110$　　$[-B]_{补}=0.0010$

$$\begin{array}{rl} 0.1011 & [A]_{补} \\ +\quad 0.0010 & [-B]_{补} \\ \hline 0.1101 & [A-B]_{补} \end{array}$$

故　$[A-B]_{补}=0.1101$

$A-B=0.1101$

4．符号扩展

在计算机算术运算中，有时必须将采用给定位数表示的数转换成具有更多位数的某种表示形式。例如，某个程序需要将一个8位数与另外一个32位数相加。要想得到正确的结果，在将8位数与32位数相加之前，必须将8位数转换成32位数形式，这种转换被称为"符号扩展"。

正数的符号扩展非常简单，只需将原有形式的符号位移动到新形式的符号位上即可，新表示形式的所有附加位都用"0"进行填充。

负数的符号扩展方法则根据机器数的不同而不同。原码表示负数的符号扩展方法与正数相同，只不过符号位为“1”而已。补码表示负数的扩展方法是：将原有形式的符号位移动到新形式的符号位上，新表示形式的所有附加位都用“1”进行填充。

综上所述，实际上补码的符号扩展非常简单，所有附加位均用符号位填充，即正数用“0”进行填充，负数用“1”填充。

4.3.3 补码的溢出判断与检测方法

补码的溢出判断与检测方法

在进行补码加减运算时，有可能发生参加运算的两个数都在定点数的表示范围内，但运算结果却超出定点数表示范围的情况，这情况就称为“溢出”。

1. 溢出的产生

例如，两个正数相加，而结果的符号位却为1（结果为负）；两个负数相加，而结果的符号位却为0（结果为正）。现以字长为5位的定点整数加法运算举例说明。

例4-5　设X=1011B=11D，Y=111B=7D，则有：

$$[X]_{补}=0{,}1011，[Y]_{补}=0{,}0111$$

$$\begin{array}{rl} & 0{,}1\,0\,1\,1 \quad [X]_{补} \\ + & 0{,}0\,1\,1\,1 \quad [Y]_{补} \\ \hline & 1{,}0\,0\,1\,0 \quad [X+Y]_{补} \end{array}$$

故　$[X+Y]_{补}=1{,}0010$

$X+Y=-1110\text{B}=-14\text{D}$

两正数相加结果为-14D，显然是错误的。

例4-6　设X=-1011B=-11D，Y=-111B=-7D，则有：

$$[X]_{补}=1{,}0101，[Y]_{补}=1{,}1001$$

$$\begin{array}{rl} & 1{,}0\,1\,0\,1 \quad [X]_{补} \\ + & 1{,}1\,0\,0\,1 \quad [Y]_{补} \\ \hline & 0{,}1\,1\,1\,0 \quad [X+Y]_{补} \end{array}$$

故　$[X+Y]_{补}=0{,}1110$

$X+Y=1110\text{B}=14\text{D}$

两负数相加结果为14D，显然也是错误的。

为什么会发生这种错误呢？原因在于两数相加之和的数值已超过了机器允许的表示范围。字长为n+1位的定点整数（其中一位为符号位）采用补码表示，当运算结果大于2^n-1或小于-2^n时，就会产生溢出。

设参加运算的两数为X和Y，进行加法运算。

① 若X和Y异号，实际上是做两数相减，所以不会溢出。

② 若X和Y同号，运算结果为正且大于所能表示的最大正数或运算结果为负且小于所能表示的最小负数（绝对值最大的负数）时，则产生溢出。将两正数相加产生的溢出称为正溢；反之，两负数相加产生的溢出称为负溢。

2. 溢出检测方法

假设被操作数为：　$[X]_{补}=X_s{,}X_1X_2\cdots X_n$

操作数为：　$[Y]_{补}=Y_s{,}Y_1Y_2\cdots Y_n$

其和（差）为：$[S]_{补}=S_s,S_1S_2\cdots S_n$

（1）采用一个符号位

从前述两个例子还可以看出，采用一个符号位检测溢出时，当$X_s=Y_s=0$，$S_s=1$时，产生正溢；当$X_s=Y_s=1$，$S_s=0$时，产生负溢。

溢出判断条件为：

$$溢出=\overline{X_s}\,\overline{Y_s}S_s+X_sY_s\overline{S_s}$$

（2）采用进位位

两数运算时，产生的进位为：

$$C_s,C_1C_2\cdots C_n$$

其中，C_s为符号位产生的进位，C_1为最高数值位产生的进位。

从前述两个例子还可以看出，两正数相加，当最高有效位产生进位（$C_1=1$）而符号位不产生进位（$C_s=0$）时，发生正溢；两负数相加，当最高有效位不产生进位（$C_1=0$）而符号位产生进位（$C_s=1$）时，发生负溢。故溢出条件为：

$$溢出=\overline{C_s}C_1+C_s\overline{C_1}=C_s\oplus C_1$$

（3）采用变形补码（双符号位补码）

一个符号位只能表示正、负两种情况，当产生溢出时，符号位的含义就会发生混乱。如果将符号位扩充为两位（S_{s1}和S_{s2}），其所能表示的信息量将随之扩大，既能检测出是否溢出，又能指出结果的符号。在双符号位的情况下，把左边的符号位S_{s1}叫作真符，因为它代表了该数真正的符号，两个符号位都作为数的一部分参加运算。这种编码又称为变形补码。

双符号位的含义如下：

$S_{s1}S_{s2}=00$　结果为正数，无溢出

$S_{s1}S_{s2}=01$　结果正溢

$S_{s1}S_{s2}=10$　结果负溢

$S_{s1}S_{s2}=11$　结果为负数，无溢出

当两位符号位的值不一致时，表明产生溢出，溢出条件为：

$$溢出=S_{s1}\oplus S_{s2}$$

如果前述的例子采用了双符号位，则有：

11+7=18（结果大于最大正数15）

```
    0 0,1 0 1 1
+   0 0,0 1 1 1
---------------
    0 1,0 0 1 0      正溢
```

−11+(−7)=−18（结果小于绝对值最大的负数−16）

```
    1 1,0 1 0 1
+   1 1,1 0 0 1
---------------
    1 0,1 1 1 0      负溢
```

4.3.4 补码定点加减运算的实现

实现补码加减运算的逻辑电路如图4−9所示。

图4−9中F代表一个多位的并行加法器，其功能是：接收参加运算的两个数，进行加法运算，并在输出端给出本次运算结果。X和Y是两个寄存器，它们分别用来存放参加运算的数据，

寄存器X同时还用来保存运算结果。门A、门B、门C分别是字级的与门和与或门，门A用来控制把寄存器X各位的输出送到加法器F的左输入端，其控制信号为$X\to F$；门C用来控制把加法器F各位的运算结果送回寄存器X，其控制信号为$F\to X$；门B则通过两个不同的控制信号$Y\to F$和$\overline{Y}\to F$，分别实现把寄存器Y各位的内容（各触发器的Q端，即1端）送入加法器F，或者实现把寄存器Y各位的内容取反后（各触发器的$\overline{Q}$端，即0端）送入加法器F。加法器F最低位还有一个进位控制信号$1\to F$。CP_X是寄存器X的打入脉冲。

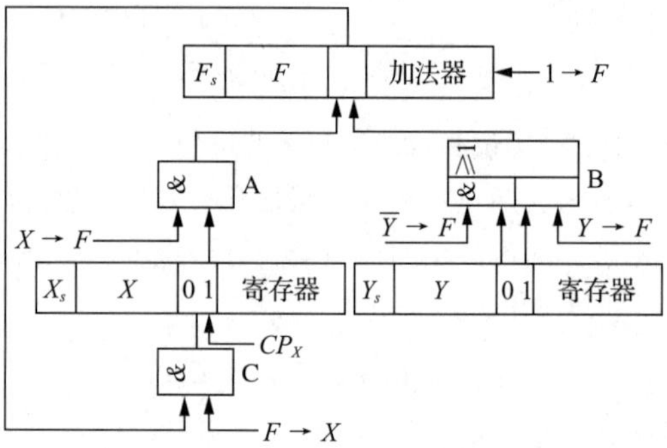

图4-9　补码加减运算器

若要实现补码加法，则需给出$X\to F$、$Y\to F$和$F\to X$这3个控制信号，同时打开门A、门B和门C，把寄存器X和寄存器Y的内容送入加法器的两个输入端进行加法运算，并把结果送回，最后由打入脉冲CP_X打入寄存器X。

减法与加法的不同之处在于，加法使用$Y\to F$控制信号，减法使用$\overline{Y}\to F$和$1\to F$控制信号，其余控制信号相同。

4.4　定点乘除运算

在计算机中，即使指令系统中设置有乘除法指令，实现乘除运算的方案也有以下两种。

① 设置由大规模集成电路制造的阵列乘法、除法模块。

② 在原有实现加减运算的运算器基础上增加一些逻辑线路，使乘除运算变换成加减和移位操作。

下面仅讨论采用第②种方案时定点乘除运算的方法。

4.4.1　原码乘法运算

原码一位乘法是从手算演变而来的，即用两个操作数的绝对值相乘，乘积的符号为两操作数符号的异或值（同号为正，异号为负），即

$$\text{乘积}P = |X|\times|Y|$$

$$\text{符号}P_s = X_s \oplus Y_s$$

式中，P_s为乘积的符号，X_s和Y_s为被乘数和乘数的符号。

在手算乘法中，对应于每一位乘数求得一项部分积，然后将所有部分积一起相加，求得最后乘积。然而，在计算机中实现原码乘法时，不能直接照搬上述方法。这是因为有如下制约因素。

① 在加法器内很难实现多个数据同时相加。

② 加法器的位数一般与寄存器位数相同，而不是寄存器位数的两倍。

所以在计算机中，通常把n位乘转换为n次“累加与移位”。每一次只求一位乘数所对应的新部分积，并与原部分积进行一次累加；为了节省器件，用原部分积的右移来代替新部分积的左移。原码一位乘法的规则如下。

① 参加运算的操作数取其绝对值。

② 令乘数的最低位为判断位，若为1，加被乘数；若为0，不加被乘数（加0）。

③ 累加后的部分积以及乘数右移一位。

④ 重复n次②和③。

⑤ 符号位单独处理，同号为正，异号为负。

通常，乘法运算需要3个寄存器。被乘数存放在寄存器B中；乘数存放在寄存器C中；寄存器A用来存放部分积与最后乘积的高位部分，它的初值为0。运算结束后，寄存器C中不再保留乘数，改为存放乘积的低位部分。

例4-7　已知X=0.1101，Y=−0.1011，求X×Y。

$|X|$=00.1101→B，$|Y|$=00.1011→C，0→A

	A	C	说明
	00.0000	1011	
+$\|X\|$	00.1101		C_4=1，+$\|X\|$
	00.1101		
→	00.0110	1101	部分积右移一位
+$\|X\|$	00.1101		C_4=1，+$\|X\|$
	01.0011		
→	00.1001	1110	部分积右移一位
+0	00.0000		C_4=1，+0
	00.1001		
→	00.0100	1111	部分积右移一位
+$\|X\|$	00.1101		C_4=1，+$\|X\|$
	01.0001		
→	00.1000	1111	部分积右移一位

因为　　$P_s=X_s \oplus Y_s=0 \oplus 1=1$

所以　　$X \times Y$=−0.10001111

原码一位乘法的流程如图4-10所示，图4-10中CR表示计数器，它用来控制累加与移位的次数。

原码一位乘法运算器结构如图4-11所示。图4-11中A、B是n+2位的寄存器，C是n位的寄存器，寄存器A和寄存器C是级联在一起的，它们都具有右移一位的功能；在右移控制信号的作用下，寄存器A最低一位的值将移入寄存器C的最高位。寄存器C的最低位的值作为字级与门的控制信号，以控制加被乘数还是不加被乘数（即加0）。寄存器C中的乘数在逐次右移过程中将逐步丢失，取而代之的是乘积的低位部分。原码一位乘法运算器电路中除去3个寄存器外，还需要一个n+2位的加法器、一个计数器、n+2个与门（控制是否加被乘数）和一个异或门（处理符号位）。

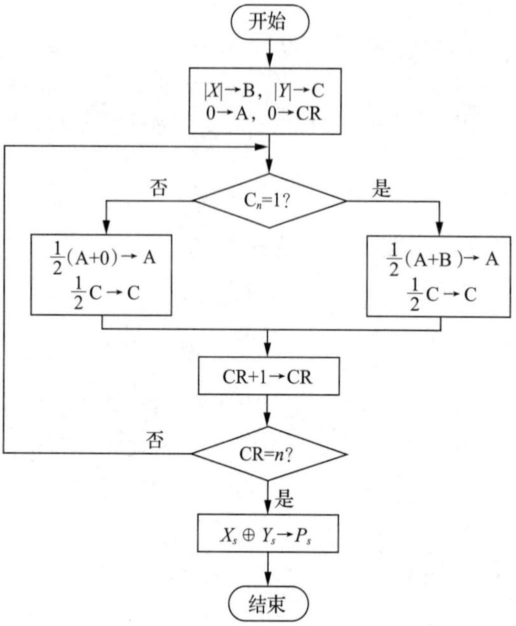

图4-10　原码一位乘法流程

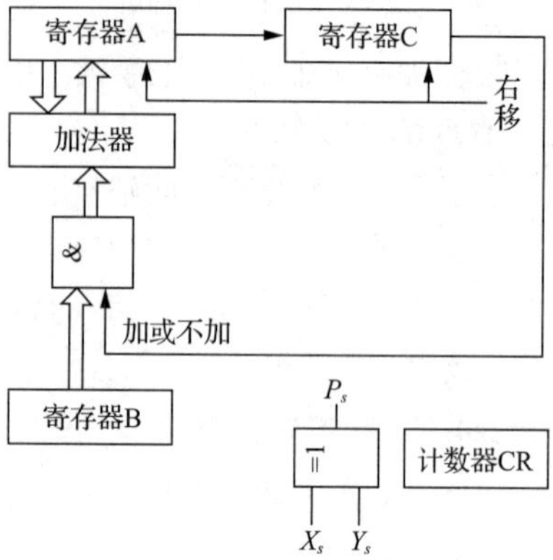

图4-11　原码一位乘法运算器结构

4.4.2　补码乘法运算

虽然原码乘法比补码乘法容易实现，但因为补码加减法简单，在以加减运算为主的通用机中操作数都用补码表示，所以这类计算机在做乘法时也使用补码乘法。

最常见的补码一位乘法是比较法，其也称为布斯乘法。比较法就是根据乘数相邻两位的比较结果（$Y_{i+1}-Y_i$）来确定运算操作。

布斯乘法规则如下。

① 参加运算的数用补码表示。

② 符号位参加运算。

③ 乘数最低位后面增加一位附加位Y_{n+1}，其初值为0。

④ 由于每求一次部分积要右移一位，所以乘数的最低两位Y_n、Y_{n+1}的值决定了每次应执行的操作，如表4-3所示。

⑤ 移位按补码右移规则进行。

⑥ 共需做n+1次累加、n次移位，注意第n+1次累加时不移位。

表 4-3　布斯乘法运算操作

判断位Y_nY_{n+1}	操作
0 0	原部分积+0，右移一位
0 1	原部分积+$[X]_补$，右移一位
1 0	原部分积+$[-X]_补$，右移一位
1 1	原部分积+0，右移一位

注 意

由于符号位要参加运算，部分积累加时最高有效位产生的进位可能会侵占符号位，故被乘数和部分积应取双符号位，而乘数只需要一位符号位。运算时仍需要有3个寄存器，各自的作用与原码时相同，只不过存放的内容均为补码而已。

例4-8　已知X=−0.1101，Y=0.1011，求$X×Y$。

$[X]_{补}$=11.0011→B，$[Y]_{补}$=0.1011→C，0→A

$[-X]_{补}$=00.1101

	A	C　附加位	说明
	0 0. 0 0 0 0	0. 1 0 1 **1 0**	
$+[-X]_{补}$	0 0. 1 1 0 1		C_4C_5=10，$+[-X]_{补}$
	0 0. 1 1 0 1		
→	0 0. 0 1 1 0	1 0 1 0 **1 1**	部分积右移一位
+0	0 0. 0 0 0 0		C_4C_5=11，+0
	0 0. 0 1 1 0		
→	0 0. 0 0 1 1	0 1 0 1 **0 1**	部分积右移一位
$+[X]_{补}$	1 1. 0 0 1 1		C_4C_5=01，$+[X]_{补}$
	1 1. 0 1 1 0		
→	1 1. 1 0 1 1	0 0 1 0 **1 0**	部分积右移一位
$+[-X]_{补}$	0 0. 1 1 0 1		C_4C_5=10，$+[-X]_{补}$
	0 0. 1 0 0 0		
→	0 0. 0 1 0 0	0 0 0 1 **0 1**	部分积右移一位
$+[X]_{补}$	1 1. 0 0 1 1		C_4C_5=01，$+[X]_{补}$
	1 1. 0 1 1 1		

所以　　$[X×Y]_{补}$=1.01110001

$X×Y$=−0.10001111

布斯乘法的流程如图4-12所示。

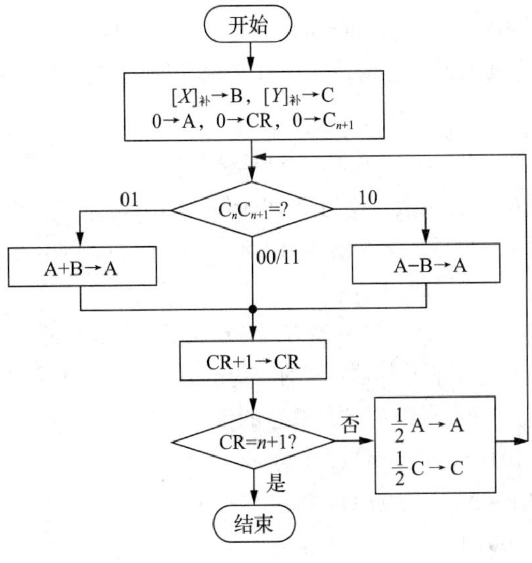

图4-12　布斯乘法流程

布斯乘法运算器结构如图4-13所示。各器件的作用与原码一位乘法相同，寄存器A和寄存器B长n+2位，寄存器C也有n+2位，还需一个n+2位的加法器、n+2个与或门和一个计数器。由寄存器C的最低两位C_nC_{n+1}来控制是加/减被乘数还是加0，当C_nC_{n+1}=01时，加被乘数，即加寄存器B的内容；C_nC_{n+1}=10时，减被乘数，即加上寄存器B中内容的反码，并在加法器的最低位加1；C_nC_{n+1}=00或11时，不加也不减（加0）。由于符号位参与运算，因此不需要专门处理符号位的异或门。

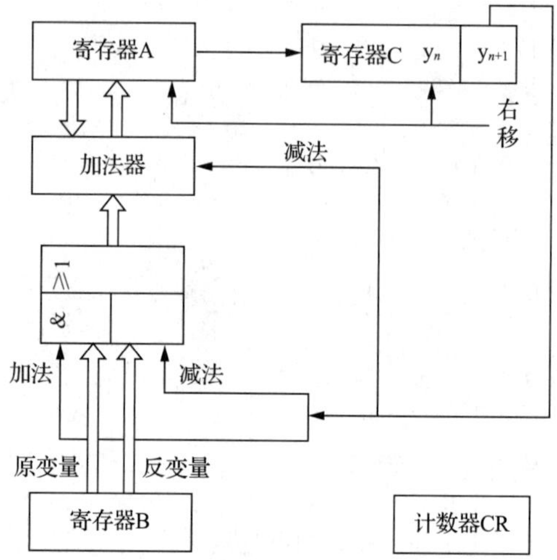

图4-13　布斯乘法运算器结构

4.4.3　原码除法运算

除法是乘法的逆运算。原码除法是从手算演变而来的，即用两个操作数的绝对值相除，结果的符号为两操作数符号的异或值（同号为正，异号为负），即

$$商Q=|X|\div|Y|$$

$$符号Q_s=X_s\oplus Y_s$$

式中，Q_s为商的符号，X_s和Y_s为被除数和除数的符号。

常见的原码除法采用原码不恢复余数法，其又称为加减交替法。除法的规则可由下面的通式表示：

$$r_{i+1}=2r_i+(1-2Q_i)\times|Y|$$

式中，r_i是第i次求商得到的部分余数，Q_i为第i次所得的商。若部分余数r_i为正，则Q_i=1，部分余数r_i左移一位，下一次继续减除数；若部分余数r_i为负，则Q_i=0，部分余数r_i左移一位，下一次加除数。

除法运算需要3个寄存器。寄存器A和寄存器B分别用来存放被除数和除数；寄存器C用来存放商，它的初值为0。运算过程中寄存器A的内容为部分余数，它将不断地变化，最后剩下的是扩大了若干倍的余数，只有将它乘以2^{-n}才是真正的余数。

例4-9　已知$X=-0.10101$，$Y=0.11110$，求$X\div Y$。

$|X|$=00.10101→A，$|Y|$=00.11110→B，0→C

$[|Y|]_{变补}$=11.00010

	A	C	说明
	00.10101	0.00000	
$+[\lvert Y\rvert]_{变补}$	11.00010		$-\lvert Y\rvert$
	11.10111	0.0000**0**	部分余数为负，商0
←	11.01110		左移一位
$+\lvert Y\rvert$	00.11110		$+\lvert Y\rvert$
	00.01100	0.000**01**	部分余数为正，商1
←	00.11000		左移一位
$+[\lvert Y\rvert]_{变补}$	11.00010		$-\lvert Y\rvert$
	11.11010	0.00**010**	部分余数为负，商0
←	11.10100		左移一位
$+\lvert Y\rvert$	00.11110		$+\lvert Y\rvert$
	00.10010	0.0**0101**	部分余数为正，商1
←	01.00100		左移一位
$+[\lvert Y\rvert]_{变补}$	11.00010		$-\lvert Y\rvert$
	00.00110	0.**01011**	部分余数为正，商1
←	00.01100		左移一位
$+[\lvert Y\rvert]_{变补}$	11.00010		$-\lvert Y\rvert$
	11.01110	**0.10110**	部分余数为负，商0
$+\lvert Y\rvert$	00.11110		最后一次恢复余数，$+\lvert Y\rvert$
	00.01100		

原码除法和原码乘法一样，符号位是单独处理的。所以

$$Q_s=X_s\oplus Y_s=1\oplus 0=1$$

$$\frac{X}{Y}=-\left(0.10110+\frac{0.01100\times 2^{-5}}{0.11110}\right)$$

原码加减交替除法运算的算法流程如图4-14所示。

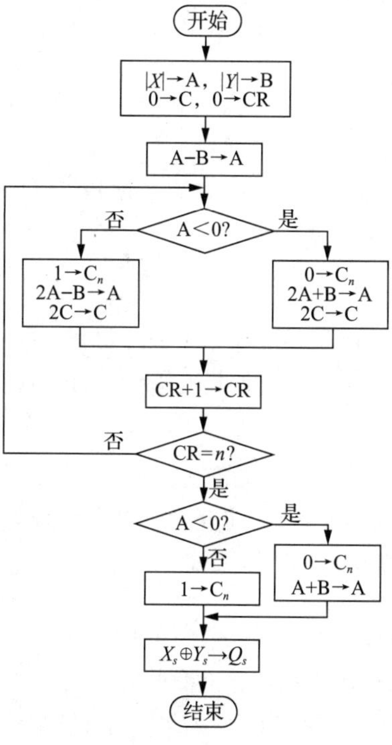

图4-14　原码加减交替除法运算的算法流程

注意

在做定点小数除法运算时，为了防止溢出，要求被除数的绝对值小于除数的绝对值，即 $|X| < |Y|$（$|X|=|Y|$ 除外），且除数不能为 0。因此，第一次减除数肯定是不够减的。如果采用先移位后减除数的方法，得到的结果也是相同的。另外，在原码加减交替法中，当最终余数为负数时，必须恢复一次余数，使之变为正余数，此时则不需要再左移了。

原码加减交替法的运算器结构如图4-15所示，寄存器A、寄存器B长n+2位，寄存器C长n+1位，还需一个n+2位的加法器、n+2个与或门、一个计数器和一个异或门。其中，寄存器A和寄存器C是级联在一起的，它们都具有左移一位的功能；在左移控制信号的作用下，寄存器C最高位的值将移入寄存器A的最低位。寄存器A中的初值是被除数，但在运算过程中将变为部分余数。寄存器C的最低位用来保存每次运算得到的商值，此商值同时也作为下一次操作是做加法还是做减法的控制信号。

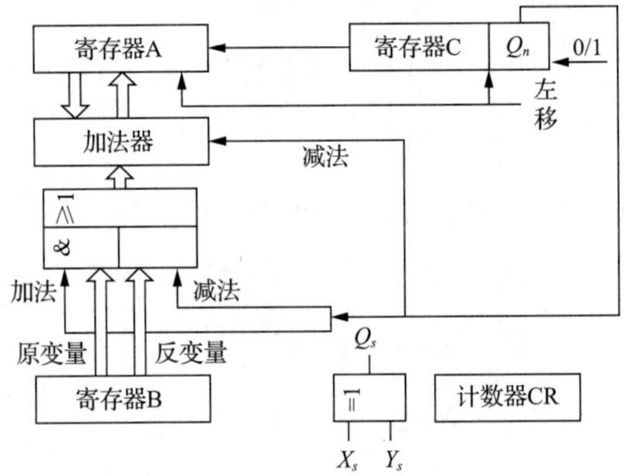

图 4-15　原码加减交替法的运算器结构

4.4.4　补码除法运算

被除数和除数都用补码表示，符号位参加运算，商和余数也用补码表示，运算时应考虑以下问题。

1. 够减的判断

参加运算的两个数符号任意，当被除数（或部分余数）的绝对值大于或等于除数的绝对值时称为够减，反之称为不够减。为了判断是否够减，两数同号时，实际应做减法；两数异号时，实际应做加法。

判断的方法和结果如下：当被除数（或部分余数）与除数同号时，如果得到的新部分余数与除数同号则表示够减，否则为不够减；当被除数（或部分余数）与除数异号时，如果得到的新部分余数与除数异号则表示够减，否则为不够减。

2. 上商规则

补码除法运算的商也是用补码表示的，上商的规则是：如果$[X]_补$和$[Y]_补$同号，则商为正数，够减时上商“1”，不够减时上商“0”；如果$[X]_补$和$[Y]_补$异号，则商为负数，够减时上商“0”，不够减时上商“1”。

将上商规则与够减的判断结合起来，可得到商的确定方法，如表4-4所示。

表 4-4 商的确定

$[X]_补$与$[Y]_补$	商	$[r_i]_补$与$[Y]_补$	上商
同号	正	同号，表示够减	1
		异号，表示不够减	0
异号	负	异号，表示够减	0
		同号，表示不够减	1

从表4-4中可看出，补码的上商规则可归结为：部分余数$[r_i]_补$和除数$[Y]_补$同号，则商上“1”；反之则商上“0”。

3. 商符号的确定

商符号是在求商的过程中自动形成的，按补码上商规则，第一次得出的商就是实际应得的商符号。为了防止溢出，必须有$|X|<|Y|$，所以第一次肯定不够减。当被除数与除数同号时，部分余数与除数必然异号，商上“0”，恰好与商符号一致；当被除数与除数异号，部分余数与除数必然同号，商上“1”，也恰好就是商的符号。

4. 求新部分余数

求新部分余数$[r_{i+1}]_补$的通式如下：

$$[r_{i+1}]_补=2[r_i]_补+(1-2Q_i)\times[Y]_补$$

式中，$[r_i]_补$是第i次求商得到的部分余数，Q_i表示第i步的商。若商上“1”，则下一步操作为部分余数左移一位，减去除数；若商上“0”，则下一步操作为部分余数左移一位，加上除数。

整个补码加减交替法的规则概括列于表4-5中。

表 4-5 补码加减交替法规则

$[X]_补$与$[Y]_补$	第一次操作	$[r_i]_补$与$[Y]_补$	上商	下一次操作
同号	$[X]_补-[Y]_补$	①同号（够减）	1	$[r_{i+1}]_补=2[r_i]_补-[Y]_补$
		②异号（不够减）	0	$[r_{i+1}]_补=2[r_i]_补+[Y]_补$
异号	$[X]_补+[Y]_补$	①同号（不够减）	1	$[r_{i+1}]_补=2[r_i]_补-[Y]_补$
		②异号（够减）	0	$[r_{i+1}]_补=2[r_i]_补+[Y]_补$

5. 末位恒置 1

假设商的数值位为n位，运算次数为n+1次，商的最末一位恒置为“1”，运算的最大误差为2^{-n}。此法操作简单，易于实现，在对商的精度没有特殊要求的情况下是一种简单、实用的方法。

例4-10 已知X=0.1000，Y=−0.1010，求$X\div Y$。

$[X]_补$=00.1000→A，$[Y]_补$=11.0110→B，0→C

$[-Y]_补$=00.1010

	A	C	说明
	00.1000	0.0000	
$+[Y]_补$	11.0110		$[X]_补$、$[Y]_补$异号，$+[Y]_补$
	11.1110	0.000**1**	$[r_i]_补$、$[Y]_补$同号，商1
←	11.1100		左移一位
$+[-Y]_补$	00.1010		$+[-Y]_补$
	00.0110	0.00**10**	$[r_i]_补$、$[Y]_补$异号，商0
←	00.1100		左移一位
$+[Y]_补$	11.0110		$+[Y]_补$
	00.0010	0.0**100**	$[r_i]_补$、$[Y]_补$异号，商0
←	00.0100		左移一位
$+[Y]_补$	11.0110		$+[Y]_补$
	11.1010	0.**1001**	$[r_i]_补$、$[Y]_补$同号，商1
←	11.0100		左移一位
$+[-Y]_补$	00.1010		$+[-Y]_补$
	11.1110	**1.0011**	末位恒置1

所以
$$\left[\frac{X}{Y}\right]_补=1.0011+\frac{1.1110\times 2^{-4}}{1.0110}$$

$$\frac{X}{Y}=-0.1101+\frac{-0.0010\times 2^{-4}}{-0.1010}=-0.1101+\frac{0.0010\times 2^{-4}}{0.1010}$$

补码加减交替除法的算法流程如图4-16所示。

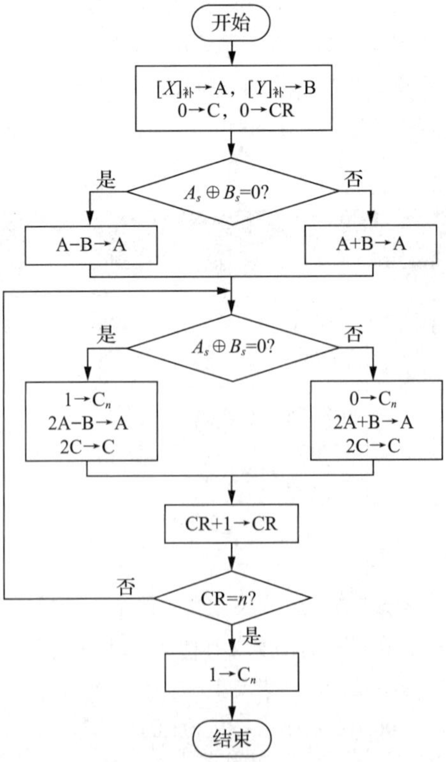

图4-16 补码加减交替除法的算法流程

补码加减交替法的运算器结构与图4–15基本相似，只是加减和上商的条件不同，不需要异或门来处理符号位而已。

注 意

无论是在原码加减交替法还是在补码加减交替法的左移过程中，都可能出现左移后双符号位不一致的情况，这样是没有关系的，不会影响最后的运算结果，因为此时真符（最左边的一位符号位）并没有发生变化。

4.5 规格化浮点运算

第2章中已经讨论了浮点数的表示方法，这里将进一步讨论规格化浮点数的四则运算问题，其中尾数的基数r=2。

4.5.1 浮点加减运算

设两个非0的规格化浮点数分别为：

$$A=M_A\times 2^{E_A}$$

$$B=M_B\times 2^{E_B}$$

规格化浮点数A、B加减运算通式为：

$$A\pm B=(M_A,E_A)\pm(M_B,E_B)=\begin{cases}M_A\pm M_B\times 2^{-(E_A-E_B)},E_A) & E_A>E_B\\(M_A\times 2^{-(E_B-E_A)}\pm M_B,E_B) & E_A<E_B\end{cases}$$

式中，$2^{-(E_A-E_B)}$ 和$2^{-(E_B-E_A)}$ 称为移位因子。

1. 浮点数加减运算步骤

执行浮点数的加减运算，需要经过对阶、尾数加/减、尾数结果规格化、舍入、判断溢出等步骤。

（1）对阶

两个浮点数相加或相减，首先要把小数点的位置对齐，而浮点数小数点的实际位置取决于阶码的大小，因此，对齐两数的小数点就是使两数的阶码相等，这个过程称为对阶。

要对阶，首先应求出两数阶码E_A和E_B之差，即

$$\Delta E=E_A-E_B$$

若$\Delta E=0$，则表示两数阶码相等，即$E_A=E_B$；若$\Delta E>0$，则表示$E_A>E_B$；若$\Delta E<0$，则表示$E_A<E_B$。

当$E_A\neq E_B$时，要通过尾数的移位来改变E_A或E_B，使$E_A=E_B$相等。对阶的规则是：小阶向大阶看齐，即阶码小的数的尾数右移，每右移一位，阶码加1，直到两数的阶码相等为止。

若$E_A=E_B$，则无须对阶。

若$E_A>E_B$，则M_B右移。每右移一位，$E_B+1\to E_B$，直至$E_A=E_B$为止。

若$E_A<E_B$，则M_A右移。每右移一位，$E_A+1\to E_A$，直至$E_A=E_B$为止。

尾数右移后，应对尾数进行舍入。

（2）尾数加/减

对阶之后，就可以进行尾数加/减，即

$$M_A \pm M_B \rightarrow M_C$$

其算法与前面介绍的定点加/减法相同。

（3）尾数结果规格化

尾数加/减运算之后得到的数可能不是规格化数。为了增加有效数字的位数、提高运算精度，我们必须进行结果规格化操作。规格化的尾数M应满足下列条件。

$$\frac{1}{2} \leqslant |M| < 1$$

设尾数用双符号位补码表示，经过加/减运算之后，可能出现以下6种情况。

① 00.1 × ×⋯ ×。

② 11.0 × ×⋯ ×。

③ 00.0 × ×⋯ ×。

④ 11.1 × ×⋯ ×。

⑤ 01.× × ×⋯ ×。

⑥ 10.× × ×⋯ ×。

第①种和第②种情况，符合规格化数的定义，该数已是规格化数。

第③种和第④种情况不是规格化数，需要使尾数左移以实现规格化，这个过程称为左规。尾数每左移一位，阶码相应减1（$E_C-1 \rightarrow E_C$），直至成为规格化数为止。只要满足下列条件：

$$左规=\overline{C_{s1}}\,\overline{C_{s2}}\,\overline{C_1}+C_{s1}C_{s2}C_1$$

就进行左规，左规可以进行多次。式中，C_{s1}、C_{s2}表示尾数M_C的两个符号位，C_1为M_C的最高数值位。

第⑤种和第⑥种情况在定点加减运算中称为溢出，但在浮点加减运算中只表明此时尾数的绝对值大于1，而并非真正的溢出。这种情况应将尾数右移以实现规格化，这个过程称为右规。尾数每右移一位，阶码相应加1（$E_C+1 \rightarrow E_C$）。右规的条件如下：

$$右规=C_{s1} \oplus C_{s2}$$

右规最多只有一次。

（4）舍入

由于受到硬件的限制，在对阶和右规处理之后有可能将尾数的低位丢失，这样会引起一些误差。舍入方法有很多种，最简单的是恒舍法，即无条件地丢掉正常尾数最低位之后的全部数值。

（5）判断溢出

与定点加减法一样，浮点加减运算最后一步也需进行溢出判断。在前面已经指出，当尾数之和（差）出现10.× × ×⋯×或01.× × ×⋯×时，并不表示溢出；只有将此数右规后，再根据阶码来判断浮点运算结果是否溢出。

浮点数的溢出情况由阶码的符号决定，若阶码也用双符号位补码表示，则：

当$[E_C]_补$=01.× × ×⋯×时，表示上溢。此时，浮点数真正溢出，机器需停止运算，做溢出中断处理。

当$[E_C]_补$=10.× × ×⋯×时，表示下溢。浮点数值趋于0，机器不做溢出处理，而是将之按机器零处理。

2. 浮点数加减运算举例

有两浮点数分别为：

$$A=0.101110\times 2^{-01}$$

$$B=-(0.101011)\times 2^{-10}$$

其中尾数和阶码均为二进制表示。假设这两数的格式为：阶码4位，用移码（偏置值为2^3）表示；尾数8位，用补码表示，包含一位符号位。即

阶码　　尾数

$[A]_{浮}=0111;0.1011100$

$[B]_{浮}=0110;1.0101010$

（1）对阶

求阶差：$\Delta E = E_A-E_B = -1-(-2) = 1$

$\Delta E = 1$，表示$E_A > E_B$。按对阶规则，将M_B右移一位，$E_B+1\rightarrow E_B$，得：

$$[B]'_{浮}=0111;1.1010101$$

（2）尾数求和

$$\begin{array}{r} 00.1011100 \\ +\ \ 11.1010101 \\ \hline 00.0110001 \end{array}$$

（3）尾数结果规格化

由于结果的尾数是非规格化的数，故应左规。尾数左移一位，阶码减1，最后结果是：

$$[A+B]_{浮}=0110;0.1100010$$

即
$$A+B=(0.110001)\times 2^{-10}$$

（4）舍入及溢出判断

运算结果不需要舍入处理，且阶码未发生溢出。

4.5.2 浮点乘除运算

设两个非0的规格化浮点数分别为：

$$A=M_A\times 2^{E_A}$$

$$B=M_B\times 2^{E_B}$$

规格化浮点数A、B乘除运算通式为：

$$(M_A,E_A)\times(M_B,E_B)=(M_A\times M_B,E_A+E_B)$$

$$(M_A,E_A)\div(M_B,E_B)=(M_A\div M_B,E_A-E_B)$$

1. 乘法步骤

两浮点数相乘，其乘积的阶码应为相乘两数的阶码之和，其乘积的尾数应为相乘两数的尾数之积。即

$$A\times B=(M_A\times M_B)\times 2^{(E_A+E_B)}$$

（1）阶码相加

如果阶码用补码表示，阶码相加之后无须校正；当阶码用偏置值为2^n的移码表示时，阶码相加后要减去一个偏置值2^n。

因为　　$[E_A]_{移}=2^n+E_A$，$[E_B]_{移}=2^n+E_B$，$[E_A+E_B]_{移}=2^n+(E_A+E_B)$

而　　$[E_A]_{移}+[E_B]_{移}=2^n+E_A+2^n+E_B=2^n+(E_A+E_B)+2^n$

所以　　$[E_A+E_B]_{移}=[E_A]_{移}+[E_B]_{移}-2^n$

显然，此时阶码和中多余了一个偏置值2^n，应将它减去。另外，阶码相加后有可能产生溢出，此时应进行另外的处理。

（2）尾数相乘

若M_A、M_B都不为0，则可进行尾数乘法。尾数乘法的算法与前述定点数乘法算法相同。

（3）尾数结果规格化

由于A、B均为规格化数，因此尾数相乘后的结果一定落在下列范围内。

$$\frac{1}{4}\leqslant|M_A\times M_B|<1$$

当$\frac{1}{2}\leqslant|M_A\times M_B|<1$时，乘积已是规格化数，无须再进行规格化操作；当$\frac{1}{4}\leqslant|M_A\times M_B|<\frac{1}{2}$时，则需要左规一次。左规时调整阶码后，如果发生阶码下溢，则将之做机器零处理。

2．除法步骤

两浮点数相除，其商的阶码应为相除两数的阶码之差，其商的尾数应为相除两数的尾数之商。即

$$A\div B=(M_A\div M_B)\times 2^{(E_A-E_B)}$$

（1）尾数调整

为了保证商的尾数是定点小数，首先需要检测$|M_A|$是否小于$|M_B|$。如果不小于，则M_A右移一位，$E_A+1\rightarrow E_A$，称为尾数调整。因为A、B都是规格化数，所以最多只需调整一次。

（2）阶码相减

如果阶码用补码表示，阶码相减之后无须校正；当阶码用偏置值为2^n的移码表示时，阶码相减后要加上一个偏置值2^n。阶码相减后，如有溢出，应进行另外的处理。

（3）尾数相除

若M_A、M_B都不为0，则可进行尾数除法。尾数除法的算法与前述定点数除法算法相同。因为开始时已进行了尾数调整，所以运算结果一定落在规格化范围内，即

$$\frac{1}{2}\leqslant|M_A\div M_B|<1$$

4.6　十进制整数的加法运算

一些通用计算机中设有十进制数据表示方式，我们可以直接对十进制整数进行算术运算。下面介绍一位十进制整数的加法运算和十进制加法器。

4.6.1　一位十进制加法运算

在计算机中，十进制数是用BCD码表示的，BCD码由4位二进制数表示，按二进制加法规则进行加法运算。十进制数的进位是10，而4位二进制数的进位是16，为此需要进行必要的十进制校正，才能使进位正确。因为不同的BCD码对应的十进制校正规律是不一样的，所以硬件实现也是不同的。

1. 8421码加法运算

8421码的加法规则如下。

① 两个十进制数的8421码相加时，按“逢二进一”的原则进行。

② 当和≤9，无须校正。

③ 当和＞9，则+6校正。

④ 在+6校正的同时，将产生向上一位的进位。

8421码的校正关系如表4-6所示。

表 4-6　8421码的校正关系

十进制数	8421码 C_4 S_4 S_3 S_2 S_1	校正前的二进制数 C_4' S_4' S_3' S_2' S_1'	校正关系
0~9	0 0 0 0 0 …… 0 1 0 0 1	0 0 0 0 0 …… 0 1 0 0 1	不校正
10	1 0 0 0 0	0 1 0 1 0	+6校正
11	1 0 0 0 1	0 1 0 1 1	
12	1 0 0 1 0	0 1 1 0 0	
13	1 0 0 1 1	0 1 1 0 1	
14	1 0 1 0 0	0 1 1 1 0	
15	1 0 1 0 1	0 1 1 1 1	
16	1 0 1 1 0	1 0 0 0 0	
17	1 0 1 1 1	1 0 0 0 1	
18	1 1 0 0 0	1 0 0 1 0	
19	1 1 0 0 1	1 0 0 1 1	

根据校正关系，很容易得到：

$$校正函数=C_4'+S_4'S_3'+S_4'S_2'$$

向上一位的进位C_4=校正函数。

2. 余3码加法运算

余3码的加法规则如下。

① 两个十进制数的余3码相加，按“逢二进一”的原则进行。

② 若其和没有进位，则-3（即+1101）校正。

③ 若其和有进位，则+3（即+0011）校正。

余3码的校正关系如表4-7所示。

表 4-7　余3码的校正关系

十进制数	余3码 C_4 S_4 S_3 S_2 S_1	校正前的二进制数 C_4' S_4' S_3' S_2' S_1'	校正关系
0	0 0 0 1 1	0 0 1 1 0	-3校正
1	0 0 1 0 0	0 0 1 1 1	
2	0 0 1 0 1	0 1 0 0 0	

续表

十进制数	余3码 C_4 S_4 S_3 S_2 S_1	校正前的二进制数 C_4' S_4' S_3' S_2' S_1'	校正关系
3	0 0 1 1 0	0 1 0 0 1	−3校正
4	0 0 1 1 1	0 1 0 1 0	
5	0 1 0 0 0	0 1 0 1 1	
6	0 1 0 0 1	0 1 1 0 0	
7	0 1 0 1 0	0 1 1 0 1	
8	0 1 0 1 1	0 1 1 1 0	
9	0 1 1 0 0	0 1 1 1 1	
10	1 0 0 1 1	1 0 0 0 0	+3校正
11	1 0 1 0 0	1 0 0 0 1	
12	1 0 1 0 1	1 0 0 1 0	
13	1 0 1 1 0	1 0 0 1 1	
14	1 0 1 1 1	1 0 1 0 0	
15	1 1 0 0 0	1 0 1 0 1	
16	1 1 0 0 1	1 0 1 1 0	
17	1 1 0 1 0	1 0 1 1 1	
18	1 1 0 1 1	1 1 0 0 0	
19	1 1 1 0 0	1 1 0 0 1	

根据校正关系，很容易得到校正函数：C_4'=0，−3校正；C_4'=1，+3校正。向上一位的进位C_4=C_4'。

4.6.2 十进制加法器

1. 一位8421码加法器

按照校正函数构成的一位8421码加法器如图4−17所示。图4−17中上部4个全加器（FA）实现二进制求和运算，下部一个全加器和两个半加器（HA）则用来实现+6（+0110）的校正操作。

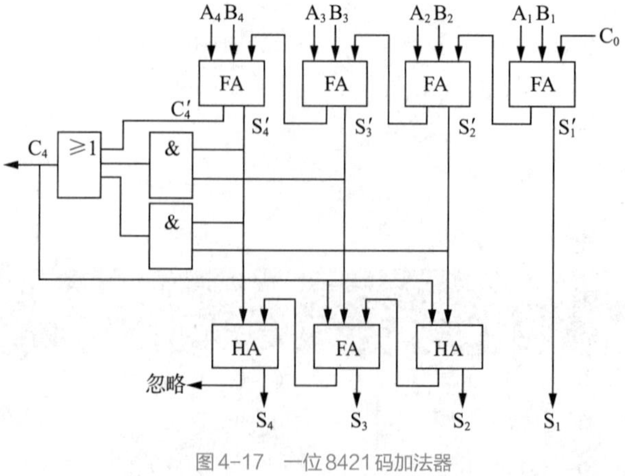

图4−17 一位8421码加法器

2. 一位余3码加法器

按照校正函数构成的一位余3码加法器如图4–18所示，图4–18中上部4个全加器实现二进制求和运算。从表4–7可以看出校正前后最低位的值永远是相反的，所以用一个非门使S_1'求反，这个非门与下部3个全加器一起共同实现+3（+0011）或–3（+1101）的校正操作。

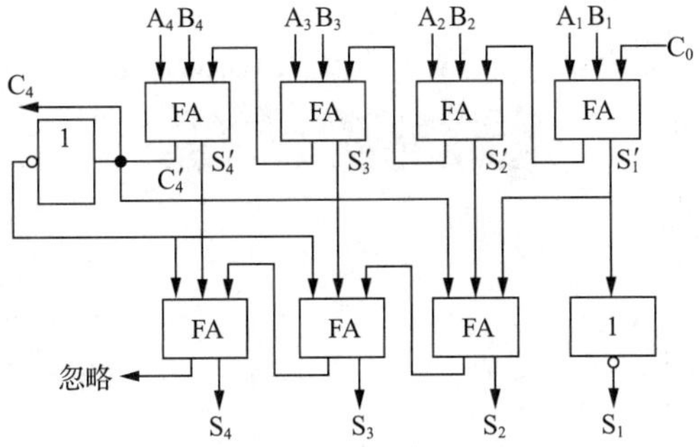

图4–18　一位余3码加法器

4.7　逻辑运算与实现

计算机在处理任务的过程中，除了要做大量的算术运算外，还需做许多逻辑操作，例如与、或、非、异或等。逻辑运算比算术运算要简单得多，这是因为逻辑运算是按位进行的，位与位之间没有进位与借位的关系。

1. 逻辑非

逻辑非又称求反操作，它对某个寄存器或主存单元中各位代码按位取反。

假设：　$X=X_0X_1\cdots X_n$，$Z=Z_0Z_1\cdots Z_n$

则：　$Z_i=\overline{X_i}$（$i=0,1,\cdots,n$）

逻辑非可利用非门（反相器）实现。

2. 逻辑乘

逻辑乘就是将两个寄存器或主存单元中的每一相应位的代码进行按位与操作。

假设：　$X=X_0X_1\cdots X_n$，$Y=Y_0Y_1\cdots Y_n$，$Z=Z_0Z_1\cdots Z_n$

则：　$Z_i=X_i\wedge Y_i$（$i=0,1,\cdots,n$）

一位二进制数的逻辑乘规则如表4–8所示。

表 4–8　一位二进制数的逻辑乘规则

$X_i \wedge Y_i$		Z_i
0	0	0
0	1	0
1	0	0
1	1	1

逻辑乘可以用与门来实现，也可以用或门和非门实现，即$Z_i=X_i\wedge Y_i=\overline{\overline{X_i}\vee\overline{Y_i}}$。

3. 逻辑加

逻辑加就是将两个寄存器或主存单元中的每一相应位的代码进行按位或操作。

假设：$X=X_0X_1\cdots X_n$，$Y=Y_0Y_1\cdots Y_n$，$Z=Z_0Z_1\cdots Z_n$

则：$Z_i=X_i \vee Y_i$（$i=0,1,\cdots,n$）

一位二进制数的逻辑加规则如表4-9所示。

表 4-9 一位二进制数的逻辑加规则

$X_i \vee Y_i$		Z_i
0	0	0
0	1	1
1	0	1
1	1	1

逻辑加可以用或门来实现，也可以用与门和非门实现，即$Z_i=X_i \vee Y_i=\overline{\overline{X_i} \wedge \overline{Y_i}}$ 。

4. 逻辑异或

逻辑异或又称按位加，它对两个寄存器或主存单元中各位的代码求模2和。

假设：$X=X_0X_1\cdots X_n$，$Y=Y_0Y_1\cdots Y_n$，$Z=Z_0Z_1\cdots Z_n$

则：$Z_i=X_i \oplus Y_i$（$i=0,1,\cdots,n$）

一位二进制数的逻辑异或规则如表4-10所示。按位加采用异或门实现。

表 4-10 一位二进制数的逻辑异或规则

$X_i \oplus Y_i$		Z_i
0	0	0
0	1	1
1	0	1
1	1	0

逻辑运算操作既可以由各种专门设置的电路来实现，也可以利用算术逻辑部件来实现，但在进行逻辑运算时要封锁进位链。

4.8 运算器的基本组成

运算器是在控制器的控制下实现其功能的。运算器不仅可以完成数据信息的算术逻辑运算，还可以作为数据信息的传送通路。

4.8.1 运算器结构

基本的运算器包含以下几个部分：实现基本算术和逻辑运算功能的ALU、提供操作数与暂存结果的寄存器组、有关的判别逻辑和控制电路等。将这些功能模块连接成一个整体时，需要解决一个问题，就是如何向ALU提供操作数。解决方法有两种：一种方法是在ALU输入端加多路选择器；另一种方法是在ALU输入端加一级锁存器（暂存器）。

运算器内的各功能模块之间的连接也广泛采用总线结构，这个总线称为运算器的内部总线，ALU和各寄存器都挂在上面。应当引起大家注意的是，这里所说的总线与第1章中提到的系统总线的含义不同，运算器的内部总线是CPU的内部数据通路，因此只有数据线。

（1）带多路选择器的运算器

图4-19所示为带多路选择器的运算器，各寄存器可以独立、多路地将数据送至ALU的多路选择器，使ALU有选择地同时获得两路输入数据。运算器的内部总线是一组单向传送的数据线，它将运算结果送往各寄存器，由寄存器的同步打入脉冲将内部总线上的数据送入R_i。如果同时发出几个打入脉冲，则可将总线上的同一数据同时送入几个相关的寄存器中。

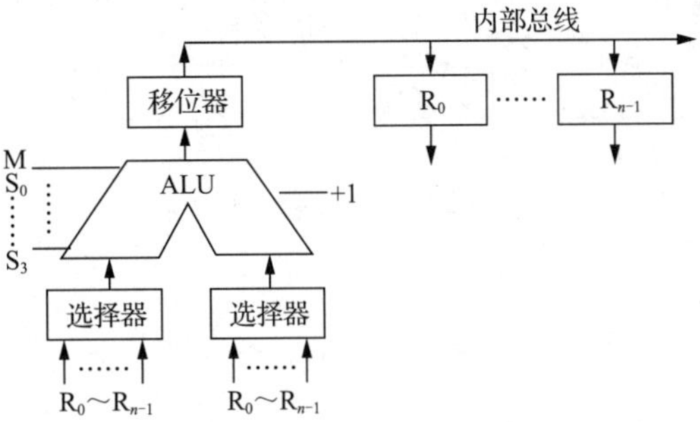

图4-19　带多路选择器的运算器

（2）带输入锁存器的运算器

图4-20所示为带输入锁存器的运算器，运算器的内部总线是一组双向传送的数据线。为了进行双操作数之间的运算操作，ALU输入端前设置了一级锁存器，可暂存操作数。例如，要实现$(R_0)+(R_1)\rightarrow R_2$，此时可通过内部总线先将$R_0$中的数据送入锁存器1，再通过内部总线将$R_1$中的数据送入锁存器2，然后相加，并将结果经总线送入R_2。

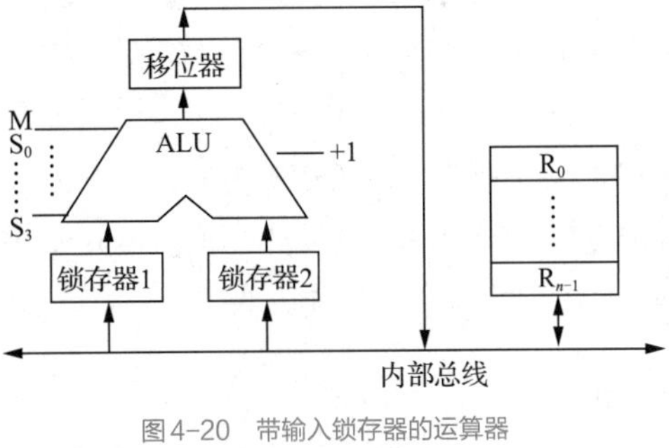

图4-20　带输入锁存器的运算器

运算器的内部总线大致有以下3种结构形式。

（1）单总线结构运算器

图4-20所示就是单总线结构运算器。这种结构的运算器实现一次双操作数的运算需要分成3步，它的主要缺点是操作速度慢。

（2）双总线结构运算器

图4-21（a）所示为双总线结构运算器内的数据通路。两个操作数可以分别通过总线1和总线2同时送到ALU中进行运算，并且立即可以得到运算的结果。但是，ALU的输出不能直接送到总线上去，这是因为此时两条总线都被操作数所占据着，所以必须在ALU的输出端设置一个缓冲器，先将运算结果送入缓冲器，再把结果送至目的寄存器。显然，它的执行速度比单总线结构的要快，每次操作比单总线少一步。

（3）三总线结构运算器

三总线结构运算器内的数据通路如图4-21（b）所示。ALU的两个输入端分别由两条总线供给，输出与第三条总线相连，这样算术和逻辑运算操作就可以在一步控制之内完成。如果某一个数不需要运算和修改，而需要直接由总线2传到总线3，此时可通过总线旁路器把数据送出，而不必借助于ALU。三总线结构的特点是操作速度快，但控制较前两种复杂。

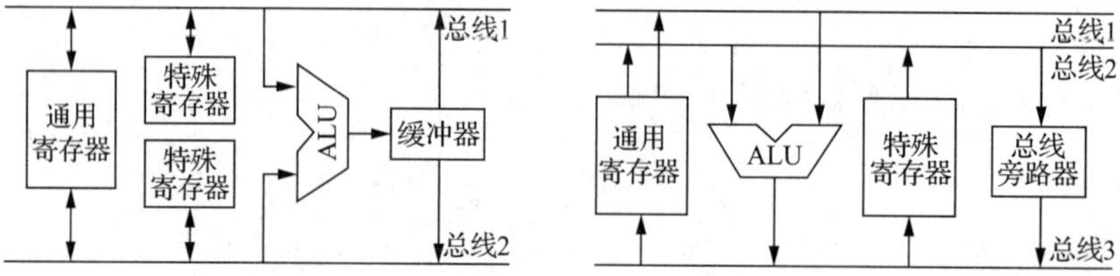

（a）　　（b）

图4-21　多总线结构运算器内的数据通路

4.8.2　算术逻辑部件

1. ALU 简介

ALU即算术逻辑部件，它是既能完成算术运算又能完成逻辑运算的部件。由于加、减、乘、除运算最终都能归结为加法运算，因此ALU的核心首先应当是并行加法器，同时也能执行像“与”“或”“非”“异或”这样的逻辑运算。ALU能完成多种功能，所以ALU又被称为多功能函数发生器。

2. 4 位 ALU 芯片

过去大多数ALU是4位的，目前随着集成电路技术的发展，多位的ALU已相继问世。为了说明原理，下面以典型的4位ALU芯片（74181）为例介绍ALU的结构及应用。

74181芯片能执行16种算术运算和16种逻辑运算。工作于正逻辑和负逻辑的74181芯片结构分别如图4-22（a）和图4-22（b）所示。以负逻辑为例，其中$\overline{A_3}$～$\overline{A_0}$和$\overline{B_3}$～$\overline{B_0}$表示两个操作数，$\overline{F_3}$～$\overline{F_0}$表示输出结果；C_n表示最低位的外来进位，C_{n+4}表示向高位的进位；$\overline{G}$为组进位产生函数输出，$\overline{P}$为组进位传递函数输出；M表示工作方式（M=0为算术操作，M=1为逻辑操作），S_3～S_0为功能选择线。

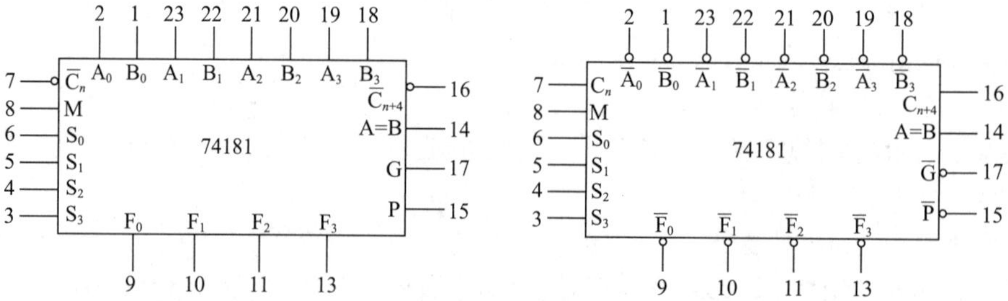

（a）工作于正逻辑　　（b）工作于负逻辑

图4-22　74181芯片结构

表4-11给出了74181芯片的算术/逻辑运算功能。

表 4-11　74181芯片的算术 / 逻辑运算功能

工作选择 $S_3 \sim S_0$	负逻辑			正逻辑		
	逻辑运算（M=1）	算术运算（M=0）C_n=0（无进位）	算术运算（M=0）C_n=1（有进位）	逻辑运算（M=1）	算术运算（M=0）$\overline{C_n}$=1（无进位）	算术运算（M=0）$\overline{C_n}$=0（有进位）
0000	$F=\overline{A}$	$F=A$减1	$F=A$	$F=\overline{A}$	$F=A$	$F=A$加1
0001	$F=\overline{AB}$	$F=AB$减1	$F=AB$	$F=\overline{A+B}$	$F=A+B$	$F=(A+B)$加1
0010	$F=\overline{A}+B$	$F=A\overline{B}$减1	$F=A\overline{B}$	$F=\overline{A}B$	$F=A+\overline{B}$	$F=(A+\overline{B})$加1
0011	$F=1$	$F=$减1	$F=0$	$F=0$	$F=$减1	$F=0$
0100	$F=\overline{A+B}$	$F=A$加$(A+\overline{B})$	$F=A$加$(A+\overline{B})$加1	$F=\overline{AB}$	$F=A$加$A\overline{B}$	$F=A$加$A\overline{B}$加1
0101	$F=\overline{B}$	$F=AB$加$(A+\overline{B})$	$F=AB$加$(A+\overline{B})$加1	$F=\overline{B}$	$F=(A+B)$加$A\overline{B}$	$F=(A+B)$加$A\overline{B}$加1
0110	$F=\overline{A\oplus B}$	$F=A$减B减1	$F=A$减B	$F=A\oplus B$	$F=A$减B减1	$F=A$减B
0111	$F=A+\overline{B}$	$F=A+\overline{B}$	$F=(A+\overline{B})$加1	$F=A\overline{B}$	$F=A\overline{B}$减1	$F=A\overline{B}$
1000	$F=\overline{A}B$	$F=A$加$(A+B)$	$F=A$加$(A+B)$加1	$F=\overline{A}+B$	$F=A$加AB	$F=A$加AB加1
1001	$F=A\oplus B$	$F=A$加B	$F=A$加B加1	$F=\overline{A\oplus B}$	$F=A$加B	$F=A$加B加1
1010	$F=B$	$F=A\overline{B}$加$(A+B)$	$F=A\overline{B}$加$(A+B)$加1	$F=B$	$F=(A+\overline{B})$加AB	$F=(A+\overline{B})$加AB加1
1011	$F=A+B$	$F=A+B$	$F=(A+B)$加1	$F=AB$	$F=AB$减1	$F=AB$
1100	$F=0$	$F=A$加A^{*}	$F=A$加A加1	$F=1$	$F=A$加A^{*}	$F=A$加A加1
1101	$F=A\overline{B}$	$F=AB$加A	$F=AB$加A加1	$F=A+\overline{B}$	$F=(A+B)$加A	$F=(A+B)$加A加1
1110	$F=AB$	$F=A\overline{B}$加A	$F=A\overline{B}$加A加1	$F=A+B$	$F=(A+\overline{B})$加A	$F=(A+\overline{B})$加A加1
1111	$F=A$	$F=A$	$F=A$加1	$F=A$	$F=A$减1	$F=A$

注：*表示A加$A=2A$，算术左移一位。

在表4-11中，“+”表示逻辑或运算，“加”表示算术加运算。M的值用来区别算术运算和逻辑运算，$S_3 \sim S_0$的不同取值可实现不同的操作。以负逻辑为例，当M=1、$S_3 \sim S_0$=1001时，做逻辑运算$A\oplus B$；当M=0、$S_3 \sim S_0$=1001时，做算术运算，此时若C_n=0完成A加B，若C_n=1完成A加B加1。

3. ALU 的应用

74181的4位作为一个小组，小组间既可以采用串行进位，也可以采用并行进位。采用串行进位时，只要把低一片的C_{n+4}与高一片的C_n相连即可。采用组间并行进位时，需要增加一片74182芯片，它是一个先行进位部件。74182芯片结构如图4-23所示。74182芯片可以产生3个进位信号：C_{n+x}、C_{n+y}、C_{n+z}，并且还产生大组进位生成函数$\overline{G}$和进位传递函数$\overline{P}$。

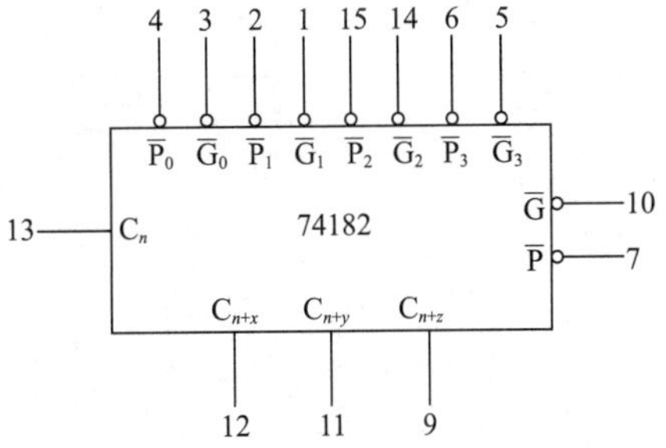

图4-23　74182芯片结构

图4-24是由8片74181芯片和2片74182芯片构成的32位两级行波ALU。各片74181芯片输出的组进位生成函数$\overline{G_i}$和组进位传递函数$\overline{P_i}$作为74182芯片的输入，而74182芯片输出的进位信号

C_{n+x}、C_{n+y}、C_{n+z}作为74181芯片的输入，74182芯片输出的大组进位生成函数$\overline{G}$和大组进位传递函数$\overline{P}$可作为更高一级74182芯片的输入。

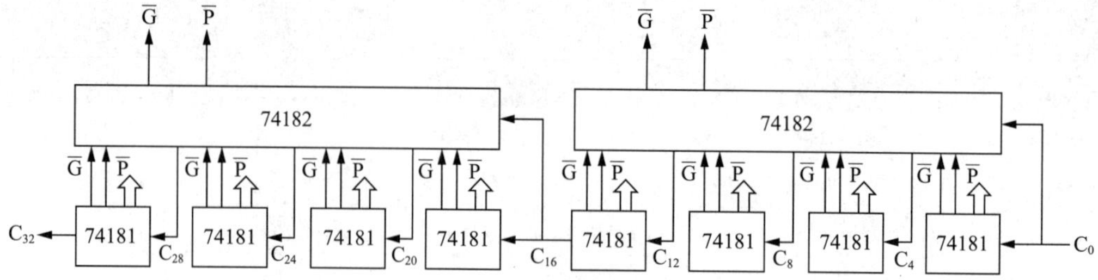

图4-24　32位两级行波ALU

4.8.3　浮点运算单元

由于浮点运算分成阶码运算和尾数运算两个部分，因此浮点运算器的实现比定点运算器的实现复杂得多。分析上述的浮点四则运算可以发现，对于阶码只有加、减运算，对于尾数则有加、减、乘、除4种运算。可见，浮点运算器主要由两个定点运算部件组成：一个是阶码运算部件，它用来完成阶码加、减，以及控制对阶时小阶的尾数右移次数和规格化时对阶码的调整；另一个是尾数运算部件，它用来完成尾数的四则运算以及判断尾数是否已规格化。此外，还需要有溢出判断电路等。

现代计算机中可把浮点运算部件制成任选件，或称为协处理器。称为协处理器，是因为它只能协助主处理器工作，不能单独工作。例如，个人计算机中的80x87就是浮点协处理器，目前80x87已被集成在CPU芯片之中。

图4-25所示为80x87的内部结构。它是由总线控制逻辑部件、数据接口与控制部件、浮点运算部件3个主要功能模块组成的。

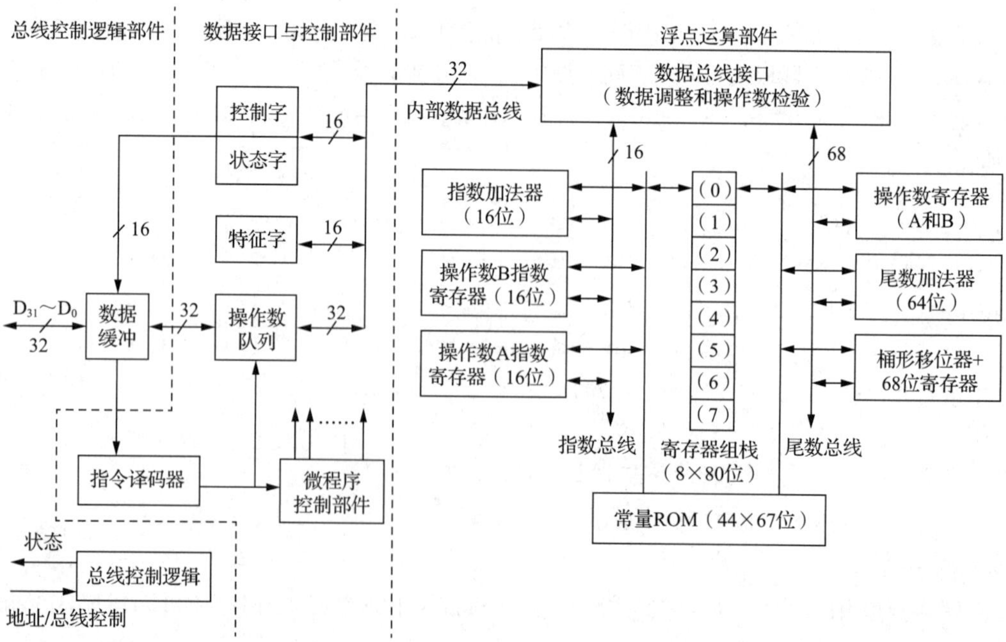

图4-25　80x87的内部结构

在80x87的浮点运算部件中，分别设置了阶码（指数）运算部件与尾数运算部件，并设有加速移位操作的移位器。它们通过指数总线和尾数总线与8个80位字长的寄存器组相连。

80x87从主存取数或向主存写数时，均用80位的临时浮点数与其他数据类型执行自动转换。在80x87中的全部数据都以80位临时浮点数的形式表示。

80x87与主微处理器协同工作，微处理器执行所有的常规指令，而80x87只执行专门的算术协处理器指令，该指令称为换码（ESC）指令。微处理器和协处理器可以同时或并行执行各自的指令。

习　题

4-1　证明：在全加器中进位传递函数$P=A_i+B_i=A_i \oplus B_i$。

4-2　某加法器采用组内并行、组间并行的进位链，每4位一组，写出进位信号C_6的逻辑表达式。

4-3　设计一个9位先行进位加法器，每3位为一组，采用两级先行进位线路。

4-4　已知X和Y，试用它们的变形补码计算出$X+Y$，并指出结果是否溢出。

（1）X=0.11011，Y=0.11111

（2）X=0.11011，Y=−0.10101

（3）X=−0.10110，Y=−0.00001

（4）X=−0.11011，Y=0.11110

4-5　已知X和Y，试用它们的变形补码计算出$X-Y$，并指出结果是否溢出。

（1）X=0.11011，Y=−0.11111

（2）X=0.10111，Y=0.11011

（3）X=0.11011，Y=−0.10011

（4）X=−0.10110，Y=−0.00001

4-6　已知X=0.1011，Y=−0.0101，求$[\frac{1}{2}X]_补$，$[\frac{1}{4}X]_补$，$[-X]_补$，$[\frac{1}{2}Y]_补$，$[\frac{1}{4}Y]_补$，$[-Y]_补$。

4-7　设下列数据长为8位（包括一位符号位），采用补码表示，分别写出每个数据右移或左移两位之后的结果。

（1）0.1100100

（2）1.0011001

（3）1.1100110

（4）1.0000111

4-8　分别用原码乘法和补码乘法计算$X \times Y$。

（1）X=0.11011，Y=−0.11111

（2）X=−0.11010，Y=−0.01110

4-9　分别用原码加减交替法和补码加减交替法计算$X \div Y$。

（1）X=0.10101，Y=0.11011

（2）X=−0.10101，Y=0.11011

（3）X=0.10001，Y=−0.10110

（4）X=−0.10110，Y=−0.11011

4-10　已知$X=-7.25$，$Y=28.5625$。

（1）将X、Y分别转换成二进制浮点数（阶码占4位，尾数占10位，各包含一位符号位）。

（2）用变形补码，求$X-Y$。

4-11　设浮点数的阶码和尾数部分均用补码表示，请按照浮点数的运算规则，计算下列各题（题中数字均为二进制数）。

（1）$X=2^{101}\times(-0.100010)$，$Y=2^{100}\times(-0.111110)$，求$X+Y$，$X-Y$。

（2）$X=2^{-101}\times0.101100$，$Y=2^{-100}\times(-0.101000)$，求$X+Y$，$X-Y$。

（3）$X=2^{-011}\times0.101100$，$Y=2^{-001}\times(-0.111100)$，求$X+Y$，$X-Y$。

4-12　设浮点数的阶码和尾数部分均用补码表示，请按照浮点数的运算规则，计算下列各题。

（1）$X=2^3\times\frac{13}{16}$，$Y=2^4\times\left(-\frac{9}{16}\right)$，求$X\times Y$。

（2）$X=2^3\times\left(-\frac{13}{16}\right)$，$Y=2^5\times\left(\frac{15}{16}\right)$，求$X\div Y$。

4-13　用流程图描述浮点除法运算的算法步骤。

4-14　设计一个一位5421码加法器。

4-15　某计算机利用二进制加法器进行8421码的十进制运算，采用的方法如下。

（1）对某一操作数预加6后，与另一操作数一起进入二进制加法器。

（2）有进位产生时，直接得到和的8421码。

（3）没有进位时，反减6再得到和的8421码。

试求+6、−6的校正逻辑。

4-16　用74181芯片和74182芯片构成一个64位的ALU，并采用多级分组并行进位链（要求速度尽可能快）。

第5章 主存储器

主存储器是实现存储程序控制的关键部件。本章重点讨论主存储器的工作原理、组成方式以及运用半导体存储芯片组成主存储器的一般原则和方法。

学习指南

1. 知识点和学习要求

- 主存储器的组织
  理解主存储器的基本结构
  掌握有关主存储器的基本概念
  掌握主存储器的主要技术指标
- 数据的宽度和存储
  领会数据的宽度和存储顺序概念
  理解大端方案和小端方案的区别
  掌握数据在主存中的存放方法
- 半导体随机存储器和只读存储器
  了解RAM的基本记忆单元电路
  掌握动态RAM不同的刷新方式
  了解RAM芯片分析
  掌握半导体只读存储器的特点
  理解半导体Flash存储器的特点
- 主存储器的连接与控制
  掌握主存容量的不同扩展方法
  掌握存储芯片的地址分配和片选
  掌握主存储器和CPU的连接方法
  了解主存的校验
- 提高主存读写速度的技术
  了解主存技术的发展

2. 重点与难点

本章的重点：主存储器的组织、数据的宽度和存储形式、半导体随机存储器和只读存储器、主存储器的连接与控制等。

本章的难点：数据在主存中的存放方法、动态RAM的刷新、运用半导体存储芯片组成主存储器的方法。

5.1 主存储器的组织

主存储器是整个存储系统的核心，它用来存放计算机运行期间所需要的程序和数据。CPU可直接随机地对它进行访问。

5.1.1 主存储器的基本结构

主存储器通常由存储体、地址译码驱动电路、I/O和读写电路等组成，其组成如图5-1所示。

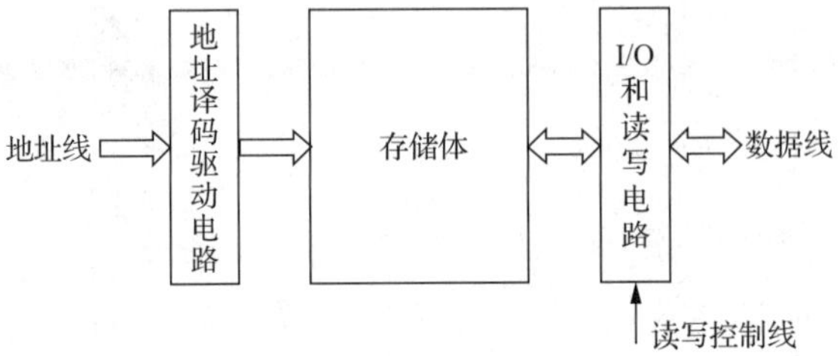

图5-1　主存储器的组成

存储体是主存储器的核心，程序和数据都存放在存储体中。

地址译码驱动电路实际上包含译码器和驱动器两个部分。译码器将地址线输入的地址码转换成与之对应的译码输出线上的有效电平，以表示选中了某一存储单元，然后由驱动器提供驱动电流去驱动相应的读写电路，完成对被选中存储单元的读写操作。

I/O和读写电路包括读出放大器、写入电路和读写控制电路，用以完成被选中存储单元中各位的读出和写入操作。

主存储器的读写操作是在控制器的控制下进行的。只有接收到来自控制器的读写命令或写允许信号后，才能实现正确的读写操作。

5.1.2 主存储器的存储单元

位是二进制数的最基本单位，也是存储器存储信息的最小单位。一个二进制数由若干位组成，当这个二进制数作为一个整体存入或取出时，这个数称为存储字。存放存储字或存储字节的主存空间称为存储单元或主存单元，大量存储单元的集合构成一个存储体。为了区别存储体中的各个存储单元，必须将它们逐一编号。存储单元的编号称为地址，地址与存储单元之间有一对一的对应关系，就像一座大楼的每个房间都有房间号一样。

一个存储单元可能存放一个字，也可能存放一字节，这是由计算机的结构确定的。对于字节编址的计算机来说，最小寻址单位是一字节，相邻的存储单元地址指向相邻的存储字节；对于字编址的计算机来说，最小寻址单位是一个字，相邻的存储单元地址指向相邻的存储字。所以存储单元是CPU对主存可访问操作的最小存储单位。

5.1.3 主存储器的分类

目前，主存储器都是采用半导体材料制造的，其主要有MOS型存储器和双极型（TTL电路或ECL电路）存储器两类。MOS型存储器具有集成度高、功耗低、价格便宜、存取速度较慢等特点；双极型存储器具有存取速度快、集成度较低、功耗较大、成本较高等特点。

主存储器根据采用的存取方式可分为随机存取存储器（RAM）和只读存储器（ROM）两种。

随机存取是指CPU可以对存储器中的内容随机地存取，CPU对任何一个存储单元的写入和读出时间是一样的，即存取时间相同，与其所处的物理位置无关。RAM读/写方便，使用灵活。

只读存储器可以看作RAM的一种特殊形式，其特点是：存储器的内容只能随机读出而不能写入。这类存储器常用来存放那些不需要改变的信息。由于信息一旦写入存储器就固化了，即使断电，写入的内容也不会丢失，所以ROM又称为固定存储器。ROM除了存放某些系统程序（如BIOS程序）外，还用来存放专用的子程序或用作函数发生器、字符发生器及微程序控制器中的控制存储器。

半导体RAM中存储的信息会因为断电而丢失，所以该存储器被称为易失性存储器；而半导体ROM中存储的信息不会因为断电而丢失，所以该存储器被称为非易失性存储器。

如果某个存储单元所存储的信息被读出时，原存信息会被破坏，则称该操作为破坏性读出；如果读出时被读单元原存信息不被破坏，则称该操作为非破坏性读出。具有破坏性读出性能的存储器每经历一次读出操作之后，必须紧接一个重写（再生）的操作，以便恢复被破坏的信息。

5.1.4 主存储器的主要技术指标

由于CPU要频繁地访问主存储器（主存），所以主存储器的性能会在很大程度上影响整个计算机系统的性能。

1. 存储容量

字节编址的计算机以字节数来表示存储容量；字编址的计算机以字数与其字长的乘积来表示存储容量。例如，某计算机的主存容量为64K × 16，表示它有64K个存储单元，每个存储单元的字长为16位，若改用字节数表示则可记为128K字节（即128KB）。

2. 存取速度

主存的存取速度通常由存取时间T_a、存取周期T_m和主存带宽B_m等参数来描述。

（1）存取时间T_a

存取时间又称为访问时间或读写时间，它是指从启动一次存储器操作到完成该操作所经历的时间。例如，读出时间是指从CPU向主存发出有效地址和读命令开始，直到将被选单元的内容读出为止所用的时间；写入时间是指从CPU向主存发出有效地址和写命令开始，直到信息写入被选中单元为止所用的时间。显然，T_a越小，存取速度越快。

（2）存取周期T_m

存取周期又可称作读写周期、访存周期，它是指主存进行一次完整的读写操作所需的全部时间，即连续两次访问存储器操作之间所需要的最短时间。显然，一般情况下，$T_m > T_a$。这是因为对于任何一种存储器，在读写操作之后，总要有一段恢复内部状态的复原时间。对于破坏性读出的RAM来说，存取周期往往比存取时间要大得多，甚至可以达到T_m=2T_a，这是因为存储器中的信息读出后需要马上进行重写（再生）。

（3）主存带宽B_m

与存取周期密切相关的指标是主存的带宽（又称为数据传输率），它表示每秒从主存进出信息的最大数量，单位为字每秒、字节每秒或位每秒。主存带宽B_m与主存的等效工作频率及主存位宽有关系，若单位为字节每秒，则有：

$$B_m=\text{主存等效工作频率} \times \text{主存位宽} \div 8$$

目前，主存提供信息的速度还跟不上CPU处理指令和数据的速度，所以主存的带宽是改善计算机系统瓶颈的一个关键因素。为了提高主存的带宽，通常，我们可以采取的措施如下。

- 缩短存取周期。
- 增加存储字长。
- 增加存储体。

3. 可靠性

可靠性是指在规定的时间内，存储器无故障读写的概率。通常，用平均无故障时间（MTBF）来衡量可靠性。MTBF越长，说明存储器的可靠性越高。

4. 功耗

功耗是一个不可忽视的问题，它能反映单位时间内存储器件耗电量的多少，同时也能反映其发热的程度。通常希望功耗要尽量小，这样对存储器件的工作稳定性有好处。大多数半导体存储器的工作功耗与维持功耗是不同的，后者小于前者。

5.2 数据的宽度与存储

计算机内部任何信息都被表示成二进制编码形式，数据的宽度和存储顺序是存储器设计必须关注的问题。

5.2.1 数据的宽度

第1章中已经讨论过字和字长概念的区别。字表示被处理信息的单位，用来度量各种数据类型的宽度，而字长表示数据运算的宽度，反映计算机处理信息的能力。两者的长度可以一样，也可以不一样。例如，在Intel 80x86系列机中把一个数据字定义为16位，所以将32位数据称为双字，64位数据称为四倍字；而在IBM 303X系列机中把一个数据字定义为32位，所以将32位数据称为单字，64位数据称为双字。

任何信息在计算机中用二进制编码后，每8位构成一字节，不同的数据类型具有不同的字节宽度。由于程序需要对不同类型、不同长度的数据进行处理，因此在计算机中的数据表示必须能提供相应的支持。

5.2.2 数据的排列顺序

在所有计算机中，多字节数据都被存放在连续的字节序列中。根据数据中各字节在连续字节序列中的排列顺序的不同，可分为两种排列方式：大端方案和小端方案。如果将一个32位的整数0x12345678存放到一个整型（int）变量中，这个整型变量采用大端或者小端方案在主存中的存放情况如表5-1所示（假设从地址0x4000开始存放）。

表 5-1　32 位整型变量对应存放方案的存放情况

主存地址	大端方案	小端方案
0x4000	12（MSB）	78（LSB）
0x4001	34	56
0x4002	56	34
0x4003	78（LSB）	12（MSB）

从表5-1可以看出，大端方案将高字节（MSB）存放在低地址，小端方案将高字节存放在高地址。采用大端方案进行数据存放符合人类的正常思维，而采用小端方案进行数据存放利于计算机处理。到目前为止，采用大端或者小端方案进行数据存放，孰优孰劣也没有定论。大端方案与小端方案的差别体现在一个处理器的寄存器、指令集、数据总线等各个层次中。

大端方案和小端方案存放ASCII字符串和BCD码数据的顺序是相反的。但是必须指出的是，不管是上述哪个系统，在表示一个32位整数时两个方案是一致的。如6，都是在最右边的（最低位）3位上存放110，前面29位都是0。也就是说，在大端方案中，110这3位应该放在字节3（或7、11等）中，而在小端方案中，110这3位应该放在字节0（或4、8等）中。

Intel 80x86采用小端方案，IBM 370、Motorola 680x0和大多数RISC机器则采用大端方案，有些微处理器（如Power PC）既支持大端方案又支持小端方案，具体使用方法是在芯片加电启动时只要选择确定即可（可选择小端方案，默认为大端方案）。

排序不同的系统之间进行数据通信时，需要进行顺序转换。了解字节顺序的好处在于调试底层机器级程序时，能够清楚每个数据的字节顺序，以便将一个机器数正确转换为真值。

IBM 370机是字长为32位的计算机，主存按字节编址，每一个存储字包含4个单独编址的存储字节，其地址安排如图5-2（a）所示。显然，它采用的是大端方案，即字地址等于最高有效字节地址，且字地址总是等于4的整数倍，正好用地址码的最末两位来区分同一个字的4字节。PDP-11机是字长为16位的计算机，主存也按字节编址，每一个存储字包含2个单独编址的存储字节，其地址安排如图5-2（b）所示。它采用的是小端方案，即字地址等于最低有效字节地址，且字地址总是等于2的整数倍，正好用地址码的最末一位来区分同一个字的2字节。从图5-2可以看出，大端方案从最高有效字节向最低有效字节进行字节地址编号，小端方案从最低有效字节向最高有效字节进行字节地址编号。

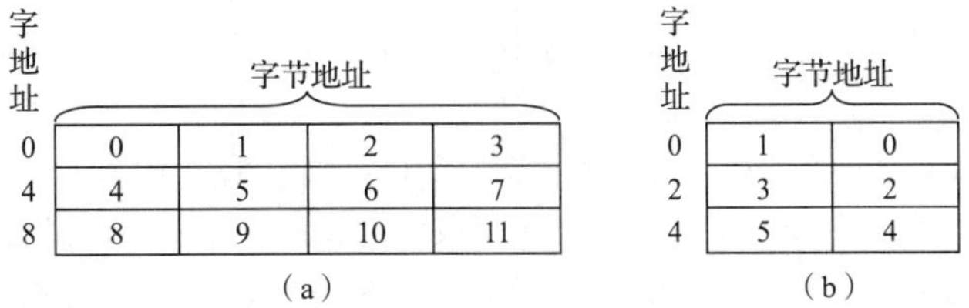

图5-2　字节编址计算机的地址安排方案

5.2.3　数据在主存中的存放

数据在主存中的存放

目前大多数存储器采用字节编址，数据在主存中有3种不同存放方法，如图5-3所示。设存储字长为64位（8字节），即一个存取周期最多能够从主存读或写64位数据。图5-3中最左边一列表示字地址（十六进制），字地址的最末3个二进制位必定为000。假设读写的数据有4种不同长度，它们分别是字节（8位）、半字（16位）、单字（32位）和双字（64位）。

注 意

此例中数据字长（32 位）不等于存储字长（64 位）。

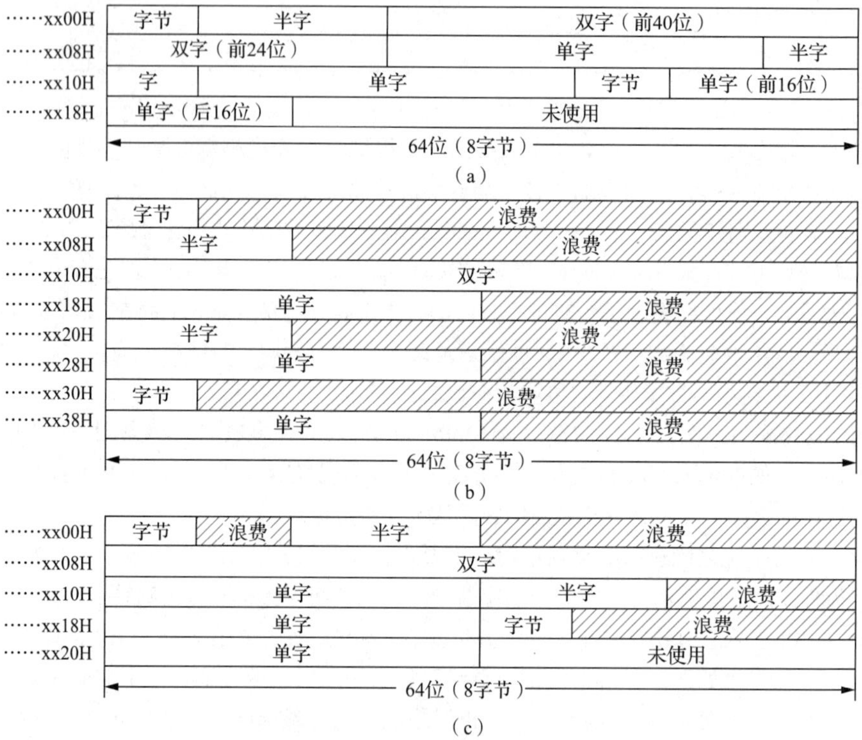

图5-3　字节编址主存储器的各种存放方法

图5-3（a）是一种不浪费存储器资源的存放方法，4种不同长度的数据一个紧接着上一个存放。这种数据存放方式的优点是不浪费宝贵的主存资源。但是存在问题，主要问题有两个：一是除了访问一字节以外，当要访问一个双字、一个单字或一个半字时都有可能需要耗费两个存取周期，因为从图5-3（a）中可以看出，一个双字、一个单字或一个半字都有可能跨越两个存储字存放，这样使存储器的工作速度降低了一半；二是存储器的读写控制比较复杂。

为了克服上述两个缺点，后来又出现了图5-3（b）所示的另一种数据存放方法。这种存放方法规定，无论要存放的是字节、半字、单字或双字，都必须从一个存储字的起始位置开始存放（在图5-3（b）中是从最左边放起），而多余的部分浪费不用。这种数据存放方法的优点是：无论访问一字节、一个半字、一个单字或一个双字都可以在一个存储周期内完成，读写数据的控制比较简单。但它的主要缺点是浪费了宝贵的存储器资源，如果双字、单字、半字、字节4种不同长度的数据出现的概率相同，那么主存的实际利用率只有约50%，即有约一半的存储空间被浪费。

综合前两种数据存放方法的优缺点，又出现了图5-3（c）所示的折中方案。图5-3（c）所示的存放方法规定，双字数据（8字节）起始地址的最末3个二进制位必须为000（8的整倍数），单字数据（4字节）起始地址的最末两位必须为00（4的整倍数），半字数据（2字节）起始地址的最末一位必须为0（偶数）。这种存储方法能够保证无论访问双字、单字、半字或字节都能在一个存取周期内完成，这样尽管存储器资源仍然有浪费，但是其比图5-3（b）所示的存放方法要好得多。这种存放方法被称为边界对齐的数据存放方法。

5.3 半导体随机存储器和只读存储器

主存储器通常分为随机存储器（RAM）和只读存储器（ROM）两大类。CPU可以对RAM中的任一单元读出和写入，而ROM只能读不能写。

5.3.1 RAM 的记忆单元

通常把存放一个二进制位的物理器件称为记忆单元，它是存储器的最基本构件，地址码相同的多个记忆单元构成一个存储单元。记忆单元可以由各种材料制成，但最常见的由MOS电路组成。RAM又可分为静态RAM（SRAM）和动态RAM（DRAM）两种。无论哪一种半导体RAM，只要电源被切断，原来的保存信息便会丢失，这一点就体现了半导体存储器的易失性。

SRAM的记忆单元是用双稳态触发器来保存信息的。在记忆单元未被选中或读出时，电路处于双稳态触发器工作状态，信息不变。SRAM存取速度快，但集成度低，功耗也较大，所以一般用来组成高速缓冲存储器和小容量主存系统。

与SRAM的存储原理不同，DRAM是利用记忆单元电路中栅极电容上的电荷来存储信息的。由于栅极电容上的电荷会随着时间的推移不断泄漏掉，所以每隔一定的时间必须向栅极电容补充一次电荷，这个过程称为“刷新”。DRAM集成度高，功耗小，但存取速度慢，一般用来组成大容量主存系统。

DRAM的记忆单元还有多管和单管之分。单管DRAM记忆单元采用的是破坏性读出方式，需要采取重写的措施。

5.3.2 动态 RAM 的刷新

1. 刷新与重写

刷新与重写是两个完全不同的概念，切不可混淆。重写是随机的，某个存储单元只有在破坏性读出之后才需要重写。而刷新是定时的，即使许多记忆单元长期未被访问，若不及时补充电荷，信息也会丢失。重写一般是按存储单元进行的，而刷新通常是以存储体矩阵中的一行为单位进行的。

2. 刷新方式

为了维持DRAM记忆单元的存储信息，每隔一定时间必须刷新。刷新间隔主要是根据栅极电容上电荷的泄放速度来决定的。一般选定的最大刷新间隔为2ms或4ms，甚至更大。也就是说，应在规定的时间内，将全部存储体刷新一遍。常见的刷新方式有集中式、分散式和异步式3种。

（1）集中刷新方式

集中刷新方式是指在允许的最大刷新间隔（如2ms）内，按照存储芯片容量的大小集中安排若干次刷新，刷新时停止读写操作。

刷新时间=存储矩阵行数×刷新周期

这里刷新周期是指刷新一行所需要的时间。由于刷新过程就是“假读”的过程，因此刷新周期就等于存取周期。

例如，对具有1024个记忆单元（排列成32×32的存储矩阵）的存储芯片进行刷新，刷新是按行进行的，且每刷新一行占用一个存取周期，所以共需32个周期以完成全部记忆单元的刷新。假设存取周期为500ns（0.5μs），则在2ms内共可以安排4000次存取，如从0～3967个周期内进行读写操作或保持，而从3968～3999最后32个周期集中安排刷新操作，如图5-4所示。

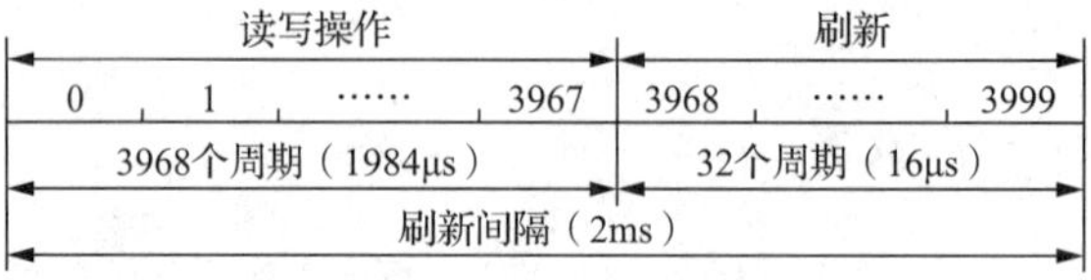

图5-4　集中刷新方式示意图

集中刷新方式的优点是读写操作时不受刷新工作的影响，因此系统的存取速度比较高。主要缺点是在集中刷新期间必须停止读写，这一段时间称为“死区”，而且存储容量越大，死区就越长。

（2）分散刷新方式

分散刷新方式是指把刷新操作分散到每个存取周期内进行，此时系统的存取周期被分为两个部分，前一部分时间进行读写操作或保持，后一部分时间进行刷新操作。在一个系统存取周期内刷新存储矩阵中的一行。

这种刷新方式增加了系统的存取周期，如存储芯片的存取周期为0.5μs，则系统的存取周期应为1μs，即前一个0.5μs读写，后一个0.5μs刷新。仍以前述的32×32矩阵为例，整个存储芯片刷新一遍需要32μs，如图5-5所示。

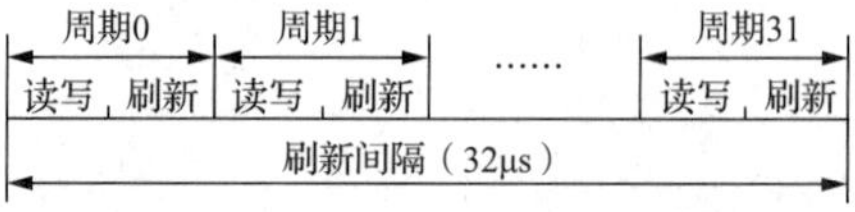

图5-5　分散刷新方式示意图

从图5-5中可以看出，这种刷新方式没有死区。但是，它也有很明显的缺点：一是加长了系统的存取周期，降低了整机的速度；二是刷新过于频繁（本例中每32μs就刷新一遍），尤其是当存储容量比较小的情况下，没有充分利用所允许的最大刷新间隔（2ms）。

（3）异步刷新方式

这种刷新方式可以看成前述两种方式的结合，它充分利用了最大刷新间隔时间，把刷新操作平均分配到整个最大刷新间隔时间内进行，故有：

相邻两行的刷新间隔=最大刷新间隔时间÷行数

对于32×32矩阵，在2ms内需要将32行刷新一遍，所以相邻两行的刷新时间间隔=2ms÷32=62.5μs，即每隔62.5μs安排一次刷新。在刷新时封锁读写，如图5-6所示。

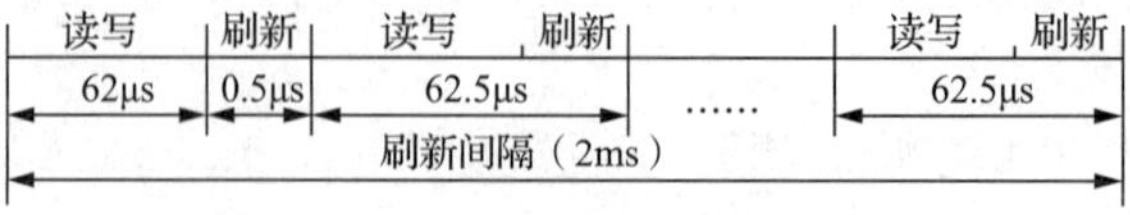

图5-6　异步刷新方式示意图

异步刷新方式虽然也有死区，但比集中刷新方式的死区小得多，仅为0.5μs。这样可以避免使CPU连续等待过长的时间，而且能减少刷新次数。这种刷新方式是比较实用的一种刷新方式。

消除“死区”可采用不定期的刷新方式。其基本做法是：把刷新操作安排在CPU不访问存储器的空闲时间里，如利用CPU取出指令后进行译码的这段时间。这种方式既不会出现死区，又不会降低存储器的存取速度，但是控制比较复杂，实现起来比较困难。

3. 刷新控制

为了控制刷新，往往需要增加刷新控制电路。刷新控制电路的主要任务是解决刷新和CPU访问存储器之间的矛盾。通常，当刷新请求和访存请求同时发生时，应优先进行刷新操作。此外，也有些DRAM芯片本身具有自动刷新功能，即刷新控制电路在芯片内部。

DRAM的刷新要注意以下问题。

① 无论是由外部刷新控制电路产生刷新地址逐行循环地刷新，还是芯片内部的刷新地址计数器自动地控制刷新，都不依赖于外部的访问，刷新对CPU是透明的。

② 刷新通常是一行一行地进行的。每一行中各记忆单元同时被刷新，故刷新操作时仅需要行地址，不需要列地址。

③ 刷新操作类似于读出操作，但又有所不同。因为刷新操作仅是给栅极电容补充电荷，不需要信息输出。另外，刷新时不需要加片选信号，即整个存储器中的所有芯片同时被刷新。

④ 因为所有芯片同时被刷新，所以在考虑刷新问题时，应当从单个芯片的存储容量着手，而不是从整个存储器的容量着手。

5.3.3 RAM 芯片分析

1. RAM 芯片

RAM芯片的外引脚包括地址线、数据线、控制线以及电源线，芯片通过地址线、数据线和控制线与外部连接。地址线是单向输入的，其数量与芯片容量有关，例如，容量为1024 × 4位时，地址线有10根；容量为64K × 1位时，地址线有16根。数据线是双向的，既可输入，也可输出，其数量与数据位数有关，例如，1024 × 4位的芯片，数据线有4根；64K × 1位的芯片，数据线只有1根。控制线主要有读写控制线和片选线两种，读写控制线用来控制芯片是进行读操作还是进行写操作的，片选线用来决定该芯片是否被选中。各种RAM芯片的外引脚主要如下。

- 地址线——A_i。
- 数据线——D_i。
- 片选线——$\overline{CE}$（或$\overline{CS}$）。
- 读写控制线——$\overline{WE}$或$\overline{OE}/\overline{WE}$。
- 工作电源电压——V_{CC}，+5V。
- 接地端——GND。

有些SRAM芯片有两根读写控制线：读允许线$\overline{OE}$和写允许线$\overline{WE}$。有些SRAM芯片只有1根读写控制线$\overline{WE}$，$\overline{WE}$=0时，写允许；$\overline{WE}$=1时，读允许。

DRAM芯片集成度高、容量大，为了减少其芯片引脚数量，DRAM芯片把地址线分成相等的两个部分，分两次从相同的引脚送入。两次输入的地址分别称为行地址和列地址，行地址由行地址选通信号$\overline{RAS}$送入存储芯片，列地址由列地址选通信号$\overline{CAS}$送入存储芯片。由于采用了地址复用技术，因此，DRAM芯片每增加一条地址线，实际上是增加了两位地址，即增加了4倍的容量。在DRAM芯片中，可以不设专门的片选线$\overline{CE}$，而用行选通信号$\overline{RAS}$、列选通信号$\overline{CAS}$兼作片选信号。

2. 地址译码方式

RAM芯片中的地址译码电路能把地址线送来的地址信号翻译成对应存储单元的选择信号。地址译码方式有单译码和双译码两种。

（1）单译码方式

单译码方式又称字选法，其所对应的存储器是字结构的。容量为N个字的存储器（N个字，每字b位）排列成N（行）×b（列）的矩阵，矩阵的每一行对应一个字，并有一条公用的选择线w_i（称为字线）。地址译码器集中在水平方向，L位地址线可译码变成2^L条字线，$N=2^L$。字线选中某个字长为b位的存储单元，经过b根位线可读出或写入b位存储信息。在图5-7所示结构中有$2^5\times8=256$个记忆单元，排列成32个字，每个字长8位；5条地址线A_0～A_4，经过译码产生32条字线w_0～w_{31}；某一字线被选中时，同一行中的各位b_0～b_7就都被选中，由读写电路对各位实施读出或写入操作。

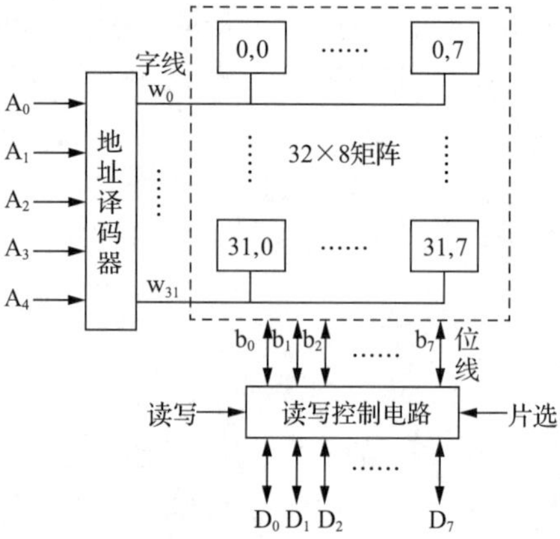

图5-7 字结构的单译码方式RAM

字结构的优点是结构简单，缺点是使用的外部电路多，成本昂贵。更严重的是，当字数极大超过位数时，存储体会形成纵向很长而横向很窄的不合理结构，所以单译码方式只适用于容量不大的存储器。

（2）双译码方式

双译码方式又称为重合法。其通常是把L位地址线分成接近相等的两段：一段用于水平方向作X地址线，供X地址译码器译码；另一段用于垂直方向作Y地址线，供Y地址译码器译码。x轴和y轴两个方向的选择线在存储体内部的每个记忆单元上交叉，以选择相应的记忆单元。

双译码方式对应的存储芯片结构可以是位结构的，也可以是字段结构的。对于位结构的存储芯片，其容量为$N\times1$，双译码方式把N个记忆单元排列成存储矩阵（尽可能排列成方阵）。图5-8所示结构是容量为4096×1的存储器，被排列成64×64的矩阵。其中地址码共12位，x轴方向和y轴方向各6位。若要组成一个N字×b位的存储器，就需要把b片$N\times1$的存储芯片并列连接起来，即在图5-8所示z轴方向上重叠b个芯片。

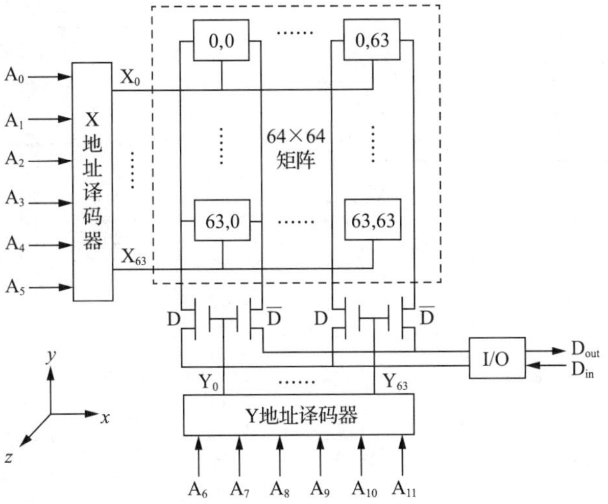

图5-8 位结构的双译码方式RAM

对于字段结构的存储芯片，在一根行选择线上安排的不是一个b位长的字，而是s个b位长的字。这样将使行选择线减为N/s根，列选择线数为s，而每一条列选线同时选择b位数据，从而使存储芯片的物理结构得到极大改善，接近或成为方阵。L位地址线也要划分为两个部分：$L_x=\log_2 N/s$，$L_y=\log_2 s$。1K×4位的芯片中共有4096个记忆单元，分成64×64的方阵，6位地址线经X地址译码器形成64根行选择线，剩下的4位地址线经Y地址译码器形成16根列选择线，每条列选择线同时选择4位数据。

典型的RAM芯片中记忆单元总数往往开方之后仍是一个常数，如1K×1位、1K×4位、2K×8位、4K×1位、4K×4位、8K×8位、16K×1位、64K×1位等，这样也就是为了使存储体成为一个方阵。

双译码方式与单译码方式相比，减少了选择线数量和驱动器数量。例如，存储容量$N=2^{16}$=64K的单元，两种译码方式的比较如表5-2所示。存储容量越大，这两种方式的差异越明显。

表5-2 两种译码方式的比较

译码方式	占用地址位		选择线数		驱动器数	
单译码	16		65 536		65 536	
双译码	8	8	256	256	256	256

3. RAM的读写周期时序

（1）SRAM读写周期时序

图5-9（a）为典型的读周期时序，读周期表示对该芯片进行两次连续读操作的最小间隔时间。在此期间，地址输入信息不允许改变，片选信号$\overline{CS}$在地址有效之后变为有效，使芯片被选中，最后在数据线上得到读出的信号。写允许信号$\overline{WE}$在读周期中保持高电平。

图5-9（b）为典型的写周期时序。它与读周期时序相似，但除了要有地址和片选信号外，还要加一个低电平有效的写入脉冲$\overline{WE}$，并提供写入数据。

（2）DRAM读写周期时序

DRAM的读和写周期时序图分别如图5-10（a）和图5-10（b）所示。

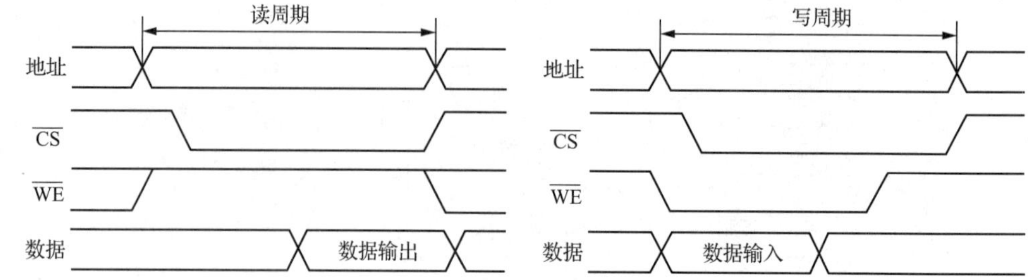

（a）　　　　（b）

图5-9　SRAM的读写周期时序图

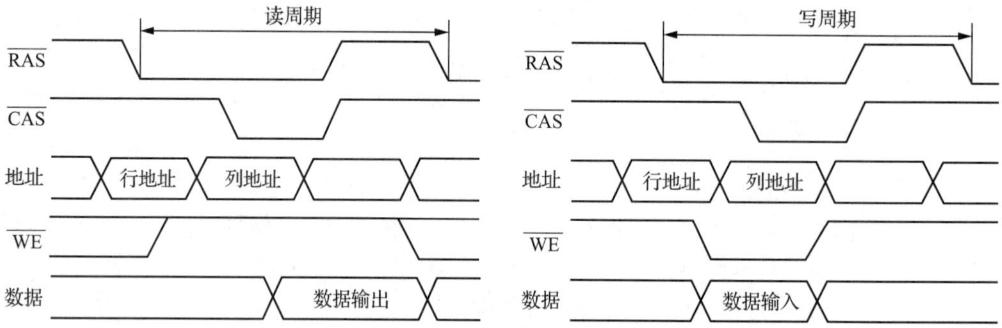

（a）　　　　（b）

图5-10　DRAM的读写周期时序图

在一个读周期中，行地址必须在$\overline{RAS}$有效之前有效，列地址也必须在$\overline{CAS}$有效之前有效，且在$\overline{CAS}$到来之前，$\overline{WE}$必须为高电平，并保持到$\overline{CAS}$脉冲结束之后。

在一个写周期中，当$\overline{WE}$有效之后，输入的数据必须保持到$\overline{CAS}$变为低电平之后。在$\overline{RAS}$、$\overline{CAS}$和$\overline{WE}$全部有效时，数据被写入存储器。

5.3.4　半导体只读存储器

ROM的最大优点是具有非易失性，即使电源断电，ROM中存储的信息也不会丢失。

1. ROM 的类型

ROM工作时只能读出，不能写入，那么ROM中的内容是如何事先存入的呢？把向ROM写入数据的过程称为对ROM进行编程。根据编程方法的不同，ROM通常可以分为以下几类。

（1）掩模式ROM（MROM）

它的内容是由半导体制造厂按用户提出的要求在芯片的生产过程中直接写入的，写入之后任何人都无法改变其内容。

MROM的优点是可靠性高，集成度高，形成批量之后价格便宜；缺点是用户对制造厂的依赖性过大，灵活性差。

（2）一次可编程ROM（PROM）

PROM允许用户利用专门的设备（编程器）写入自己的程序。一旦写入后，其内容将无法改变。PROM产品出厂时，所有记忆单元均置为“0”（或置为“1”），用户根据需要可自行将其中某些记忆单元改为“1”（或改为“0”）。双极型PROM有两种结构：一种是熔丝烧断型；另一种是PN结击穿型。由于它们的写入都是不可逆的，所以只能进行一次性写入。

（3）可擦除可编程ROM（EPROM）

EPROM不仅可以由用户利用编程器写入信息，而且可以对其内容进行多次改写。

EPROM出厂时，存储内容为全“1”，用户可以根据需要将其中某些记忆单元改为“0”。当需要更新存储内容时，用户可以将原存储内容擦除（恢复全“1”），以便再写入新的内容。

EPROM又可分为两种：紫外线擦除（UVEPROM）和电擦除（EEPROM）。

UVEPROM需用紫外线灯制作的擦抹器照射存储器芯片上的透明窗口，使芯片中原存内容被擦除。用紫外线灯进行擦除，只能对整个芯片擦除，而不能对芯片中个别需要改写的存储单元单独擦除。另外，为了防止存储的信息受日光中紫外线成分的作用而缓慢丢失，在UVEPROM芯片写入完成后，必须用不透明的黑纸将芯片上的透明窗口封住。

EEPROM是采用电气方法来进行擦除的，其在联机条件下既可以用字擦除方式擦除，也可以用数据块擦除方式擦除。以字擦除方式操作时，能够只擦除被选中的那个存储单元的内容；以数据块擦除方式操作时，可擦除数据块内所有单元的内容。

EPROM虽然既可读，又可写，但它却不能取代RAM。原因如下：

① EPROM的编程次数（寿命）是有限的；

② 写入时间过长，即使EEPROM擦除一字节也大约需要10ms，写入一字节大约需要10μs，其比SRAM或DRAM的时间长很多。

2. ROM 芯片

ROM中使用最多的是EPROM。各种EPROM芯片的外引脚主要如下。

- 地址线——A_i。
- 数据线——D_i。
- 片选线——$\overline{CS}$（或$\overline{CE}$）。
- 编程线——$\overline{PGM}$。
- 电源线：V_{CC}——工作电源电压，+5V；V_{PP}——编程电源电压；GND——接地端。V_{PP}平时接+5V，编程写入时，需接高于V_{CC}若干倍的编程电压。

5.3.5 半导体 Flash 存储器

Flash存储器又称闪速存储器，它是一种高密度、非易失性的半导体存储器，允许在操作中被多次擦除或重写。从原理上看，它属于ROM；从功能上看，它又属于RAM。所以传统的ROM与RAM的定义和划分已失去意义，它是一种全新的存储器。它的主要特点是既可在不加电的情况下长期保存信息，又可在线进行快速擦除与重写，兼备EEPROM和RAM的优点。

Flash存储器写入数据只能将“1”改写为“0”，而无法将“0”改写为“1”，因此在擦除时，必须把整个数据块改写为全1。根据硬件上存储原理的不同，Flash存储器有NOR型和NAND型两种。NOR Flash存储器需要很长的时间进行擦写，允许随机存取存储器上的任何区域，并可以按字节读取数据，读取方式与从RAM读取数据很相近；用户可以直接运行装载在NOR Flash存储器里面的代码。NAND Flash存储器具有较短的擦写时间，不采取随机读取技术；读取是以一次一块的形式来进行的，通常一次读取512字节，采用这种技术的Flash存储器比较廉价；用户不能直接运行NAND Flash存储器上的代码。

鉴于NOR Flash存储器具有擦写速度慢、成本高等特性，NOR Flash存储器主要应用于小容量、内容更新少的场景，例如，微型计算机的主板采用NOR Flash存储器来存储BIOS程序。BIOS的数据和程序非常重要，不允许修改，NOR Flash存储器可发挥其ROM的一般特性；此外，NOR Flash存储器还有低电压改写的特点，便于用户自动升级BIOS。而NAND Flash存储器具有写入性能好、大容量下成本低的特点，微型计算机的固态硬盘中使用的就是NAND Flash存储器。

Flash存储器存在按块擦写、擦写次数、读写干扰、电荷泄漏等局限，为了最大限度发挥Flash存储器的价值，我们通常需要有一个特殊的软件层次FTL，以实现坏块管理、擦写均衡、ECC校验、垃圾回收等功能。目前常用的U盘就是在Flash芯片内部集成了控制器，以用于完成擦写均衡、坏块管理、ECC校验等功能。

5.4 主存储器的连接与控制

由于存储芯片的容量是有限的，因此主存储器往往是要由一定数量的芯片构成的。而由若干芯片构成的主存还需要与CPU连接，才能在CPU的正确控制下完成读写操作。

5.4.1 主存容量的扩展

主存容量的扩展

要组成一个主存，首先要考虑选片的问题，然后就是如何把芯片连接起来的问题。根据存储器所要求的容量和选定存储芯片的容量，就可以计算出总的芯片数。即

$$\text{总片数}=\frac{\text{总容量}}{\text{芯片容量}}$$

例如，存储器容量为8K×8位，若选用1K×4位的存储芯片，则需要：

$$\frac{8\text{K}\times 8}{1\text{K}\times 4}=8\times 2=16\text{（片）}$$

将多片组合起来常采用位扩展法、字扩展法、字和位同时扩展法。

1. 位扩展法

位扩展法是指只在位数方向扩展（加大字长），而芯片的字数和存储器的字数是一致的。位扩展的连接方式是将各存储芯片的地址线、片选线和读写线相应地并联起来，而将各芯片的数据线单独列出。

如用64K×1位的SRAM芯片组成64K×8位的存储器，所需芯片数为：

$$\frac{64\text{K}\times 8}{64\text{K}\times 1}=8\text{（片）}$$

在这种情况下，CPU提供16根地址线（2^{16}=65 536）、8根数据线与存储器相连；而存储芯片仅有16根地址线、1根数据线。具体的连接方法是：8片芯片的地址线A_{15}～A_0分别连在一起，各芯片的片选信号$\overline{CS}$以及读写控制信号$\overline{WE}$也都分别连到一起，只有数据线D_7～D_0各自独立，每片代表一位，如图5-11所示。

当CPU访问该存储器时，其发出的地址和控制信号同时传给8片芯片，选中每片芯片的同一单元，相应单元的内容被同时读至数据总线的各位或将数据总线上的内容分别同时写入相应单元。

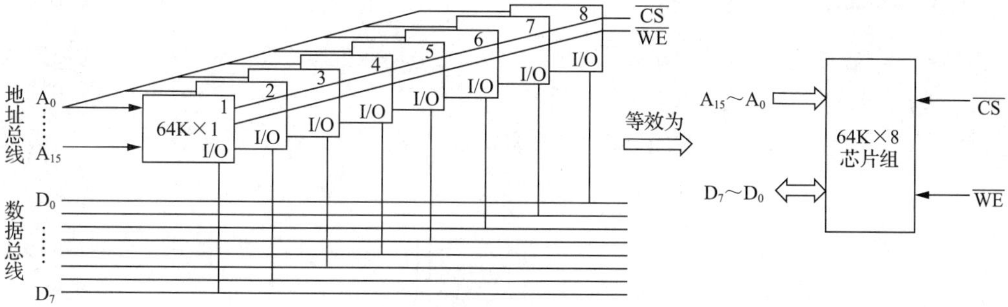

图5-11　位扩展连接示例

2. 字扩展法

字扩展法是指仅在字数方向扩展，而位数不变。字扩展将芯片的地址线、数据线、读写线并联，由片选信号来区分各个芯片。

如用16K × 8位的SRAM组成64K × 8位的存储器，所需芯片数为：

$$\frac{64\text{K}\times 8}{16\text{K}\times 8}=4\text{（片）}$$

在这种情况下，CPU提供16根地址线、8根数据线与存储器相连；而存储芯片仅有14根地址线、8根数据线。4片芯片的地址线$A_{13}\sim A_0$、数据线$D_7\sim D_0$及读写控制信号$\overline{WE}$都是同名信号并联在一起；CPU的高位地址线A_{15}、A_{14}经过一个地址译码器产生4个片选信号$\overline{CS_i}$，分别选中4片芯片中的一个，如图5-12所示。

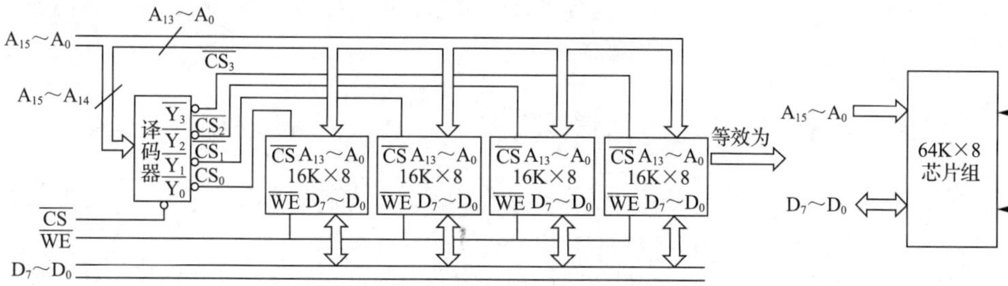

图5-12　字扩展连接示例

$A_{15}A_{14}$=00，选中第一片；$A_{15}A_{14}$=01，选中第二片……

在同一时间内4片芯片中只能有一个芯片被选中。4片芯片的地址分配如下：

第一片	最低地址	**00**00 0000 0000 0000B	0000H
	最高地址	**00**11 1111 1111 1111B	3FFFH
第二片	最低地址	**01**00 0000 0000 0000B	4000H
	最高地址	**01**11 1111 1111 1111B	7FFFH
第三片	最低地址	**10**00 0000 0000 0000B	8000H
	最高地址	**10**11 1111 1111 1111B	BFFFH
第四片	最低地址	**11**00 0000 0000 0000B	C000H
	最高地址	**11**11 1111 1111 1111B	FFFFH

3. 字和位同时扩展法

当构成一个容量较大的存储器时，往往需要在字数方向和位数方向上同时扩展。这种扩展法是前两种扩展法的组合，实现起来也是很容易的。

图5-13所示为用8片16K×4位的SRAM芯片组成64K×8位存储器。

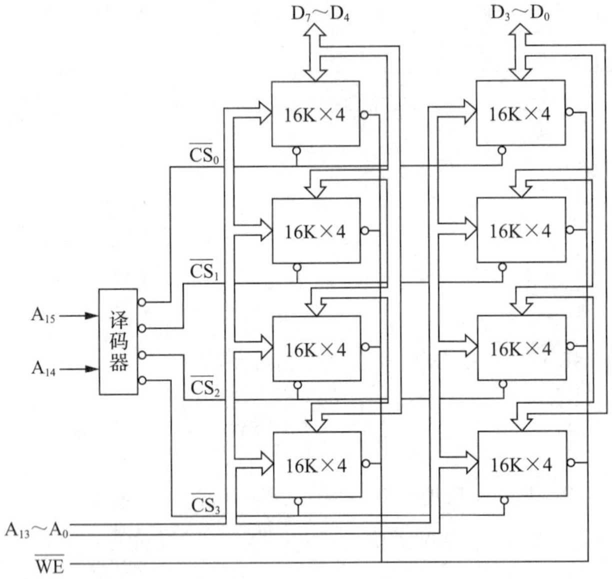

图5-13　字和位同时扩展连接示例

不同的扩展方法可以得到不同容量的存储器。选择存储芯片时，一般应尽可能使用集成度高的存储芯片来满足总存储容量的要求，这样可降低成本，还可减轻系统负载，缩小存储器模块的尺寸。

5.4.2　存储芯片的地址分配与片选

CPU与存储器连接时，特别是在扩展存储容量的场合下，主存的地址分配是一个重要的问题。确定地址分配后，又有一个存储芯片的片选信号产生问题。

CPU要实现对存储单元的访问，首先要选择存储芯片，即进行片选，然后从选中的芯片中依地址码选择出相应的存储单元以进行数据的存取，这称为字选。片内的字选是由CPU送出的N条低位地址线完成的，地址线直接接到所有存储芯片的地址输入端（N由片内存储容量2^N决定）。而存储芯片的片选信号则大多是通过高位地址译码或直接连接产生的。

片选信号的产生方法可细分为线选法、全译码法和部分译码法。

1. 线选法

线选法就是用除片内寻址外的高位地址线直接（或经反相器）分别接至各个存储芯片的片选端，当某地址线信息为“0”时，选中与之对应的存储芯片。

注 意

这些片选地址线每次寻址时只能有一位有效，不允许同时有多位有效，这样才能保证每次只选中一个芯片（或组）。

假设4片2K×8位用线选法构成的8K×8位存储器，各芯片线选法的地址范围如表5-3所示。

表 5-3　线选法的地址分配

芯片	A_{14}～A_{11}	A_{10}～A_0	地址范围（空间）
0#	1 1 1 0	00…0 …… 11…1	7000～77FFH
1#	1 1 0 1	00…0 …… 11…1	6800～6FFFH
2#	1 0 1 1	00…0 …… 11…1	5800～5FFFH
3#	0 1 1 1	00…0 …… 11…1	3800～3FFFH

线选法的优点是不需要地址译码器，线路简单，选择芯片无须外加逻辑电路，但仅适用于连接存储芯片较少的场合。同时，线选法不能充分利用系统的存储器空间，且把地址空间分成了相互隔离的区域，给编程带来了一定的困难。

2. 全译码法

全译码法将除片内寻址外的全部高位地址线都作为地址译码器的输入，译码器的输出作为各芯片的片选信号，将它们分别接到存储芯片的片选端，以实现对存储芯片的选择。

全译码法的优点是每片（或组）芯片的地址范围是唯一确定的，而且是连续的，也便于扩展，不会产生地址重叠的存储区，但全译码法对译码电路要求较高。

例如，CPU的地址总线有20位，现用4片2K×8位的存储芯片组成一个8K×8位的存储器。全译码法要求除去片内寻址用到的11位地址线外，高9位地址A_{19}～A_{11}都要参与译码。各芯片全译码法的地址分配如表5-4所示。

表 5-4　全译码法的地址分配

芯片	A_{19}～A_{13}	$A_{12}A_{11}$	A_{10}～A_0	地址范围（空间）
0#	0…0	0 0	00…0 …… 11…1	00000～007FFH
1#	0…0	0 1	00…0 …… 11…1	00800～00FFFH
2#	0…0	1 0	00…0 …… 11…1	01000～017FFH
3#	0…0	1 1	00…0 …… 11…1	01800～01FFFH

3. 部分译码法

部分译码法就是用除片内寻址外的高位地址的一部分来译码产生片选信号。如用4片2K×8的存储芯片组成8K×8存储器，需要4个片选信号，因此只需要用两位地址线来译码产生。

由于寻址8K×8存储器时未用到高位地址A_{19}～A_{13}，因此无论A_{19}～A_{13}取何值，只要A_{12}=A_{11}=0，则选中第一片；只要A_{12}=0，A_{11}=1，则选中第二片……也就是说，8K RAM中的任一个存储单元都对应有$2^{(20-13)}=2^7$个地址，这种一个存储单元出现多个地址的现象称地址重叠。

从地址分布来看，8KB存储器实际上占用了CPU全部的空间（1MB）。每片2K×8的存储芯片有$\frac{1}{4}$M=256K的地址重叠区，如图5-14所示。

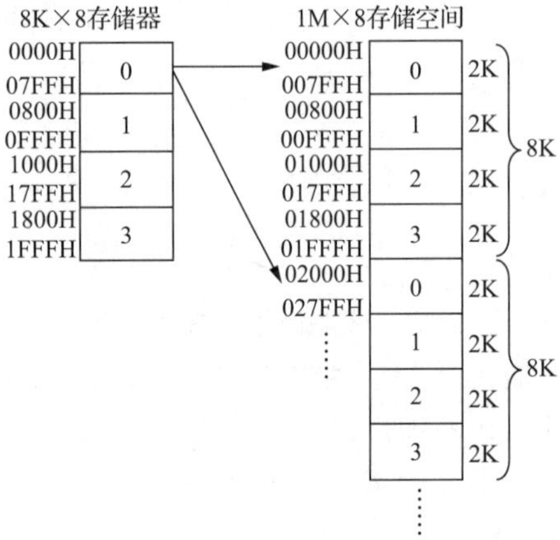

图5-14 地址重叠区示意图

令未用到的高位地址全为0，这样确定的存储器地址称为基本地址，本例中8K×8存储器的基本地址即00000H～01FFFH。部分译码法较全译码法简单，但存在地址重叠区。

5.4.3 主存储器与CPU的连接

在讨论了主存的结构之后，本小节进一步了解主存储器（主存）和CPU之间的连接是十分必要的。

1. 主存与CPU之间的硬连接

主存与CPU的硬连接有3组连线：地址总线（AB）、数据总线（DB）和控制总线（CB）。我们把主存看作一个黑盒子，存储器地址寄存器（MAR）和存储器数据寄存器（MDR）是主存与CPU之间的接口。MAR可以接收来自程序计数器的指令地址或来自地址形成部件的操作数地址，以确定要访问的单元。MDR是向主存写入数据或从主存读出数据的缓冲部件。MAR和MDR从功能上看属于主存，但在小型计算机、微型计算机中它们常放在CPU内（见图5-15）。

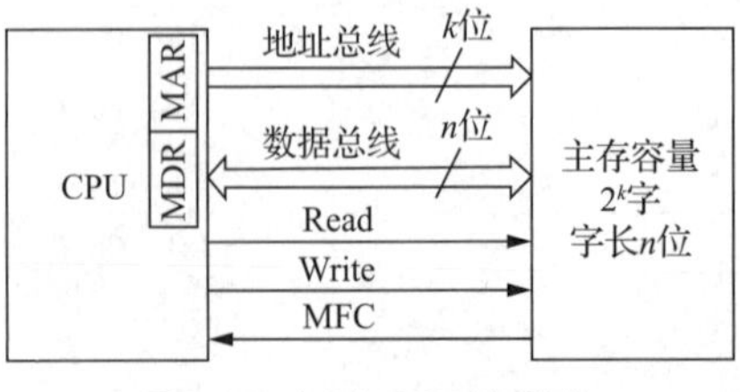

图5-15 主存与CPU的硬连接

2. CPU对主存的基本操作

前面所说的CPU与主存的硬连接是两个部件之间联系的物理基础。而两个部件之间还有软连接，即CPU向主存发出的读或写命令，这些指令才是两个部件之间有效工作的关键。

CPU对主存进行读写操作时，首先CPU在地址总线上给出地址信号，然后发出相应的读或写命令，并在数据总线上交换信息。读写的基本操作如下。

（1）读

读操作是指从CPU送来的地址所指定的存储单元中取出信息，再送给CPU。其操作过程如下。

① 地址→MAR→AB，CPU将地址信号送至地址总线。

② Read，CPU发读命令。

③ Wait for MFC，等待存储器工作完成信号。

④ M(MAR)→DB→MDR，读出信息经数据总线送至CPU。

（2）写

写操作是指将要写入的信息存入CPU所指定的存储单元中。其操作过程如下。

① 地址→MAR→AB，CPU将地址信号送至地址总线。

② 数据→MDR→DB，CPU将要写入的数据送至数据总线。

③ Write，CPU发写命令。

④ Wait for MFC，等待存储器工作完成信号。

由于CPU和主存的速度存在着差距，所以两者之间的速度匹配是很关键的。通常有两种匹配方式：同步存储器读取和异步存储器读取。上面给出的读写基本操作是以异步存储器读取来考虑的，CPU和主存之间没有统一的时钟，由主存工作完成信号（MFC）通知CPU“主存工作已完成”。对于读操作，若MFC=1，说明信息已经读出；对于写操作，若MFC=1，说明数据已写入相应的存储单元。

对于同步存储器读取，CPU和主存采用统一时钟，同步工作；因为主存速度较慢，所以CPU与之配合必须放慢速度。在这种存储器中，不需要主存工作完成信号。

5.4.4 主存的校验

计算机在运行过程中，主存要与CPU频繁地交换数据。为了检测和校正在存储过程中的错误，主存中常设置有差错校验电路。

1. 主存的奇偶校验

最简单的主存检验方法是奇偶校验，有关奇偶校验的概念已经在第2章进行了讨论。在微机中通常采用奇校验，即每个存储单元中共存储9位信息（其中8位数据，1位奇偶校验位），信息中“1”的个数总是奇数。

当向主存写入数据时，奇偶校验电路首先会对一字节的数据计算出奇偶校验位的值，然后把所有的9位值一起送到主存中去。

读出数据时，某一存储单元的9位数据被同时读出。当9位数据里“1”的个数为奇数时，表示读出的9位数据正确（当然不排除有2位同时出错的可能，但其概率极小）；当“1”的个数为偶数时，表示读出数据出错，向CPU发出不可屏蔽中断，使系统停机并显示奇偶检验出错的信息。

2. 错误检验与校正

虽然奇偶校验主存仍在使用，但错误校验与校正（ECC）已经广泛取代了它。ECC不仅能检测错误，还能在不影响计算机工作的情况下改正错误，这对于网络服务器这样不允许随便停机的关键任务是至关重要的。最常用的ECC就是第2章中提到的，汉明码校验可对已访问的数据字段进行单位错误的检测和修复，而对双位错误只能检测，不能修复。

ECC主存用一组附加数据位来存储一个特殊码，该码称为“校验和”。每个二进制字都有相应的ECC码，产生ECC码所需的位数取决于系统所用的二进制字长。例如，32位字要求有7位ECC码，此时ECC的开销大于奇偶校验的开销；64位字要求有8位ECC码，此时ECC的开销与奇偶校验的开销是一样的。

ECC在存储器写操作时需要主存控制器计算校验位。当从主存中读取数据时，将取到的实际数据与它的ECC码快速比较，如果匹配，则实际数据被传给CPU；如果不匹配，则ECC码的结构能够将出错的一位鉴别出来，然后改正错误，再将数据传给CPU。

注 意

此时主存中的出错位并没有改变，如果又要读取这个数据，需要再一次校正错误。

大多数存储器的错误具有单位出错的特征，能够被ECC纠正过来，这种容错技术能提高系统的可靠性和可用性。基于ECC的系统是服务器、工作站和重要应用的最佳选择。

现代个人计算机中主存的容错能力被分为以下基本的三级。

① 无奇偶检验。

② 奇偶检验。

③ ECC。

无奇偶校验的主存就没有容错能力。它们之所以被使用，仅仅是因为其价格最低，且无奇偶校验主存的控制部件相对简单。

5.5 提高主存读写速度的技术

近几年来主存技术一直在不断发展，从最早使用的DRAM到后来的FPM DRAM、EDO DRAM、SDRAM、DDR SDRAM、DDR2 SDRAM、DDR3 SDRAM、DDR4 SDRAM和RDRAM，出现了各种主存控制与访问技术，它们的共同特点是使主存的读写速度有了很大的提高。

5.5.1 主存与 CPU 速度的匹配

过去，主存的速度通常以纳秒（ns）表示，而CPU速度总是被表示为兆赫兹（MHz），现在更快、更新的主存也用MHz来表示速度。

如果主存总线的速度与CPU总线速度相等，那么主存的性能将是最优的。然而通常主存的速度落后于CPU的速度，以个人计算机为例，1998年以前，DRAM的存取时间为60ns或更大，其相当于16.7MHz或更慢的主频速度，而当时CPU的速度已达到300MHz或更高的速度，两者之间存在着很大的差距，这就是为什么需要高速缓冲存储器（Cache）的原因。

当1GHz CPU要从133MHz主存读多字节的数据时会出现大量的等待状态。等待状态就是处理器在等待数据就绪之前必须执行的一个额外“什么都不做”的周期。如果主存周期为7.5ns、

CPU周期为1ns，CPU需要执行6个等待周期，然后数据才会在第7个周期准备好。增加等待周期实际上是将CPU速度减慢至主存速度。为了减少所需的等待周期数，许多系统开始引入新型的存储芯片，这些存储芯片在存储器总线的性能已与CPU总线的性能相差无几。

5.5.2 主存技术的发展

1. FPM DRAM

传统的DRAM是通过分页技术进行访问的，它在存取数据时，需要分别输入一个行地址和一个列地址，这样会耗费时间。FPM DRAM称为快速页模式随机存储器，它是传统DRAM的改进型产品，通过保持行地址不变而只改变列地址，可以对给定行的所有数据进行更快的访问。FPM DRAM的速度之所以能提高是基于这样一个事实——计算机中大量的数据是连续存放的。例如，若一个数据与前一个数据的行地址相同，主存控制器就不必再传一次行地址，只要再传一个列地址就可以了。这种触发行地址后连续输出列地址的方式能用较少的时钟周期读较多的数据，即存取同一“页”数据的速度与效率就极大提高了（行地址不变时，列地址可寻址的空间称为一“页”；一页通常为1024B的整数倍）。

FPM DRAM还支持突发模式访问。突发模式是指对一个给定的访问在建立行和列地址之后，可以访问后面3个相邻的地址，而不需要额外的延迟和等待状态。一个突发访问通常限制为4次正常访问。为了描述这个过程，经常以每次访问的周期数表示计时。一个标准DRAM的典型突发模式访问表示为x–y–y–y，x是第一次访问的时间（延迟加上周期数），y表示后面每个连续访问所需的周期数。标准的FPM DRAM可获得5–3–3–3的突发模式周期。

2. EDO DRAM

EDO DRAM称为扩展数据输出DRAM，它是在FPM DRAM基础上加以改进的存储器控制技术。传统的DRAM和FPM DRAM在存取每一数据时，输入行地址和列地址后必须等待电路稳定，然后才能有效地读写数据，而下一个地址必须等待这次读写周期完成才能输出。而EDO输出数据在整个CAS周期都是有效的（包括预充电时间在内），EDO不必等待当前的读写周期完成即可启动下一个读写周期，即可以在输出一个数据的过程中准备下一个数据的输出。EDO DRAM采用一种特殊的主存读出控制逻辑，在读写一个存储单元时同时启动下一个（连续）存储单元的读写周期，从而节省重选地址的时间，提高读写速度。

EDO DRAM可获得5–2–2–2的突发模式周期，若进行4个主存传输，总共需要11个系统周期，而FPM DRAM的突发模式周期为5–3–3–3，总共需要14个周期。与FPM DRAM相比，EDO DRAM的性能改善了近22%，而其制造成本与FPM DRAM相近。

3. SDRAM

SDRAM称为同步动态随机存储器，它是一种与主存总线运行同步的DRAM。SDRAM在同步脉冲的控制下工作，取消主存等待时间，减少数据传送的延迟时间，因而可加快系统速度。SDRAM仍然是一种DRAM，起始延迟仍然不变，但总的周期时间比FPM DRAM或EDO DRAM短得多。SDRAM突发模式可达到5–1–1–1，即进行4个主存传输，仅需8个周期，比EDO DRAM快将近20%。

SDRAM的基本原理是将CPU和RAM通过一个相同的时钟锁在一起，使得RAM和CPU能够共享一个时钟周期，以相同的速度同步工作。也就是说，SDRAM在开始的时候要多花一些时间，但在以后，每1个时钟可以读写1个数据，做到了所有的输入/输出信号与系统时钟同步。这已经接近主板上的同步Cache的3–1–1–1水准。一般来说，在系统时钟为66MHz时，SDRAM与EDO

DRAM相比，显示不出其优势，但当系统时钟增加到100MHz以上，SDRAM的优势便很明显。

SDRAM采用新的双存储体结构，内含两个交错的存储矩阵，允许两个主存页面同时打开，当CPU从一个存储矩阵访问数据的同时，在主存控制器作用下另一个存储矩阵已准备好读写数据。通过两个存储矩阵的紧密配合，存取效率得到成倍提高。

4．DDR SDRAM

DDR SDRAM称为双倍数据速率同步动态随机存储器，它与SDRAM的主要区别是：DDR SDRAM不仅能在时钟脉冲的上升沿读出数据，还能在下降沿读出数据，不需要提高时钟频率就能加倍提高SDRAM的速度。

DDR SDRAM的频率可以用工作频率和等效传输频率两种方式表示，工作频率是内存颗粒实际的工作频率（又称核心频率），但是由于DDR可以在脉冲的上升沿和下降沿都传输数据，因此传输数据的等效传输频率是工作频率的两倍。由于外部数据总线的宽度为64位，所以数据传输率（带宽）等于等效传输频率×8。

5．DDR2/DDR3/DDR4/DDR5 SDRAM

在DDR SDRAM之后，内存的家族中又陆续出现了DDR2 SDRAM、DDR3 SDRAM、DDR4 SDRAM、DDR5 SDRAM。

（1）DDR2 SDRAM

DDR2 SDRAM与上一代DDR SDRAM技术标准最大的不同在于，虽然同是采用了在时钟的上升沿和下降沿同时进行数据传输的基本方式，但DDR2 SDRAM却拥有两倍于上一代DDR SDRAM的预读取能力（即4位数据读预取）。换句话说，DDR2 SDRAM每个时钟能够以4倍于外部总线的速度读写数据，即在同样100MHz的工作频率下，DDR SDRAM的实际频率为200MHz，而DDR2 SDRAM则可以达到400MHz。

（2）DDR3 SDRAM

DDR3 SDRAM可以看作是DDR2 SDRAM的改进版，DDR2 SDRAM的预取设计位数是4位，即其DRAM内核的频率只有接口频率的1/4，而DDR3 SDRAM的预取设计位数提升至8位，其DRAM内核的频率达到了接口频率的1/8。同样运行在200MHz核心工作频率下，DDR2 SDRAM的等效传输频率为800MHz，而DDR3 SDRAM的等效传输频率可以达到1600MHz。

（3）DDR4 SDRAM

由于数据预取的增加变得越来越困难，因此DDR4 SDRAM推出了bank group设计。每个bank group可独立读写数据，使得内部的数据吞吐率极大提升。DDR4 SDRAM架构采用了8位预取的bank group分组，它包括使用2个或4个可选择的bank group分组。如果内存内部设计了2个独立的bank group，相当于每次操作16位数据，变相地把内存预取值提高到16位；如果是4个独立的bank group，相当于每次操作32位数据，变相地把内存预取值提高到32位。

DDR SDRAM～DDR4 SDRAM内存的发展趋势如表5-5所示。

表 5-5　DDR SDRAM ～ DDR4 SDRAM 内存的发展趋势

频率/MHz	200	266	333	400	533	666	800	1066	1333	1600	1866	2133	2666	3200	4266
DDR SDRAM	√	√	√	√											
DDR2 SDRAM				√	√	√	√	√							
DDR3 SDRAM							√	√	√	√	√	√			
DDR4 SDRAM										√	√	√	√	√	√

（4）DDR5 SDRAM

目前，DDR5 SDRAM的原型也已经开始展示。4400MHz对于DDR5 SDRAM来说可能只是起步；相比DDR4 SDRAM，其频率可提升近一倍。DDR5 SDRAM的变化不仅是频率的提高，因为允许加入内部ECC来制造16Gb、32Gb颗粒，单条容量也会极大提升。

习　题

5-1　如何区别存储器和寄存器？两者是一回事的说法对吗？

5-2　存储器的主要功能是什么？为什么要把存储系统分成若干个不同层次？主要有哪些层次？

5-3　在一个字节编址的计算机中，假定int型变量*i*的地址为0200H，*i*的机器数为01234567H，请用表格的方式分别列出大端方案和小端方案情况下各字节对应的主存地址。

5-4　某机存储字长为64位，主存储器按字节编址，现有4种不同长度的数据：字节、半字（16位）、单字（32位）、双字（64位），请采用一种既节省存储空间，又能保证任一个数据都在单个存取周期中完成读写的方法将不同长度的数据存入主存（采用大端方案）。

（1）写出不同长度数据存放在主存中地址的限定要求（即第一字节的地址）。

（2）画出将字节、双字、半字、单字、字节5个数据依次存放在主存中的示意图（不能改变顺序）。

5-5　动态RAM为什么要刷新？一般有几种刷新方式？各有什么优缺点？

5-6　一般存储芯片都设有片选端$\overline{CS}$，它有什么用途？

5-7　DRAM芯片和SRAM芯片通常有何不同？

5-8　有哪几种只读存储器？它们各自有何特点？

5-9　说明存取周期和存取时间的区别。

5-10　一个1K×8位的存储芯片需要多少根地址线、数据输入线和输出线？

5-11　某计算机字长为32位，其存储容量是64KB，按字编址的寻址范围是多少？若主存以字节编址，试画出主存字地址和字节地址的分配情况。

5-12　一个容量为16K×32位的存储器，其地址线和数据线的总和是多少？当选用1K×4位、2K×8位、4K×4位、16K×1位、4K×8位、8K×8位不同规格的存储芯片时，各需要多少片？

5-13　现有1024×1位的存储芯片，用它组成容量为16K×8位的存储器。试完成下列各题。

（1）实现该存储器所需的芯片数量。

（2）若将这些芯片分装在若干块板上，每块板的容量为4K×8位，该存储器所需的地址线总位数是多少？其中几位用于选板？几位用于选片？几位用作片内地址？

5-14　已知某计算机字长为8位，现采用半导体存储器作为主存，其地址线为16位，使用1K×4位的SRAM芯片组成该机所允许的最大主存空间，并采用存储模板结构形式。试完成下列各题。

（1）若每块模板容量为4K×8位，共需多少块存储模板？

（2）画出一个模板内各芯片的连接逻辑图。

5-15　某半导体存储器容量为16K×8位，可选SRAM芯片的容量为4K×4位，地址总线用

A_{15}～A_0（A_0为最低位）表示，双向数据总线用D_7～D_0（D_0为最低位）表示，由$R/\overline{W}$线控制读写。现要求设计并画出该存储器的逻辑图，且注明地址分配、片选逻辑及片选信号的极性。

5-16　现有如下存储芯片：2K×1位的ROM、4K×1位的RAM、8K×1位的ROM，用它们组成容量为16KB的存储器，前4KB为ROM，后12KB为RAM，CPU的地址总线为16位。试完成下列各题。

（1）各种存储芯片分别用多少片？

（2）正确选用译码器及门电路，并画出相应的逻辑结构图。

（3）指出有无地址重叠现象。

5-17　用容量为16K×1位的DRAM芯片构成64KB的存储器，试完成下列各题。

（1）画出该存储器的结构框图。

（2）设存储器的读写周期均为0.5μs，CPU在1μs内至少要访存一次，试问采用哪种刷新方式比较合理？相邻两行之间的刷新间隔是多少？对全部存储单元刷新一遍所需的实际刷新时间是多少？

5-18　有一个8位机采用单总线结构，地址总线为16位（A_{15}～A_0），数据总线为8位（D_7～D_0），控制总线中与主存有关的信号有$\overline{MREQ}$（低电平有效允许访存）和$R/\overline{W}$（高电平为读命令，低电平为写命令）。

主存地址分配如下：0～8191为系统程序区，由ROM芯片组成；8192～32767为用户程序区；最后（最大地址）2K地址空间为系统程序工作区（上述地址均用十进制表示，按字节编址）。

现有如下存储芯片：8K×8位的ROM，16K×1位、2K×8位、4K×8位、8K×8位的SRAM。从上述规格中选用芯片设计该机主存储器，画出主存的连接框图，并注意画出片选逻辑及与CPU的连接。

5-19　某半导体存储器容量为15KB，其中固化区为8KB，可选EPROM芯片为4K×8位；可随机读写区为7KB，可选SRAM芯片有4K×4位、2K×4位、1K×4位。地址总线为A_{15}～A_0（A_0为最低位），双向数据总线为D_7～D_0（D_0为最低位），$R/\overline{W}$控制读写，$\overline{MREQ}$为低电平时允许存储器工作信号。现要求设计并画出该存储器逻辑图，且注明地址分配、片选逻辑、片选信号极性等。

5-20　某计算机地址总线为16位A_{15}～A_0（A_0为最低位），访存空间为64KB。外部设备与主存统一编址，I/O空间占用FC00～FFFFH。现用2164芯片（64K×1位）构成主存储器，设计并画出该存储器逻辑图，且画出芯片地址线、数据线与总线的连接逻辑及行选信号与列选信号的逻辑式，使访问I/O时不访问主存；动态刷新逻辑可以暂不考虑。

5-21　已知有16K×1位的DRAM芯片，其引脚包括：地址输入A_6～A_0。行地址选择$\overline{RAS}$、列地址选择$\overline{CAS}$、数据输入端D_{in}、数据输出端D_{out}、控制端$\overline{WE}$。请用给定芯片构成256KB的存储器，采用奇偶校验，并完成下列任务。

（1）需要芯片的总数是多少？

（2）正确画出存储器的连接框图。

（3）写出各芯片$\overline{RAS}$和$\overline{CAS}$形成条件。

（4）若芯片内部采用128×128矩阵排列，求异步刷新时该存储器的刷新周期。

第6章
存储系统设计

设计一个容量大、速度快、成本低的存储系统是计算机发展的重要研究方向之一。本章讨论存储系统的基本概念、并行存储系统的组成、Cache存储系统和虚拟存储系统的原理、地址映像和变换、替换算法及其实现等。

学习指南

1. 知识点和学习要求

- 存储系统的组成
  - 掌握存储器分类和存储系统定义
  - 理解存储系统的层次结构
  - 了解存储系统的有关参数
- 并行存储系统
  - 了解并行存储系统
  - 了解双端口存储器
- Cache存储系统
  - 领会程序访问的局部性原理
  - 了解Cache的读写操作
  - 了解Cache存储系统的组成与工作原理
  - 掌握全相联、直接、组相联3种地址映像规则和地址变换的过程
  - 掌握Cache各种替换算法的特点
  - 领会用堆栈法和比较对法来实现Cache块替换的原理
  - 理解提高Cache命中率的各种预取算法
- 虚拟存储系统
  - 理解3种虚拟存储管理方式的工作原理
  - 掌握地址映像规则、虚实地址变换过程
  - 掌握页式虚拟存储系统的虚地址与实地址对应关系及地址映像规则

2. 重点与难点

本章的重点：存储系统的定义和性能参数、交叉访问并行存储器的工作原理、Cache存储系统地址映像与变换方式、LRU/FIFO/OPT替换算法；Cache存储系统的一致性问题、虚拟存储系统管理方式、页式虚拟存储系统的工作原理等。

本章的难点：Cache存储系统地址映像与变换方式、Cache存储系统的一致性问题、页式虚拟存储系统的工作原理等。

6.1 存储系统的组成

存储系统是由几个容量、速度和价格各不相同的存储器构成的系统。

6.1.1 存储器分类与存储系统定义

1. 存储器分类

早期冯·诺依曼计算机硬件系统以运算器为中心，而现代计算机硬件系统都以存储器为中心。在计算机运行过程中，存储器是各种信息存储和交换的中心，存放指令、操作数和运算结果。

存储器容量计算公式为$S_M=W\times l\times m$。其中，W为存储体的字长（单位为位或字节）；l为每个存储体的字数；m为并行工作的存储体个数。

存储系统和存储器是两个完全不同的概念。在一台计算机中，通常有多种用途不同的存储器。从系统结构的不同角度，有如下几种分类方法。

① 按用途分类，如主存储器、Cache、通用寄存器、先行缓冲存储器、磁盘存储器、磁带存储器、光盘存储器等。各种存储器用途不同，相应的速度和价格也不同，如有的快、有的慢，有的贵、有的便宜。

② 从构成存储器材料工艺上看，有ECL（射极耦合逻辑）、TTL、MOS、磁表面、激光、SRAM和DRAM等。

③ 从存储器访问方式看，有直接译码、先进先出、随机访问、相联访问、块传送、文件组。主存采用随机访问方式，而硬盘采用块传送访问方式。

一个存储器的性能通常用容量、价格和速度3个主要指标来表示。

容量用字节（B）、千字节（KB）、兆字节（MB）和千兆字节（GB）等单位表示。价格用单位容量的价格表示，如元/bit。存储器的速度可以用存取时间T_a、存取周期T_m和频宽（也称带宽）B_m来描述。存储器频宽是存储器可提供的数据传送速率，一般用每秒传送的信息位数（或字节数）来衡量，它又分最大频宽（或称极限频宽）和实际频宽。最大频宽B_m是存储器连续访问时能提供的频宽，单体的$B_m=W/T_m$；m个存储体并行工作时可达到的最大频宽$B_m=W\times m/T_m$。由于存储器不一定总能连续满负荷工作，因此，实际频宽往往要低于最大频宽。

计算机系统对存储器的要求是高速度、大容量、低价格，希望存储器能在尽可能低的价格下，提供尽量高的速度和尽量大的存储容量。速度上应尽量与CPU匹配，否则CPU的高速性能难以发挥；容量上应尽可能放得下所有系统软件及多个用户软件；同时，存储器的价格又只能占整个计算机系统硬件价格中一个较小而合理的比例。然而存储器的速度、容量和价格之间是互相制约的。在存储器件一定的条件下，容量越大，因其延迟增大而使速度越低；容量越大，存储器总价格当然也就会越高。存取速度越高，价格也将越高。同等容量的情况下，存储器的速度大体上按双极型、MOS型、电荷耦合器件（CCD）、磁泡、定头磁盘、动头磁盘、磁带的顺序依次下降。所以只有通过改进存储器件工艺、采用并行存储器以及发展存储系统等多种途径，才能同时满足系统对存储器的要求。

2. 存储系统定义

两个或两个以上速度、容量和价格各不相同的存储器，用硬件、软件或软件与硬件相结合的方法连接起来，就构成一个存储系统。设计存储系统的关键是如何组织好速度、容量和价格均不相同的存储器，使存储系统的速度接近速度最快的那个存储器，存储容量接近容量最大的那个存储器，单位容量的价格接近最便宜的那个存储器。微机可视为将Cache、主存和硬盘组织起来的结合体，其整个存储系统是各种存储器的有机结合。希望达到的目标是存储系统容量和硬盘的容量差不多，存储系统价格和硬盘的价格差不多，存储系统速度和Cache的速度差不多。

构成存储系统的n种不同的存储器（M_1～M_n）之间，配上辅助软硬件或辅助硬件，使之从CPU的角度来看，它们在逻辑上是一个整体。多级存储层次如图6-1所示。其中M_1速度最快、容量最小、价格最高，M_n速度最慢、容量最大、价格最低。整体具有接近于M_1的速度，M_n的容量，接近M_n的价格。在多级存储层次中，最常用的数据在M_1中，次常用的在M_2中，最少使用的在M_n中。

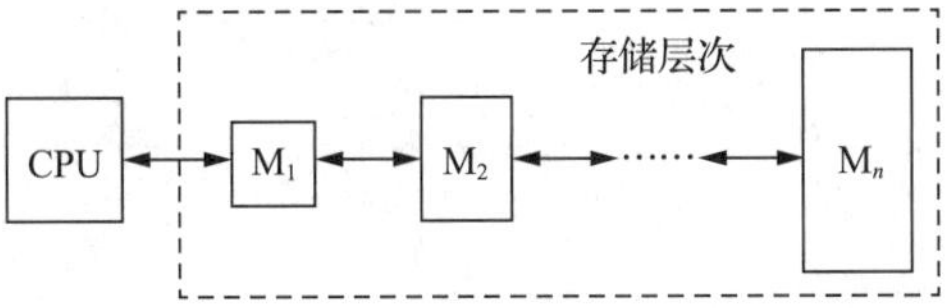

图6-1　多级存储层次

CPU访存时的基本原则是由近到远，首先访问M_1，若在M_1中找不到所要的数据，就访问M_2，将包含所需数据的块或页面调入M_1。若在M_2中还找不到，就访问M_3，依此类推。如果所有层次中都没有，就出现错误。

3. 存储系统分支

在微机中，通常由Cache、主存、辅存构成三级存储系统。三级存储系统可以分为两个层次，其中Cache和主存间称为Cache-主存层次，如图6-2（a）所示；主存和辅存间称为主存-辅存层次，如图6-2（b）所示。它们就是存储系统的两个不同分支。

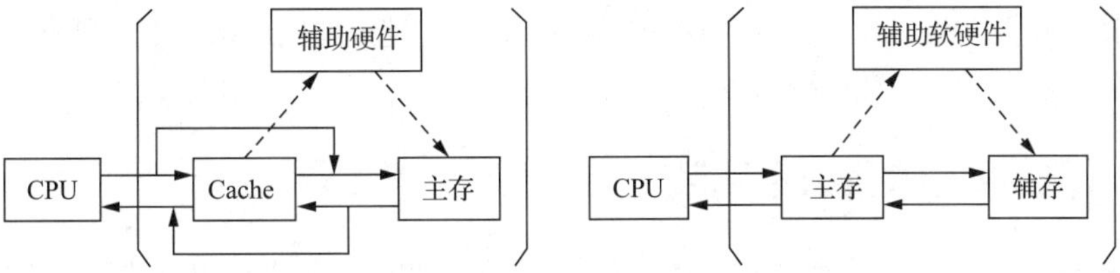

（a）　　（b）

图6-2　存储系统的两个不同分支

Cache-主存层次又称Cache存储系统，它由Cache和主存构成。其主要目的是提高存储器速度，弥补主存速度的不足。Cache-主存层次在Cache和主存之间增加辅助硬件，让它们构成一个整体。从CPU看，速度接近Cache的速度，容量是主存的容量，每位价格接近于主存的。由于CPU与主存的速度相差一个数量级，信息在Cache与主存之间的传送就只能全部采用硬件来实现，所以Cache存储系统不但对应用程序员透明，对系统程序员也透明，操作系统不参与对Cache存储系统的管理。

主存-辅存层次又称虚拟存储系统，它由主存和联机的辅存（磁盘存储器）构成。其主要目的是扩大存储器容量，弥补主存容量的不足。主存-辅存层次在主存和辅存之间增加辅助的软硬件，让它们构成一个整体。从CPU看，速度接近主存的速度，容量是虚拟地址空间，每位价格接近于辅存的。虚拟地址空间是由操作系统进程的虚地址构成的地址空间。在虚拟存储系统中，为了降低系统的成本，许多功能依靠操作系统的存储管理用软件实现。因此，虚拟存储系统对系统程序员是不透明的，但对应用程序员是透明的。

6.1.2 存储系统的层次结构

计算机中多个层次的存储器由通用寄存器堆、指令和数据缓冲器、Cache、主存储器、联机外部存储器、脱机外部存储器组成。同一台计算机的n个存储器连在一起，越接近CPU的存储器速度越快，离CPU越远的存储器容量越大，离CPU越远的存储器单位价格越便宜。如图6-3所示，如果用i表示层数，往下为i+1层，则有工作速度为$T_i < T_{i+1}$，存储容量为$S_i < S_{i+1}$，单位价格为$C_i > C_{i+1}$。

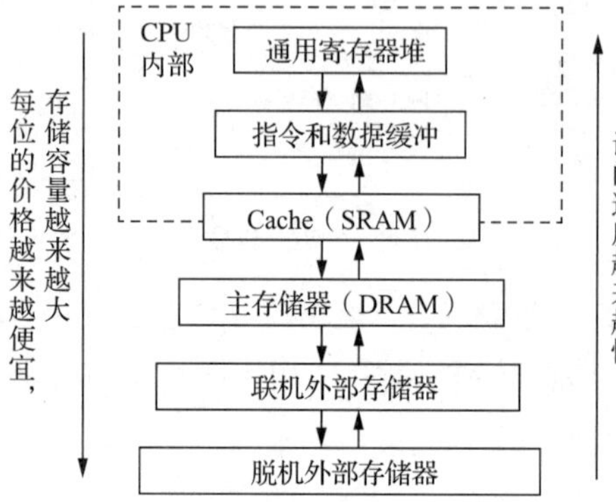

图6-3 存储器的层次结构

工作速度接近上面的存储器，存储容量和价格接近下面的存储器。联机外部存储器有硬盘等，脱机外部存储器有磁带和软盘等。

早期CPU与主存储器的速度差距不大，例如，1955年诞生的第一台大型机IBM 704，CPU和主存储器的工作周期均为12μs。但后来CPU与主存储器的速度差距越来越大，研究存储系统的目的就是找出解决这一问题的办法。

6.1.3 存储系统的性能参数

典型的存储系统从外部可看作一个存储器。为了简单起见，下面以二级存储系统（M_1和M_2）为例来分析，如图6-4所示。

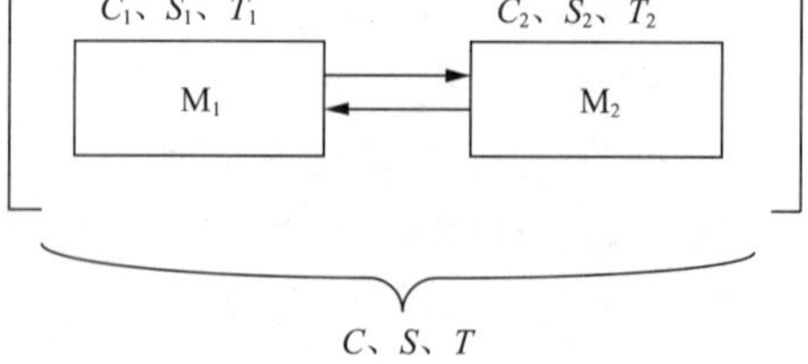

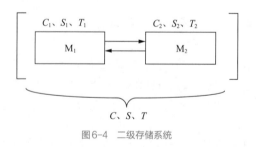

图6-4 二级存储系统

设C_i为M_i的每位价格，S_i为M_i的以位计算的存储容量，T_i为CPU访问到M_i中的信息所需要的时间。为评价存储系统的性能，引入存储系统的每位价格C、命中率H和等效访问时间T_A。对于由M_1和M_2构成的两级存储层次结构，假设M_1及M_2的容量、访问时间和每位价格分别为S_1、T_1、C_1和S_2、T_2、C_2。存储系统的每位平均价格计算如下：

$$C=\frac{C_1\times S_1+C_2\times S_2}{S_1+S_2}$$

存储系统的每位平均价格接近于比较便宜的M_2的，访问速度接近于M_1的。当$S_1 \ll S_2$时，$C\approx C_2$，但S_2与S_1不能相差太大。

存储系统的容量要求是存储系统的容量等于M_2存储器的容量，要提供尽可能大的、能随机访问的地址空间。

存储系统的实现方法有两种：一种是只对M_2存储器进行编址，M_1存储器只在内部编址；另一种是设计一个容量很大的逻辑地址空间（即抽象空间），使用虚拟地址。

值得注意的是，存储系统的容量跟最大的存储器一样大，存储系统的容量指的是两个存储器构成系统以后的容量，而不是两个存储器加起来的容量；价格也不是整个花费，而是平均每位价格。

命中率H定义为CPU产生的逻辑地址能在M_1中访问到（命中）的概率。不命中率或失效率是指由CPU产生的逻辑地址在M_1中访问不到的概率。命中率可用实验或模拟方法来获得，即执行或模拟一组有代表性的程序，若逻辑地址流的信息能在M_1中访问到的次数为R_1，当时在M_2中还未调到M_1的次数为R_2，则命中率为：

$$H=\frac{R_1}{R_1+R_2}$$

不命中率为$1-H$，两级存储层次的等效访问时间T_A根据M_2的启动时间如下。

假设M_1访问和M_2访问是同时启动的，$T_A=H\times T_1+(1-H)\times T_2$。

假设M_1不命中时才启动M_2，$T_A=H\times T_1+(1-H)\times(T_1+T_2)=T_1+(1-H)\times T_2$。

设CPU对存储层次相邻二级的访问时间比$r=T_2/T_1$，为了相互比较，存储系统的访问效率为：

$$e=\frac{T_1}{T_A}=\frac{T_1}{H\times T_1+(1-H)\times T_2}=\frac{1}{H+(1-H)r}$$

存储系统的访问效率主要与命中率和两级存储器的速度之比有关。效率值越大，访问速度与速度快的存储器越接近。要想让T_A越接近于T_1，即接近于比较快的M_1的，也就是让存储层次的访问效率$e=T_1/T_A$接近于1。

例6-1　假设某计算机的存储系统由Cache和主存组成，某程序执行过程中访存1000次，其中访问Cache失效（未命中）50次，则Cache的命中率是多少？

解：程序访存次数R_1+R_2=1000次，其中访问Cache的次数R_1为访存次数减去访问Cache失效次数。

$$H=\frac{1000-50}{1000}\times 100\%=95\%$$

例6-2　CPU执行一段程序时，Cache完成存取的次数为5000次，主存完成存取的次数为200次，并已知Cache存储周期T_C为40ns，主存存取周期T_M为160ns，下面分别求：

（1）Cache的命中率H；

（2）等效访问时间T_A（假设主存和Cache同时启动）；

（3）Cache-主存系统的访问效率e。

解：

（1）$H=\dfrac{5000}{5000+200}\times 100\%\approx 96\%$

（2）$T_A=H\times T_1+(1-H)\times T_2=0.96\times 40\text{ns}+(1-0.96)\times 160\text{ns}=44.8(\text{ns})$

（3）$e=\dfrac{T_1}{T_A}=\dfrac{40}{44.8}\times 100\%\approx 89.3\%$

例6-3　假设$T_2=5T_1$，在命中率H为0.9和0.99两种情况下，分别计算存储系统的访问效率。

解：

当H=0.9时，$e_1=\dfrac{1}{0.9+5\times(1-0.9)}\approx 0.72$

当H=0.99时，$e_2=\dfrac{1}{0.99+5\times(1-0.99)}\approx 0.96$

结论是命中率越高，与速度快的存储器越接近。由此可见，访问效率e与命中率H和相邻二级的访问时间比r相关。提高存储系统速度的两条途径：一是提高命中率H；二是两个存储器的速度不要相差太大。其中第二条有时做不到（如虚拟存储系统，主-辅存储器相差10^5），因而主要依靠提高命中率。

例6-4　在虚拟存储系统中，两级存储器的速度相差特别悬殊，$T_2=10^5T_1$。如果要使访问效率e=0.9，问要求有多高的命中率？

解：

$$0.9=\frac{1}{H+(1-H)\times 10^5}$$

$0.9H+90000(1-H)=1$

$89999.1H=89999$

解得：$H=0.999998888877777\cdots\approx 0.999999$

极高的命中率如何达到？根据程序局部性，采用预取技术会提高命中率（程序局部性定义将在6.3.1小节中讨论）。不管是需要的还是不需要的，把需要字的前前后后都一起取过来，即取一个数据块。

具体方法是不命中时，把M_2存储器中相邻几个单元组成的一个数据块都取出来送入M_1存储器中。命中率计算公式如下：

$$H'=\frac{H+n-1}{n}$$

其中，H'是采用预取技术后的命中率；H是原来的命中率；n为数据块大小与数据重复使用次数的乘积。

一种证明方法是采用预取技术之后，不命中率降低为原来的$\dfrac{1}{n}$，新的命中率为：

$$H'=1-\frac{1-H}{n}=\frac{H+n-1}{n}$$

另一种证明方法是在原有命中率计算公式中，把访问次数扩大到原来的n倍，这时，由于采用了预取技术，命中次数为$nN_1+(n-1)N_2$，不命中次数仍为N_2，因此新的命中率为：

$$H'=\frac{nN_1+(n-1)N_2}{nN_1+nN_2}=\frac{N_1+(nN_1+nN_2)-(N_1+N_2)}{nN_1+nN_2}=\frac{H+n-1}{n}$$

例6-5　在一个Cache存储系统中，当Cache的块大小为一个字时，命中率H=0.8；假设数据的重复利用率为5，计算块大小为 4 个字时，Cache存储系统的命中率是多少？假设$T_2=5T_1$，分别计算访问效率。

解：

$n=4\times5=20$，采用预取技术后，命中率提高到：

$$H'=\frac{H+n-1}{n}=\frac{0.8+20-1}{20}=0.99$$

Cache块为1个字大时，$H=0.8$，访问效率为：

$$e_1=\frac{1}{0.8+5\times(1-0.8)}\approx0.55$$

Cache块为4个字大时，$H=0.99$，访问效率为：

$$e_2=\frac{1}{0.99+5\times(1-0.99)}\approx0.96$$

例6-6　在一个虚拟存储系统中，$T_2=10^5T_1$，原来的命中率只有0.8，如果访问磁盘存储器的数据块大小为4K字，并要求访问效率不低于0.9，计算数据在主存储器中的重复利用率至少为多少？

解：假设数据在主存储器中的重复利用率为m，根据前面的公式给出关系：

$$0.9=\frac{1}{H'+(1-H')\times10^5},\ H'=\frac{0.8+4096m-1}{4096m}$$

解得$m\approx44$，即数据在主存储器中的重复利用率至少为44次。

6.2　并行存储系统

常规的主存是单体单字存储器，只包含一个存储体。在高速的计算机中，普遍采用并行存储系统，即在一个存取周期内可以并行读出多个字，依靠整体信息吞吐率的提高来解决CPU与主存之间的速度匹配问题。

6.2.1　交叉访问存储器

交叉访问存储器有多个容量相同的存储体，每个存储体具有各自独立的地址寄存器、读写电路和数据寄存器，各个存储体既能并行工作，又能交叉工作。交叉访问存储器通常有两种工作方式：一种是地址码高位交叉；另一种是地址码低位交叉。其中，只有低位交叉存储器能够有效地解决访问冲突问题。

1. 高位交叉访问存储器

高位交叉访问存储器的主要目的是扩大存储器容量。其具体实现方法是用地址码的高位区分存储体号，低位地址为体内地址，如图6-5所示，由高位地址决定哪个存储体工作。

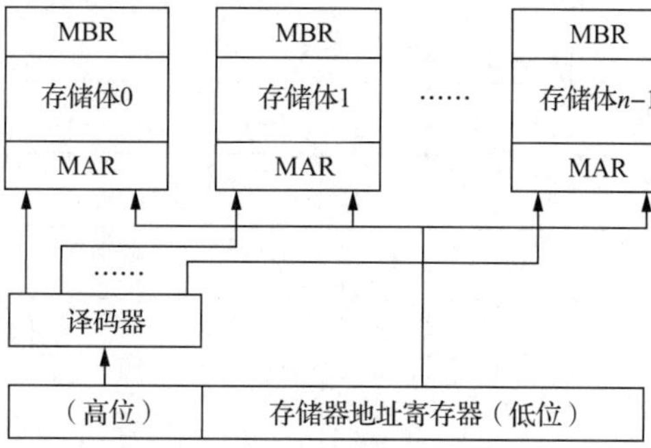

图6-5　高位交叉访问存储器的结构

每个存储体都有各自独立的控制部件，每个存储体可以独立工作。但由于绝大多数连续指令分布在同一存储体中，通常只有一个存储体在不停地忙碌，其他存储体是空闲的。模块化的主存都采用高位交叉访问存储器。

2. 低位交叉访问存储器

低位交叉访问存储器的主要目的是提高存储器访问速度。其实现方法是用地址码的低位区分存储体号，高位是体内地址，如图6-6所示。由低位地址决定哪个存储体工作，存储器速度可提高很多。

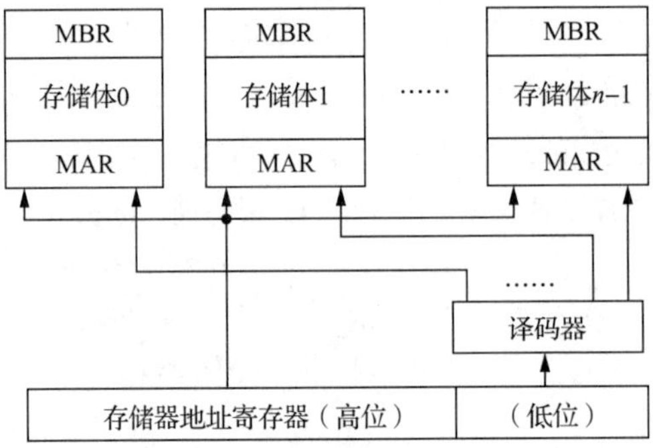

图6-6　低位交叉访问存储器的结构

在这种交叉存储器中，连续的地址分布在相邻的存储体中，而同一存储体内的地址都是不连续的。这种编址方式又称为横向编址。

地址的模4低位交叉编址如表6-1所示。n个存储体分时启动，实际上是一种采用流水线方式工作的并行存储器。理论上，存储器的速度可提高n倍。4个分体分时启动的时间关系如图6-7所示。在第一个存储周期的开始时刻启动存储体M_0，在$T_m/4$、$T_m/2$、$3T_m/4$时刻分别启动存储体M_1、M_2、M_3。在4个分体完全并行的理想情况下，整个主存的有效周期缩短到原来模块存取周期的1/4，数据传送的平均速度提高到原来的4倍。

表 6-1　地址的模 4 低位交叉编址

模体	地址编址序列	对应二进制地址码最末两位的状态
M_0	$0,4,8,12,\cdots,4i+0,\cdots$	00
M_1	$1,5,9,13,\cdots,4i+1,\cdots$	01
M_2	$2,6,10,14,\cdots,4i+2,\cdots$	10
M_3	$3,7,11,15,\cdots,4i+3,\cdots$	11

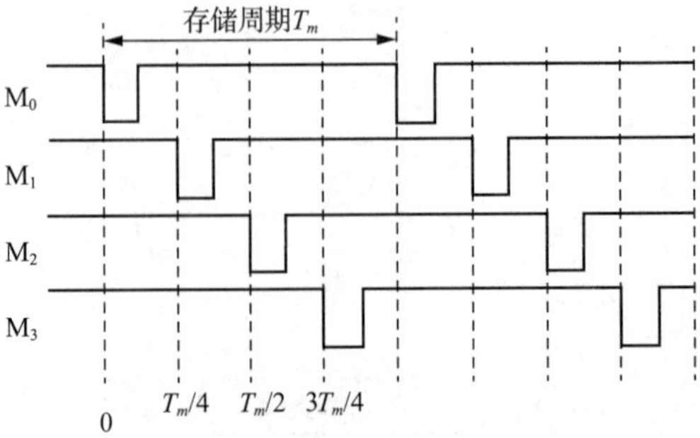

图6-7　4个分体分时启动的时间关系

但是在实际应用中，当出现数据相关和程序转移时，将破坏并行性，不可能达到上述理想值。

6.2.2 双端口存储器

双端口存储器（双口RAM）是指同一个存储器具有两组相互独立的读写控制电路，它是一种高速工作的存储器。它有两个独立的端口，分别具有各自的地址线、数据线和控制线，可以对存储器中任何地址单元的数据进行独立的存取操作。

双口RAM的核心部分是用于数据存储的存储器阵列，它可为左、右两个端口所共用。当两个端口的地址不相同时，在两个端口上进行读写操作，一定不会发生冲突。当任一端口被选中驱动时，就可对整个存储器进行存取，每一个端口都有自己的片选控制和输出驱动控制。

当两个端口同时存取存储器的同一地址单元时，就会因数据冲突造成数据存储或读取错误。两个端口对同一主存地址单元的操作有以下4种情况。

① 两个端口不同时对同一地址单元存取数据。

② 两个端口同时对同一地址单元读出数据。

③ 两个端口同时对同一地址单元写入数据。

④ 两个端口同时对同一地址单元进行读写操作，即一个写入数据，另一个读出数据。

在第①、第②种情况时，两个端口的存取不会出现错误，第③种情况会出现写入错误，第④种情况会出现读出错误。为避免第③、第④种错误情况的出现，双口RAM设计有硬件$\overline{\text{BUSY}}$功能输出，其工作原理如下：当左、右端口不对同一地址单元存取时，$\overline{\text{BUSY}_L}$=H，$\overline{\text{BUSY}_H}$=H，可正常存储。

当左、右端口对同一地址单元存取时，有一个端口的$\overline{\text{BUSY}}$=L，禁止数据的存取。此时，两个端口中，哪个存取请求信号出现在前，则其对应的$\overline{\text{BUSY}}$=H，允许存取；哪个存取请求信号出现在后，则其对应的$\overline{\text{BUSY}}$=L，禁止其写入数据。需要注意的是，两端口间的存取请求信号出现时间要相差在5ns以上，否则仲裁逻辑无法判定哪一个端口的存取请求信号在前；在无法判定哪个端口先出现存取请求信号时，两根控制线不会同时为低电平。这样，就能保证对应于$\overline{\text{BUSY}}$=H的端口能进行正常存取，对应于$\overline{\text{BUSY}}$=L的端口不能存取，从而避免双端口存取出现错误。

6.3 Cache存储系统

高速缓冲存储器（Cache）与主存一起构成Cache存储系统。在Cache存储系统中，Cache块的大小一般只有十几字节到几十字节，Cache存储器一旦发生块失效时，程序是不能切换的，CPU此时只能等待着从主存中将所需的块调入Cache。所以Cache存储系统的地址映像和变换、替换算法全部采用硬件来实现。同时，为了缩短Cache调块时的CPU空等时间，在CPU与主存之间设置有数据传送的直接通路。这样，在Cache块失效时，Cache调块与CPU访问主存字在时间上可以重叠地进行。

6.3.1 程序访问的局部性

程序往往重复使用它刚刚使用过的数据和指令。实验表明，一个程序常用约80%的执行时间执行仅占约20%的程序代码。在较短的时间间隔内，程序产生地址往往集中在存储器的一个小范围内，这种现象称为程序访问的局部性。程序局部性分为时间局部性和空间局部性。时间局部性是指最近访问的代码是不久后会被访问的代码（这是由程序循环造成的）。空间局部性是指那些地址上相邻近的代码可能会被一起访问（这主要是由于程序中大部分指令通常是顺序存储、执行的，数据一般也是以向量、数组、树、表、阵列等形式簇聚地存储所致）。所以程序在执行时所用到的指令和数据的地址分布不会是随机的，而是相对簇聚的。这样就可以把目前常用的或将要用到的信息预先放在速度最快存储器中，从而使CPU的访问速度极大提高。存储系统的构成是以访问的程序局部性原理为基础的。

6.3.2 高速缓冲存储器

高速缓冲存储器是一种小容量存储器，它由快速的SRAM组成，直接被制作在CPU芯片内，访问速度可以与CPU的速度相匹配。Cache用来存放当前最急需处理的程序和数据。由于程序访问的局部性，在大多数情况下，CPU能直接从Cache中取得指令和数据，而不必访问主存，从而提高CPU访问指令和数据的速度。

1. Cache 的读操作

当CPU发出读请求时，如果Cache命中，就直接对Cache进行读操作，与主存无关；如果Cache不命中，则仍需访问主存，并把相应块信息一次从主存调入Cache内。若此时Cache已满，则必须根据某种替换算法，用相应块替换Cache中原来的某块信息。

2. Cache 的写操作

Cache中保存的只是主存的部分副本，这些副本与主存中的内容能否保持一致是Cache能否可靠工作的关键。当CPU发出写请求时，如果Cache命中，此时有可能会出现Cache与主存中的内容不一致的问题。如果写Cache不命中，就直接把信息写入主存。

6.3.3 Cache 存储系统基本结构

在Cache存储系统中，Cache和主存都被分成若干个大小相等的块，每块由若干字节组成。由于Cache的容量远小于主存的容量，因此Cache中的块数要远少于主存中的块数，它保存的信息只是主存中最急需执行的若干块的副本。如果Cache命中，把主存地址变换成Cache地址，直接访问Cache。如果Cache失效（不命中），用主存地址访问主存，从主存中读出一个字送往CPU，同时，把包括该字在内的一整块都装入Cache。Cache存储系统的基本结构如图6-8所示。

主存地址由块号B和块内地址组成，通过地址映像变换把主存块号B转换成Cache块号b，转换成功（命中）则用得到的Cache地址访问Cache，不成功（不命中）则产生失效信息，直接用主存地址访问主存，并将相应块调入Cache。若Cache已满则采用替换算法腾出空间。主存和处理机之间还设有直接通路。

访问Cache的时间一般可以是访主存时间的1/4到1/10。因此，只要Cache的命中率足够高，就相当于能以接近Cache的速度来访问大容量的主存。

为了加速调块，一般让每块的容量等于在一个主存周期内由主存所能访问到的字数，因此在有Cache存储器的主存系统都采用多体交叉存储器。例如，IBM 370/168的主存是模4交叉，每个分体是8字节宽，所以Cache的每块为32字节；CRAY-1的主存是模16交叉，每个分体是单字宽，所以其指令Cache（专门存放指令的Cache）的块容量为16个字。

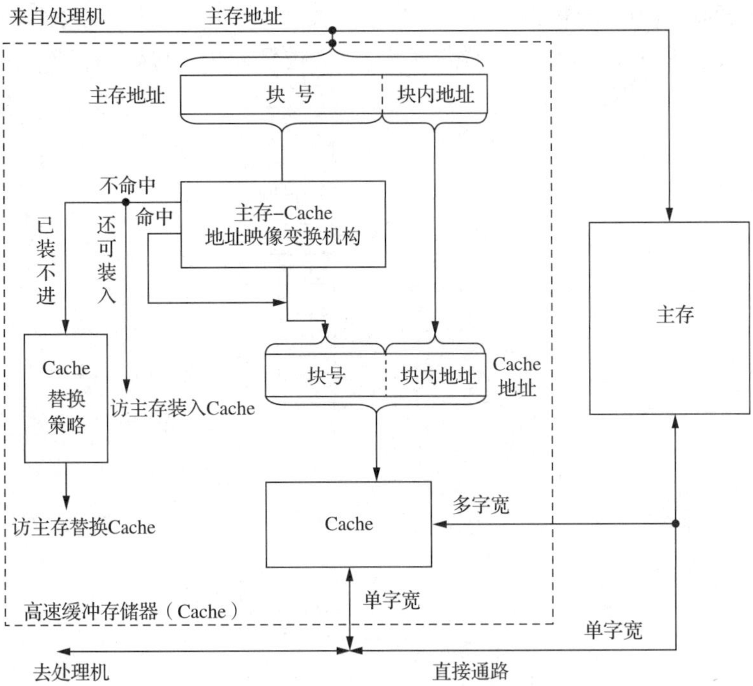

图6-8 Cache存储系统的基本结构

另外，主存会被机器的多个部件所共用，因此我们应尽量提高Cache的访问主存优先级，一般其应高于通道的访问主存级别，这样在采用Cache存储器的系统中访存申请响应的优先顺序通常安排成Cache→通道→写数→读数→取指。因为Cache的调块时间只占用1～2个主存周期，所以这样做不会对外设访问主存带来太大的影响。

6.3.4 地址映像和变换

地址映像是把存放在主存中的程序按照某种规则装入Cache中，并建立主存地址与Cache地址之间的对应关系。而地址变换是当程序已经装入Cache之后，在实际运行过程中把主存地址变换成Cache地址。

地址映像和变换

在Cache存储系统中，选取地址映像方法要考虑的主要因素如下。

① 地址变换的硬件要容易实现。

② 地址变换的速度要快。

③ 主存空间利用率要高。

④ 发生块冲突的概率要小。

地址映像的方法有3种，即全相联映像、直接映像和组相联映像。

1. 全相联映像及其变换

全相联映像就是让主存中任何一个块均可以映像并装入到Cache中任何一个块的位置上。只要Cache有空，块可以随意装入。全相联映像方式的块冲突概率是最低的，物理Cache的空间利用率是最高的，但由于用于地址映像的相联目录表容量太大、成本极高，查表进行地址变换的速度太低。

全相联映像规则是主存中的任意一块都可以映像到Cache中的任意一块。

如果Cache的块数为C_b，主存的块数为M_b，映像关系共有$C_b \times M_b$种，用硬件实现非常复杂。全相联映像方式如图6-9所示。全相联映像的地址变换过程如图6-10所示。

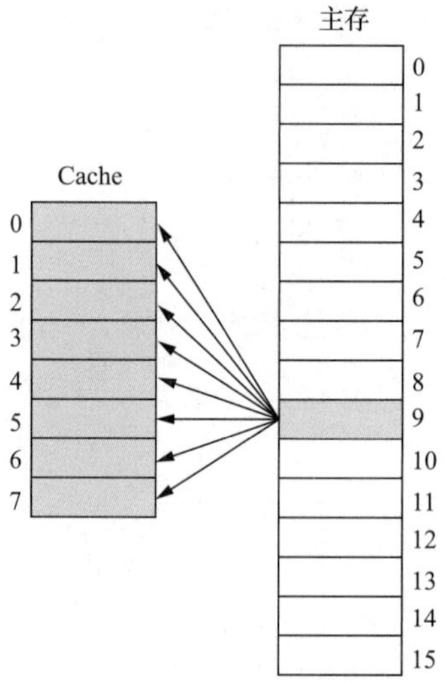

图6-9　全相联映像方式

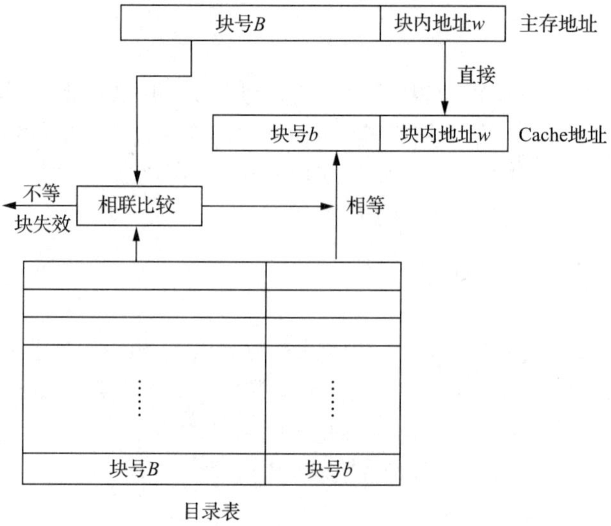

图6-10　全相联映像的地址变换过程

全相联映像采用目录表存放映像关系，目录表是按内容访问相联存储器的。访问Cache时，用主存地址中的块号B与目录表中的块号字段进行相联比较。若有相同的，即命中，用查到的块号b直接拼接块内地址得到Cache地址。若没有相同的，表示该主存块未装入Cache，发生Cache块失效，由硬件访问主存读块，同时修改目录表。块放进Cache时就要把目录表造好，为使用Cache做准备。

全相联映像方式的主要优点是块冲突概率比较小，Cache的利用率高。全相联映像方式的主要缺点是需要一个相联存储器，其代价很高。相联比较所耗费的时间将影响Cache的访问速度。

2. 直接映像及其变换

直接映像是指主存中的每一个块只能被放置到Cache中唯一的一个指定位置，若这个位置已有一块，则产生块冲突，原来的块将无条件地被替换出去。直接映像方式成本低，易实现，地址变换速度快，而且不涉及其他两种映像方式中的替换算法问题，但Cache的块冲突概率是最高的，物理Cache的空间利用率是最低的。

直接映像规则是主存中一块只能映像到Cache中的一个特定的块，其映像方式如图6-11所示。计算公式如下：

$$b=B \bmod C_b,$$

其中，b为Cache的块号，B是主存的块号，C_b是Cache的块数。整个Cache地址与主存地址的低位部分完全相同。

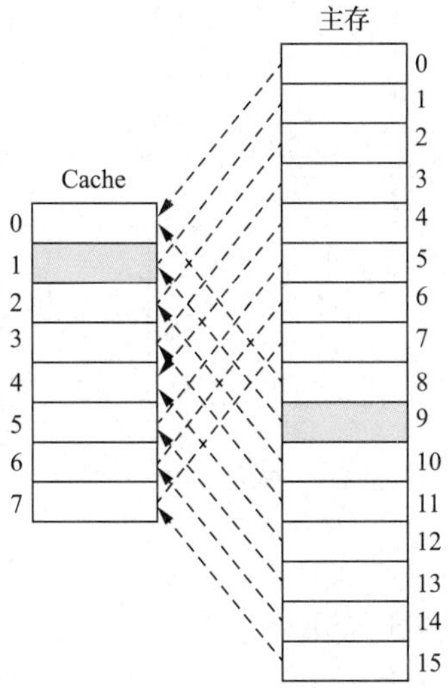

图6-11　直接映像方式

主存按Cache的大小分区，各区中相对块号相同的块映像到Cache中同一块号的确定位置。每个区的第一个块只能放最上面位置，最后一个块只能放最下面位置。此外，需要有一个存放主存区号的小容量存储器，容量为C_b，字长为区号+有效位。直接映像的地址变换如图6-12所示，地址变换过程如下。

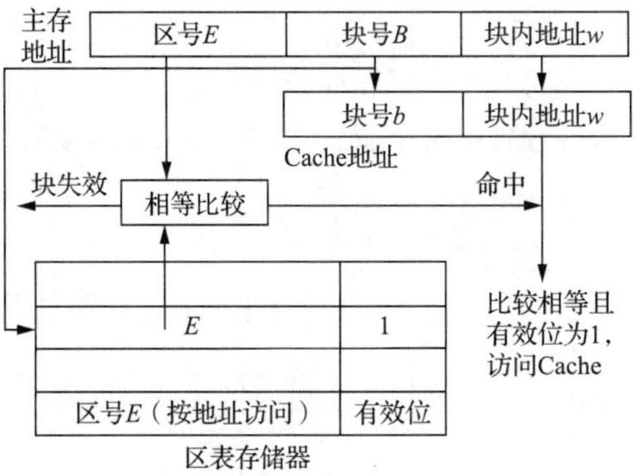

图6-12　直接映像的地址变换

用主存地址中的块号B作为地址去访问区号存储器，把读出来的区号与主存地址中的区号E进行相等比较。若比较结果相等，且有效位为1，则Cache命中；若比较结果相等，有效位为0，表示Cache中的这一块已经作废；若比较结果不相等，有效位为0，表示Cache中的这一块是空的；若比较结果不相等，有效位为1，表示原来在Cache中的这一块是有用的，必须把这块写回主存，腾出空间以装入新块，填写区号。

直接映像方式的主要优点是硬件实现很简单，不需要相联访问存储器，访问速度也比较快，实际上不做地址变换。直接映像方式的主要缺点是块的冲突率较高。

提高Cache速度的一种方法是把区号存储器与Cache合并成一个存储器，如图6-13所示。其中1/w表示从w个数据中选择一个。

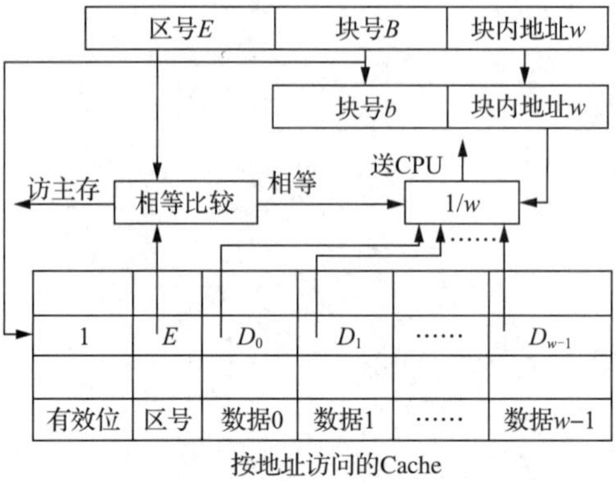

图6-13　快速度的直接映像地址变换

3．组相联映像及其变换

组相联映像将主存和Cache按同样大小划分成块，Cache空间被等分成大小相同的组，组里有若干个块。让主存中的任何一块只能被放置到Cache中唯一的一个指定组，然后用全相联映像装入Cache中对应组的任何一块位置上，即组间采取直接映像，而组内采取全相联映像。

组相联映像及其变换

组相联映像实际上是全相联映像和直接映像的折中方案。当组数等于1（不再分组），组相联映像就变成为全相联映像；当组数等于Cache中块的数量，组相联映像就变成为直接映像。所以其优点和缺点介于全相联映像和直接映像方式的优缺点之间。

假设Cache空间分成C_g组（$C_g=2^g$），每组为G_b块（$G_b=2^b$）。主存地址分为3个部分：标记、组号、块内地址。Cache地址分为3个部分：组号、组内块号、块内地址。主存地址的组号由G来表示，它的宽度与Cache地址的组号g是一致的。Cache地址和主存地址的格式如图6-14所示。

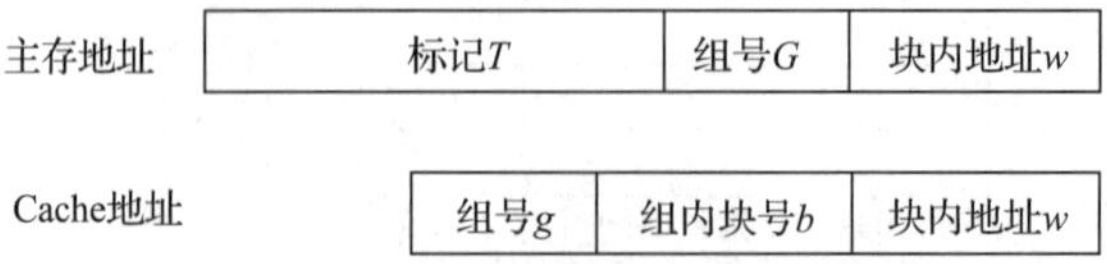

图6-14　Cache地址和主存地址的格式

g和b的选取主要依据对块冲突概率、块失效率、映像表复杂性和成本、查表速度等的折中权衡。组内块数越多，块冲突概率和块失效率越低；映像表越复杂、成本越高，查表速度越慢。

组的容量为n个块时，称这个Cache是n路组相联的。通常将组内2块的组相联映像称为2路组相联，组内4块的组相联映像称为4路组相联。以2路组相联为例，Cache分成4组，组相联映像方式如图6-15所示。块9直接映像到Cache的组1（1= 9 mod 4），在组内可映像到组1的块0和块1。

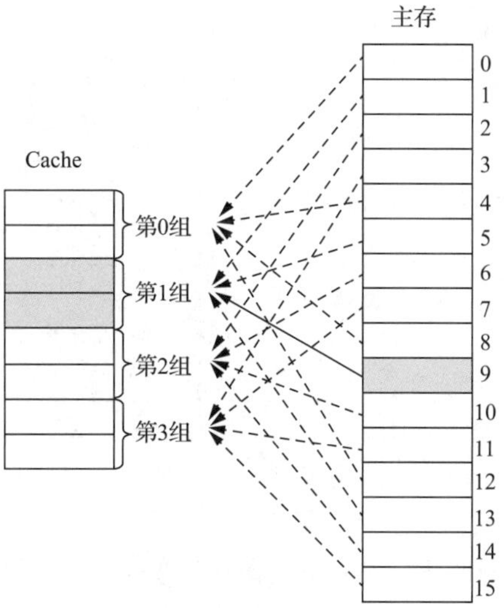

图6-15 组相联映像方式

组相联映像的计算公式如下：

$$g=B \bmod C_g,$$

其中，g为Cache的组号，B是主存的块号，C_g是Cache的组数。

组相联映像也使用低位地址直接访问Cache块，但它选中的是一个组，组内包含2个块或多个块。给定的内存块可以放在选中组中的任意一块内。一组内的块数，一般被称为相联度或相联路数。选中一组后，组内所有块的标识（tag）同时进行比较，如果有一个匹配，则“命中”。组相联映像实际上是靠比较器的个数及增宽Cache位来降低Cache块冲突的。

例6-7 某计算机的Cache共有16块，采用2路组相联映像方式（每组2块），每个主存块大小为32B，按字节编址。主存129号单元所在主存块应装入的Cache组号是多少？

解：由于每个主存块大小为32B，按字节编址，根据计算主存块号的公式，主存块号=主存地址/块大小=129/32≈4，因此主存129号单元所在的主存块应为第4块。若Cache共有16块，采用2路组相联映像方式，可分为8组。根据组相联映像的映像关系，主存第4块进入Cache第4组（4=4 mod 8）。

组相联映像方式的优点是块的冲突概率比较低，块的利用率大幅度提高，块失效率明显降低。组相联映像方式的缺点是实现难度和造价要比直接映像方式的高。

组相联映像与全相联映像相比容易实现，命中率与全相联映像的接近，所以被广泛使用。组相联映像的地址变换如图6-16所示，地址变换过程如下。

用主存地址的组号G按地址访问块表存储器，把读出来的标记与主存地址中的标记进行相联比较，如果有相等的，表示Cache命中，访问Cache；如果没有相等的，表示Cache没有命中，访问主存，块装入Cache，并修改块表。

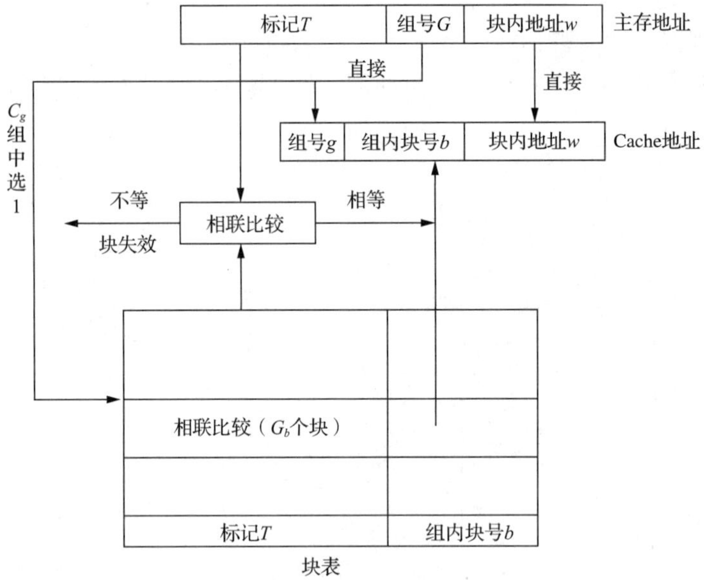

图6-16　组相联映像的地址变换

通常，Cache存储系统的地址映像使用组相联映像或直接映像，而不采用全相联映像，否则，主存-Cache的地址映像表太大，查表速度太慢，硬件无法实现。

组相联映像的块表中共有C_g个可供相联比较的目录表，每个目录表中可相联比较G_b个块。用高速小容量存储器制成块表存储器，组内采用全相联映像方式，在组之间采用按地址访问。块表的总容量与Cache的块数相等。

总的来讲，给出一个长地址码，要使用短地址码访问存储器就有地址映像问题。把大空间的内容放到小空间里面可采用全相联映像、直接映像和组相联映像。地址变换是块已经放进去，要把长地址码变换成短地址码访问小容量存储器。若小空间已满要采用替换算法，从小的存储器中腾出一块空间放新块。

6.3.5　Cache 替换算法

块失效是指该块未装入Cache，此时需要从主存中调块。块冲突（块争用）是两个以上的主存块想要进入Cache中同一个块位置的现象。块失效时不一定发生块冲突，但块冲突一定是由块失效引起的。

块失效后，需要从主存将一个主存块调入Cache，若此时Cache已满，就会发生块冲突。只有腾出Cache中某个块后才能接纳由主存调入的新块，选择Cache中哪个块作为被替换的块就是替换算法要解决的问题。

由于主存中能容纳块数比Cache能存放的块数多，因此必然会出现块失效问题。块替换发生在当发生块失效，且Cache已经被装满时。如果Cache所有块都已经被占用，必须从Cache存储器中淘汰一个不常使用的块，以便腾出Cache空间来存放新调入的块。

评价块替换算法好坏的标准有两个：一是这种替换算法是否有高的Cache命中率；二是替换算法是否容易实现，辅助软硬件成本是否低。

直接映像方式实际上不需要替换算法，直接取模就可以确定要替换的块。全相联映像方式的替换算法最复杂。Cache替换算法要解决的问题是把哪个块替换出去，具体步骤如下。

① 记录每次访问Cache的块号。

② 管理好所记录的Cache块号，为找出被替换的块号提供方便。

③ 根据记录和管理的结果，找出被替换的块号。

Cache替换算法的主要特点是全部用硬件实现。当Cache块失效且将主存块装入Cache又出现Cache块冲突时，就必须采用某种替换算法选择Cache中的一块替换出去。典型的块替换算法有以下几种。

（1）随机（RAND）算法

随机算法利用软件或硬件的随机数生成器来确定被替换的块。这种算法简单，容易实现，但没有利用Cache的历史信息，没有反映程序的局部性，使Cache的命中率很低。

（2）先进先出（FIFO）算法

先进先出算法是选择最早装入Cache的块作为被替换的块。这种算法比较容易实现，利用了历史信息，但没有反映程序的局部性。在Cache块表中给每块配一个计数器，每当一块装入Cache时，让该块的计数器清零，其他已装入Cache的那些块的计数器加“1”。需要替换时，计数器值最大块的块号就是最先调入的块，作为替换的块。然而最先调入Cache的块很可能也是经常要使用的块。

（3）近期最少使用（LFU）算法

近期最少使用算法是选择近期最少访问的块作为被替换块。这种算法既充分利用了历史信息，又反映了程序的局部性，但完全按此算法实现非常困难。近期最少使用算法比较合理，最少使用的块很可能也是将来最少访问的块。事实上，近期最少使用算法需要为每个块配置一个位数很长的计数器，实现起来是很困难的。所以一般将近期最少使用算法改为近期最久没有使用算法。

（4）近期最久没有使用（LRU）算法

近期最久没有使用算法把近期最少使用算法中的“多”与“少”简化成“有”与“无”，实现起来比较容易。近期最久没有使用算法可以采用堆栈、比较对方法实现。

（5）最优替换（OPT）算法

最优替换算法是一种理想化的算法，它用来作为评价其他块替换算法好坏的标准。理想情况应选择将来最久不被访问的块作为替换块，唯一的方法是让程序先执行一遍。

最优替换算法一般是通过用典型的块地址流模拟其替换过程，再根据所得到的命中率的高低来评价其好坏的。当然影响命中率的因素除了替换算法外，还有地址流、块大小、Cache容量等。

例6-8　设有一个程序，其有1～5共5块，执行时的块地址流（即执行时依次用到的程序块的块号）为：

2, 3, 2, 1, 5, 2, 4, 5, 3, 2, 5, 2

按块地址流，先调入2块，再调入3块，……，假设分配给该程序的Cache只有3个块。如图6-17所示，星号标明要替换的块，FIFO和LRU算法向前看历史信息，OPT算法向后看块的使用情况。FIFO算法的命中率最低，而LRU算法的命中率非常接近于OPT算法的。

替换算法的选择应尽可能使Cache的命中率高，同时实现方便、成本低。表6-2列出了常见的4种替换算法的比较。

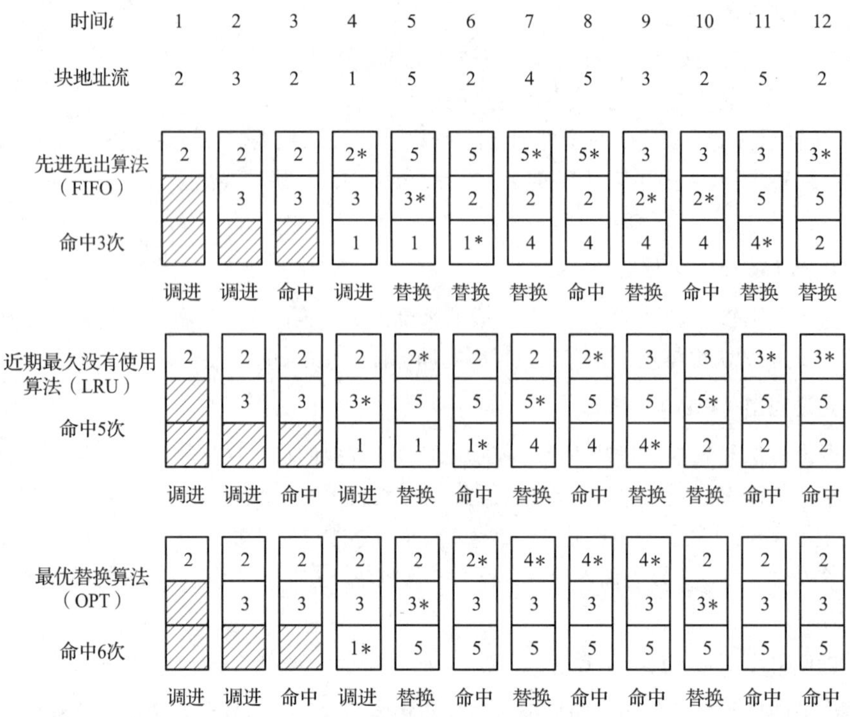

图6-17　3种块替换算法对同一块地址流的替换过程

表 6-2　4 种替换算法的比较

算法	思想	优点	缺点
RAND	用软的或硬的随机数生成器产生待替换的块号	简单、易于实现	没有反映出程序局部性，命中率低
FIFO	选择最早装入Cache的块作为被替换的块	实现方便，利用了Cache的历史信息	不一定能正确地反映程序局部性，命中率不一定高
LRU	选择近期最久没访问的块作为被替换的块	比较正确反映程序局部性，利用了历史信息，命中率较高	实现较复杂
OPT	将未来近期不用的块替换出去	命中率最高，可作为衡量其他替换算法的标准	不现实，只是一种理想算法

命中率也与块地址流有关。在一个循环程序中，当所需块数大于分配给的块数时，无论是FIFO算法还是LRU算法的命中率都明显低于OPT算法的。例如，分配给该程序的Cache块数只有3个块，有一4个块的1、2、3、4循环程序在FIFO和LRU算法中，总是发生下次要使用的块在本次被替换出去的情况，这就是“颠簸”现象，即“乒乓”效应。

在4种替换算法中，LRU和OPT算法都属于堆栈型的替换算法，而RAND和FIFO算法则不是堆栈型的替换算法。

什么是堆栈型替换算法呢？设A是长度为L的任意一个块地址流，t为已处理过t−1个块的时间点，n为分配给该地址流的Cache块数，$B_t(n)$表示在t时间点、在n块的Cache中的块集合，L_t表示到t时间点已遇到过的地址流中相异块的块数。如果替换算法具有下列包含性质：

当$n < L_t$时，$B_t(n) \subset B_t(n+1)$

当$n \geqslant L_t$时，$B_t(n)=B_t(n+1)$

则此替换算法属堆栈型的替换算法。

LRU算法在Cache中保留的是n个最近使用的块，它们又总是被包含在n+1个最近使用的块之中，所以LRU算法是堆栈型替换算法。这样，使用LRU算法替换时，随着分配给程序的Cache块数增多，其命中率只会增加，至少不会下降。命中率总趋势应随n增加而升高。

OPT算法也是堆栈型算法，FIFO算法不具有任何时刻都能满足上述包含性质的特性。

只要替换算法是堆栈型的，对块地址流用堆栈处理一次，即可同时获得不同块数时的命中率。Cache存储系统中替换算法的实现必须是全硬件的，LRU算法具体的实现有堆栈法和比较对法两种。

（1）堆栈法

LRU算法的堆栈实现如图6-18所示。栈顶恒存放近期最近访问过的块号，堆栈容量是Cache块数2^b。堆栈要有相联比较的功能，又要有全下移、部分下移和从中间取出一项的功能，成本较高。

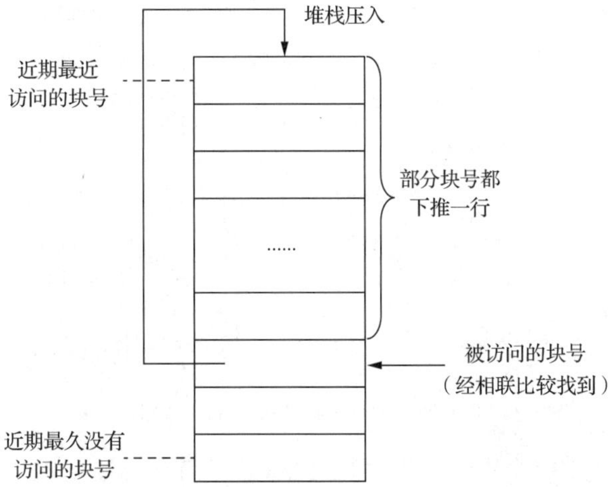

图6-18　LRU算法的堆栈实现

堆栈法的替换过程首先是判断块是否在堆栈中，若是则将该块调至栈顶，并把该项上面的项下推一行，该项下面的不动。若否则把新块调入堆栈，弹出栈底的块。

LRU算法的堆栈最终结果如下。

① 栈顶恒为近期最近访问过的块号。

② 栈底恒为近期最久没有访问过的块号。

LRU算法用栈顶至栈底的先后次序记录管理规则，本次访问的块号与堆栈中所有块号进行相联比较。相联比较不等就是失效，栈顶压入本次访问块，替换的块从栈底移出。相联比较相等就是命中，把此块从堆栈中调出，从栈顶压入。LRU算法对堆栈的要求如下。

① 有相联比较功能。

② 全下推或部分下推功能。

③ 从中间抽走一项的功能。

若要访问的Cache块4已在Cache中，此时的堆栈和操作结果如图6-19和图6-20所示。

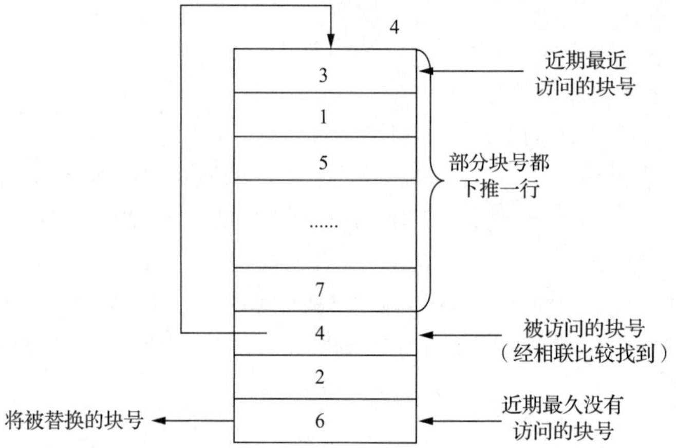

图6-19　要访问的Cache块4已在Cache中的堆栈

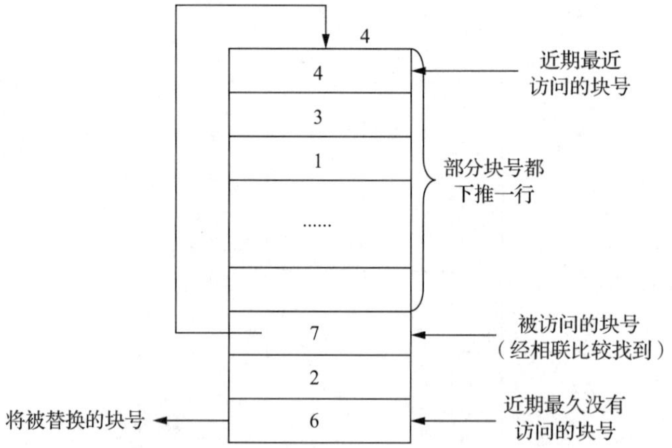

图6-20　要访问的Cache块4已在Cache中的堆栈操作结果

例6-9　一个程序共由5个块组成，分别是C_1～C_5，程序运行过程中的块地址流为C_1, C_2, C_1, C_5, C_4, C_1, C_3, C_4, C_2, C_4，假设分配给这个程序的Cache存储器共有3个块。图6-21是采用堆栈法的LRU替换算法对块地址流的调度过程。

时间t	1	2	3	4	5	6	7	8	9	10
块地址流	C_1	C_2	C_1	C_5	C_4	C_1	C_3	C_4	C_2	C_4
	1	2	1	5	4	1	3	4	2	4
		1	2	1	5	4	1	3	4	2
				2	1	5	4	1	3	3
			H		*	H	*	H	*	H

图6-21　采用堆栈法的LRU替换算法对块地址流的调度过程

对于全相联映像方式，只需要一个堆栈；对于组相联映像方式，每组需要一个堆栈。

（2）比较对法

堆栈法需要使用具有相联访问功能的寄存器堆，设备量大，价格较贵，因此我们更多采用的是比较对法。

用比较对法实现LRU算法如图6-22所示。比较对法的基本思路是让各个块成对组合，用一个触发器的状态来表示该比较对内两块访问的远近次序，再经门电路就可找到LRU块。例如有A、B、C共3块，互相之间可组合成AB、BA、AC、CA、BC、CB共6对，其中AB和BA、AC和CA、BC和CB是重复的，所以只需取AB、AC、BC这3对。各对内块的访问顺序分别用“对触发器”T_{AB}、T_{AC}、T_{BC}表示。T_{AB}为“1”，表示A比B更近被访问过；T_{AB}为“0”，表示B比A更近被访问过。T_{AC}、T_{BC}也类似定义。这样，当访问过的次序为A、B、C，即最近访问过的为A，最久未被访问过的为C，则这3个触发器状态分别为T_{AB}=1，T_{AC}=1，T_{BC}=1。

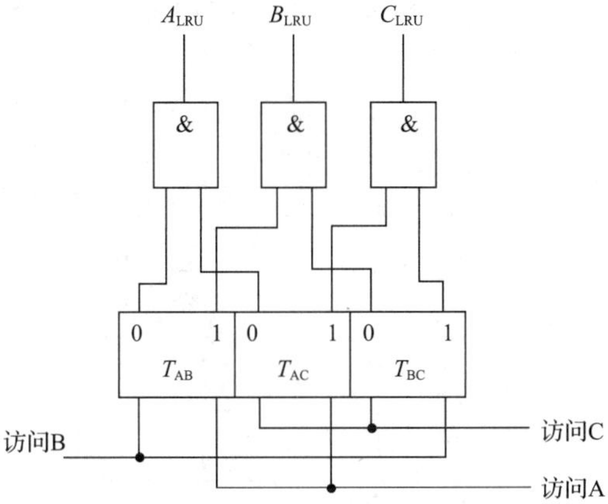

图6-22 用比较对法实现LRU算法

如果访问过的次序为B、A、C，C为最久未被访问过的块，则此时必有T_{AB}=0，T_{AC}=1，T_{BC}=1。因此以最久未被访问过的块C作为被替换的块，用布尔代数式必有：

$$C_{LRU}=T_{AB}\bullet T_{AC}\bullet T_{BC}+\overline{T_{AB}}\bullet T_{AC}\bullet T_{BC}=T_{AC}\bullet T_{BC}$$

$$B_{LRU}=T_{AB}\bullet \overline{T_{BC}}$$

$$A_{LRU}=\overline{T_{AB}}\bullet \overline{T_{AC}}$$

现在来分析比较对法所用的硬件量。由于每块均可能作为LRU块，其信号需要用一个与门产生，因此有多少块就得有多少个与门；每个与门接收与它有关的触发器来的输入，例如，A_{LRU}与门要有从T_{AB}、T_{AC}来的输入，B_{LRU}要有从T_{AB}、T_{BC}来的输入，而与每块有关的对数为块数减去1，所以与门输入数是块数减去1。

如果采用组相联的地址映像规则，则每一组都有一套用比较对法找LRU块的硬件。若p为组内块数，两两组合，比较对触发器的个数应为C_p^2，即$p\times(p-1)/2$。表6-3给出了比较对法块数与比较对触发器数、门数及门输入端数间的关系。比较对触发器的个数会随块数增多以较快的速度增加，块数超过8块，就不能承受。因而比较对法只适合组内块数p比较小（p=2～8）的情况，否则所需比较对触发器的数量太大。

表6-3 比较对法块数与比较对触发器数、门数、门输入端数间的关系

块数	3	4	8	16	64	256	……	p
比较对触发器数	3	6	28	120	2016	32 640	……	$p\times(p-1)/2$
门数	3	4	8	16	64	256	……	p
门输入端数	2	3	7	15	63	255	……	$p-1$

综上所述，替换算法实现的设计是围绕下述两点来考虑的：一是如何对每次访问进行记录；二是如何根据所记录的信息来判定近期内哪一块是最久没有被访问过的。由此可见，实现方法和所用的映像方法密切相关。

6.3.6 Cache 更新策略

Cache存储层次对系统程序员和应用程序员都是透明的。CPU只输出主存的地址码，并不知道Cache的地址码。Cache中的内容是主存活跃部分的副本，其应该与主存内容一致。Cache与主存内容能否一致是计算机能否可靠工作的关键。Cache与主存内容不一致的两种情况如图6-23所示，造成Cache与主存内容不一致的原因如下。

① 由于CPU写Cache，没有立即写主存，主存单元内容没变。若把在主存的数据X输出到设备，就是过时的数据。

② 由于I/O处理机或I/O设备写主存，Cache单元内容没变，因此CPU要读Cache中的X′就不对。

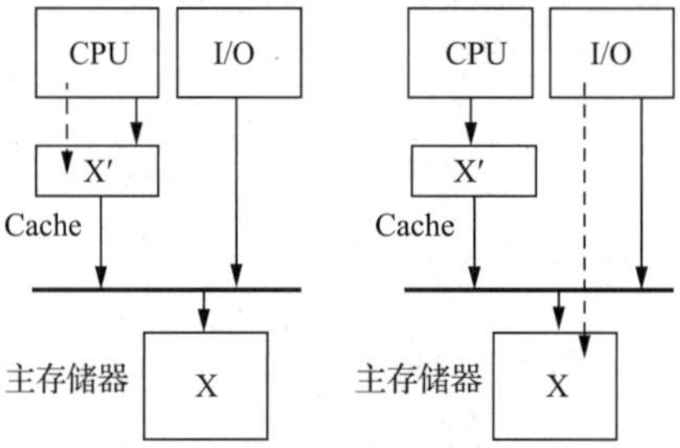

（a）CPU写Cache　　（b）I/O写主存

图6-23　Cache与主存内容不一致的两种情况

由于Cache采用全硬件实现，因此，我们需要在硬件上采取一系列相应措施来解决好透明性所带来的问题。

虽然物理Cache中的内容是主存中某些块的副本，但不能保证这两者对应块的内容完全一致。为解决Cache中某些块的内容已变，而主存对应块的内容未跟着改变的情况，人们提出了两种Cache存储系统的更新算法，它们分别是写直达法和写回法。

（1）写直达（WT）法

写直达法又称写透法，CPU在执行写操作时，把数据同时写入Cache和主存。写直达法是每当CPU写Cache命中时，不仅写入Cache，还经CPU到主存的直达通路直接写入主存，使两者对应块的内容始终保持一致。这样，Cache中的块被替换时，也不必把这一块写回到主存中去，新调入的块可以立即把这一块覆盖。写直达法速度慢，其速度相当于主存的速度，但能保证Cache与主存一致。

（2）写回（WB）法

写回法是指CPU在执行写操作时，被写数据只写入Cache，不写入主存，仅当需要替换时，才把已经修改过的Cache块写回到主存。在采用这种更新策略的Cache块表中，一般有一个修改标志位（称为“脏”位），当一块中的任何一个单元被修改时，标志位被置“1”。在需要替换这一块时，如果标志位为“1”（表示该块数据已经“脏”了），则必须先把这一块写回到主存中去之后，才能再调入新的块；如果标志位为“0”（表示该块数据还是干净的），则这一块不必写回主存，只要用新调入的块覆盖这一块即可。这种方法操作速度快，但因主存中的块未及时修改而有可能出现与Cache暂时不一致的问题。

写回法与写直达法的优缺点比较如下。

① 在可靠性方面，写直达法优于写回法。因为Cache始终是主存的正确副本。

② 在与主存的通信量方面，写回法少于写直达法，这是由于Cache的命中率高。例如，写操作占总访存次数的20%，Cache命中率为99%，每块4个字。当Cache发生块替换时，有30%块需要写回主存，其余的因未被修改过而不必写回主存。对于写直达法，写主存次数占总访存次数的20%；而对于写回法，则写主存次数占总访存次数为(1−99%)×30%×4=1.2%。因此，写回法与主存的通信量只有写直达法的十几分之一。

③ 在控制的复杂性方面，写直达法比写回法简单。写回法要对修改位进行管理和判断。

④ 在硬件实现的代价方面，写回法要比写直达法好。写直达法采用高速小容量缓存。

写Cache时有从主存读入Cache的问题，写Cache的两种方法如下。

（1）不按写分配法

在写Cache不命中时，只把所要写的字写入主存，即该地址所对应的数据块不从主存调入Cache。

（2）按写分配法

在写Cache不命中时，还把一个块从主存读入Cache（包括所写字的数据块从主存读入）。

写回法和写直达法都是对应于Cache写命中时的情况。Cache写不命中时，还涉及是否需要从主存调块的问题。不按写分配法只写主存，不进行调块。按写分配法则除了要写入主存外，还要将该块从主存调入Cache。一般情况下，写回法宜用按写分配法，写直达法宜用不按写分配法。

单处理机系统的Cache存储系统多数采用写回法，目的是减少Cache与主存之间的通信量，节省成本；共享主存的多处理机系统，为保证各处理机经主存交换信息时不出错，较多采用写直达法。有关共享主存的多处理机系统的Cache一致性问题将留待第9章讨论。

6.4 虚拟存储系统

虚拟存储系统由主存（DRAM）和联机工作的辅存（磁盘存储器）共同组成。主存使用DRAM，容量小，速度快；辅存容量大，价格低。应用程序员将其看成一个存储器，可使用很大的虚拟空间。与前述的Cache存储系统相似，虚拟存储系统也必须考虑交换块的大小、地址映像、替换、写一致性等问题。虚拟存储系统与Cache存储系统的简单比较如表6-4所示。

表 6-4 Cache 存储系统与虚拟存储系统的主要区别

分类	Cache存储系统	虚拟存储系统
目的	为了弥补主存速度的不足	为了弥补主存容量的不足
存储管理实现	全部由专用硬件实现	主要由软件实现
两级存储器的速度之比（第一级：第二级）	3～10倍	10^5倍
典型的页（块）大小	几十字节	几百到几千字节
等效存储容量	主存储器	虚拟地址空间
透明性	对系统和应用程序员	仅对应用程序员
不命中时处理方式	等待主存储器	任务切换

虚拟存储系统的空间大小取决于计算机的访存能力，即它能产生的地址位数，而实际存储空间可以远小于虚拟地址空间。这样，从程序员的角度看，存储空间扩大，CPU访问的地址是一个虚地址（逻辑地址、程序地址），其对应的存储容量称虚存容量（程序空间）；而实际主存地址为实地址（物理地址），其对应的存储容量为主存容量（实存空间）。

6.4.1 虚拟存储管理方式

虚拟存储系统采用全相联映像方式，通过地址映像机构来实现程序在主存中的定位。虚拟存储器有页式、段式和段页式3种不同的存储管理方式。

1. 页式存储管理方式

页式存储管理是将主存空间和程序空间都机械地等分成固定大小的页面（页面的大小随机器而异，一般为512B到几KB），让程序的起点必须处在主存中某一个页面位置的起点上。这就像一本书是由许多页组成的一样，每页的字数相同，如4096字。

主存（实存）的页称为实页，虚存的页称为虚页，由地址映像机构将虚页号转换成主存的实页号。磁盘物理块大小为0.5KB，虚拟页大小为0.5KB的整数倍1K～16KB。虚页号到实页号的变换如图6-24所示，每页的长度是固定的。

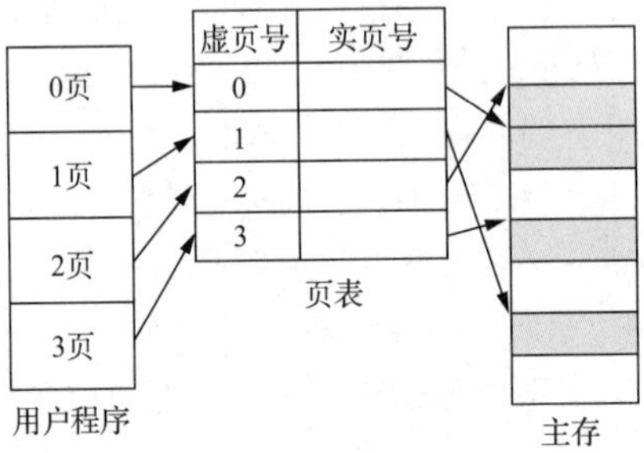

图6-24 页式虚拟存储系统的地址映像

页式管理需要一个页表。页表是一个存放在主存中的虚页号和实页号的对照表，页表中每一行记录了某个虚页对应的若干信息，如虚页号、装入位和实页号等。若装入位为“1”，表示该页面已在主存中，将对应的实页号与虚地址中的页内地址相拼接就得到了完整的实地址；若装入位为“0”，表示该页面不在主存中，于是要启动I/O系统，把该页从辅存中调入主存后再供CPU使用。

页式存储管理要配备N个页表基址寄存器，来存放N道程序各自所用页表在主存中的起始地址。页式虚拟存储系统的地址变换如图6-25所示。CPU内部基址寄存器堆存放用户页表基址，读出PA页表起始地址，与虚页号做一次加法运算得到页表地址。再由页表查出的主存实页号p与页内偏移d拼接得到主存实地址。例如，主存容量为1M字，1024字为1页，若主存地址是20位地址，则页内偏移占10位，页号占10位。

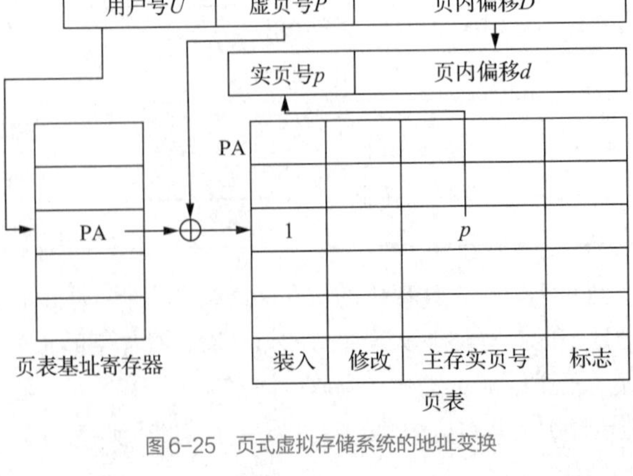

图6-25 页式虚拟存储系统的地址变换

页是按固定大小机械划分的，页式虚拟存储系统的主要优点如下。

① 主存的利用率比较高，只有不到一页的浪费。

② 页表相对比较简单，保存的字段比较少。

③ 地址变换的速度比较快，只需要查页号之间的对应关系。

④ 对磁盘的管理比较容易，页大小是磁盘块大小的整数倍。

页式虚拟存储系统的主要缺点如下。

① 程序的模块化性能不好，页不能表示一个完整的程序功能。

② 页表很长，需要占用很大的存储空间。每一个页在页表中占用一字（4B），虚页很多，一页一行。例如，虚拟存储空间为4GB，页大小为1KB，则页表的容量为4M字，即16MB。

2. 段式存储管理方式

段式存储管理的特点是将程序按逻辑意义分成段，按段进行调入、调出和管理。依据程序的模块性，按照程序的内容和函数关系分段，各个段的长度因程序而异。

段式存储管理的地址映像方法是每个程序段都从0地址开始编址，长度可长可短，并且可以在程序运行过程中动态改变程序段的长度。每个程序段可以映像到主存的任意位置，段可以连续存放，也可以不连续存放；可以顺序存放，也可以前后倒置。

把程序虚地址变换成主存实地址需要一个段表。段表中每一行记录某个段对应的若干信息，如段名（段号）、段起始地址、装入位、段长和访问方式等。段长和访问方式是用来保护程序段的，通过段长判断访问是否越界，通过访问方式指出是否保护和保护的级别。装入位为“1”，表示该段已调入主存；装入位为“0”，则表示该段不在主存中。由于段的大小可变，因此在段表中要给出各段的起始地址与段的长度。段表本身也是一个段，一般驻留在主存中。段号连续可以省略，段唯一地映像到主存确定的位置。各个不同区域中每个段都从0开始编址，可映像到主存任意位置上。多用户虚地址由3个部分组成，分为用户号、段号和段内偏移。每道程序由一个段表控制装入主存，如果系统有N道程序，就有N个段表。用N个段表基址（As）寄存器分别记录各道程序的段表在主存中的起始地址。在CPU中有一个段表基址寄存器堆，段表放在主存中。段式虚拟存储系统的地址变换如图6-26所示。

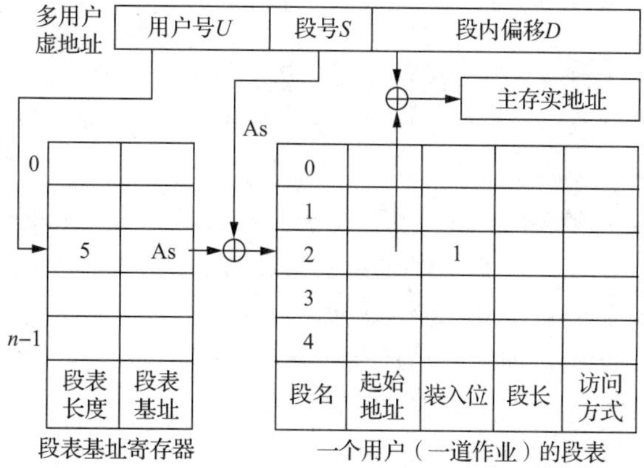

图6-26　段式虚拟存储系统的地址变换

程序实际执行时进行虚拟地址到物理实地址的变换，具体地址变换方法如下。

① 由用户号找到基址寄存器。

② 从基址寄存器中读出段表的起始地址。

③ 把起始地址与多用户虚地址中段号相加得到段表地址。

④ 把段表中给出的起始地址与段内偏移*D*相加就能得到主存实地址。

段式虚拟存储系统的主要优点如下。

① 程序的模块化性能好。将大的程序划分成多个程序段，可并行编程。

② 便于程序和数据的共享。段按功能划分，主存只装一份即可。

③ 程序的动态链接和调度比较容易。程序段是有独立意义的数据或具有完整功能的程序段。

④ 便于实现信息保护。保护段内容不被破坏。

段式虚拟存储系统的主要缺点如下。

① 地址变换所耗费的时间比较长，要做两次加法运算，而且要查两次表。

② 主存的利用率往往比较低。段要求装入连续的空间，段间会有许多空隙，即段间的零头浪费。

③ 对辅存（磁盘存储器）的管理比较困难。磁盘是按固定大小的块来访问的。从不定长的段到固定长的磁盘块要进行一次变换，做起来比较麻烦。

3．段页式存储管理方式

在段式、页式虚拟存储系统基础上，还有一种段页式虚拟存储系统。段页式存储管理是上述两种方法的结合，它将程序按其逻辑结构分段，每段再划分为若干大小相等的页，访存通过一个段表和若干个页表进行。主存空间也划分为若干同样大小的页，虚存和实存之间以页为基本传送单位。每道程序对应一个段表，每段对应一个页表。CPU访问时，虚地址包含用户号、段号、段内页号和页内偏移4个部分。

首先将段表起始地址与段号相加得到段表地址，然后从段表中取出该段的页表起始地址与段内页号相加得到页表地址，最后从页表中取出实页号与页内地址拼接形成主存实地址。段页式虚拟存储系统具有前两种存储系统的优点，但要经过两级查表才能完成地址转换，因而用时要长些。

段的长度必须是页长度的整数倍，段的起点必须是某一页的起点。用户按照程序段来编写程序，每个程序段分成几个固定大小的页。每道程序需要一个段表、多个页表。对用户原来编写程序的虚拟存储空间采用分段的方法管理，而对主存的物理空间采用分页方法管理。

例如，一个用户程序由3个独立的程序段组成，它包含一个段表、3个页表。段表中给出该程序段的页表长度和页表的起始地址，页表中给出每一页在主存中的实页号，如图6−27所示。

用户程序的3个独立的程序段：0段长度12KB分3页；1段长度10KB分3页，其中有2KB浪费（图6−27中用深灰色底表示）；2段长度5KB分2页，其中有3KB浪费（图6-27中用浅灰色底表示）。段页式与段式管理不同，每一页不能映像到主存任意位置上，只能整页放置。段页式虚拟存储系统的地址变换如图6−28所示，地址变换方法如下。

① 由用户号找到段表基址寄存器。

② 将段表起始地址As与段号*S*相加得到段表地址，查段表得到该程序段的页表起始地址和页表长度。

③ 将页表起始地址Ap与段内页号*P*相加得到页表地址，再查页表找到要访问的主存实页号*p*。

④ 把实页号*p*与页内偏移*d*拼接得到主存的实地址。

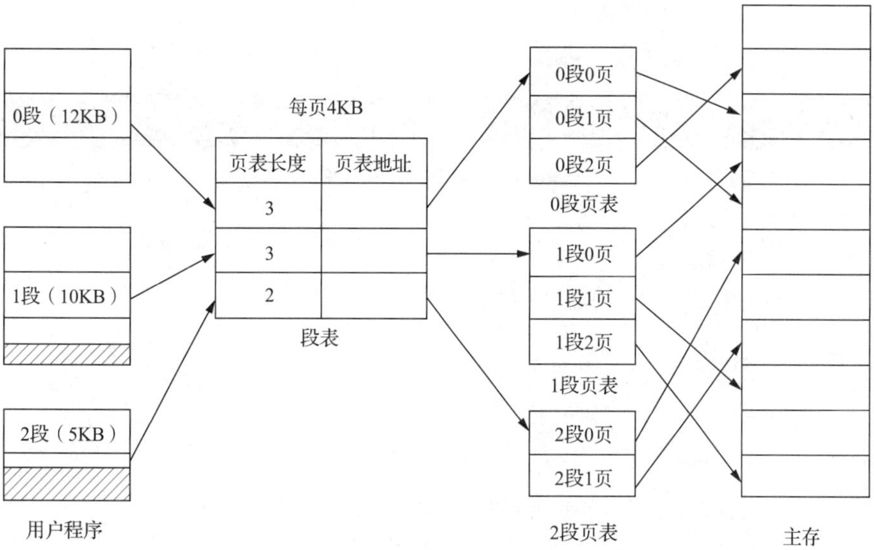

图6-27 段页式虚拟存储系统的地址映像

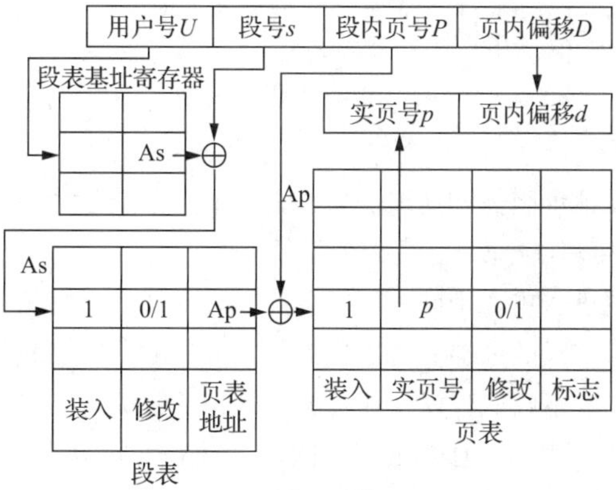

图6-28 段页式虚拟存储系统的地址变换

段页式虚拟存储系统的地址变换具体分两步：先查段表得到页表起始地址和页表长度，再查页表得到实页号，共要访问3次主存。造成虚拟存储系统速度降低的主要原因如下。

① 要访问主存须先查段表或页表，主存访问速度降低为原本的1/2到1/3。

② 可能需要多级页表。页表级数的计算公式如下：

$$g=\left\lceil \frac{\log_2 Nv-\log_2 Np}{\log_2 Np-\log_2 Nd} \right\rceil$$

其中Np为页面的大小，Nv为虚拟存储空间大小，Nd为一个页表存储字的大小。分母为每页放几个表项，分子为虚页数。

例6-10 已知虚拟存储空间大小Nv=4GB，页的大小Np=1KB，每个页表存储字占用4B。

解：整个页表共有4M个表项，远大于一个页面，所以需要建立多级页表。计算得到页表的级数如下：

$$g=\left\lceil \frac{\log_2 4G-\log_2 1K}{\log_2 1K-\log_2 4} \right\rceil=\left\lceil \frac{32-10}{10-2} \right\rceil=3$$

需要3级页表，共256×256×64=4M字。1页有256个存储字，即页表$2^8\times2^8\times2^6$。通常把1级页表驻留在主存储器中，2、3级页表只驻留一小部分在主存中。

表6-5列出了段式、页式和段页式存储管理方式的优缺点。

表 6-5　3 种存储管理方式的优缺点

管理方式	优点	缺点
段式存储管理	支持程序的模块化设计和并行编程的要求，缩短程序编程时间；各程序段的修改相互不会有影响；便于多道程序共享主存中某些段；便于按逻辑意义实现存储器的访问方式保护	段表机构太庞大，查表速度太慢，存储管理麻烦；主存利用率不是很高，存在大量零头浪费
页式存储管理	页表硬件少；地址变换的速度快，零头较少；主存空间分配和管理简便	强制分页，页无逻辑意义，不利于存储保护和扩充；不能完全消除零头浪费
段页式存储管理	具有段式、页式存储管理方式的优点	速度较慢

6.4.2　页式虚拟存储器构成

1. 地址映像和变换

页式虚拟存储器构成

虚拟存储系统也需要地址映像和地址变换，页式虚拟存储器将相应的主存地址空间和虚拟地址空间机械地划分成大小相等的页。

两个以上的虚页要想进入主存中同一个实页位置时，就会产生实页冲突（页面争用）。地址映像方式的选择应考虑尽量降低实页冲突发生的概率，同时希望辅助硬件较少、成本较低，以及地址变换的速度较快。虚拟存储系统一般都采用全相联的映像规则，让每道程序的任何一个虚页均可以映像并装入到主存中任何一个实页位置上。全相联映像的实页冲突概率是最低的。

在发生页面失效后，还需要为每道程序配备一个外部地址映像表（外页表），以实现由虚存页号与辅存实地址（磁盘数据块）的映像和变换。这种外部地址的映像规则也是采用全相联的映像规则。外页表一般放在磁盘上，需要用到时再临时调入主存，以提高主存空间的利用率。

一个主存实地址PA由两个部分组成，即实页号p和页内偏移d。

实页号p	页内偏移d

虚地址-辅存实地址变换

一个多用户虚拟地址VA由3个部分组成，即用户号U、虚页号P和页内偏移D。

用户号U	虚页号P	页内偏移D

地址映像是指每一个虚存单元将按什么规则（算法）装入实存，即建立多用户虚地址VA与主存实地址PA之间的对应关系。对于页式虚存而言，实际上就是将多用户虚页号为P的页可装入主存中的哪些页面位置，建立起VA与PA的对应关系。而地址变换则指的是程序按照这种映像关系装入实存后，在执行时，多用户虚地址VA如何变换成对应的实地址PA。对页式虚存而言，就是多用户虚页号P如何变换成实页号p。

首先进行内部地址变换，即虚页号变换成主存实页号，进而多用户虚拟地址VA变换成主存实地址PA。所需要的页在主存中则做内部地址变换，查内页表。多用户虚拟地址中的页内偏移D直接作为主存实地址PA中的页内偏移d。主存实页号p与它的页内偏移d直接拼接起来就得到主存实地址PA。

如果内部地址变换失效（不命中），则所需要的页不在主存中，必须访问磁盘，此时就要进行外部地址变换。虚页号变换成磁盘实地址，主要由软件实现。先通过查外页表得到磁盘实地址，然后查主存实页表，看主存是否有空页。若有空页，把磁盘实地址和主存实页号送入输入/输出处理机。在输入/输出处理机的控制下，把要访问数据所在的一整页都从磁盘存储器调入到主存。若没空页，就需要使用替换算法。

要想把某道程序的虚页调入主存，就必须给出该页在辅存中的实际地址。为了提高调页效率，辅存一般是按信息块来编址的，而且让块的大小通常等于页面的大小。以磁盘为例，辅存实地址Ad的格式为：

磁盘机号	柱面号	磁头号	块号

内部地址变换失败（页面失效），要进行外部地址变换。其目的是要找到磁盘的实地址，并把需要的那一页调入主存。

在操作系统中，把页面失效当作一种异常故障来处理。每个用户程序都有一个外页表，虚拟地址空间中的每一页在外页表中都有对应的存储字。每一个存储字除了包括磁盘存储器的地址之外，至少还包括一个装入位。多用户虚地址到辅存实地址的地址变换如图6-29所示。

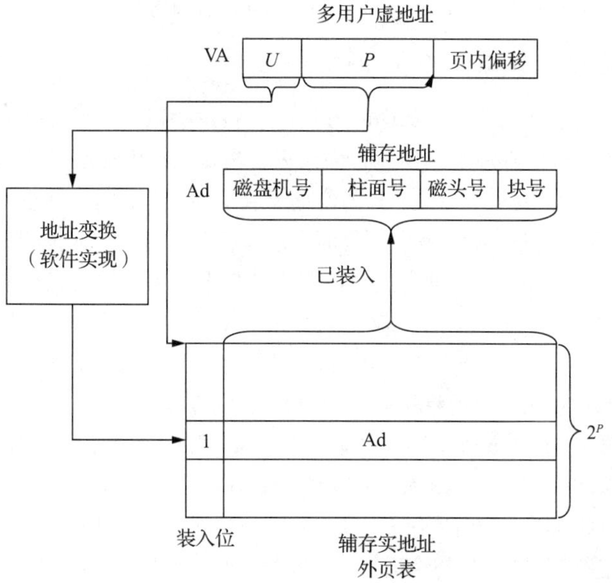

图6-29　多用户虚地址到辅存实地址的地址变换

外页表的装入位为1，表示此页已在磁盘，否则要从海量存储器（磁带、光盘）调页。程序中给出的地址是虚拟地址，外部地址变换查出的是磁盘实地址。总之，地址变换先做内部地址变换查内页表，页面失效时再做外部地址变换查外页表。

2. 页面替换算法

当要用到的指令或数据不在主存中时，会产生页面失效，也就是出现缺页，此时需要去辅存中将包含该指令或数据的一页调入主存。页面冲突（页面争用）是指两个以上的虚页想要进入主存中同一个页面位置的现象。页面失效时不一定发生页面冲突，但页面冲突一定是由页面失效引起的。

通常辅存空间比实存空间大得多，这必然会导致出现主存已满又发生页面失效的情况，这时将辅存的一页调入主存会发生页面冲突。只有强制腾出主存中某个页才能接纳由辅存中调来的新页。选择主存中哪个页作为被替换的页，就是页面替换算法要解决的问题。

与前述的Cache替换算法类似，页面替换算法也有随机算法、先进先出（FIFO）算法、近期最久没有使用（LRU）算法等。在虚拟存储系统中，实际上采用的是FIFO和LRU两种替换算法，页面替换算法一般由软件实现。

3. 页面失效的处理

由于页面的划分是对程序和主存空间进行机械的等分，因此按字节编址的存储器中的数据和指令都有可能被跨在两个不同的页面上。如果当前页在主存中，而跨页存放的那一页不在主存中，就会在取指令、取操作数或间接寻址等访存过程中发生页面失效。就是说页面失效可能发生在取指令、分析指令和执行指令的任一过程中。所以缺页处理不能按一般的中断对待，应看作一种故障，必须立即响应和处理。处理完后应继续回到发生缺页的指令重新执行一遍。

页面失效是操作系统和系统结构设计共同要解决的问题。如果在执行指令时发现缺页异常，说明需要读写的指令或数据所在的页面不在主存，此时需要操作系统内核程序进行相应处理，以便将所需页面调入主存，待调页完成之后才开始执行此指令。

4. 页式虚拟存储系统工作的全过程

页式虚拟存储系统工作的全过程如图6-30所示。页式虚拟存储系统每当用户用虚拟地址访问主存时，都必须先进行内部地址变换，查内页表，将多用户虚地址变换成主存实地址。如果装入位为1，就取出主存实页号，拼接上页内位移形成主存实地址后访问主存。如果该虚页的装入位为0，表示该虚页未在主存中，就产生页面失效，程序换道从辅存中调页。也就是说，虚页在主存不命中后再进行外部地址变换，这时需要查外页表。在查外页表时，若该虚页的装入位为0，表示该虚页尚未装入辅存，则产生辅存缺页故障（异常），由海量存储器（如磁带）调入磁盘中。在查外页表时，若该虚页的装入位为1，就将多用户虚地址变换成辅存中的实际页号，告诉I/O处理机到辅存中调页，而后将从辅存查到的页经I/O通道送入主存。

一旦发生页面失效，还需要确定调入页应放入主存中哪一页位置，这时就需要操作系统查主存页面表。若占用位为0，表示主存未满，因为是全相联映像，只需找到任何一个占用位为0的页面位置即可（即空闲页框）。若占用位全为1，表示主存已装满，页式虚拟存储系统还有替换算法问题，就需要通过替换算法寻找替换页。在页面替换时，如被替换的页调入主存后一直未经改写，则不需送回辅存；如果已经修改，则需先将它送回辅存原处，再把调入页装入主存。

页式虚拟存储系统的访问过程中可能会用到3个表，即内页表、外页表和主存页面表。

① 内页表在内部地址变换时使用。

② 外页表在外部地址变换时使用。

③ 主存页面表用于查看主存中是否有空页。这个表是对主存而言的，整个主存只有一个表。操作系统为实现主存管理设置主存页面表，定期置全部使用位为“0”。

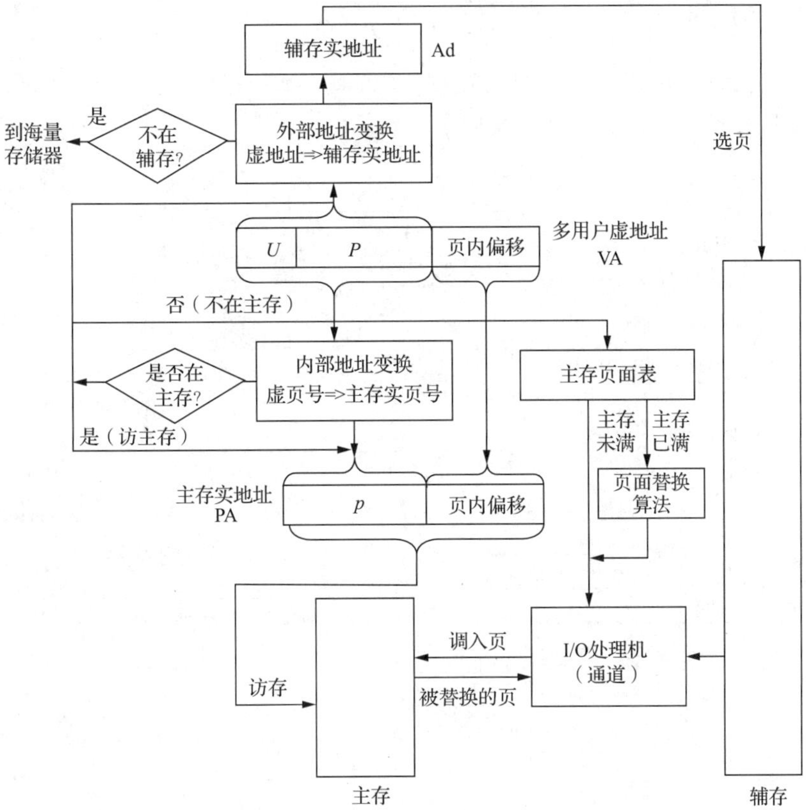

图6-30　页式虚拟存储系统工作的全过程

6.4.3　TLB

地址变换过程中，访存时首先要到主存查页表，然后才能根据主存物理地址访问主存读取指令或数据。采用虚拟存储机制使得访存次数增加。为了减少访存次数，往往把页表中最活跃的几个页表项复制到高速缓存中。这种把经常访问的页面地址存放在一个小容量的高速缓冲存储器中的快速查找页表称为转换后备缓冲器（TLB），简称快表。与快表相对应，存放在主存中的页表称为慢表，快表只是慢表中一部分内容的副本，只存放了慢表中很少的一部分。快表与慢表也构成一个两级存储系统，其速度近似于快表的，其容量近似于慢表的，原理同Cache-主存层次。

快表容量很小（几十个字），由高速硬件实现，采用相联方式访问。当在快表中查不到时，从存放在主存储器中的慢表中查找，按地址访问用软件实现。

如图6-31所示，同时查快表和慢表，快表查到就立即中止慢表查找。当快表中查不到时，再从存放在主存中的慢表中查找实页号，并将慢表查到的实页号送入主存，且送入快表。若快表已满，就要采用替换算法。快表容量越大，命中率越高。

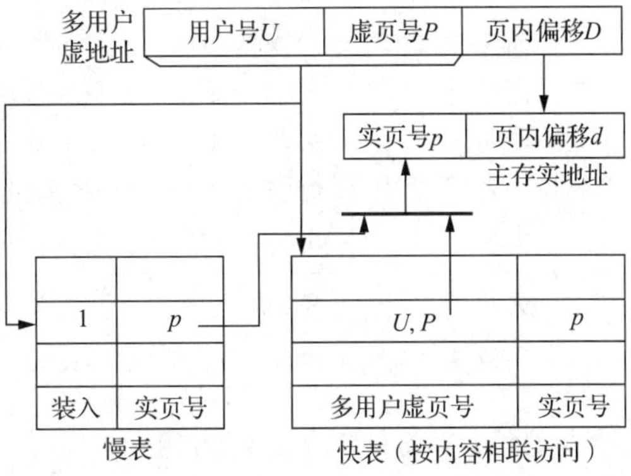

图6-31　同时查快表和慢表的地址变换过程

6.4.4 CPU 的一次访存操作

在一个具有Cache和虚拟存储器的系统中，CPU的一次访存操作可能会涉及TLB、页表、Cache、主存和磁盘的访问，其访问过程如图6-32所示。

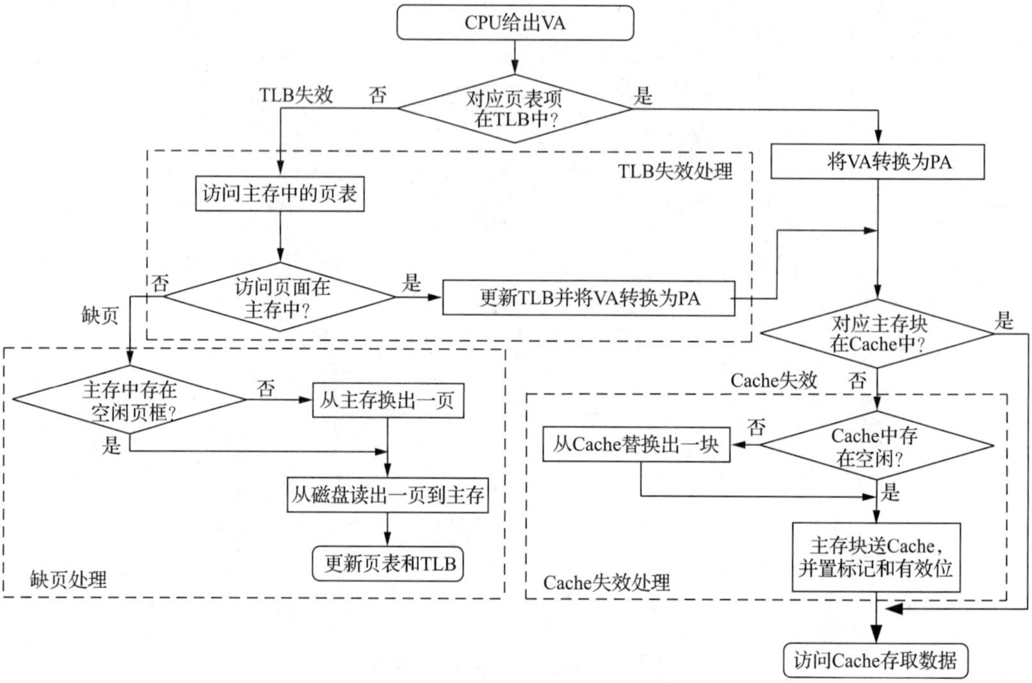

图6-32 CPU访存操作过程

CPU访存过程中存在以下3种失效（未命中）情况。

① TLB失效：要访问的页对应的页表项不在TLB中。

② 缺页：要访问的页不在主存中。

③ Cache失效：要访问的主存块不在Cache中。

CPU访存过程中对于TLB、页和Cache是否命中共有8种情况，如表6-6所示。

表 6-6 TLB、页和 Cache 命中情况

序号	TLB	页	Cache	说明
1	命中	命中	命中	可能，TLB命中则页一定命中，信息在主存，就可能在Cache中
2	命中	命中	失效	可能，TLB命中则页一定命中，信息在主存，但可能不在Cache中
3	命中	失效	命中	不可能，页失效，说明信息不在主存，TLB中一定没有该页表项
4	命中	失效	失效	不可能，页失效，说明信息不在主存，TLB中一定没有该页表项
5	失效	命中	命中	可能，TLB失效但页可能命中，信息在主存，就可能在Cache中
6	失效	命中	失效	可能，TLB失效但页可能命中，信息在主存，但可能不在Cache中
7	失效	失效	命中	不可能，页失效，说明信息不在主存，Cache中一定也没有该信息
8	失效	失效	失效	可能，TLB失效，页也可能失效，信息不在主存，一定也不在Cache

很显然，最好的情况是第1种组合，此时，无须访问主存；第2种组合需要访问1次主存取出数据；第3种、第4种组合不可能出现；第5种组合需要访问1次主存中的页表；第6种组合需要

访问两次主存（其中1次访问页表，1次取出数据）；第7种组合不可能出现，第8种组合会产生“缺页”异常，需访问磁盘，并至少两次访问主存。

图6-32中的3个虚线框内分别完成TLB失效处理、缺页处理和Cache失效处理。Cache失效处理由硬件完成；缺页处理由软件完成，操作系统通过“缺页异常处理程序”来实现；而对于TLB失效，既可以用硬件也可以用软件来处理。用软件方式处理时，操作系统通过专门的“TLB失效异常处理程序”来实现。

习　题

6-1　对于一个由两个存储器M1和M2构成的存储系统，设M1的命中率为h，两个存储器的存储容量分别为s_1和s_2，访问速度分别为t_1和t_2，每千字节的价格分别为c_1和c_2?

（1）在什么条件下，整个存储系统的每千字节平均价格会接近于c_2?

（2）写出这个存储系统的等效访问时间t_a的表达式。

（3）假设存储系统的访问效率$e=t_1/t_a$，两个存储器的速度比$r=t_2/t_1$，试以速度比r和命中率h来表示访问效率e。

（4）如果$r=100$，为了使访问效率$e>0.95$，要求命中率h是多少?

（5）对于（4）所要求的命中率实际上很难达到。假设实际的命中率只能达到0.96，现采用一种缓冲技术来解决这个问题。当访问M1不命中时，把包括被访问数据在内的一个数据块都从M2取到M1中，并假设被取到M1中的每个数据平均可以被重复访问5次。请设计缓冲深度（即每次从M2取到M1中的数据块的大小）。

6-2　若系统要求主存实际频宽至少为8MB/s，采用模m多体交叉存取，但实际频宽只能达到最大频宽的0.55倍。试回答以下问题。

（1）现设主存每个分体的存取周期为2μs，宽度为8字节，则主存模数m（取2的整数幂）应取多少才能满足要求?

（2）若主存每个分体的存取周期为2μs，宽度为2字节呢?

6-3　设主存每个分体的存取周期为2μs，宽度为4字节。采用模m多分体交叉存取，但实际频宽只能达到最大频宽的0.6倍。现要求主存实际频宽为4MB/s，问主存模数m应取多少，方能使两者速度基本适配？其中，m取2的幂。

6-4　假设在一个采用组相联映像方式的Cache中，主存由B0～B7共8块组成，Cache有两组，每组两块，每块的大小为16字节，采用LRU算法。在一个程序运行过程中依次访问这个Cache的块地址流如下：

B6, B2, B4, B1, B4, B6, B3, B0, B4, B5, B7, B3

试回答以下问题。

（1）写出主存地址的格式，并标出各字段的长度。

（2）写出Cache地址的格式，并标出各字段的长度。

（3）画出主存与Cache之间各个块的映像对应关系。

（4）采用LRU算法，计算Cache的块命中率。

（5）如果改为全相联映像方式，再做（4），可以得出什么结论?

（6）如果在程序运行过程中，每从主存装入一块到Cache，则平均要对这个块访问16次。请计算在这种情况下的Cache命中率。

6-5 有一个Cache存储系统，主存共分8个块（0～7），Cache为4个块（0～3），采用组相联映像，组内块数为2块，替换算法为LRU算法。试回答以下问题。

（1）画出主存、Cache地址的各字段对应关系（标出位数）图。

（2）画出主存、Cache空间块的各字段对应关系示意图。

（3）对于如下主存块地址流：

1, 2, 4, 1, 3, 7, 0, 1, 2, 5, 4, 6, 4, 7, 2

如主存中内容一开始未装入Cache中，请列出Cache中各块随时间的使用状况。

（4）对于（3），指出块失效又发生块争用的时刻。

（5）对于（3），求出此期间Cache之命中率。

6-6 Cache-主存存储层次中，主存有0～7共8块，Cache为4块，采用组相联映像。假设Cache已先后访问并预取进了主存的第5、第1、第3、第7块，现访存块地址流为1, 2, 4, 1, 3, 7, 0, 1, 2, 5, 4, 6。试回答以下问题。

（1）画出用LRU算法时，Cache内各块的实际替换过程图，并标出命中时刻。其中Cache分为两组。

（2）求出在此期间的Cache命中率。

6-7 采用页式管理的虚拟存储系统中，什么叫"页面失效"？什么叫"页面争用"？什么时候，这两者不同时发生？什么时候，这两者又同时发生？

6-8 在页式虚拟存储系统中，一个程序由P1～P5共5个页面组成。在程序运行过程中依次访问到的页面如下：

P2, P3, P2, P1, P5, P2, P4, P5, P3, P2, P5, P2

假设系统分配给这个程序的主存有3个页面，分别采用FIFO、LRU和OPT这3种页面替换算法对这3页主存进行调度。试回答以下问题。

（1）画出主存页面调入、替换和命中的情况表。

（2）统计3种页面替换算法的页命中率。

6-9 某虚拟存储系统共8个页面，每页为1024个字，实际主存为4096个字，采用页表法进行地址映像。页表的内容如表6-7所示。

表 6-7 页表

虚页号	实页号	装入位
0	3	1
1	1	1
2	2	0
3	3	0
4	2	1
5	1	0
6	0	1
7	0	0

试回答以下问题。

（1）列出会发生页面失效的全部虚页号。

（2）按以下虚地址：0, 3278, 1023, 1024, 2055, 7800, 4096, 6800，计算对应的主存实地址。

6-10　考虑一个含有920个字的程序，其访问虚存的地址流为20, 22, 208, 214, 146, 618, 370, 490, 492, 868, 916, 728。试回答以下问题。

（1）若页面大小为200字，主存容量为400字，采用FIFO算法，请按访存的各个时刻来写出其虚页地址流、计算主存的命中率。

（2）若页面大小为100字，再做一遍。

（3）若页面大小为400字，再做一遍。

（4）由（1）、（2）、（3）的结果可得出什么结论？

（5）若把主存容量增加到800字，将（1）再做一遍，又可得到什么结论？

6-11　已知采用FIFO算法的页式虚拟存储系统运行某道程序的命中率H过低，请分析下列改进办法是否会使H提高，或是降低，影响的程度如何。

（1）多给该道程序分配一个实页。

（2）将FIFO算法改成LRU算法，同时再酌量多分配一些实页。

6-12　有一个虚拟存储系统，主存有0～3共4页位置，程序有0～7共8个虚页，采用全相联映像和FIFO算法，并给出如下程序页地址流：2, 3, 5, 2, 4, 0, 1, 2, 4, 6。试回答以下问题。

（1）假设程序的第2、第3、第5页已先后装入主存的第3、第2、第0页位置，请画出上述页地址流工作过程中，主存各页位置上所装程序各页页号的变化过程图，标出命中时刻。

（2）求出此期间虚存总的命中率H。

6-13　设某虚拟存储系统上运行的程序含5个虚页，其页地址流依次为4, 5, 3, 2, 5, 1, 3, 2, 5, 1, 3，采用LRU算法。试回答以下问题。

（1）用堆栈对该页地址流模拟一次，画出此模拟过程，并标出实页数为3、4、5时的命中情况。

（2）为获得最高的命中率，应分配给该程序几个实页？其可能的最高命中率是多少？

6-14　页式虚拟存储系统共有9页空间准备分配给A、B两道程序，已知B道程序若给其分配4页时，命中率为8/15，而若分配5页时，命中率可达10/15，现给出A道程序的页地址流为2, 3, 2, 1, 5, 2, 4, 5, 3, 2, 5, 2, 1, 4, 5。试回答以下问题。

（1）画出用堆栈对A道程序页地址流的模拟处理过程图，统计给其分配4页或5页时的命中率。

（2）根据已知条件和上述统计结果，给A、B两道程序各分配多少实页可使系统效率最高？

第7章
中央处理器

中央处理器（CPU）是整个计算机的核心。本章着重讨论CPU的组成和功能、数据通路的组成和实现方法、控制器的工作原理与实现方法、微程序控制原理，以及流水线基本原理和指令流水线的实现。

学习指南

1. 知识点和学习要求

- 中央处理器概述
  了解CPU的组成与基本功能
  理解CPU内部寄存器及其作用和功能
  理解CPU的主要技术参数
- 时序系统
  理解指令周期、机器周期、时钟周期的概念和相互关系
  理解微机中三级时序系统的设计和关系
  了解不同的控制方式（同步、异步、联合）
  了解一条指令运行的基本过程
- 数据通路的组成与实现方法
  了解数据通路的基本功能
  了解数据通路的组成
  掌握构建数据通路的基本方法
- 控制器原理与实现方法
  了解控制器的基本组成
  了解控制器的硬件实现方法（组合逻辑、微程序和PLA）
  理解单周期处理器的控制原理
  掌握单周期控制器设计方法
  理解多周期处理器的控制原理
  掌握多周期控制器设计方法
- 微程序控制原理
  了解微程序控制的有关术语（微命令、微操作、微指令、微程序）
  理解微程序控制计算机的两个层次（传统机器层和微程序层）
  理解微指令格式
  掌握微指令操作控制字段的设计方法
  了解微程序控制器的组成和工作过程
  理解微程序入口地址和后续微地址的形成方法
  了解微程序设计技术
- 流水线技术
  了解重叠和先行控制技术
  理解流水线的基本原理
  掌握指令流水的实现技术
  理解指令流水中相关性问题及解决方案

2. 重点与难点

本章的重点：CPU的组成和内部寄存器、时序系统和控制方式、数据通路的组成和实现方法、控制器原理和设计方法、微程序控制原理、流水线技术等。

本章的难点：单周期和多周期处理器控制器的设计方法、微程序控制原理、指令流水线的概念及实现等。

7.1 中央处理器概述

CPU对整个计算机系统的运行是极其重要的。本节将从CPU设计者的角度出发，对CPU的功能以及内部结构和主要技术参数进行介绍。

中央处理器概述

7.1.1 CPU 的功能

现代冯·诺依曼计算机是基于存储程序的思想实现的，其工作过程为事先将编好的程序和原始数据存入存储器中，然后启动计算机工作，由控制器负责逐条取出指令执行，并协调控制计算机各部件。因此从程序运行的角度来看，CPU的基本功能就是对指令流和数据流在时间与空间上实施正确的控制，其主要包含以下几种具体功能。

- 指令控制：能自动从存储器中取出指令，控制指令的执行序列，如顺序、跳转等。
- 操作控制：分析指令，产生完成指令所需要的控制信号，协调并控制计算机各部件执行指令的操作。
- 时序控制：对各种操作加以时间上的控制。
- 数据加工：对数据进行算术运算、逻辑运算或者逻辑测试。
- 中断处理：处理计算机运行过程中出现的异常情况和特殊要求。

7.1.2 CPU 的组成与主要寄存器

1. CPU 的组成

CPU由运算器和控制器两大部分组成，图7-1给出了CPU模型。

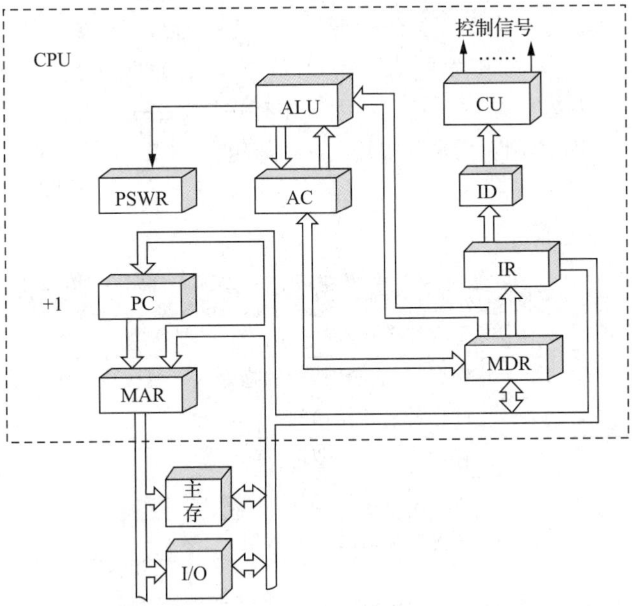

图7-1　CPU模型

在图7-1中，CU（Control Unit）表示控制单元，ID（Instruction Decoder）表示指令译码器，IR（Instruction Register）表示指令寄存器，MDR（Memory Data Register）表示存储器数

据寄存器，ALU（Arithmetic and Logic Unit）表示算术逻辑部件，AC（Accumulator）表示累加器，PSWR（Program Status Word Register）表示程序状态字寄存器，PC（Program Counter）表示程序计数器，MAR（Memory Address Register）表示存储器地址寄存器，I/O（Input/Output）表示输入/输出设备（其作用将在稍后介绍）。运算器以ALU为核心，还包含一些组合逻辑电路及累加器等；控制器以CU为核心，还包含指令译码等模块。

控制器的主要功能如下。

① 从主存中取出一条指令，并指出下一条指令在主存中的位置。

② 对指令进行译码或测试，产生相应的操作控制信号，以便启动规定的动作。

③ 指挥并控制CPU、主存和输入/输出设备之间的数据流动方向。

运算器的主要功能如下。

① 执行所有的算术运算。

② 执行所有的逻辑运算，并进行逻辑测试。

2. CPU中的主要寄存器

寄存器为位于CPU内部的存储资源，它在计算机存储系统中速度最快、容量最小、每位的价格也最高。寄存器一般用来暂时保存运算和控制过程中的中间结果、最终结果以及控制、状态信息。使用寄存器可以减少访存操作，从而缩短程序的运行时间。程序设计者可以通过指令调度寄存器的使用，实现程序运行的优化。

从程序设计者角度看，CPU中的寄存器可以分为程序设计者可见的寄存器和“透明”的寄存器两类。程序设计者可以通过指令对前者进行读写操作，如通用寄存器、程序状态字寄存器等；后者是程序设计者不可见的，如指令寄存器、存储器地址寄存器和存储器数据寄存器等。

CPU中的寄存器按照用途还可以分为通用寄存器和专用寄存器两大类。

通用寄存器是指用途广泛并可由程序设计者规定其用途的寄存器。通用寄存器常用来存放原始数据和运算结果，有的还可以作为变址寄存器、计数器、地址指针等。累加寄存器也是一个通用寄存器，它用来暂时存放ALU运算的结果信息。例如，一地址双目运算指令中，累加寄存器用来保存一个操作数，以及运算的结果。一般运算器中有一个或者一个以上的累加寄存器。

专用寄存器具有固定作用，用来完成某一种特殊功能。CPU中常见的专用寄存器及功能如表7-1所示。

表 7-1　CPU 中常见的专用寄存器及功能

专用寄存器	功能
程序计数器	保存当前正在执行的指令地址以及下一条将要执行的指令地址
指令寄存器	保存当前正在执行的指令，一般在执行阶段不能改，也不能为程序设计者直接访问
程序状态字寄存器	存放程序和机器运行的状态
存储器地址寄存器	缓冲送往地址总线的地址
存储器数据寄存器	缓冲数据总线上的数据

程序计数器又称指令计数器或指令指针，它用来保存当前正在执行的指令地址，或者下一条将要执行的指令地址。其中，下一条将要执行的指令地址是指在顺序执行的情况下，PC的值应不断地增量（加“1”）以控制指令的顺序执行，而在遇到需要改变程序运行顺序的情况时，将转移的目标地址送往PC以实现程序的转移。

程序状态字寄存器又称状态标志寄存器，程序状态字的各位表征程序和机器运行的状态是参与控制程序运行的重要依据之一。它主要包括两部分内容：一是状态标志，如进位标志（C）、结果为零标志（Z）等，大多数指令的执行将会影响到这些标志位；二是控制标志，如中断标志、陷阱标志等。

7.1.3 CPU的主要技术参数

影响CPU性能的参数包括指令集、机器字长、核心数量、主频、外频、倍频、接口、片内高速缓冲存储器、电压和功耗、制造工艺、封装形式等。CPU的主要技术参数可以反映出CPU的大致性能，而CPU品质的高低往往直接决定一个计算机系统的档次高低。指令集已在本书的第3章专门讨论，机器字长、数据通路宽度等概念在本书第1章已经介绍，本小节不再赘述。

1. 核心数量

目前通过提高芯片的主频和增加晶体管数量以提升计算机性能的方法已基本触达了物理极限，因此多核技术已经成为当前处理器的主流。一般而言，物理核心越多，处理器性能越强。截至2021年8月，市场上主流CPU核心在2核到16核之间，部分甚至达到了32核。为了便于入门，本章以单核处理器作为讨论对象来介绍中央处理器的构造和基本原理。

2. 主频、外频与倍频

主频是处理器内部的工作频率，其也称内频。它是衡量CPU速度的重要参数，计量单位常用GHz（吉赫兹）。CPU的主频为CPU内部数字脉冲信号振荡的速度，与CPU实际的运算能力存在一定的关系，但还没有一个确定的公式能够定量两者的数值关系，因为CPU的运算速度还与CPU的其他性能指标相关（缓存、指令集、CPU的字长等），所以主频仅是CPU性能表现的一个方面，而不能代表CPU的整体性能。一般而言，CPU中每个动作至少需要一个时钟周期。时钟周期是主频的倒数，它是CPU中最小的时间元素。

外频是CPU的外部时钟频率，一般指主板上的时钟频率。主板可支持的外频越多、越高越好，特别是对于超频者比较有用。早期的CPU主频和外频是一致的，随着计算机的发展，二者之间出现了频率“鸿沟”，因此通过设置倍频系数来协调二者之间的差异。内频、外频和倍频三者之间的关系为：

$$内频=外频\times 倍频$$

外频一定的情况下，倍频的取值从1开始，倍频越大，则处理器的内频越高。

3. 片内高速缓冲存储器

CPU片内高速缓冲存储器（Cache）是为了解决CPU和主存之间工作的速度差异而设置的。基于程序局部性原理，在CPU片内设置高速缓冲存储器可以减少访存次数，从而提高系统性能。但由于CPU芯片面积和成本因素的制约，一般片内Cache缓存都很小，常用静态随机访问存储器制作。

片内Cache容量是衡量CPU性能的重要指标之一，一般容量越大越好，但随之CPU的价格也越贵。此外，CPU内缓存的结构也对CPU速度产生很大的影响。现代主流的CPU片内高速缓冲存储器的组织采用层次结构。一级缓存（L1 Cache）就在CPU内核旁边，它是最快的高速缓冲存储器，以与CPU相同的主频工作，一级缓存常分成数据缓存（D-Cache）和指令缓存（I-Cache）。CPU片内的二级缓存（L2 Cache）具有速度比一级缓存慢，容量比一级缓存大，每位价格比一级缓存低的特点。CPU的缓存级数设置并不是越多越好。缓存级别增加带来的性能提升有限，例如，当提高缓存级数会增加过多成本时，其就不适用了。现代高档的个人计算机中常见有三级缓存（L3 Cache），当CPU要读取一个数据时，首先从一级缓存中查找，如果没有找到再从二级缓存中查找，如果还是没有就从三级缓存或内存中查找，拥有三级缓存的CPU只有约5%的数据需要从内存中调用，这样可进一步提高CPU的效率。

4. 电压和功耗

CPU的工作电压是指CPU正常工作所需的电压。CPU的工作电压值总的发展趋势有一个非常明显的下降变化：从早期的5V发展到现在的1.2V左右。工作电压降低的好处是：更低的电压带来更低的功耗，更适合现代移动设备和便携式计算机；更低的功耗使发热量减少，能够减缓器件的老化，延长机器的使用寿命；最重要的方面是降低电压有利于提高CPU主频，从而提高CPU性能。当然电压不是无限制地越低越好，实验表明较高的电压能带来更高的信号稳定性。

5. 制造工艺

线宽是指芯片内电路与电路之间的距离。我们可以用线宽来描述制造工艺，线宽越小就意味着晶体管密度可以制得更大，相同复杂程度的芯片可以制得更小，成本更低。线宽的降低和设计技术、制造技术密切相关，当线宽在10nm以下时，线上电阻已经变得极大，制造技术已经接近传统光刻机的物理极限，进一步缩小线宽变得十分困难，全球制造工艺的发展趋于缓慢。

7.2 时序系统

时序系统能产生各种时序信号，对各种操作实施时间上的控制。它相当于控制器的“心脏”，其功能是为指令的执行提供各种定时信号，以保证指令的正常运行。

时序系统

7.2.1 基本概念

1. 指令周期和机器周期

指令周期是指取一个指令、分析该指令到执行完该指令所需的全部时间。由于各种指令的操作功能不同，难易有别（有的简单，有的复杂），因此各种指令的指令周期不尽相同。

机器周期又称CPU周期，它是指通常把一条指令的执行分成几个阶段，每个阶段完成一个基本操作所耗费的时间。一般机器的机器周期有取指周期、取数周期、执行周期和中断周期等，所以有：

$$指令周期=i\times 机器周期$$

其中i为整数，此公式表示一个指令周期包含若干个机器周期。

由于CPU内部的操作速度较快，而CPU访问主存所用的时间较长，因此许多计算机系统往往以主存的工作周期（存取周期）为基础来规定机器周期，以便两者能相互配合、协调工作。CPU访问主存，即完成一次总线传送所耗费的时间称为总线周期。

2. 时钟周期及选取方案

机器周期内完成的基本操作可以分解成若干个最小的不可再分的操作，该操作称为微操作。微机中常采用时钟信号来控制节拍发生器，节拍的宽度正好对应一个时钟周期，时钟边沿用作同步，以保证所有触发器都可靠、稳定地翻转。时钟周期是处理器操作的最基本、最小的时间单位。对于同一种机型而言，时钟频率越高，计算机工作速度越快。由于不同的机器周期内需要完成的微操作内容和个数是不同的，因此，不同机器周期内所需要的时钟周期数也不相同。可用的选取方案如下。

（1）定长机器周期

以最复杂的机器周期为准定出时钟个数（节拍数），每一节拍时间的长短也以最复杂的微操作作为标准。这种方法采用统一的、具有相等时间间隔和相同数量的时钟，使得所有的机器周期长度都是相等的，因此称为定长机器周期。

（2）不定长机器周期

按照机器周期的实际需要安排时钟个数（节拍数），即需要多少时钟周期，就发出多少个时钟周期，这样可以避免浪费，提高时间利用率。由于各机器周期长度不同，因此该机器周期又称为不定长机器周期。

（3）时钟周期插入法

在照顾多数机器周期要求的情况下，选取适当的时钟周期个数（节拍数）作为基本时长，如果在某个机器周期内无法完成该周期的全部微操作，则可插入时钟周期。微机中常采用的多级时序系统包含指令周期、机器周期和时钟周期。一个指令周期包含若干个机器周期，一个机器周期包含若干个时钟周期*T*。微机中常用的三级时序系统如图7-2所示。

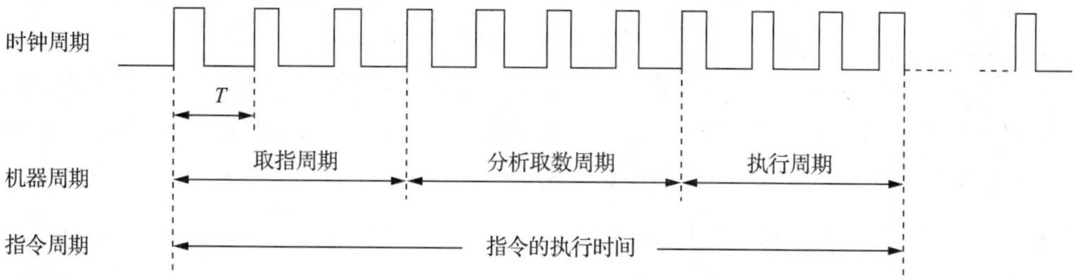

图7-2 微机中常用的三级时序系统

计算机中常用状态触发器来记录指令目前正处在哪个机器周期，一个机器周期对应一个状态触发器，系统中有几种机器周期就设置几个触发器。状态触发器内容为“1”时，表示指令正执行到某个机器周期，否则为“0”。值得注意的是，同一时刻指令只会处在一个机器周期，故有一个且仅有一个触发器处于“1”状态。假定某计算机有取指（FE）、间址（IND）、执行（EX）和中断（INT）4个机器周期，故系统中可以设置4个触发器，如图7-3所示。当读取触发器获得数据为0010时，表示该机器正处在执行周期（EX）。

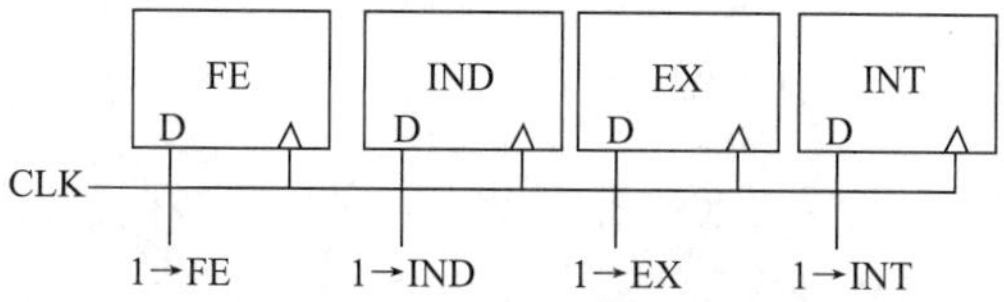

图7-3 机器周期记录触发器

7.2.2 控制方式

CPU的控制方式可以分为以下3种。

1. 同步控制方式

同步控制方式是指各指令所需的时序由控制器统一发出，所有微操作都与时钟同步，所以其又称为集中控制方式或中央控制方式。不同的指令，操作时间长短不一致。

同步控制方式又分为单周期、多周期或者流水线的控制方式。单周期的控制方式中指令周期和时钟周期长度相等，每条指令的执行只需要一个时钟周期，一条指令执行完再执行下一条指令。多周期的控制方式是将整个CPU的执行过程分成几个阶段，每个阶段用一个时钟周期去完成。此时每条指令的时钟周期相等，但根据指令的复杂程度，分配的时钟周期数量不相等，即指令周期不同。采用这种方式不仅能提高CPU的工作频率，还为组成指令流水线提供了基础。在多周期处理器设计的基础上，利用各阶段电路间可并行执行的特点，让各个阶段的执行在时间上重叠起来，就形成流水线（具体在7.6节详细介绍）。

2. 异步控制方式

异步控制方式即可变时序控制方式，各项操作不采用统一的时序信号控制，而根据指令或部件的具体情况决定，需要多少时间就占用多少时间。这是一种“应答”方式，各操作之间的衔接是由“结束-起始”信号来实现的。由前一项操作已经完成的“结束”信号或由下一项操作的“准备好”信号来作为下一项操作的起始信号，在未收到“结束”或“准备好”信号之前不开始新的操作。例如存储器进行读操作时，CPU向存储器发一个读命令（起始信号），启动存储器内部的时序信号，以控制存储器读操作，此时CPU处于等待状态；当存储器操作结束后，存储器向CPU发出MFC（结束信号），以此作为下一项操作的起始信号。

异步控制采用不同时钟，没有时间上的浪费，因而可提高机器的效率，但是控制比较复杂。这种控制方式没有统一的时钟，而是由各功能部件本身产生各自的时钟信号来进行自我控制的，所以又称为分散控制方式或局部控制方式。

3. 联合控制方式

联合控制方式是同步控制与异步控制相结合而成的方式。实际上现代计算机中几乎没有完全采用同步或完全采用异步的控制方式，大多数是采用联合控制方式。其通常的设计思想是：在功能部件内部采用同步方式或以同步方式为主的控制方式，在功能部件之间采用异步方式。例如微型计算机中，一般CPU内部基本时序采用同步方式，按多数指令的需要设置节拍数，分配时钟周期；对于某些复杂指令来说，如果节拍数不够，此时可采取延长节拍等方法，以满足指令的要求。当CPU通过总线向主存或其他外设交换数据时，就转入异步方式。CPU只需给出起始信号，主存和外设按自己的时序信号去安排操作；一旦操作结束，则向CPU发结束信号，以便CPU安排它的后继工作。

7.2.3 指令运行的基本过程

指令运行的基本过程

冯·诺依曼计算机自动工作的流程是事先将程序和数据存放在存储器中，启动计算机开始工作，计算机从存储器中取出一条指令，分析并执行，然后取下一条指令，分析并执行，……周而复始，直到所有指令执行完毕或者遇到外来干预才停止。

对于单条指令而言，计算机运行的过程可简单分解为3个阶段：取指令阶段、分析取数阶段与执行阶段。

1. 取指令阶段

取指令（取指）阶段完成的基本任务是根据PC值从存储器中读出现行指令，送到指令寄存器，并完成PC值的修改。取指令阶段的操作为公共操作，所有的指令在这一阶段的操作相同。根据图7–4所示的结构，取指令操作可以细化如下。

① 从PC里面取出将要执行的指令地址送入MAR。

② 将MAR的内容送到地址总线，送往存储器地址端口。

③ 控制单元发读命令，通过控制总线送到存储器，存储体启动操作，找到指令对应的存储单元内容并将之送到数据总线。

④ 将从存储体中取到的指令通过数据总线，送往MDR。

⑤ 将MDR内容送往IR，指令从存储器中取出。

⑥ 控制单元更新PC内容，让其内容更新为下一条将要执行的指令地址。

其中①②③需要顺序执行，④和⑤也需要顺序执行，而⑥可以安排与⑤在同一个时钟周期，以节省时间。

完成取指阶段任务所耗费的时间称为取指周期。

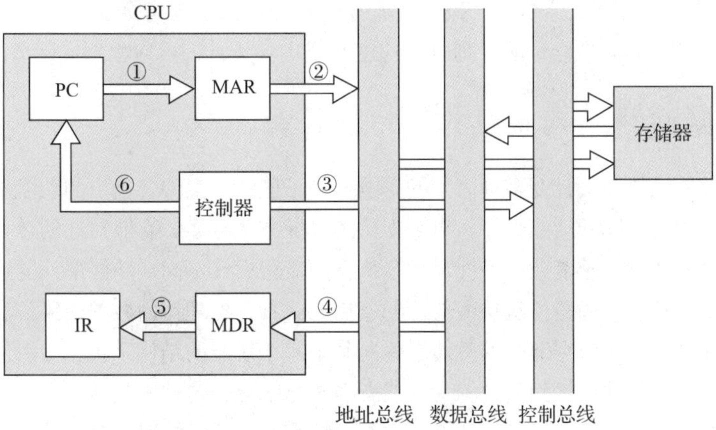

图7–4 取指令操作示意图

2. 分析取数阶段

分析取数阶段的任务是将指令寄存器中的指令操作码取出后进行译码，分析指令的功能、分析寻址方式等，并完成取数工作。这个阶段的操作与具体的指令相关，针对不同指令，其操作复杂度和时间长短各不相同。

由于指令的地址码字段有多种寻址方式，因此分析取数阶段的任务有多种情况。对于无操作数指令，只要识别出是哪条指令就可以直接转至执行阶段，无须进入分析取数阶段。而对于带操作数指令，为读取操作数，首先要计算出操作数的有效地址。如果操作数在通用寄存器中，则不需要再访问主存；如果操作数在主存中，则要到主存中去取数。不同寻址方式对应的有效地址的计算方法是不同的，并且有时要多次访问主存才能取出操作数（间接寻址），因此完成分析取数阶段任务所耗费的时间还可以细分为间址周期、取数周期等。另外，单操作数指令和双操作数指令由于需要操作数的个数不同，分析取数阶段的操作也不同。

3. 执行阶段

执行阶段的任务是完成指令规定的各种操作，如运算类指令就是对操作数进行算术或者逻辑运算，形成稳定的运算结果，并将其保存起来；转移类指令就是将转移目的地址送到PC中去，以保证下一条指令从新的地址开始执行。完成执行阶段任务所耗费的时间称为执行周期，执行周期的长度也与具体指令相关。

以上就是冯·诺依曼计算机指令的运行过程。计算机的运行过程实际上就是逐条指令地重复上述操作过程，直至遇到停机指令或者外来干预为止。

7.3 数据通路的组成与实现方法

数据通路的组成与实现方法

数据通路是处理器的一个重要组成部分。本节将介绍数据通路概念、按指令集和指令的执行流程来构建数据通路的方法。

7.3.1 数据通路概念

数据通路源于数字系统设计，它是指数据在各模块或者各子系统之间传送的路径。对于处理器而言，数据通路描述了指令执行时，信息在功能部件之间传送的路径以及使用的功能部件的集合。控制器提供信号来控制指令执行所流经的路径以及实现指令的功能。数据通路将直接影响控制器的设计，同时也会影响处理器的速度和成本。设计人员应根据实际情况加以选择。

7.3.2 数据通路结构及其设计

CPU数据通路结构与设计受多种因素的影响，如不同指令集中各指令的功能不相同，不同功能的指令可能会用到不同的功能部件。指令支持的寻址方式越多，有效地址的计算和操作数的获取方式越多，数据通路会越复杂。另外，指令执行的流程设计不同、功能部件的连接方式不同等也会导致产生不同的数据通路。从功能部件的连接方式看，处理器内数据通路常有两种类型：基于总线的结构和基于专用数据通路的直连结构。其中基于总线的结构是将CPU中包括ALU、寄存器等在内的所有功能部件连接到公共的一条或者多条总线上。这种方式结构简单，易于扩充，但是由于总线具有分时共享特点，因此性能不太高，特别是单总线情况下会存在较多的冲突现象，指令的执行效率会很低。图7-5所示单总线的CPU数据通路结构中，IR、PC等部件都直接跟总线相连，部件之间无直接连线。图7-5中各部件用大写字母表示，字母加下标in表示该部件的接收控制信号（实际上就是该部件的输入开门信号，其决定是否能从总线向部件传递信息）；字母加下标out表示该部件的发送控制信号（实际上就是该部件的输出开门信号，其决定部件是否能向总线传递信息）。基于专用数据通路的直连结构方式根据指令执行过程中的数据和地址的流动方向安排连接线路，即只要两个部件之间存在着数据交互，则新增专用数据通路在二者之间产生直连，如图7-6所示。这种方式容易理解，性能比较高，但硬件量大，相应的控制器的设计更复杂。

数据通路设计的一般步骤为：首先对处理器的指令集和指令进行分析，熟悉指令的格式与功能，按照指令的执行流程来确定数据通路中将用到的功能部件，如PC、IR、ALU、MAR、MDR等，然后选择按照总线的方式或者专用数据通路的方式连接这些功能部件，并安排好工作时序，最终获得数据通路。

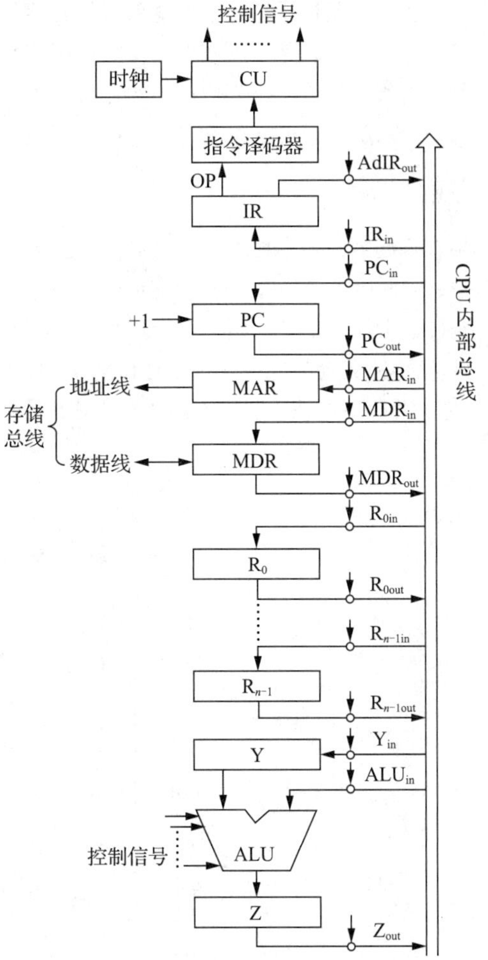

图7-5 单总线的CPU数据通路示例

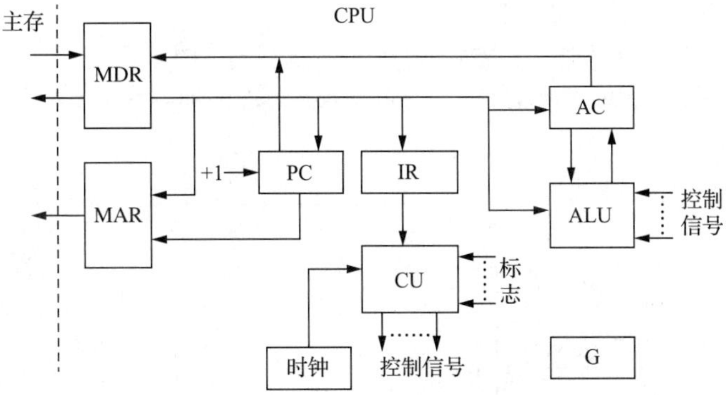

图7-6 基于专用通路的CPU数据通路示例

7.3.3 数据通路实例分析

下面以运算类加法指令ADD @R_0,R_1为例来分析数据通路的构成，并介绍从零开始设计数据通路。

首先分析指令的格式与功能。此条指令第一个操作数采用寄存器间接寻址方式，有效地址在寄存器R_0中，R_0的内容作为地址进行访存可以获得操作数；第二个操作数采用寄存器寻址方式，有效数据在寄存器R_1中。这条指令的功能是把R_0的内容作为地址，读主存以取得一个操作数，再与R_1中的内容相加，最后将结果送回主存中，即实现$((R_0))+(R_1)\rightarrow(R_0)$。

1. 取指阶段的数据通路

取指阶段的任务要把PC提供的当前指令地址送到MAR，控制器发读命令，指令从存储器中读出，通过MDR，送到IR中，同时PC更新为下一条指令地址。

假定采用单总线方式连接各个功能部件，则将取指过程中要用到的功能块挂接在总线上，如图7-7所示。取指过程的数据通路路径为PC→MAR→MEM→MDR→IR。在图7-7中，存储器（MEM）通过存储总线访问，没有画出来。取指阶段还要完成PC的内容加1，让它指向下一条指令。

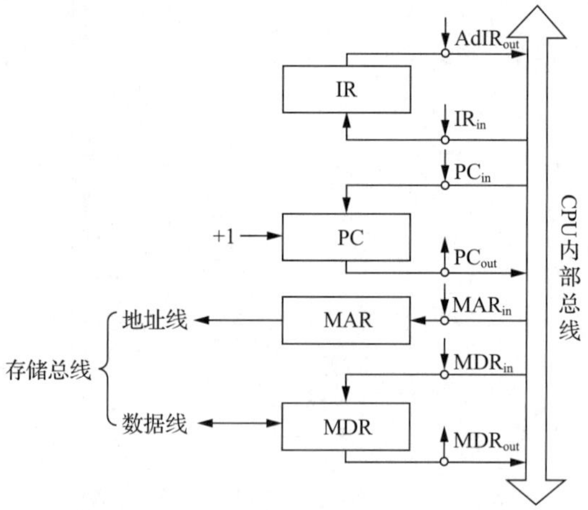

图7-7　基于单总线结构的取指阶段的数据通路

PC的递增常用如下3种形式实现。

① 通过PC具有的自增功能实现PC递增，此时数据通路如图7-7所示。

② 通过设置专用加法器实现PC递增，此时数据通路要增加一个加法器，即为PC→加法器→PC，如图7-8所示。

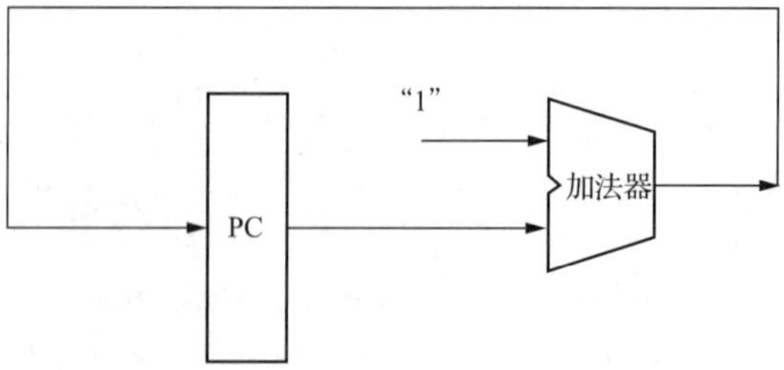

图7-8　设置专用加法器实现PC递增

③ 通过时序安排复用ALU来完成PC计算，此时数据通路为PC→ALU→PC。

图7-8中，加“1”表示PC值递增一条指令的地址。如果一条指令长32位（4字节），按字节编址，则PC值的递增是加4，即新PC值=原PC值+4。

注 意

如果在取指令阶段不修改 PC 的值，CPU 将不断取出同一条指令。

选择不同的实现形式或者策略会形成不同的数据通路以及时序控制。上面没有指定哪一种形式是更好的，一般最适合需求的就是最好的。

按照图7-7所示的数据通路，此加法指令取指阶段的具体操作如下。

① PC_{out}和MAR_{in}有效，完成PC的内容（即指令地址）经CPU内部总线送至MAR的操作，记作(PC)→MAR。

② 通过控制总线（图7-7中未画出）向主存发读命令，记作Read。

③ 存储器通过数据总线将MAR所指单元的内容（指令）送至MDR，记作MEM(MAR)→MDR。

④ MDR_{out}和IR_{in}有效，将MDR的内容送至指令寄存器，记作(MDR)→IR。至此，指令被从主存中取出，并保存在指令寄存器（IR）中。其操作码字段经过指令译码器开始控制CU产生控制信号。

⑤ 更新PC的内容为下一条指令地址，记作(PC)+1→PC。

注 意

以上操作为公共操作，对任何一条指令来说都是相同的。因为只有这些操作完成后，指令才能从主存中取出来。

2. 分析取数阶段的数据通路

取指周期完成后，控制器对IR中的操作码进行译码，才能确定具体的指令功能。由于各条指令功能不同，寻址方式也不同，因此分析取数阶段的操作各不相同。对于本小节ADD @R_0,R_1指令，假定寄存器间接寻址取回的操作数送往暂存器Y保存，则该指令间接取数阶段的数据通路为R_0→MAR→MEM→MDR→Y，如图7-9所示。

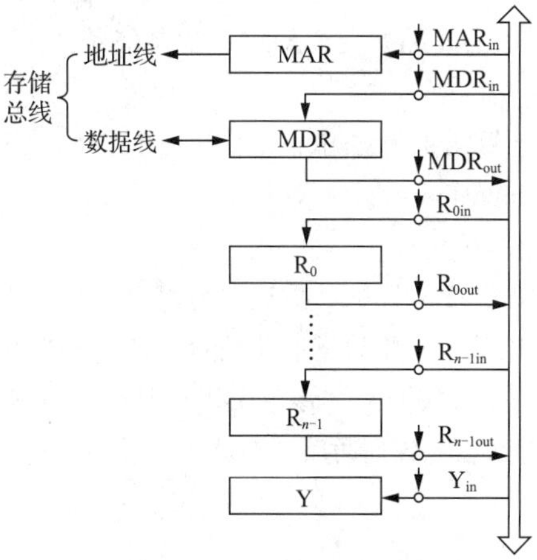

图7-9 间接取数阶段的数据通路

按照图7-9所示的数据通路，间接取数的具体操作如下。

① R_{0out}和MAR_{in}有效，完成将被加数地址送至MAR的操作，记作(R_0)→MAR。

② 向主存发读命令，记作Read。

③ 存储器通过数据总线将MAR所指单元的内容（即数据）送至MDR，同时MDR_{out}和Y_{in}有效，记作MEM(MAR)→MDR→Y。

3．执行阶段的数据通路

本小节中的ADD @R_0,R_1指令在执行阶段要完成加法运算的任务，并将结果写回主存。假定加法结果在寄存器Z中暂存，因此执行加法运算时流经的数据通路为(R_1)+(Y)→Z→MDR，其中ALU实现加法运算，如图7-10所示。

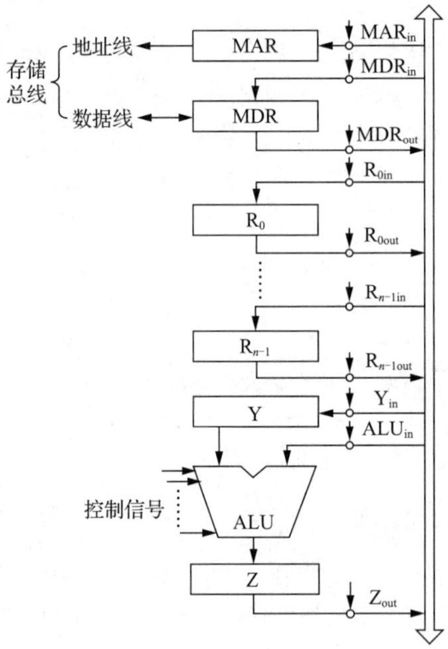

图7-10 执行阶段的数据通路

按照图7-10所示的数据通路，加法指令执行阶段的具体操作如下。

① R_{out}和ALU_{in}有效，同时CU向ALU发“ADD”控制信号，使R_1的内容和Y的内容相加，结果送寄存器Z，记作(R_1)+(Y)→Z。

② Z_{out}和MDR_{in}有效，将运算结果送MDR，记作(Z)→MDR。

③ 向主存发写命令，记作Write。

至此，运算结果被写入主存单元。

合并取指、分析取数和执行3个阶段的数据通路可以得到基于总线实现该加法指令的数据通路，如图7-5所示。读者也可以基于专用数据通路的直连结构方式设计并实现该加法指令的数据通路。对指令系统中的所有指令（按照上述步骤）进行整理，可得到每一条指令的数据通路，最后合并各数据通路就可以得到总的数据通路，在此不再赘述。

7.4 控制器原理与实现方法

控制器是计算机系统的指挥中心，它把运算器、存储器、输入设备和输出设备等部件组成一个有机的整体，然后根据指令的要求指挥全机的工作。

7.4.1 控制器的基本组成

各种不同类型计算机的控制器会有不少差别，但其基本组成是相似的。图7-11给出了控制器的基本组成。

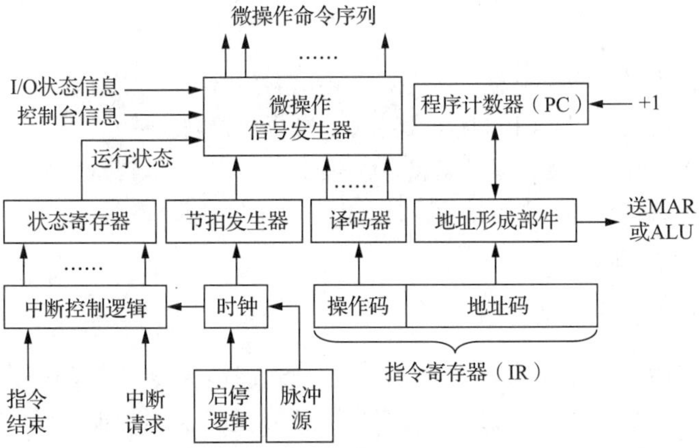

图7-11 控制器的基本组成

图7-11中的译码器又称操作码译码器或指令功能分析解释器。暂存在指令寄存器中的指令，只有在其操作码部分经过译码之后，才能被识别出这是一条什么样的指令，并产生相应的控制信号提供给微操作信号发生器。

7.4.2 控制器的硬件实现方法

控制器的核心是微操作信号发生器，它也称为控制单元，图7-12所示为控制单元外特性。微操作控制信号是由指令部件提供的译码信号、时序部件提供的时序信号和被控制功能部件的状态反馈信号构成的。

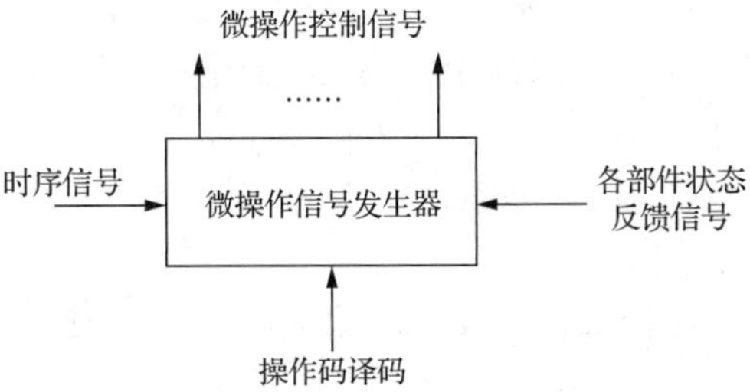

图7-12 控制单元外特性

控制单元的输入包括时序信号、机器指令操作码、各部件状态反馈信号等。输出的微操作控制信号可以细分为CPU内的控制信号和送至主存或外设的控制信号。根据产生微操作控制信号的方式不同，控制器可分为组合逻辑型、存储逻辑型、组合逻辑与存储逻辑结合型3种，它们的根本区别在于控制单元的实现方法不同，而控制器中的其他部分大同小异。

1. 组合逻辑型

这种控制器称为常规控制器或硬连线控制器，它是采用组合逻辑技术来实现的，其控制单元是由门电路组成的复杂树状网络。这种控制器是“分立元件时代”的“产物”，以使用最少器件数和取得最高操作速度为设计目标。

组合逻辑型控制器的最大优点是速度快。其缺点是组合逻辑型控制器的控制单元结构不规整，使得设计、调试、维修较困难，难以实现设计自动化；一旦控制单元构成之后，想要增加新的控制功能很困难。一些巨型机和RISC机为了追求高速度会采用组合逻辑型控制器。

2. 存储逻辑型

存储逻辑型控制器又称为微程序控制器，其是把微操作信号代码化，使每条机器指令转换成一段微程序并存入一个专门的存储器（控制存储器）中，微操作控制信号由微指令产生。

微程序控制器的设计思想和组合逻辑设计思想截然不同。它具有设计规整，调试、维修以及更改、扩充指令方便的优点，易于实现自动化设计，但它增加了一级控制存储器，所以其指令的执行速度比组合逻辑型控制器慢。

3. 组合逻辑与存储逻辑结合型

这种控制器称为可编程逻辑阵列（PLA）控制器，它是吸收前两种设计方法的设计思想来实现的。PLA控制器本质上可以看作是一种组合逻辑型控制器，但它又与常规的组合逻辑型控制器的硬连结构不同；它是可编程的，某一微操作控制信号由PLA的某一输出函数产生。PLA控制器是组合逻辑技术与存储逻辑技术结合的“产物”，它克服了两者的缺点，是一种较有前途的控制器。

7.4.3 单周期处理器的控制原理

为了加深对控制器和CPU的总体结构理解，帮助读者建立整机的概念，本小节将以一个简单的CPU模型为例来介绍基于组合逻辑设计方式，实现单周期控制的过程。一般微处理器设计可以采用以下步骤：首先分析指令系统，确定数据通路需要的组件，然后选择总线或者直连的方式为每一条指令组合组件，形成数据通路，接下来记录每条指令执行时，数据通路上的控制信号，形成完整的控制逻辑。

假定CPU模型机采用定长32位指令字结构，按字节编址，指令集中只有6条指令，指令集支持寄存器寻址和立即寻址方式。CPU模型中包含32个通用寄存器，这样一组完成相同微操作的寄存器构成的特殊快速存储器叫作寄存器堆（Register File，RF），寄存器堆允许一个或者多个字同时读写。CPU模型中只需5位二进制数就能编码标识所有（32个）寄存器，因此指令格式中寄存器地址字段是5位。

表7–2给出了寄存器寻址指令格式，表7–3给出了立即寻址指令格式。

表 7–2 寄存器寻址指令格式

操作码（6位）	源寄存器1（5位）	源寄存器2（5位）	目的寄存器（5位）	移位（5位）	功能号（6位）
opcode	rs	rt	rd	shamt	funct

表 7–3 立即寻址指令格式

操作码（6位）	源寄存器1（5位）	源寄存器2（5位）	立即数（16位）
opcode	rs	rt	immediate

表7-4给出了CPU模型中6条指令功能和编码。该模型机指令操作码字段和地址码字段的位置及位数固定，有助于简化译码过程。实际译码时只需要根据指令格式，从相应位置读取信息即可译码。

表 7-4　CPU 模型中 6 条指令功能和编码

序号	操作码	助记符	功能	描述
1	10 0000	Add	R[rd]←R[rs]+R[rt]; PC←PC+4	加法
2	10 0010	Sub	R[rd]←R[rs]–R[rt]; PC←PC+4	减法
3	00 1101	Ori	R[rt]←R[rs]+zf(imm16); PC←PC+4	立即数或运算；zf表示零扩展
4	10 0011	Lw	R[rt]←MEM[R[rs]+sf(imm16)]; PC←PC+4	将存储器内容读入寄存器；sf表示符号扩展
5	10 1011	Sw	MEM[R[rs]+sf(imm16)]←R[rt]; PC←PC+4	将寄存器内容写入存储器
6	00 0100	Beq	if(R[rs]==R[rt]) then PC←PC+4+[sf(imm16)||00] else PC←PC+4	相等则跳转

注 意

寄存器堆通常由快速的静态随机读写存储器实现。这种存储器具有专门的读端口与写端口，可以多路并发访问不同的寄存器。

基于存储程序思想的机器运行时，指令和数据都在存储器中，取指阶段要完成取指公共操作，即PC提供地址访问指令存储器，获取指令，并更新PC的内容。逐条分析指令，形成数据通路如图7-13所示。图7-13以较抽象的框图形式给出数据通路，屏蔽了部分细节，如取指模块里面包括的指令存储器和PC更新的模块。这些细节被抽象，有助于初学者厘清思路，也有助于层次化实现。

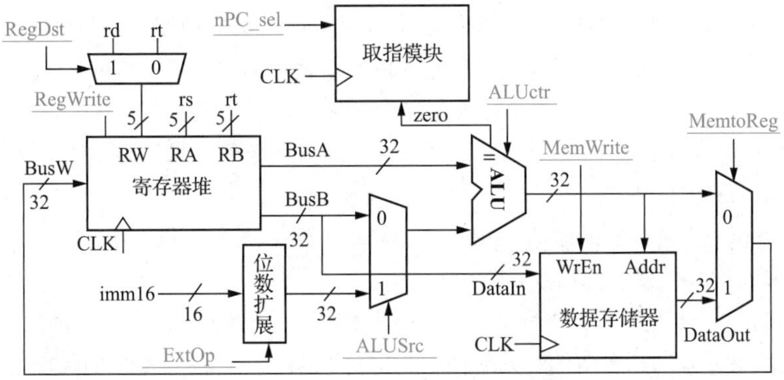

图7-13　单周期数据通路示例

单周期控制的微处理器中，单条指令的所有操作都要在一个时钟周期完成，即从指令取出至指令执行完毕只占用一个时钟周期，因此数据通路中不能存在部件复用的情况。如程序计数器的更新，可以采用独立的加法器或者自增型寄存器，不能复用ALU；某些指令（如Lw指令）在取指阶段和分析阶段都需要访存，前一次是取指令，后一次是取操作数，因此，应设置独立的指令存储器和数据存储器。

图7-13中包含取指模块、寄存器堆、位数扩展模块和数据存储器模块等，这些模块按照专用数据通路直连结构的方式组织在一起。对指令集中每条指令流经数据通路时的有效控制信号进行汇总，如表7-5所示。

表 7-5　模型机的控制信号汇总

操作码op	10 0000	10 0010	00 1101	10 0011	10 1011	00 0100
信号/指令	Add	Sub	Ori	Lw	Sw	Beq
ExtOp	X	X	0	1	1	X
ALUSrc	0	0	1	1	1	0
ALUctr[1:0]	00（Add）	01（Sub）	10（Or）	00（Add）	00（Add）	01（Sub）
nPC_sel	0	0	0	0	0	1
MemWrite	0	0	0	0	1	0
MemtoReg	0	0	0	1	X	X
RegDst	1	1	0	0	X	X
RegWrite	1	1	1	1	0	0

表7-5中第一行为各指令的操作码字段编码，第二行表头为指令，每条指令对应一列，一般指令集中有多少条指令就有多少列。第一列列出了CPU模型机中所有的控制信号，控制信号可以是1位也可以是多位，用二进制表示。若某指令与某个控制信号无关，则用无关项X表示。表7-5中对应的控制信号含义如下。

ExtOp：扩展操作控制码。0表示做零扩展；1表示做符号扩展。

ALUSrc：ALU的输入选择。0表示操作数从寄存器堆来；1表示操作数为立即数。

ALUctr[1:0]：最多可以选择ALU的4种操作，每种操作用两位表示。本模型机中6条指令只用到了加（00：Add）、减（01：Sub）和或（10：Or）运算。如果想要支持更多的运算，就需要增加控制位。

nPC_sel：下一条指令更新控制。0表示顺序执行，同时PC的内容更新为PC+4；1表示分支跳转成功，此时PC的内容更新为分支跳转的新地址，新地址的生成采用相对寻址方式。

MemWrite：存储器写信号。1表示写入存储器有效。

MemtoReg：写入寄存器堆的数据来源。0表示写入数据来源于ALU的计算结果；1表示写入寄存器堆的数据来源于存储器。

RegDst：标识写入寄存器的地址。0表示写入rt寄存器；1表示写入rd寄存器。

RegWrite：寄存器写使能。1表示写有效。

单周期控制器的时序要求十分简单，所有指令都在一个时钟周期完成，指令周期等于时钟周期，故应该取最复杂的指令所消耗的时间作为时钟周期，以保持模型机的控制信号在整个指令周期中不变。此时控制器可以看作一个组合逻辑电路，用真值表就能反映指令和控制信号的关系，直接采用与或逻辑就能实现控制器。

从表7-5综合得逻辑表达式的过程如下。

指令与逻辑表达式直接由操作码字段的编码获得，其中操作码对应位为1取原变量。否则取反变量。6条指令的操作码与逻辑表达式如下。

Add= op[5]' · op[4]' · op[3]' · op[2]' · op[1]' · op[0]'

Sub = op[5]' · op[4]' · op[3]' · op[2]' · op[1] · op[0]'

Ori= op[5]' · op[4]' · op[3] · op[2]' · op[1] · op[0]

Lw= op[5] · op[4]' · op[3]' · op[2]' · op[1] · op[0]

Sw= op[5] · op[4]' · op[3] · op[2]' · op[1] · op[0]

Beq = op[5]' · op[4]' · op[3]' · op[2] · op[1]' · op[0]'

从表7-5中按行将值为1的项提取出来做或运算可以得到控制信号或逻辑表达式如下（其中X表示无关项可以化简使用）。

MemWrite = Sw

RegWrite = Add + Sub + Ori + Lw

RegDst=Add+Sub

ALUSrc=Ori+Lw+Sw

MemtoReg=Lw

nPC_sel=Beq

ExtOp=Lw+Sw

ALUctr[1]=Ori

ALUctr[0]=Beq+Sub

将上述表达式填入与或逻辑生成控制器，如图7-14所示。

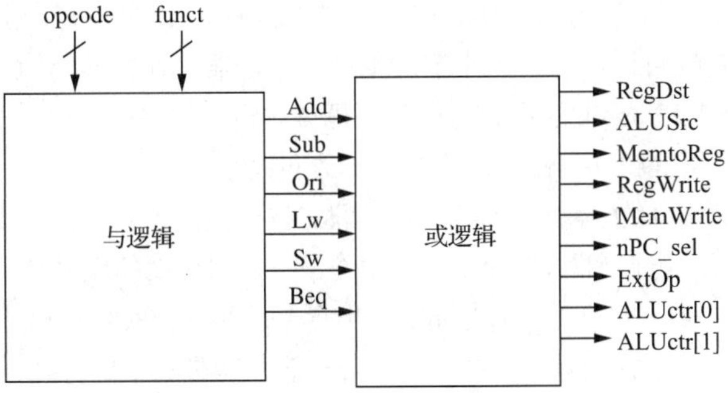

图7-14 单周期控制器

组合数据通路与控制器，如图7-15所示。

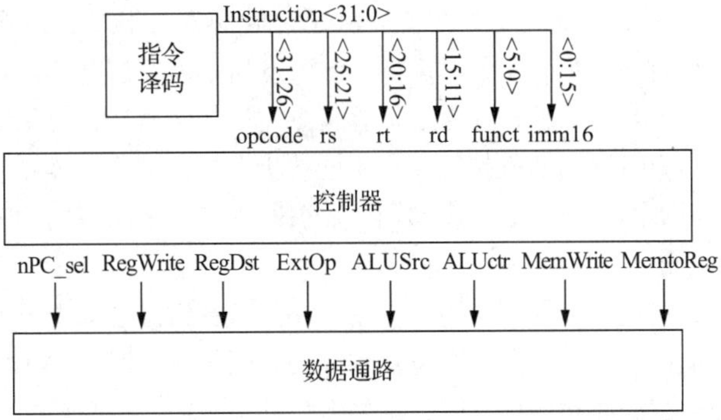

图7-15 组合数据通路与控制器

单周期处理器模型设计十分简单，但其存在不少问题。尽管它的CPI=1，但它是以指令集中最复杂指令所需时间作为时钟周期。对于指令系统中的其他指令而言，时钟周期远远大于其他指令实际所需的执行时间，效率极低，满足不了现代计算机的性能需求。单周期要求一个时钟周期内完成一条指令，因此不允许部件复用。假定某功能部件要使用2次或者2次以上，则需要通过重复设置该部件来满足需求，这样实现成本会增加。需要多个时钟脉冲驱动才能完成一个功能的复杂指令在单周期处理器中是无法实现的。如布斯（Booth）乘法计算时，乘法器需要在多个时钟脉冲的控制下进行多次累加移位操作，直至计算出结果，这种指令无法用单周期处理器解决。因此，现代计算机很少使用单周期处理器。

7.4.4 多周期处理器的控制原理

单周期处理器存在效率不高的问题，特别是无法实现需要多个时钟周期驱动的指令，所以后来出现了多周期的处理器控制解决方案。多周期的定义就是把指令的执行细分成多个基本操作，每个基本操作在一个时钟周期内完成，此时一个指令周期包含多个时钟周期。由于基本操作的内容有的简单、有的复杂，因此执行时间也有长有短。为了简化设计，多周期处理器中选取最复杂的基本操作所耗费的时间作为时钟周期，为不同复杂度的指令分配不同的时钟周期数。一般指令执行过程中比较耗时的部分是对存储器件的访问（如访问存储器或寄存器堆），或者进行ALU计算等。为了尽可能提高效率，指令划分时应尽量分成大致相等的若干阶段，尽可能规定每个阶段最多只能完成1次比较耗时的操作。为了使功能块之间互不干扰，在每步都设置存储元件，每步执行结果都在下个时钟开始保存到相应单元。多周期指令和单周期指令一样是串行的。

为了说明多周期，本小节仍然采用7.4.3小节中的例子，在它的基础上对数据通路和控制器进行改造。多周期情况可以一定程度上解决单周期处理器中存在的问题，如它支持部件的复用，设计者可以复用ALU完成PC的更新；此外，也可以指令和数据共用一个存储器等。为了与单周期的处理器对比，下面仍然用独立的指令存储器和数据存储器。

多周期处理器中需要细分指令的执行过程。假定按照经典方式，将一条指令的执行过程划分为取指、译码、执行、访存和写回5个阶段，每个阶段的具体功能定义如下。

取指阶段（IF）：根据PC的内容从存储器取出指令，并更新PC的地址为下一条指令地址。

译码阶段（ID）：进行指令译码，并完成从寄存器堆读取操作数的值。

执行阶段（EX）：指令的具体执行阶段。对于运算类指令，该阶段主要完成算术运算或逻辑运算；对于访存相关的指令，该阶段可以安排存储器地址计算等操作。

访存阶段（MEM）：完成对存储器的读或者写操作。

写回阶段（WB）：将ALU的计算结果或者从存储器中读出的数据写入寄存器堆。

每个阶段需要一个时钟周期，上例的6条指令中Lw指令需要访存，耗费的时间最长，其包含5个阶段，因此需要5个时钟周期；而普通运算指令，如加法操作，均采用寄存器寻址，只包含3个阶段，故只需要3个时钟周期就执行完。不同的指令复杂度不一样，分配的时钟周期数量不一样，指令周期长短不同，这些是“多周期”命名的由来。采用多周期时序虽然增加了控制复杂度，但是时间粒度更小，能够提高主频。

基于单周期数据通路进行多周期改造的基本思路是：在组合逻辑中插入寄存器，对数据通路进行切分，将单周期中长而单一的组合逻辑切分为若干小组合逻辑，实现单一大延迟变为多个分段小延迟。指令在数据通路中执行时，不必走完整个流程，按需分配即可，但是由于指令周期中包含多个时钟周期，当前时钟周期产生的数据在后续时钟周期中可能会使用，因此需要新增暂存寄存器。如PC寄存器需要修改，以保证指令执行完之前的所有时钟周期当前指令保持不变，改造后的数据通路如图7-16所示。

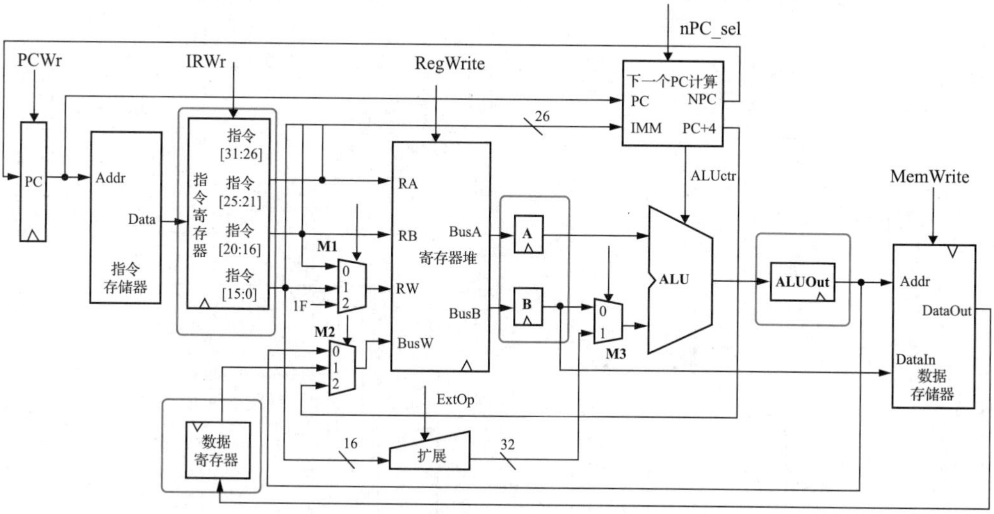

图7-16　对单周期进行改造后的多周期处理器数据通路

图7-16中用圆角矩形框标注了将大组合逻辑切分成小组合逻辑新增的寄存器。例如，增加指令寄存器IR，保证指令周期结束之前，当前执行的指令保存在IR中，不会被改变；增加两个操作数寄存器A和B，保证暂存从寄存器堆中取出的内容；增加寄存器ALUOut暂存ALU的计算结果；在数据存储器和寄存器堆之间增加数据寄存器，保证各个段之间都有效分隔，新增若干写使能信号，如PCWr、IRWr等控制寄存器的更新；M_1、M_2、M_3为多路选择器，它们的控制信号由控制单元根据不同指令译码结果产生，这里不再详述。

多周期控制器的设计问题是一个典型的时序电路设计问题，该问题可以用时序电路设计方法来实现。但由于处理器的输入比较多，即使只有6条指令的计算机，控制也相当复杂，采用手动方式设计一个多周期的详细逻辑十分困难。这里主要介绍采用状态机形式来理解控制器的原理。状态机至少应包括5个状态，分别对应数据通路的5个阶段。设计状态机时，首先将指令划分为若干大类。取指公共操作是所有指令都有的，因此指令的状态分支在译码阶段判定，按照增量方式，由一条指令开始分析，根据指令的执行流程设计状态以及状态转换；若某条指令归入任一分类都感觉不合理时，则新增一个状态处理，直至指令集中的所有指令都处理完毕。上述例子的多周期状态转移设计如图7-17所示。值得注意的是，状态机并不唯一，初次设计完后，我们还可以对状态机进行化简，以得到最终结果。

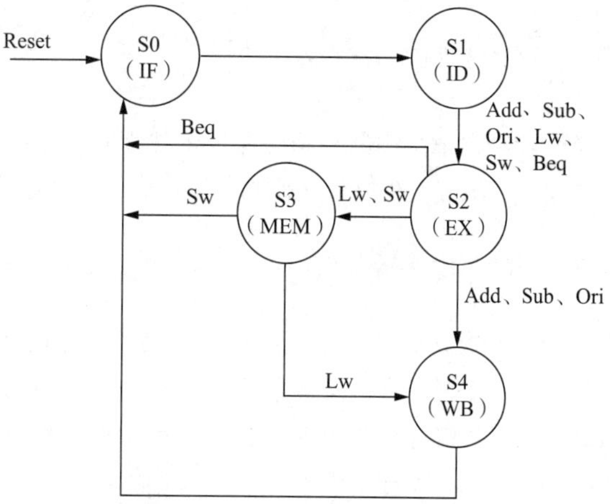

图7-17　多周期状态转移

图7-17的状态图中每个状态分别

由一个时钟周期驱动。初始状态S0为取指阶段，S0转换到S1译码状态是无条件的，所有指令都有取指和译码阶段。译码后根据指令的操作码确定后续状态，指令译码后的结果作为状态转移的条件。多周期处理器模型的实现并不唯一，图7-18给出了控制器和数据通路合并后的参考示例。该示例不修改或者稍加修改可以很方便地扩充到支持更多的指令。

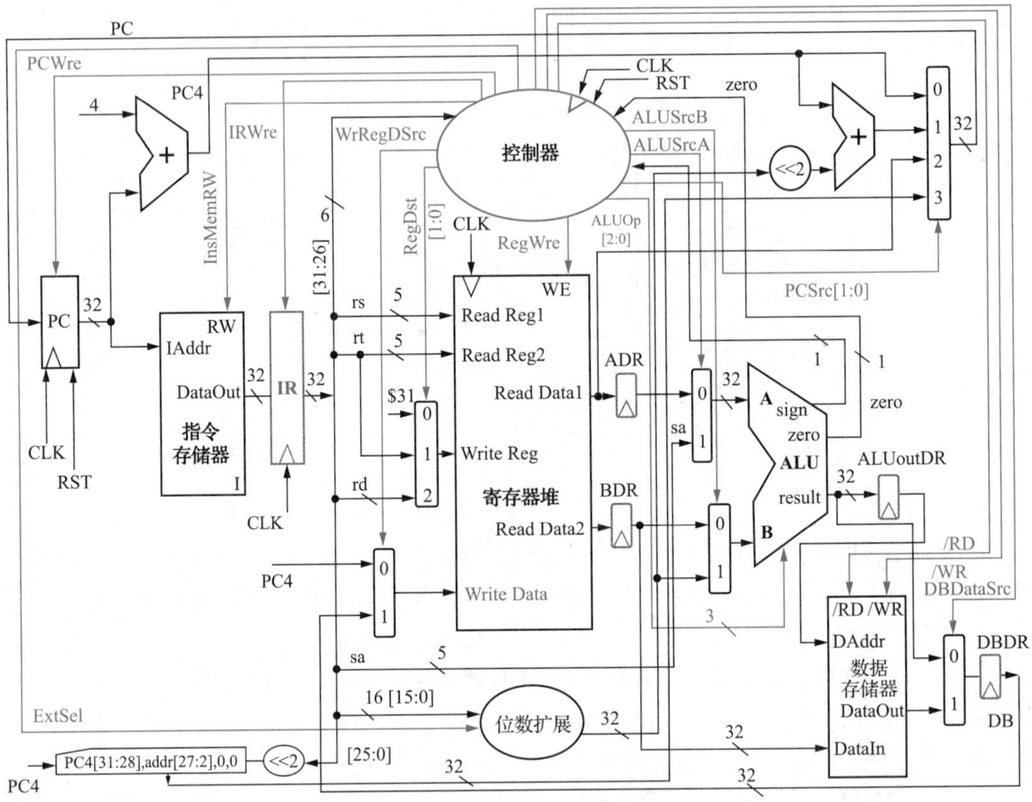

图7-18　多周期数据通路与控制器示例

尽管多周期的控制实现具有更好的灵活性，可以提高CPU的运行频率，但是本质上它的指令还是串行执行。现代微机中常采用流水线技术来提升计算机的性能（流水线技术将在7.6节介绍）。

7.5　微程序控制原理

微程序控制器的本质是将程序设计技术与存储技术相结合，将指令运行所需要的操作控制信号代码化，形成微程序放在控制存储器中。大部分的CISC机器都采用微程序设计技术。

7.5.1　微程序控制的基本概念

微程序和程序是两个不同的概念。微程序是由微指令组成的，它用于描述机器指令，实际上是机器指令的实时解释器，由计算机系统的设计者事先编制好并存放在控制存储器中。对于程序员来说，计算机系统中微程序一级的结构和功能是透明的。程序则最终由机器指令组成，它是由软件设计人员事先编制好并存放在主存或辅存中的。微程序控制的计算机涉及两个层次：一是机器

微程序控制的基本概念

语言或汇编语言程序员所看到的传统机器层，如机器指令、工作程序和主存储器；二是机器设计者看到的微程序层，如微指令、微程序和控制存储器。

与微程序相关的基本术语如下。

（1）微命令和微操作

一条机器指令可以分解成一个微操作序列，这些微操作是计算机中最基本的、不可再分解的操作。在微程序控制的计算机中，将控制部件向执行部件发出的各种控制命令称为微命令，它是构成控制序列的最小单位，例如，打开或关闭某个控制门的电位信号、某个寄存器的打入脉冲等。因此，微命令是控制计算机各部件完成某个基本微操作的命令。微命令和微操作是一一对应的。微命令是微操作的控制信号，微操作是微命令的操作过程。

微命令有兼容性和互斥性之分。兼容性微命令是指那些可以同时产生，共同完成某些微操作的微命令；互斥性微命令是指在机器中不允许同时出现的微命令。兼容和互斥都是相对的，一个微命令可以与一些微命令兼容，与另一些微命令互斥。对于单独的微命令，谈论其兼容和互斥都是没有意义的。

（2）微指令、微地址

微指令是指控制存储器中的一个单元的内容，即控制字，它是若干个微命令的集合。存放控制字的控制存储器的单元地址就称为微地址。

一条微指令通常至少包含以下两部分信息。

① 操作控制字段（又称微操作码字段），用以产生某一步操作所需的各微操作控制信号。

② 顺序控制字段（又称微地址码字段），用以控制产生下一条要执行的微指令地址。

微指令有垂直型和水平型之分。垂直型微指令接近于机器指令的格式，每条微指令只能完成一个基本微操作；水平型微指令则具有良好的并行性，每条微指令可以完成较多的基本微操作。

（3）微周期

从控制存储器中读取一条微指令并执行相应的微命令所需的全部时间称为微周期。

（4）微程序

一系列微指令的有序集合就是微程序。每一条机器指令都对应一段微程序。

程序与微程序、微指令、微命令之间的关系如图7-19所示。

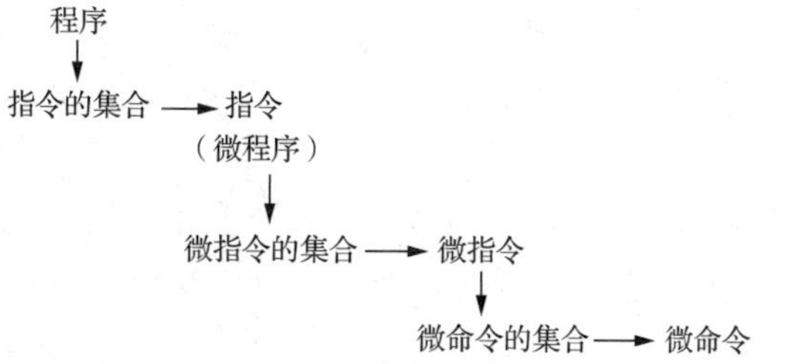

图7-19　程序与微程序、微指令、微命令之间的关系

7.5.2　微指令编码法

微指令编码法

微指令可以分成操作控制字段和顺序控制字段两个部分。这里所说的微指令编码法指的就是操作控制字段的编码方法。各类计算机从各自的特点出发，拥有各种各样的微指令编码法。例如，大型机强调速度，要求译码过程尽量快；微型机和小型机则更多地注意经济性，要求更大限度地

缩短微指令字长；而中型机介于这两者之间，兼顾速度和价格，要求在保证一定速度的情况下，能尽量缩短微指令字长。下面从基本原理出发，对几种基本的微指令编码方法进行讨论。

1. 直接控制法（不译码法）

顾名思义，直接控制法是指操作控制字段中的各位分别可以直接控制计算机，无须进行译码的编码法。在这种形式的微指令字中，操作控制字段的每一个独立二进制位代表一个微命令，位为“1”表示这个微命令有效，位为“0”则表示这个微命令无效。每个微命令对应并控制数据通路中的一个微操作。

这种方法结构简单，并行性强，操作速度快，但是微指令字太长。若微命令的总数为N个，则微指令字的操作控制字段就要有N位。在某些计算机中，微命令的总数可能会多达三四百个，甚至更多，这样使得微指令的长度达到令人难以接受的地步。另外，N个微命令中有许多是互斥的，不允许并行操作；将它们安排在一条微指令中是毫无意义的，只会使信息的利用率下降。所以这种方法在复杂的系统中很少单独采用，往往与其他编码法混合起来使用。

2. 最短编码法

直接控制法使微指令字过长，而最短编码法则走向另一个极端，使得微指令字最短。这种方法将所有的微命令统一编码，每条微指令只定义一个微命令。若微命令的总数为N，操作控制字段的长度为L，则最短编码法应满足下列关系式：

$$L \geqslant \log_2 N$$

最短编码法的微指令字长最短，但要通过一个微命令译码器译码以后才能得到需要的微命令。微命令数量越多，译码器就越复杂。这种方法在同一时刻只能产生一个微命令，不能充分利用机器硬件所具有的并行性，使得机器指令对应的微程序变得很长，而且对某些要求在同一时刻同时动作的组合性微操作将无法实现。因此，这种方法也只能与其他方法混合使用。

3. 字段编码法

字段编码法是前述两种编码法的一种折中方法，该方法既具有两者的优点，又克服了它们的缺点。这种方法将操作控制字段分为若干个小段，每段内采用最短编码法，段与段之间采用直接控制法。这种方法又可进一步分为字段直接编码法和字段间接编码法。

（1）字段直接编码法

图7-20所示为字段直接编码法的微指令结构，各字段都可以独立地定义本字段的微命令，而与其他字段无关，因此该编码法又称为显式编码或单重定义编码法。这种方法缩短了微指令字，因此得到了广泛的应用。

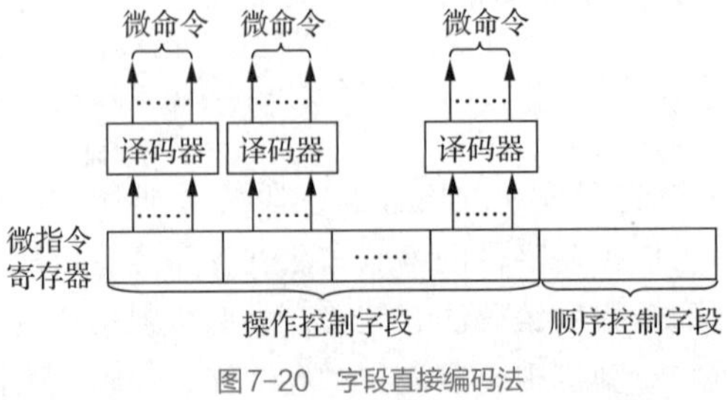

图7-20 字段直接编码法

（2）字段间接编码法

字段间接编码法是在字段直接编码法的基础上，用来进一步缩短微指令字长的方法。字段间接编码的含义是一个字段的某些编码不能独立地定义某些微命令，而需要与其他字段的编码来联合定义，因此该编码法又称为隐式编码或多重定义编码法，如图7-21所示。

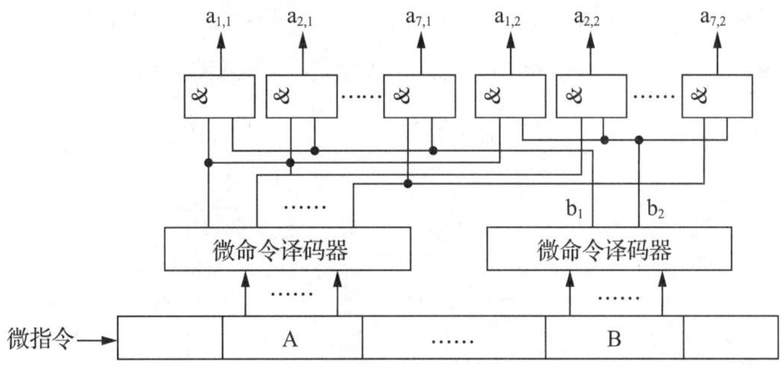

图7-21　字段间接编码法

图7-21中字段A（假设3位）所产生的微命令还要受到字段B的控制。当字段B发出b_1微命令时，字段A与其合作产生$a_{1,1}$、$a_{2,1}$……$a_{7,1}$中的一个微命令；而当字段B发出b_2微命令时，字段A与其合作产生$a_{1,2}$、$a_{2,2}$……$a_{7,2}$中的另一个微命令。这种方法进一步减少了微指令的长度，但通常可能会削弱微指令的并行控制能力，且译码电路相应较复杂，因此，它只作为字段直接编码法的一种补充。

字段编码法中操作控制字段的分段并非是任意的，必须要遵循如下原则。

① 把互斥性的微命令分在同一段内，兼容性的微命令分在不同段内。这样不仅有助于提高信息的利用率、缩短微指令字长，而且有助于充分利用硬件所具有的并行性来加快执行的速度。

② 应与数据通路结构相适应。

③ 每个小段中包含的信息位不能太多，否则将增加译码线路的复杂性和译码时间。

④ 一般每个小段还要留出一个状态，表示本字段不发出任何微命令。因此，当某字段的长度为3位时，最多只能表示7个互斥的微命令，通常用000表示不操作。

例如，运算器的输出控制信号有直传、左移、右移、半字交换4个，这4个微命令是互斥的，它们可以安排在同一字段编码内；同样地，存储器的读写命令也是一对互斥的微命令；此外，还有像A→C、B→C（假设A、B、C都是寄存器）这样的微命令也是互斥的微命令，不允许它们在同一时刻出现。

假设某计算机共有256个微命令，如果采用直接控制法，微指令的操作控制字段就要有256位；如果采用最短编码法，操作控制字段只需要8位就可以了；如果采用字段直接编码法，若4位为一个段，每段可表示15个互斥的微命令，则操作控制字段只需72位，分成18个段，在同一时刻可以并行发出18个不同的微命令。

除上述几种基本的编码方法外，还有一些常见的编码技巧，例如可采用微指令译码与部分机器指令译码的复合控制、微地址参与解释微指令译码等。实际机器的微指令系统通常同时采用几种不同的编码方法，例如在一条微指令中，可以有些位采用直接控制法，有些字段采用直接编码法，另一些字段采用间接编码法。总之，要尽量减少微指令字长，增强微操作的并行性，提高机器的控制性能并降低成本。

7.5.3 微程序控制器的基本组成与工作过程

微程序控制器的基本组成与工作过程

1. 微程序控制器的基本组成

图7-22给出了一个微程序控制器基本结构的简化框图。在图7-22中主要画出了微程序控制器比组合逻辑控制器多出的部件，如控制存储器（CM）、微指令寄存器（μIR）、微地址形成部件和微地址寄存器（μMAR）等。

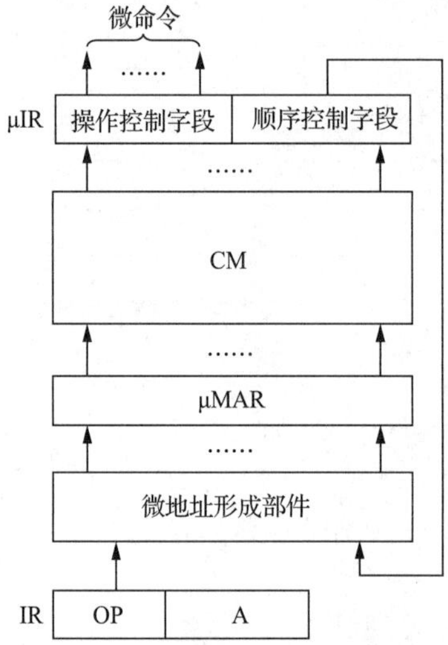

图7-22 微程序控制器基本结构的简化框图

（1）控制存储器

控制存储器是微程序控制器的核心部件，它用来存放微程序，其性能（包括容量、速度、可靠性等）与计算机的性能密切相关。

（2）微指令寄存器

微指令寄存器用来存放从CM中取出的微指令，它的位数同微指令字长相等。

（3）微地址形成部件

微地址形成部件用来产生初始微地址和后继微地址，以保证微指令的连续执行。

（4）微地址寄存器

微地址寄存器接收微地址形成部件送来的微地址，为在CM中读取微指令做准备。

2. 微程序控制器的工作过程

微程序控制器的工作过程实际上就是在微程序控制器的控制下计算机运行机器指令的过程，这个过程可以描述如下。

① 执行取指令公共操作。取指令公共操作通常由一段取指微程序来完成，这个取指微程序也可能仅由一条微指令组成。具体的执行过程是：在机器开始运行时，自动将取指微程序的入口微地址送入μMAR，并从CM中读出相应的微指令送入μIR。微指令的操作控制字段产生有关的微命令，用来控制计算机实现取机器指令的公共操作。取指微程序的入口地址一般为CM的0号单元，当取指微程序执行完后，从主存中取出的机器指令就已存入指令寄存器中了。

② 由机器指令的操作码字段通过微地址形成部件产生该机器指令所对应微程序的入口地址，并送入μMAR。

③ 从CM中逐条取出对应的微指令并执行。

④ 执行完对应于一条机器指令的一个微程序后又回到取指微程序的入口地址，继续第①步，以完成取下一条机器指令的公共操作。

如此周而复始，直到整个程序执行完毕为止。

3. 机器指令对应的微程序

通常，一条机器指令对应一个微程序。由于任何一条机器指令的取指令操作都是相同的，因此设计人员可以将取指令操作抽出来编成一个独立的微程序，这个微程序只负责将指令从主存中取出并送至指令寄存器。此外，也可以编出对应间址周期的微程序和中断周期的微程序。这样，控制存储器中的微程序个数应等于指令系统中的机器指令数再加上对应取指、间址和中断周期等公用的微程序数。若指令系统中具有n种机器指令，则控制存储器中的微程序数至少有$n+1$个。

7.5.4 微程序入口地址的形成

公用的取指微程序从主存中取出机器指令之后，由机器指令的操作码字段指出各个微程序的入口地址（初始微地址）。这是一种多分支（或多路转移）的情况。由机器指令的操作码转换成初始微地址的方式主要有以下3种。

1. 一级功能转换

一级功能转换是指当机器指令操作码字段的位数和位置固定时，直接使操作码与入口地址码的部分位相对应的转换方法。假设某计算机系统有16条机器指令，指令操作码由4位二进制数表示，分别为0000、0001……1111，现以字母θ表示操作码，令微程序的入口地址为θ11B，例如，MOV指令的操作码为0000，则MOV指令的微程序入口地址为000011B；ADD指令的操作码为0001，则ADD指令的微程序入口地址为000111B……由此可见，相邻两个微程序的入口地址相差4个单元，如图7-23所示。也就是说，每个微程序最多可以由4条微指令组成，如果不足4条就让有关单元空着。

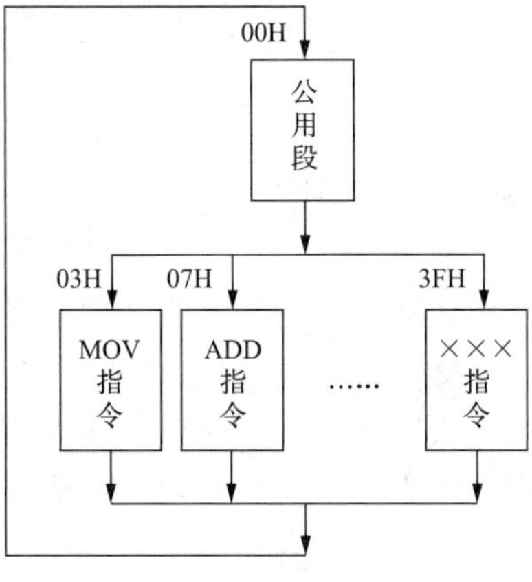

图7-23 指令操作码与微程序入口地址

2. 二级功能转换

当同类机器指令操作码字段的位数和位置固定，而不同类机器指令操作码字段的位数和位置不固定时，就不能再采用一级功能转换的方法。二级功能转换是指第一次先按指令类型标志转移，以区分出指令属于哪一类，如是单操作数指令还是双操作数指令等。因为每类机器指令中操作码字段的位数和位置是固定的，所以第二次即可按操作码区分出具体是哪一条指令，以便找出相应微程序的入口微地址。

3. 通过 PLA 电路实现功能转换

通过PLA电路实现功能转换是指当机器指令的操作码位数和位置都不固定时，采用PLA电路将每条机器指令的操作码翻译成对应的微程序入口地址。这种方法对变长度、变位置的操作码更有效，而且转换速度较快。

7.5.5 后继微地址的形成

找到初始微地址之后，可以开始运行微程序，每条微指令执行完毕都要根据要求形成后继微地址。后继微地址的形成方法对微程序编制的灵活性影响很大，它主要有两大基本类型：增量方式和断定方式。

1. 增量方式（顺序－转移型微地址）

这种方式与机器指令的控制方式很类似，它也有顺序执行、转移和转子之分。顺序执行时，后继微地址就是现行微地址加上一个增量（通常为“1”）；转移或转子时，由微指令的顺序控制字段产生转移微地址。因此，在微程序控制器中应当有一个微程序计数器（μPC）。为了降低成本，一般情况下都是将微地址寄存器（μMAR）改为具有计数功能的寄存器，以代替μPC。

增量方式的优点是简单，易于掌握，编制微程序容易，每条机器指令所对应的一段微程序一般安排在CM的连续单元中；其缺点是不能实现两路以上的并行微程序转移，因而不利于提高微程序的执行速度。

2. 断定方式

断定方式的后继微地址可由微程序设计者指定，或者根据微指令所规定的测试结果直接决定后继微地址的全部或部分值。这种方式是一种直接给定与测试断定相结合的方式，其顺序控制字段一般由以下两个部分组成。

① 非测试段：可由设计者指定，一般是微地址的高位部分，用来指定后继微地址在CM中的某个区域内。

② 测试段：根据有关状态的测试结果确定其地址值，一般对应微地址的低位部分。这相当于在指定区域内断定具体的分支，所依据的测试状态可能是指定的开关状态、指令操作码和状态字等。测试段如果只有一位，则微地址将产生两个分支；若有两位，则最多可产生4个分支；依此类推，测试段为n位最多可产生2^n个分支。

断定方式的优点是实现多路并行转移容易，有利于提高微程序的执行效率和执行速度，且微程序在CM中不要求必须连续存放；缺点是后继微地址的生成机理比较复杂。

7.5.6 微程序设计

1. 微程序设计方法

在实际进行微程序设计时，应考虑尽量缩短微指令字长，减少微程序长度，提高微程序的执行速度。这几项指标是互相制约的，设计者应当全面地进行分析和权衡。

（1）水平型微指令及水平型微程序设计

水平型微指令是指一次能定义并能并行执行多个微命令的微指令。它并行操作能力强，效率高，灵活性强，执行一条机器指令所需微指令的数量少，执行时间短。但是，它的微指令字较长，增加了控制存储器的横向尺寸，同时微指令与机器指令的差别很大，设计者只有熟悉了数据通路，才有可能编制出理想的微程序，一般用户不易掌握。由于水平型微程序设计是面对微处理器内部逻辑控制的描述，所以把这种微程序设计方法称为硬方法。

（2）垂直型微指令及垂直型微程序设计

垂直型微指令是指一次只能执行一个微命令的微指令。它并行操作能力差，一般只能实现一个微操作，控制一两个信息传送通路，效率低，执行一条机器指令所需的微指令数量多，执行时间长。但是，它的微指令与机器指令很相似，所以容易掌握和利用，编程比较简单，设计者不必过多地了解数据通路的细节，且微指令字较短。由于垂直型微程序设计是面向算法的描述，所以把这种微程序设计方法称为软方法。

（3）混合型微指令

综合上述两者特点的微指令称为混合型微指令。它具有不太长的微指令字，又具有一定的并行控制能力，可高效地实现机器的指令系统。

2. 微指令的运行方式

运行一条微指令的过程与运行机器指令的过程很类似。第一步将微指令从控制存储器中取出（称为取微指令），对垂直型微指令还应包括微操作码的译码时间；第二步执行微指令所规定的各个操作。微指令的运行方式可分为串行和并行两种方式。

（1）串行方式

在这种方式中，取微指令和执行微指令是顺序进行的，即在一条微指令取出并执行之后，才能取下一条微指令。图7-24所示为微指令串行运行方式的时序。

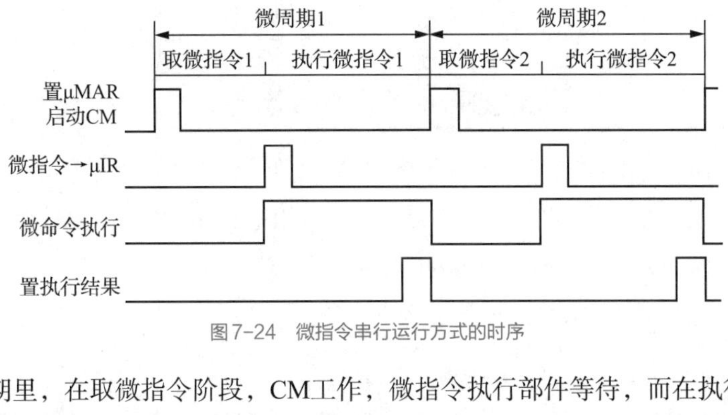

图7-24 微指令串行运行方式的时序

一个微周期里，在取微指令阶段，CM工作，微指令执行部件等待，而在执行微指令阶段，CM空闲，微指令执行部件工作。

串行方式的微周期较长，但控制简单，形成后继微地址所用的硬件设备较少。

（2）并行方式

为了提高微指令的执行速度，将取微指令和执行微指令的操作重叠起来，从而缩短微周期。因为这两个操作是在两个完全不同的部件中执行的，所以这种重叠是完全可行的。

在执行本条微指令的同时，预取下一条微指令。假设取微指令的时间比执行微指令的时间短，就以较长的执行时间作为微周期。微指令并行运行方式的时序如图7-25所示。

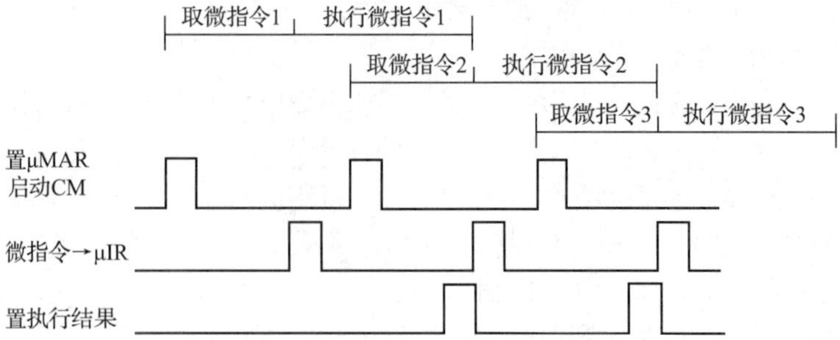

图7-25　微指令并行运行方式的时序

由于执行本条微指令与预取下一条微指令是同时进行的，若遇到某些需要根据本条微指令处理结果而进行条件转移的微指令，就不能并行地取出来。最简单的办法就是延迟一个微周期再取微指令。

除以上两种控制方式外，还有串、并行混合方式，即当待执行的微指令地址与现行微指令处理无关时，采用并行方式；当其受现行微指令操作结果影响时，则采用串行方式。

3. 微程序仿真

微程序仿真，一般是指用一台计算机的微程序去模仿另一台计算机的指令系统，使本来不兼容的计算机之间具有程序兼容的能力。用来进行仿真的计算机称为宿主机，被仿真的计算机称为目标机。

假设M_1为宿主机，M_2为目标机，在M_1机上要能使用M_2的机器语言编制程序并运行，就要求M_1的主存储器和控制存储器中除含有M_1的有关程序外，还要包含M_2的有关程序，如图7-26所示。

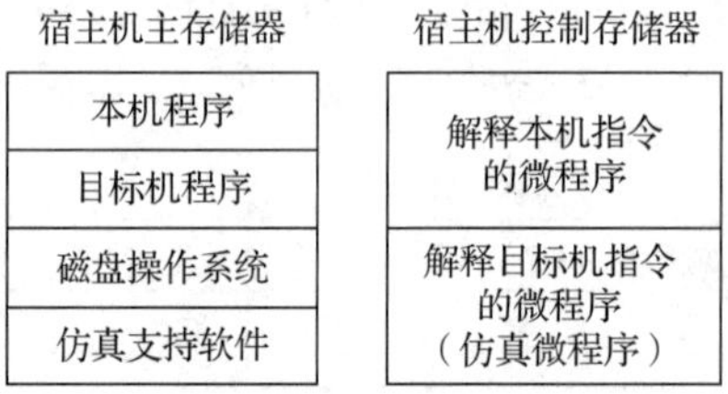

图7-26　系统仿真时宿主机的主存储器和控制存储器

M_1提供两种工作方式：本机方式和仿真方式。采用本机方式时，M_1通过本机微程序解释运行本机的程序；采用仿真方式时，M_1通过仿真微程序解释运行M_2的程序。

4. 动态微程序设计

通常，对应于一台计算机的指令系统有一系列固定的微程序。当微程序设计好之后，一般不允许改变且也不便于改变，这样的设计叫作静态微程序设计。若一台计算机能根据不同应用目标的要求改变微程序，则这台计算机就具有动态微程序设计功能。

动态微程序设计的出发点是为了使计算机能更灵活、更有效地适应于各种不同的应用目标。例如，在不改变硬件结构的前提下，如果计算机配备了两套可供切换的微程序，一套是用来实现科学计算的指令系统，另一套是用来实现数据处理的指令系统，这样该计算机就能根据不同的应用需要随时改变和切换相应的微程序，以保证高效率地实现科学计算或数据处理。

动态微程序设计需要可写控制存储器（WCS）的支持，否则难以改变微程序的内容。由于动态微程序设计要求对计算机的结构和组成非常熟悉，因此这类改变微程序的方案也是由计算机的设计人员实现的。

5. 用户微程序设计

用户微程序设计是指用户可借助于可写控制存储器进行微程序设计，通过本机指令系统中保留的供扩充指令用的操作码或未定义的操作码来定义用户扩充指令，然后编写扩充指令的微程序，并存入可写控制存储器。这样用户可以如同使用本机原来的指令一样去使用扩充指令，极大提高计算机系统的灵活性和适应性。但是，事实上真正由用户来编写微程序是很难实现的。

7.6 流水线技术

利用流水线技术可以提高各部件的利用率，实现多条指令的并行执行，从而达到提升机器吞吐率、提高处理器性能的目的。

7.6.1 重叠与先行控制

通常，一条指令的运行过程分为3个阶段：取指、分析、执行，且每个阶段所需的时间均分别为$t_{取指}$、$t_{分析}$和$t_{执行}$，则单条指令需要$t_{取指}+t_{分析}+t_{执行}$时间才得到结果。指令顺序执行的特点是在一条指令完全执行结束后，再开始执行下一条指令，如图7-27（a）所示。n条指令顺序执行时需要的时间是$T=\sum(t_{取指}+t_{分析}+t_{执行})$。假定这3个阶段的时间都是$t$，则一条指令需要$3t$时间完成。$n$条指令总共需要$3nt$时间完成。

若将“取指K+1”和“执行K”在时间上重叠起来，即一次重叠，如图7-27（b）所示，则n条指令的执行时间为$T=3\times t+(n-1)\times 2t=(2\times n+1)t$。比顺序执行方式缩短了近1/3的执行时间。

如果进一步增加重叠，使“取指K+2”“分析K+1”和“执行K”重叠起来（称为二次重叠），如图7-27（c）所示，则处理机速度还可以进一步提高，所需执行时间减少为$T=3\times t+(n-1)t=(2+n)t$。当指令条数$n$很大时，二次重叠执行方式可比顺序执行方式缩短近2/3的执行时间。

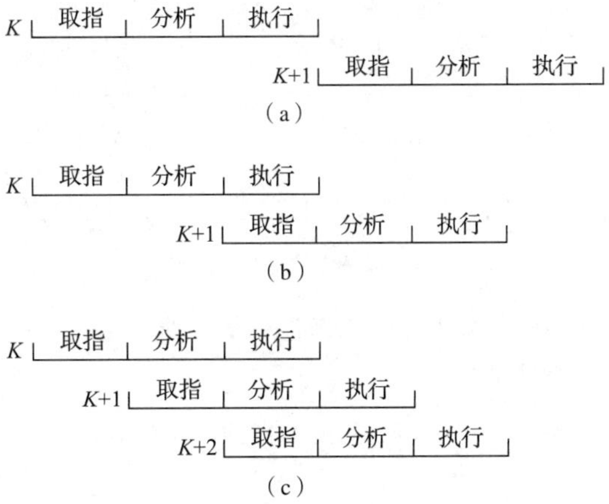

图7-27 顺序和重叠执行方式

重叠执行方式的特点是不能改变单条指令的执行时间，单条指令内部仍然是顺序执行，但指令之间不同指令的不同阶段并行使用不同的功能部件，功能部件的利用率提高，程序的执行速度快，硬件和控制过程比顺序执行方式更为复杂。

理想情况下，假设程序执行时每次都可以在指令缓冲器中取得指令，则取指阶段就可合并到分析阶段中，指令的运行过程就变为分析和执行两个阶段了。如果所有指令的“分析”与“执行”的时间均相等，则重叠的流程是非常流畅的，机器的指令分析部件和执行部件功能充分发挥，机器的速度也能显著提高。但是，现代计算机的指令系统很复杂，各种类型指令难于做到“分析”与“执行”时间始终相等，此时，各个阶段的控制部件就有可能出现间断等待的问题。如图7-28所示，分析部件在“分析K+1”和“分析K+2”之间有一个等待时间Δt_1，在“分析K+2”和“分析K+3”之间又有一个等待时间Δt_2；执行部件在“执行K+2”和“执行K+3”之间有一个等待时间Δt_3。指令的分析部件和执行部件都不能连续地、流畅地工作，从而使机器的整体速度受到影响。

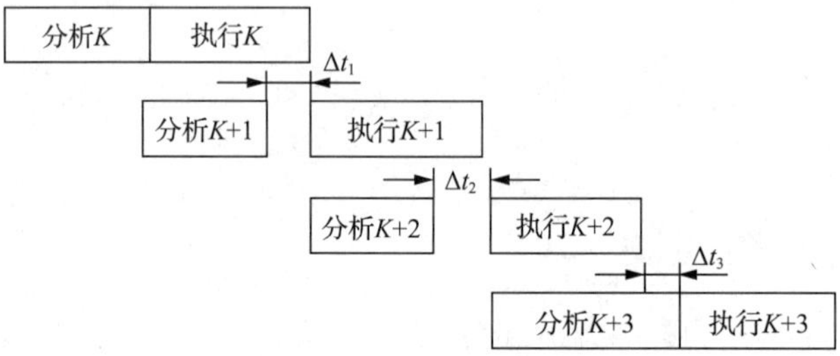

图7-28 “分析”和“执行”时间不等的重叠

分析部件和执行部件有时处于空闲状态，此时执行n条指令所需时间为：

$$T=t_{分析1}+\sum_{i=2}^{n}[\max(t_{分析i},t_{执行i-1})]+t_{执行n}$$

先行控制的主要目的是使各阶段的专用控制部件不间断工作，以提高设备的利用率及执行速度。如图7-29所示，虽然“分析”阶段和“执行”阶段之间有等待的时间间隔Δt_i，但它们各自的流程是连续的。

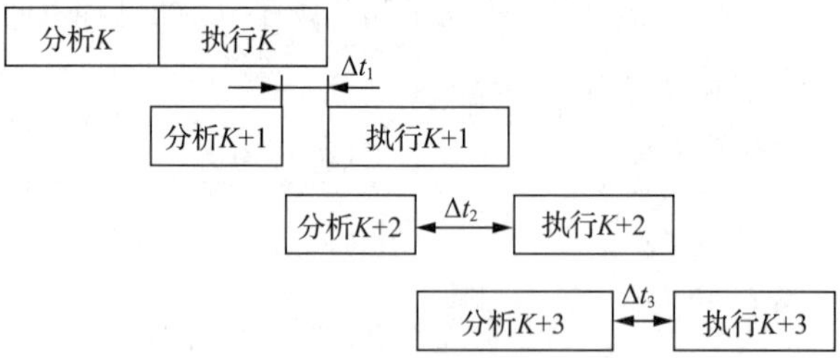

图7-29 先行控制方式的时序

由于分析部件和执行部件能分别连续不断地分析和执行指令，假定执行时间比分析时间长，则此时执行n条指令所需时间为：

$$T_{先行}=t_{分析1}+\sum_{i=1}^{n}t_{执行i}$$

7.6.2 指令流水工作原理

指令流水是在重叠、先行控制方式的基础上发展起来的。指令流水将一条指令的执行过程分成时间尽可能相等的多个子过程，每个子过程都有独立的功能部件。同一时刻多个功能部件能并行地服务于多条指令，实现多条指令在时间上重叠。流水线中的子过程或功能部件称为流水段，流水线中的段数称为流水线的深度。流水线技术只需要增加少量的硬件就能够把处理机的运算速度提高几倍，目前该技术广泛应用在计算机中。

1. 流水线的表示方法

流水线的表示方法主要有连接图和时空图。以指令的执行过程为例，假定一条指令的执行划分为取指、译码、取数和执行4个子过程，则相应的指令流水线可用连接图和时空图表示如下。

（1）连接图

连接图就是将各流水段按照流水线的执行顺序排列，并用“→”把它们连接起来，如图7–30所示。

图7–30 指令流水线连接图

（2）时空图

时空图是一种最常用、能直观描述线性流水线工作过程的表示方法。假定每个子过程所需时间均为Δt，用时空图表示流水线的工作如图7–31所示。其中横坐标为时间t，纵坐标为空间S（即各子过程，或者对应的流水段）。图7–31中流水段数m=4，指令数（任务数量）n=4，标有数字的方格说明占用该空间与时间的任务号，在本例中表示机器处理的第1、第2、第3、第4条指令。该4段流水线最多可以有4条指令在不同的部件中同时进行处理。理想情况是假定流水段时间一样，则每隔Δt时间有一条指令进入流水线，当流水线充满后，每隔Δt时间就能完成一条指令。

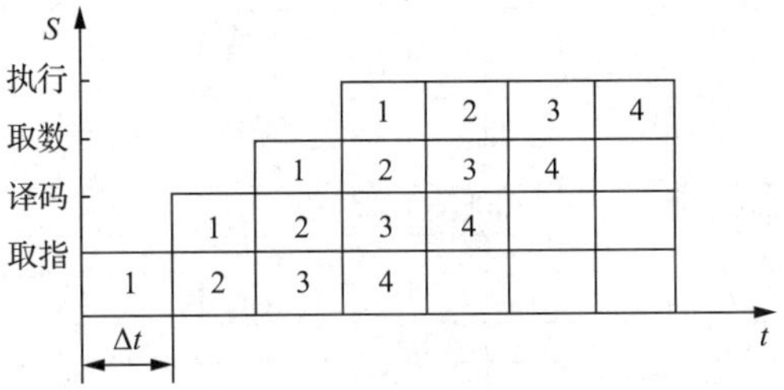

图7–31 4段指令流水线时空图

2. 流水线分类

流水线有多种不同分类方法。

（1）按流水处理的级别分类

按流水处理的级别不同，流水线可分为部件级、指令级以及处理机级3种。

部件级流水线是指构成部件内部各个子部件之间的流水线，如运算器内浮点运算流水线，或者Cache和多体交叉主存访问流水线等。图7–32中的浮点加法器流水线连接图共有4个功能段，功能段间仅能以一种固定的形式连接在一起，实现唯一的浮点加法运算。

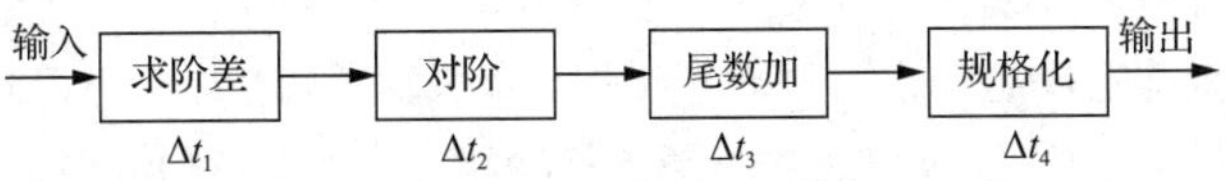

图7–32 浮点加法器流水线连接图

指令级流水线是本节讨论的重点。它将指令的整个执行过程分成多个子过程，如图7–30所示指令流水线中将指令的执行分为取指、译码、取数和执行4个子过程。

处理机级流水线是一种宏流水线。它将两个或两个以上处理机通过存储器串行连接起来，其中每个处理机完成某一专门任务，各个处理机处理所得到的结果需存放在与下一个处理机所共享的存储器中，如图7–33所示。

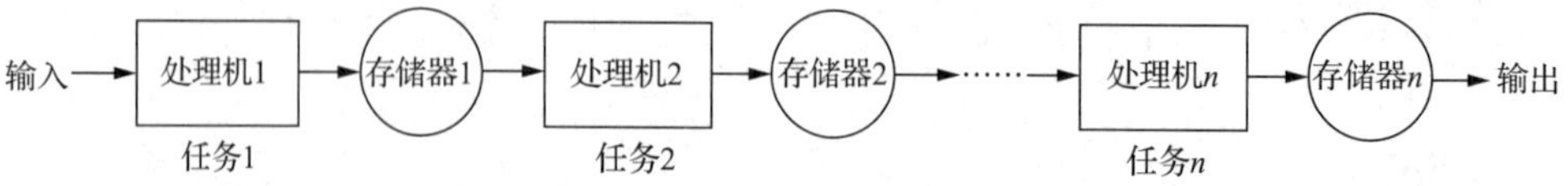

图7–33　处理机级流水线连接图

（2）按功能分类

流水线按功能可分成单功能流水线和多功能流水线两种。

单功能流水线各段之间的连接固定不变，只能实现一种固定的功能。例如，浮点加法流水线专门完成浮点加法运算，浮点乘法流水线专门完成浮点乘法运算。图7–32所示为单功能浮点加法流水线。

多功能流水线可有多种连接方式来实现多种功能。例如，美国TI公司生产的TI-ASC计算机中的一个多功能流水线共有8个功能段［见图7–34（a）］，按需要，它可将不同的功能段连接起来完成某一功能，以实现定点加法［见图7–34（b）］、浮点加法［见图7–34（c）］和定点乘法［见图7–34（d）］等功能。

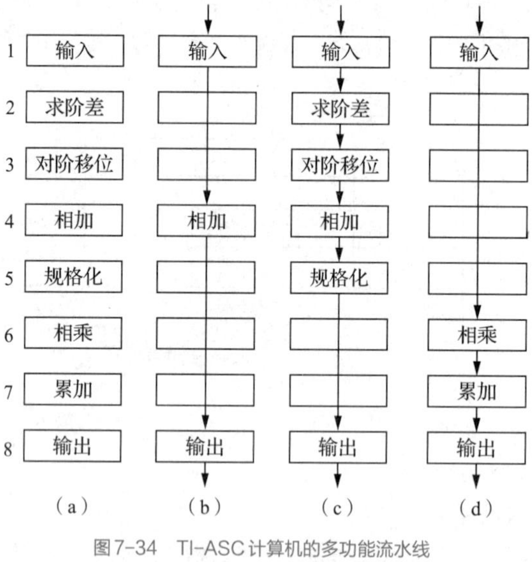

图7–34　TI-ASC计算机的多功能流水线

（3）按工作方式分类

流水线（多功能）按工作方式可分为静态流水线和动态流水线两种。

静态流水线在同一时间内各段只能以一种功能连接流水，当从一种功能连接变为另一种功能连接时，必须先排空流水线，然后为另一种功能设置初始条件后方可使用。如图7–35所示，只有当浮点加运算全部完成后，才能开始定点乘运算。显然只有连续进行同一种运算时，流水线的效率才能够得到充分发挥。如果需要频繁转换功能，将严重影响流水线的处理效率。

动态流水线则允许在同一时间内将不同的功能段连接成不同的功能子集，以完成不同的功能。它只要没有功能段的冲突就能够同时执行多种功能。动态多功能流水线时空图如图7–36所示，浮点加指令还在流水线中执行时，就允许定点乘指令进入流水线。从图7–36时空图上可以看到同一个时间，浮点加部件和定点乘部件并行工作的现象，动态流水线的控制更为复杂。

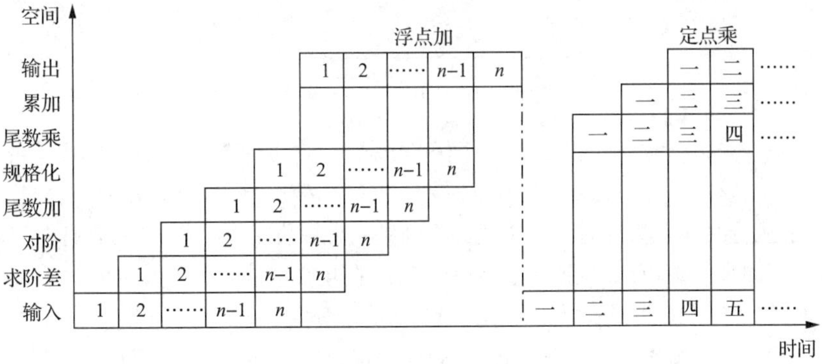

图7–35　静态多功能流水线时空图

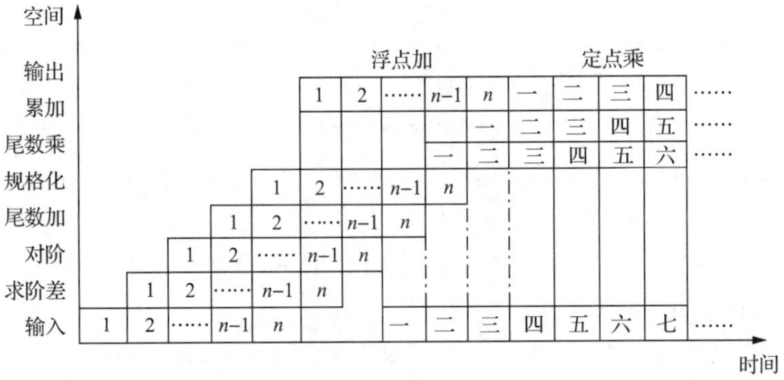

图7–36　动态多功能流水线时空图

（4）按结构分类

流水线按结构可分为线性流水线和非线性流水线两种。在线性流水线中，从输入到输出，每个功能段只允许经过一次，不存在前馈回路或反馈回路（一般的流水线均属这一类）；非线性流水线除有串行连接通路外，还有前馈回路或反馈回路，并且在流水过程中，某些功能段要反复多次使用，如图7–37所示。

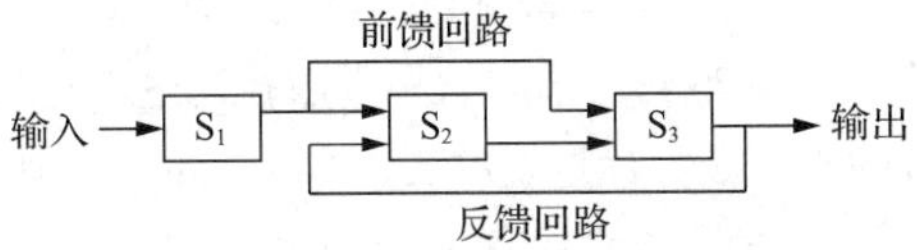

图7–37　一个简单非线性流水线

7.6.3　流水线的主要性能指标

衡量流水线的主要性能指标有吞吐率、加速比和效率。

1. 吞吐率

流水线的吞吐率（TP）是指在单位时间内流水线所完成的任务数量或输出的结果数量。若流水线T_k时间完成n个任务，则吞吐率为$TP = n / T_k$。

若有一条k段的线性流水线，各段的执行时间分别为Δt_1、Δt_2、…、Δt_k，则流水线满负荷的情况下，除第一个任务外，其余$n-1$个任务必须按“瓶颈”流水段的时间间隔$\max\{\Delta t_1,\Delta t_2,\cdots,\Delta t_k\}$连续流入流水线。因此，流水线存在“瓶颈”流水段时，连续输入n个任务的一条k段线性流水线的实际吞吐率为：

$$TP=\frac{n}{\sum_{i=1}^{k}\Delta t_i+(n-1)\max\{\Delta t_1,\Delta t_2,\cdots,\Delta t_k\}}$$

其中分母中的第一部分是流水线完成第一个任务所需要的时间，第二部分是完成其余$n-1$个任务所需要的时间。当n足够大的时候，k个段的最大吞吐率为$TP_{max}=1/\max\{\Delta t_1,\Delta t_2,\cdots,\Delta t_k\}$。当流水线中各流水段的执行时间不相等时，流水线的吞吐率主要取决于流水线中执行时间最长的那个流水段。若每个段的时间都为Δt，则$TP_{max}=1/\Delta t$。实际吞吐率总是小于最大吞吐率，并且当任务远远大于流水段数量时，才能使实际吞吐率接近最大吞吐率。

例7-1　有一指令流水线连接图和各段的时间消耗如图7-38所示，问该计算机的CPU时钟周期是多少？完成10个任务的吞吐率是多少？最大吞吐率是多少？

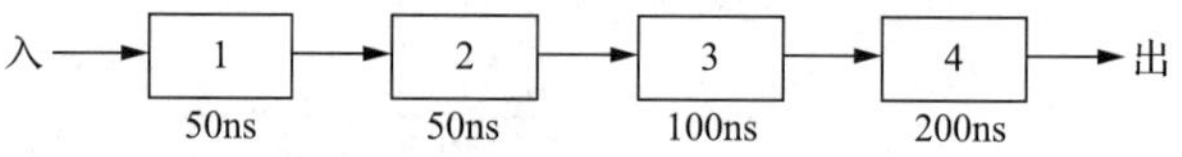

图7-38　某指令流水线

解：计算机的CPU应该以最长的功能段执行时间为准，即max{50,50,100,200}，可得流水线充满后不断流的情况下每隔200ns，就能流出一条指令。

实际吞吐率TP=10/(50+50+100+200+9×200) = 1/220（ns^{-1}）

最大吞吐率TP_{max}=1/200（ns^{-1}）

上述流水线的瓶颈段在第3段和第4段。解决流水线瓶颈的方法主要有两种：一种是如果瓶颈流水段可细分，则将瓶颈部分再细分。上述流水线第3段和第4段细分后如图7-39所示。

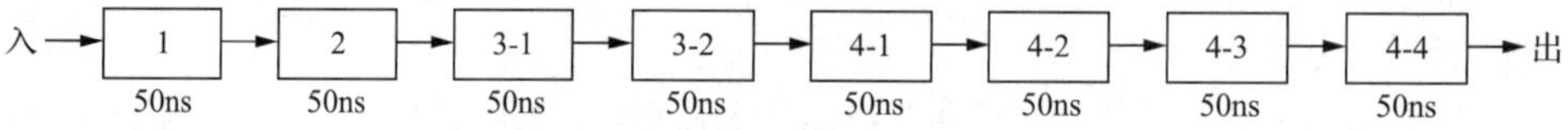

图7-39　瓶颈段细分后的流水线

此时实际吞吐率TP=10/(50×8+9×50)=1/85（ns^{-1}）

最大吞吐率TP_{max}=1/50（ns^{-1}）

若由于结构等方面的原因，瓶颈流水段无法再细分，则另一种方法是将“瓶颈段”重复设置，让它们交叉进行工作，如图7-40所示。这种方法控制逻辑比较复杂，需要设置数据分配器，以将任务分给重复设置的流水段，让重复的流水段交叉并行工作。图7-40中第3段每隔50ns轮流给3-1或者3-2分配工作，第4段同样也是每隔50ns轮流给4-1～4-4分配工作。

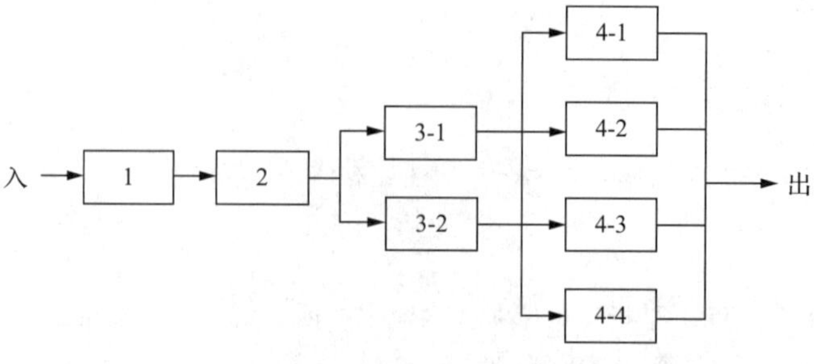

图7-40　瓶颈段重复设置后的流水线

2. 加速比

流水线的加速比定义为不使用流水线相对使用流水线所耗费的时间比值。假定不使用流水线所用的时间为T_0，使用流水线的时间为T_k，则流水线的加速比为：

$$S = T_0 / T_k$$

当流水线各个流水段的执行时间为Δt_i时，一条k段线性流水线完成n个连续任务的实际加速比为：

$$S=\frac{n \bullet \sum_{i=1}^{k}\Delta t_i}{\sum_{i=1}^{k}\Delta t_i + (n-1)\max\{\Delta t_1,\Delta t_2,\cdots,\Delta t_k\}}$$

若各个流水线各段执行时间相等，n个任务理想流入并流出流水线，则上式可以化简为：

$$S=\frac{n \bullet k\Delta t}{(k+n-1)\Delta t}=\frac{n \bullet k}{k+n-1}$$

当$n \gg k$时，在线性流水线的各段执行时间均相等的情况下，流水线的最大加速比等于流水线的段数。

$$S_{\max}=\lim_{n\to\infty}\frac{n \bullet k}{n+k-1}=k$$

例7-2　假定非流水线机器的时钟周期为10ns，ALU和分支操作需要4个时钟周期，存储器操作需要5个时钟周期，以上操作的比例相应为40%、20%、40%，流水线机器上由于存在时钟偏移和启动时间，时钟周期增加了1ns，并忽略其他的影响，求该流水线的加速比。

解：

非流水线的机器上，指令的平均执行时间计算如下。

指令平均执行时间=时钟周期 × 平均CPI

=10ns × [(40%+20%) × 4 + 40% × 5]

=44ns

在流水线方式下，时钟周期为10+1=11ns。

所以加速比为 44/11=4。

3. 效率

流水线的效率是指流水线的设备利用率，即流水线中设备的使用时间占整个运行时间之比，其也称流水线设备的时间利用率。流水线的效率包含时间和空间两个方面的因素，通过时空图来计算流水线的效率非常方便。在时空图上，流水线的效率E为n个任务占用的时空区除以k个流水段占用的总时空区。其运算式中分母是n个任务所用的时间与k个流水段所围成的时空总面积kT_k，分子是n个任务实际上占用的有效时空面积T_0。图7-31中4段指令流水线时空图的流水线效率为$E=(4 \times \Delta t \times 4)/(4 \times 7 \times \Delta t)=4/7$。

各段的执行时间不相等的k段线性流水线，完成n个连续任务的效率为：

$$E=\frac{n \bullet \sum_{i=1}^{k}\Delta t_i}{k \bullet \left[\sum_{i=1}^{k}\Delta t_i + (n-1)\max\{\Delta t_1,\Delta t_2\cdots,\Delta t_k\}\right]}$$

当各段时间相等时，上述式子可以简化为：

$$E=\frac{n\bullet k\Delta t}{k\bullet(k+n-1)\Delta t}=\frac{n}{k+n-1}$$

当$n\gg k$时，流水线的效率达到最大值1。当n远远大于k时，极限情况下上式趋向于1，这时“装入时间”和“排空时间”忽略不计；从时空图中看，流水段都被充满，每一块都在使用。

$$E_{\max}=\lim_{n\to\infty}\frac{n}{k+n-1}$$

例7-1中的流水线效率为：

$$E=\mathrm{TP}\times\frac{\sum_{i=1}^{m}\Delta t_i}{m}=\mathrm{TP}\times\frac{400}{4}=\frac{5}{11}\approx 45.45\%$$

7.6.4 指令流水线的相关性问题

对于指令流水线，相邻或相近的两条指令可能会因为存在某种关联，后一条指令不能按照原指定的时钟周期运行，使流水线断流。指令流水线的相关性包括结构相关、数据相关、控制相关。

（1）结构相关

由于多条指令在同一时刻争夺同一资源而形成的冲突称为结构相关，其也称资源相关。

（2）数据相关

后续指令要使用前面指令的操作结果，而这一结果尚未产生或者未送到指定的位置，从而造成后续指令无法运行的局面称为数据相关。

根据指令间对同一个寄存器读或写操作的先后次序关系，数据相关可分为写后读（Read After Write，RAW）、读后写（Write After Read，WAR）和写后写（Write After Write，WAW）3种类型。例如，有i和j两条指令，i指令在前，j指令在后，则3种不同类型数据相关的含义如下。

RAW：指令j试图在指令i写入寄存器前就读出该寄存器内容，这样指令j就会错误地读出该寄存器旧的内容。

WAR：指令j试图在指令i读出该寄存器前就写入该寄存器，这样指令i就会错误地读出该寄存器的新内容。

WAW：指令j试图在指令i写入寄存器前就写入该寄存器，这样两次写的先后次序被颠倒，就会错误地使由指令i写入的值成为该寄存器的内容。

上述3种数据相关，在按序流动的流水线中，只可能出现RAW相关；在非按序流动的流水线中，既可能发生RAW相关，也可能发生WAR相关和WAW相关。

（3）控制相关

控制相关主要是由转移指令引起的。遇到条件转移指令时，存在着是顺序执行还是转移执行两种可能，此时需要依据条件的判断结果来选择其一。无法确定应该选择把哪一程序段安排在转移指令之后来执行的局面称为控制相关，其又称指令相关。

7.6.5 流水线相关性解决方案

1. 结构相关的解决

如图7-41所示，理想情况下，5级经典流水段的处理器被充满，第一行横向表示时钟周期，纵向每一小格表示流水线中的指令在这个阶段要访问的硬件资源。其中MEM表示存储器，RF表示寄存器堆，ALU表示运算器。若用单一存储模块保存指令和数据，指令流水线执行时，T1阶段指令1需要访问存储器完成取指；当指令1执行到访存阶段（图7-41中T4）时需要访问存储器取得数据，此时指令4刚进入流水线也要访问存储器完成取指操作，若此时存储器不支持两者同时访问，就发生了结构相关。结构相关问题可以通过插入阻塞周期暂停流水线或者通过增加硬件的方式来解决。如前述讨论中存储器组织分别设置指令存储器（IM）和数据存储器（DM），可解决访存冲突的结构相关问题。修改后的资源使用如图7-42所示。

时间	T1	T2	T3	T4	T5	T6	T7	T8
指令1	MEM	RF	ALU	MEM	RF			
指令2		MEM	RF	ALU	MEM	RF		
指令3			MEM	RF	ALU	MEM	RF	
指令4				MEM	RF	ALU	MEM	RF

图7-41 指令执行中的结构相关示意图

时间	T1	T2	T3	T4	T5	T6	T7	T8
指令1	IM	RF	ALU	DM	RF			
指令2		IM	RF	ALU	DM	RF		
指令3			IM	RF	ALU	DM	RF	
指令4				IM	RF	ALU	DM	RF

图7-42 采用IM和DM解决结构相关

2. 数据相关的解决

一般WAW相关和WAR相关仅存在于某些种类的处理器中，比如动态调度的处理器和可以同时执行多条写指令的处理器等。WAW相关和WAR相关可以通过增加重排序缓存来解决。本书中的实例经典5级流水线CPU的设计中指令按照顺序进入流水线，按照顺序提交结果，并且只在流水线译码阶段读寄存器、在回写阶段才能写寄存器，此时WAR和WAW相关不会出现，故以下只讨论如何解决RAW相关的问题。

当发生RAW数据相关时，最简单的方式是当检测到数据相关时，流水线从此处暂停，阻塞后续指令，并插入空的周期，直到结果可用。如果结果能够很快地计算出来，设计者可以采用定向技术，通过旁路方式，增加转发单元，用流水线缓冲寄存器里面的值代替通用寄存器的值，定向前推到需要的部件，此时计算结果不经寄存器而直接传递给后续指令，完成数据前推，流水线可以不停顿。此外，也可以为了尽可能地减少流水线阻塞周期，采用阻塞与旁路相结合的方式。下面以5条顺序执行的指令为例来分析流水线产生的相关问题。

```
Lw     x5,0(x1)      # 将存储地址为(x1)的32位数据取出来，送到寄存器x5中
Add    x7,x5,x6      # 取寄存器x5和x6的内容相加，将结果放入寄存器x7中
Sub    x10,x7,x5     # 取寄存器x7和x5的内容相减，将结果放入寄存器x10中
And    x11,x5,x6     # 取寄存器x5和x6的内容做与运算，将结果放入寄存器x11中
Or     x4,x7,x5      # 取寄存器x7和x5的内容做或运算，将结果放入寄存器x4中
```

该指令序列在流水线中的抽象如图7-43所示。最上方横轴表示时钟周期，理想情况下完成5条指令共需要9个周期。这5条指令并行在流水线中执行时，各条指令要用到的硬件模块用灰色表示，没用到的留空白表示；对于寄存器堆（RF）模块而言，前半个周期进行写入操作，后半个周期进行读操作，读写不同时进行，因此图7-43中显示为一半灰色一半白色；流水段寄存器在每个周期末更新，所有指令都会用到。一般建议在译码阶段比较下一条指令源寄存器与上一条指令的目的寄存器是否相同，相同则产生了数据相关。对于示例指令序列而言，Lw指令在T1周期访问指令存储器（IM）完成取指令，T2周期读寄存器堆（读操作在后半周期完成）取得0号寄存器（这里假定0号寄存器内容始终为0）和x1寄存器内容，T3周期利用ALU的加法运算完成存储器地址addr的计算，T4周期访问数据存储器（DM）得到的数据在T5周期的内容写入寄存器x5（前半个周期写入）。寄存器x5的内容在Lw指令写入后，在后续4条指令中会被读出使用，这是典型的RAW相关。抽象图中Add指令在T3周期使用寄存器x5的值；Sub指令在T4周期使用x5的值；而Lw指令对寄存器x5值的更新发生在T5，若不做处理，流水线的计算将出错，如图7-43中箭头①和②所示。And指令在T5周期也要用到x5的内容（箭头③），但是x5在T5周期前半段已经写入，后半段读出时结果正确；Or指令在T6周期用到寄存器x5的内容（箭头④），此时x5已更新，可以获得正确的值。Add指令、Sub指令和Or指令对x7的读写同样也是RAW相关，分析思路类似，分析结果标识如图7-43所示箭头⑤和箭头⑥，其中箭头⑤是需要进行处理的，否则会出错；箭头⑥标识的Add指令中对x7的写入发生在T6周期前半段，Or指令对寄存器x7的读取发生在T6周期的后半段，不用处理，可以读到正确结果。

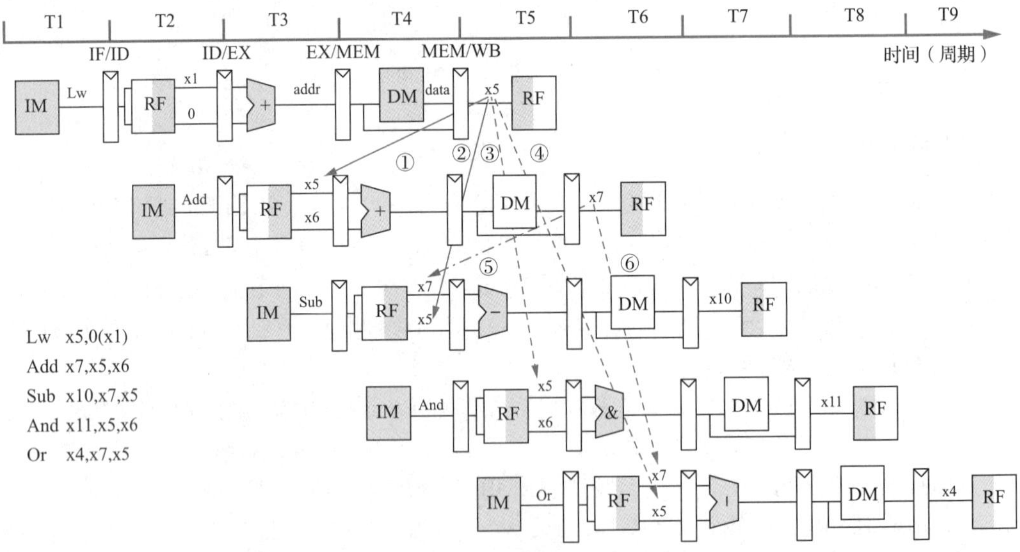

图7-43 发生数据相关的抽象流水线示例

对上述不处理就会出错的相关指令展开进一步分析可以发现：箭头①寄存器x5的值在T5周期才写入寄存器堆（RF），而Add指令在T4周期需要使用寄存器x5的值，二者之间相差了一个时钟周期，因此较为简单且有效率的处理方案是阻塞流水线，让流水线停顿一个周期，等待计算结果。另一种容易理解的方式是插入一条空指令，让Add指令中需要读取寄存器x5内容的ALU运算延迟到T5周期进行，同时增加一个多路选择器，新增从流水段寄存器MEM/WB中保存的DM读出的数据到ALU输入的数据通路，在T5周期实现Lw指令的读取结果送往ALU计算，也能有效解决箭头①的冲突。这种方式就是阻塞与旁路相结合的方式。一般可以通过禁止流水线寄存器来阻塞某个阶段，同时不改变该寄存器的内容。当流水线的某阶段被阻塞时，它前面的所有阶段也被阻塞，这样后续的指令就不会被丢失。在阻塞阶段后的流水线寄存器必须被清除，防止错误信息传递。此时，可以通过给IF/ID流水段寄存器增加使能端（EN）、给ID/EX执行阶段流水线寄存器增加同步复位信号来实现阻塞和清除。

如图7-44所示，随着空指令的加入，箭头①Lw指令在T4周期执行阶段已经取出结果，并且在T4时钟周期末更新了MEM/WB流水线寄存器，写入x5的数据在Add指令T5周期使用x5的内容之前已经准备好。尽管Lw指令在T5周期才更新寄存器x5，此时不需要阻塞流水线，只需要新增数据通路，实现从MEM/WB流水线寄存器中获取x5的新数据，通过多路选择器选择送往ALU的输入端就可以解决。箭头②Lw指令在T5周期的前半段更新寄存器x5的内容，Sub指令在T5周期的后半段读取寄存器x5的内容，此时不做处理就可以得出正确结果。箭头⑤Add指令寄存器x7的内容在T7周期更新，而Sub指令在T6周期需要寄存器x7的值参加运算。观察抽象图发现实际x7的内容Add指令在T5周期执行阶段已经计算出结果，并且在T5时钟周期末更新EX/MEM流水线寄存器。此时也不需要阻塞流水线，只需要新增数据通路，实现从EX/MEM流水线寄存器中获取ALU计算结果，通过多路选择器选择送往ALU的输入端就可以解决。

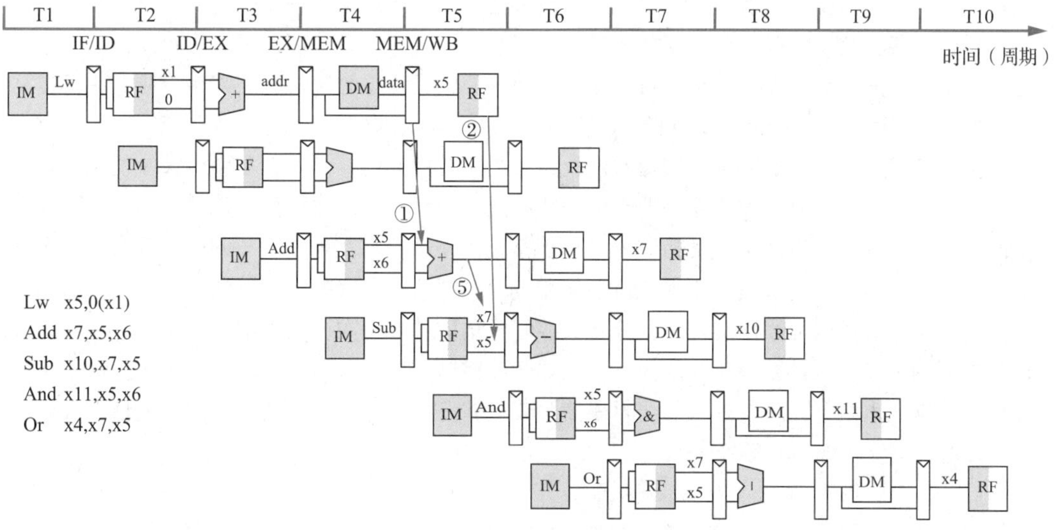

图7-44　解决数据相关的示意图

数据冲突的问题还可以在软件层面上解决。例如在汇编层面，要求汇编程序设计者在写汇编程序时避免数据相关的产生，非要产生就加空指令；再如在编译层面，要求编译器在汇编转机器码时能对数据相关进行检测，并通过改变一些无关指令的执行顺序来避免数据相关的产生等，这些不在本书深入讨论。

3. 控制相关的解决

最简单的解决控制冲突的机制是阻塞。CPU在执行每个分支指令的时候阻塞，直到分支条件计算出来，就能有效避免控制冲突。当然，阻塞会降低系统性能。

另一种使用广泛且效果良好的解决办法是预测其转移方向和转移地址，先用预测的结果完成下一条指令的取值和执行，等到转移指令的必要数据就绪时，再进行检查，如果正确则继续执行，否则清空流水线。这类技术称为分支预测。采用分支预测方式可以在一定程度上减少系统性能的降低。分支预测包含静态预测与动态预测，后者具有更高的预测效率，但是实现也更为复杂。分支预测器一般在流水线的取指阶段运行，这样可以尽可能早地确定跳转指令后的下一条指令地址，避免刷新流水线。现代微处理器中好的分支预测器预测正确率在90%以上，个别程序甚至达到了99%。具体的预测方法请读者自行查阅相关资料进行学习。

7.6.6 流水线数据通路与控制器设计

设计流水线处理器的关键在于理解指令之间可能存在各种关系，避免所有可能的冲突，尽可能地保证流水线不断流。

流水线数据通路的改造可以在多周期的基础上展开。一般按照指令细分成多个阶段后，需要在流水段之间插入流水段寄存器，其主要作用是保存上一个阶段的寄存器数值并传递给下一个阶段。数据通路设计的重点在于分隔流水段，平衡流水线中各流水段的操作，使各流水段的执行时间基本相等，以减少流水线处理器中时钟周期的长度，具体操作本书不赘述。理想情况下，假定指令之间相互独立，不存在相关性，当程序运行起来流水线被充满时，每一个时钟周期都能完成一条指令。对于典型的5级流水线，假定连续执行N条指令，理想情况下CPI=$(N+4)/N$，当N足够大的时候，CPI近似为1。但实际上相关性会使流水线断流，在加入流水线寄存器的延迟情况下，单条指令的执行时间会变长。极端情况下，当流水线的级数足够多时，其流水线寄存器延迟甚至使其性能与单周期相近，因此流水线级数并不是越多越好。流水线技术的本质是使流水线中的各个处理部件可并行工作，从而可使整个程序的执行时间缩短；注意它可提高指令的吞吐率，但并不会缩短单条指令的执行时间（甚至会增加时间）。

流水线的控制器主要需要解决流水线执行中的相关性问题，其包含集中式控制器和分布式控制器两种类型。一般集中式控制器在译码阶段产生全部控制信号，控制信号在不同的流水段之间传递，如图7-45所示。这种控制器的优点是资源使用率高。分布式控制器实现时，指令随着流水段传递，每个流水段只产生该段部件相关的控制信号。这种控制器的特点是结构简单，项目维护性好，代码可读性高。一般分布式控制器结构各不相同：功能部件控制器，其设计方法与单周期思路相同；处理相关的控制器，如暂停控制器通过分析取指、译码指令与前序指令（位于后续流水段），决定是否需要暂停流水线；转发控制器负责分析指令的相关性，决定如何转发等，具体实现本书不赘述。

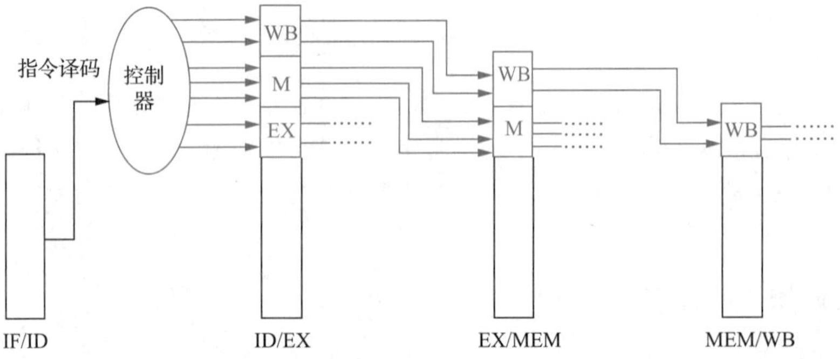

图7-45 集中式控制器示意图

习　　题

7-1　中央处理器有哪些功能？它由哪些基本部件所组成？

7-2　中央处理器中有哪几个主要寄存器？试说明它们的结构和功能。

7-3　某计算机CPU芯片的主频为8MHz，其时钟周期是多少微秒？若已知每个机器周期平均包含4个时钟周期，该机的平均指令执行速度为0.8MIPS，试问：

（1）平均指令周期是多少？

（2）平均每个指令周期含有多少个机器周期？

（3）若改用时钟周期为0.4μs的CPU芯片，则计算机的平均指令执行速度又是多少？

（4）若要得到40万次/s的指令执行速度，则应采用主频为多少的CPU芯片？

7-4　什么是指令周期？什么是CPU周期？它们之间有什么关系？

7-5　控制器有哪几种控制方式？各有何特点？

7-6　控制器有哪些基本功能？它可分为哪几类？分类的依据是什么？

7-7　以一条典型的单地址指令为例，简要说明下列部件在计算机的取指周期和执行周期中的作用。

（1）程序计数器。

（2）指令寄存器。

（3）算术逻辑运算部件。

（4）存储器数据寄存器。

（5）存储器地址寄存器。

7-8　指令和数据都存放在主存，如何识别从主存中取出的是指令还是数据？

7-9　CPU中指令寄存器是否可以不要？指令译码器是否能直接对存储器数据寄存器中的信息译码？为什么？以无条件转移指令JMP A为例说明。

7-10　设一地址指令格式如下：

@	OP	A

现有4条一地址指令：LOAD（取数）、ISZ（加“1”为零跳）、DSZ（减“1”为零跳）、STORE（存数），在一台单总线单累加器结构的机器上运行，试排出这4个指令的各个阶段的操作。

注　意

当排 ISZ 和 DSZ 指令时不要破坏累加寄存器 Acc 原来的内容。

7-11　某计算机的CPU内部结构如图7-46所示。两组总线之间的所有数据传送通过ALU，ALU还具有完成以下功能的能力。

F=A；F=B

F=A+1；F=B+1

F=A−1；F=B−1

请写出转子指令的取指和执行周期的操作。转子指令占两个字，第一个字是操作码，第二个字是子程序的入口地址。返回地址保存在存储器堆栈中，堆栈指示器始终指向栈顶。

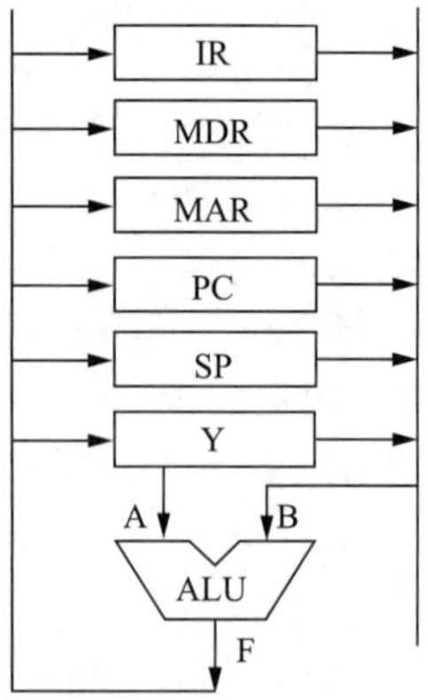

图7-46 某计算机CPU内部结构

7-12 某计算机主要部件如图7-47所示。

（1）补充各部件间的主要连接线，并注明数据流动方向。

（2）写出指令ADD (R_1),(R_2)+的执行过程（含取指过程与确定后继指令地址）。该指令的含义是进行加法操作，源操作数地址和目的操作数地址分别在寄存器R_1和R_2中，目的操作数寻址方式为自增型寄存器间址。

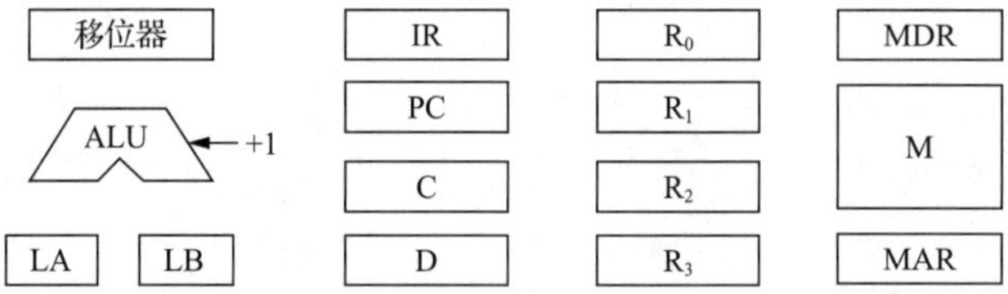

LA —— A输入选择器；LB —— B输入选择器；C、D —— 暂存器

图7-47 某计算机主要部件

7-13 某机CPU结构如图7-48所示，其中有1个累加寄存器AC、1个状态寄存器和其他4个寄存器，各部件之间的连线表示数据通路，箭头表示信息传送方向。

（1）标明4个寄存器的名称。

（2）简述指令从主存取出并送到控制器的数据通路。

（3）简述数据在运算器与主存之间进行存取访问的数据通路。

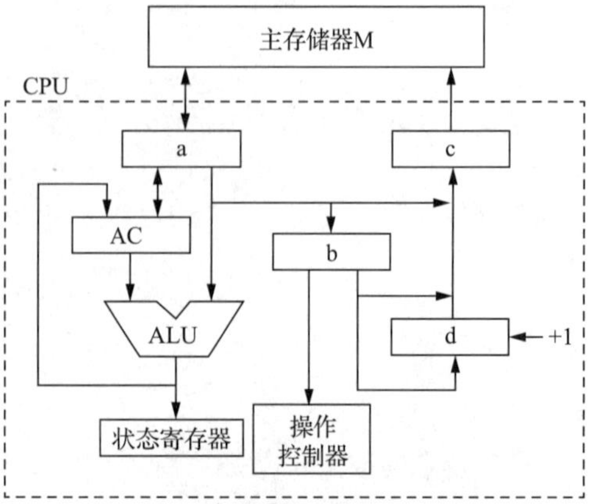

图7-48 某机CPU结构

7-14　什么是微命令、微操作和微指令？微程序与机器指令有何关系？微程序与程序之间有何关系？

7-15　什么是垂直型微指令？什么是水平型微指令？它们各有什么特点？它们之间有什么区别？

7-16　水平型和垂直型微程序设计之间有什么区别？串行微程序设计和并行微程序设计有什么区别？

7-17　图7-49给出了某微程序控制计算机的部分微指令序列，其中每一框代表一条微指令，分支点a由指令寄存器的第5位和第6位两位决定，分支点b由条件码C_0决定，微指令地址寄存器字长为8位，现采用下址字段实现该序列的顺序控制。

（1）设计实现该微指令序列的微指令字的顺序控制字段格式。

（2）给出每条微指令的二进制编码地址。

（3）画出微程序控制器的简化框图。

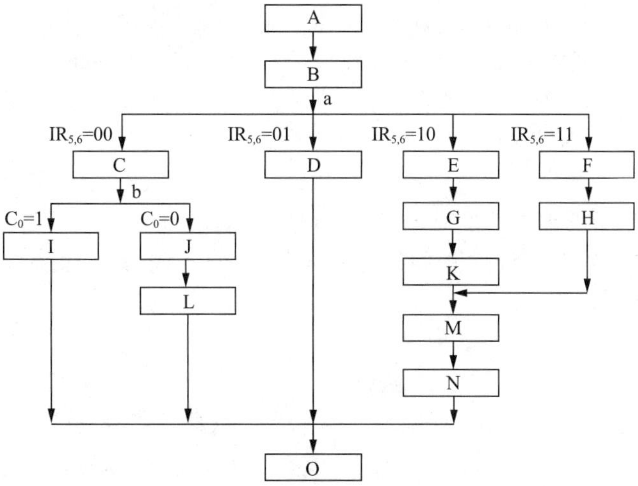

图7-49　某微程序控制计算机的部分微指令序列

7-18　已知某计算机采用微程序控制方式，其控制存储器容量为512×48位，微程序可在整个控制存储器中实现转移，可控制转移的条件共4个，微指令采用水平型格式，后继指令地址采用断定方式，微指令格式如图7-50所示。

图7-50　某计算机的微指令格式

（1）微指令中的3个字段分别应为多少位？

（2）画出围绕这种微指令格式的微程序控制器逻辑框图。

7-19　某计算机有8条微指令I_1～I_8，每条微指令所含的微命令控制信号如表7-6所示。a～j分别代表10种不同性质的微命令信号，假设一条微指令的操作控制字段为8位，安排微指令的操作控制字段格式，并将全部微指令代码化。

表 7-6　微指令所含的微命令控制信号

微指令	微命令信号									
	a	b	c	d	e	f	g	h	i	j
I_1	√	√	√	√	√					
I_2	√			√		√	√			
I_3		√						√		
I_4			√							
I_5			√		√		√		√	
I_6	√							√		√
I_7			√	√				√		
I_8	√	√						√		

7-20　在微程序控制器中，微程序计数器可以用具有加“1”功能的微地址寄存器来代替，试问程序计数器是否可以用具有加“1”功能的存储器地址寄存器代替？

7-21　假设一条指令的执行过程分为“取指令”“分析”“执行”3段，每一段的时间分别为Δt、$2\Delta t$和$3\Delta t$。在以下各种情况下，分别写出连续执行n条指令所需要的时间表达式。

（1）顺序执行方式。

（2）仅“取指令”和“执行”重叠。

（3）“取指令”“分析”“执行”重叠。

7-22　假设指令的解释分取指、分析和执行3步，每步的时间相应为$t_{取指}$、$t_{分析}$、$t_{执行}$。

（1）分别计算下列几种情况下，执行完100条指令所需时间的一般关系式。

① 顺序执行方式。

② 仅“执行$_k$”与“取指$_{k+1}$”重叠。

③ 仅“执行$_k$”“分析$_{k+1}$”“取指$_{k+2}$”重叠。

（2）分别在$t_{取指}=t_{分析}=2$、$t_{执行}=1$及$t_{取指}=t_{执行}=5$、$t_{分析}=2$两种情况下，计算出上述各结果。

7-23　流水线由4个功能部件组成，每个功能部件的延迟时间为Δt。当输入10个数据后，间歇$5\Delta t$，又输入10个数据，如此周期性地工作，求此时流水线的吞吐率，并画出时空图。

7-24　图7-51给出了一个非线性流水线。若4条指令依次间隔$2\Delta t$进入流水线，求出其实际的吞吐率和效率并画出其时空图。如要加快流水，使流水线每隔$2\Delta t$流出一个结果，应减少哪个流水段本身经过的时间？应减少到多少，流水线方能满足要求？求出此时连续流入4条指令时的实际吞吐率和效率。

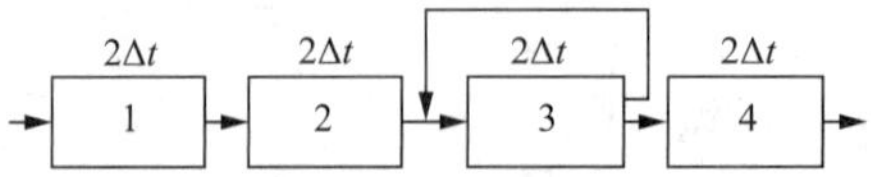

图7-51　4段非线性流水线

7-25　一条线性流水线由4个流水段组成，每个流水段的延迟时间都相等，都为Δt。已知开始5个Δt，每隔一个Δt向流水线输入一个任务，然后停顿2个Δt，如此重复。求流水线的实际吞吐率、加速比和效率。

7-26　为提高流水线效率可采用哪两种主要途径来突破速度瓶颈？现有3段流水线，各段经过时间依次为Δt、$3\Delta t$、Δt。

（1）分别计算在连续输入3条指令时和30条指令时的吞吐率与效率。

（2）按两种途径之一改进，画出流水线结构示意图，同时计算连续输入3条指令和30条指令时的吞吐率与效率。

（3）通过对（1）、（2）两小题的计算结果进行比较，可得出什么结论？

7-27　指令流水线有取指、译码、执行、访存、写回寄存器5个过程段，共有12条指令连续输入此流水线。

（1）画出流水处理的时空图，假设时钟周期为100ns。

（2）求流水线的实际吞吐率（单位时间内执行完毕的指令数）。

（3）求流水线的加速比。

（4）求流水线的效率。

7-28　某处理器采用4级流水线结构分别完成一条指令的取指、指令译码和取数、运算以及送回运算结果4个基本操作，每步操作时间依次为100ns、100ns、80ns和50ns。

（1）该流水线的时钟周期应设计为多少？

（2）若有一小段程序需要用20条基本指令完成（这些指令完全适合在流水线上执行），则得到第一条指令结果需多长时间？完成该段程序总共需要多长时间？

（3）若相邻两条指令发生数据相关，而且在硬件上不采取措施，那么第2条指令要推迟多少时间进行？

（4）若在硬件设计上加以改进，至少需推迟多少时间？

7-29　指出下面程序中是否有数据相关。如果有，请指出是何种数据相关，并进行简要说明。

（1）

I1　SUB R1,R2,R3　#(R2)−(R3)→R1

I2　ADD R5,R4,R1　#(R4)+(R1)→R5

（2）

I3　MUL R3,R1,R2　#(R1) × (R2)→R3

I4　ADD R3,R1,R2　#(R1)+(R2)→R3

（3）

I5　STO A,R1　#(R1)→M(A)，M(A)是存储器单元

I6　ADD R4,R3,R2　#(R3)+(R2)→R4

（4）

I7　LAD R1,B　#M(B)→R1，M(B)是存储器单元

I8　MUL R1,R2,R3　#(R2) × (R3)→R1

7-30　设指令流水线分取指令（IF）、指令译码/读寄存器（ID）、执行/有效地址计算（EX）、存储器访问（MEM）、结果寄存器写回（WB）5个过程段。现有下列指令序列进入流水线。

ADD R1,R2,R3　#(R2)+(R3)→R1

SUB R4,R1,R5　#(R1)−(R5)→R4

AND R6,R1,R7　#(R1)AND(R7)→R6

OR R8,R1,R9　#(R1)OR(R9)→R8

XOR R10,R1,R11　#(R1)XOR(R11)→R10

（1）如果处理器不对指令之间的数据相关进行特殊处理而允许这些指令进入流水线，则上述指令中哪些指令将从未准备好数据的R1寄存器中取到错误的操作数？

（2）假设采用将相关指令延迟到所需操作数被写回寄存器后再执行的方式，以解决数据相关的问题，那么处理器执行该指令序列需占多少时钟周期？

第8章
总线与输入/输出系统

总线是计算机系统的重要组成部分，而输入/输出系统是整个计算机系统中最具有多样性和复杂性的部分。本章首先讨论总线设计问题，接着讨论常见的外设、主机与外设之间的连接，最后介绍输入/输出信息传送控制方式以及它们的实现。

学习指南

1. 知识点和学习要求

- 总线设计
  理解总线定时控制方法
  理解集中式总线仲裁
- 外部设备
  理解磁盘存储器
  了解常见输入/输出设备
- 主机与外设的连接
  理解接口的功能和基本组成
  理解外设的识别与端口寻址
- 输入/输出信息传送控制方式
  掌握各种输入/输出信息传送控制方式的特点与区别
- 中断系统
  掌握中断各个阶段完成的任务
  掌握中断屏蔽的作用
  掌握多重中断与单重中断的区别
  了解中断与异常的区别
- DMA的实现
  理解DMA控制器的组成
  理解DMA的传送方法
  掌握DMA的传送过程
- 通道处理机
  理解通道工作过程
  理解各种通道类型的区别
  掌握通道的流量分析方法

2. 重点与难点

本章的重点：总线定时控制和总线仲裁、常见的外部设备、主机与外设的连接、输入/输出信息传送控制方式、中断系统的实现、DMA的实现和通道处理机等。

本章的难点：各种输入/输出信息传送控制方式的区别、中断系统全过程的实现、DMA控制器的工作过程、通道类型与流量分析。

8.1 总线设计

在大多数计算机系统中，无论是计算机内部各部分之间还是计算机与外部设备之间，数据传送都是通过总线进行的。

8.1.1 总线概述

总线是一组能为多个部件分时共享的公共信息传送线路。共享是指总线上可以挂接多个部件，各个部件之间相互交换的信息都可以通过这组公共线路传送；分时是指同一时刻总线上只能传送一个部件发送的信息。总线的优点是成本低、简单；缺点是总线的带宽形成了信息交换的瓶颈，从而限制了系统中总的I/O吞吐量。

1. 总线事务

通常把在总线上一对设备之间的一次信息交换过程称为一个“总线事务”，把发出总线事务请求的部件称为主设备，与主设备进行信息交换的对象称为从设备。例如，CPU要求读取存储器中某单元的数据，则CPU是主设备，而存储器是从设备。总线事务类型通常根据它的操作性质来定义，典型的总线事务类型有“存储器读”“存储器写”“I/O读”“I/O写”“中断响应”等。一次总线事务简单来说包括两个阶段：地址阶段和数据阶段。

突发传送事务由一个地址阶段和多个数据阶段构成，它用于传送多个连续单元的数据，地址阶段送出的是连续区域的首地址。因此，一个突发传送事务可以传送多个数据。

2. 总线使用权

总线是由多个部件和设备所共享的。为了正确地实现它们之间的通信，必须有一个总线控制机构对总线的使用进行合理的分配和管理。

主设备发出总线请求并获得总线使用权后，就立即开始向从设备进行一次信息传送。这种以主设备为参考点，向从设备发送信息或接收从设备送来的信息的工作关系称为主从关系。主设备负责控制和支配总线，向从设备发出命令来指定数据传送方式与数据传送地址信息。各设备之间的主从关系不是固定不变的，只有获得总线使用权的设备才是主设备，如CPU等。但主存总是从设备，因为它不会主动提出要与谁交换信息的要求。

在定义总线数据传送操作是“输入”或“输出”时，必须以主设备为参考点，即从设备将数据送往主设备称为“输入”，反之称为“输出”。

通常，将完成一次总线操作的时间称为总线周期。总线使用权的转让发生在总线进行一次数据传送的结束时刻。在一个总线周期开始时，对CPU或I/O设备的请求进行取样，并在这个总线周期进行数据传送的同时也进行判优，选择下一总线周期谁能获得总线使用权，然后在本周期结束时实现总线使用权的转移，开始新的总线周期。

3. 总线的数据宽度

数据宽度是I/O设备取得I/O总线后所传送数据的总量，它不同于前述的数据通路宽度。数据通路宽度是数据总线的物理宽度，也就是数据总线的线数。而两次分配总线期间所传送的数据宽度可能要经过多个时钟周期分次传送才能完成。数据宽度有单字（单字节）、定长块、变长块、单字加定长块和单字加变长块等。

单字（单字节）宽度适用于低速设备。因为这些设备在每次传送一个字（字节）后的访问等待时间很长，在这段时间里让总线释放出来为别的设备服务，这样可极大提高总线利用率和系统效率。采用单字（单字节）宽度不用指明传送信息的长度，有利于减少辅助开销。

定长块宽度适用于高速设备，可以充分利用总线带宽。定长块也不用指明传送信息的长度，这样可简化控制。但由于块的大小固定，当它要比实际传送的信息块小得多时，仍要多次分配总线；而如果它大于要传送的信息块，又会浪费总线带宽和缓冲器空间，也使得部件不能及时转入别的操作。

变长块宽度适用于高优先级的中高速设备，灵活性好，可按设备的特点动态地改变传送块的大小，使之与部件的物理或逻辑信息块的大小一致，以有效地利用总线的带宽，也可使通信的部件能全速工作。但它为此要增大缓冲器空间和增加指明传送信息块大小的辅助开销和控制。

单字加定长块宽度适用于速度较低而优先级较高的设备。这样，定长块的大小就不必选择过大，信息块超过定长块的部分可用单字处理，从而减少总线带宽、部件的缓冲器空间，减少部件可用能力的浪费。不过，若传送的信息块小于定长块的大小而字数又不少时，设备或总线的利用率会降低。

单字加变长块宽度是一种灵活有效但复杂、成本高的方法。当要求传送单字时，该方法比只能成块传送的方法节省了不少起始辅助操作；而当成块传送时，其块的大小又能调整到与部件和应用的要求相契合，从而优化总线的使用。

4. 总线的性能指标

总线的主要性能指标如下。

（1）总线宽度

总线宽度指的是总线的线数，它决定总线所占的物理空间和成本。对总线宽度最直接的影响是地址线和数据线的数量，地址线的宽度指明总线能直接访问存储器的地址空间范围，数据线的宽度指明访问一次存储器或外设时能够交换的数据位数。

（2）总线带宽

总线带宽是指总线的最大数据传输率，即每秒传输的字节数。在同步通信中，总线的带宽与总线时钟密不可分，总线时钟频率的高低决定总线带宽的大小。总线的带宽公式为：

$$B=W\times F/N$$

其中，B为总线的带宽；W为数据总线宽度，通常以字节为单位；F为总线的时钟频率；N为完成一次数据传送所用的时钟周期数。

（3）总线负载

总线负载是指连接在总线上的最大设备数量。大多数总线的负载能力是有限的。

（4）总线分时复用

总线分时复用是指在不同时段利用总线上同一信号线传送不同信号，例如地址总线和数据总线共用一组信号线。采用这种方式的目的是减少总线数量，提高总线的利用率。

（5）总线猝发式数据传输

猝发（突发）式数据传输是一种总线传输方式，即在一个总线周期中可以传输存储地址连续的多个数据。

除去以上提到的性能指标外，总线是否具有即插即用功能、是否支持总线设备的热插拔、是否支持多主控设备、是否具有错误检测能力、是否依赖于特定CPU等也是评价总线性能的指标。

8.1.2 总线定时控制

主机与外设通过总线进行信息交换时，必然存在着时间上的配合和动作的协调问题，否则系统的工作将出现混乱。总线的定时控制方式一般分为同步定时方式和异步定时方式。

1. 同步定时方式

同步定时方式是指系统采用统一的时钟信号来协调发送和接收双方的传送定时关系。时钟产生相等的时间间隔，每个间隔构成一个总线周期。在一个总线周期中，发送和接收双方可以进行一次数据传送。由于是在规定的时间段内进行I/O操作，所以发送者不必等待接收者响应，当这个时间段结束后，就自动进行下一个操作。

同步定时方式中的时钟频率必须能满足在总线上最长延迟和最慢接口的需要。因此，同步定时方式的效率较低，时间利用也不够合理；同时，也没法知道被访问的外设是否已经真正响应，故可靠性比较低。

2. 异步定时方式

异步定时方式也称为应答方式。在这种方式下，没有公用的时钟，也没有固定的时间间隔，完全依靠传送双方相互制约的“握手”信号来实现定时控制。

通常，把交换信息的两个部件或设备分为主设备和从设备，主设备提出交换信息的“请求”信号，经接口传送到从设备；从设备接到主设备的申请后，通过接口向主设备发出“回答”信号，整个“握手”过程就是在一问一答中进行的。我们必须指出的是，从“请求”到“回答”的时间是由操作的实际时间决定的，而不是由CPU的节拍硬性规定的，所以具有很强的灵活性，并且对提高整个计算机系统的工作效率也是有好处的。

异步定时方式能保证两个工作速度相差很大的部件或设备之间可靠地进行信息交换，自动完成时间上的配合。但是，异步定时方式较同步定时方式稍复杂一些，成本也会高一些。

异步定时方式根据“请求”和“回答”信号的撤销是否互锁可分为以下3种情况。

（1）不互锁

“请求”和“回答”信号都有一定的时间宽度，“请求”信号的结束和“回答”信号的结束不互锁，如图8-1（a）所示。

（2）半互锁

“请求”信号的撤销取决于接收到“回答”信号，而“回答”的撤销由从设备自己决定，如图8-1（b）所示。

（3）全互锁

“请求”信号的撤销取决于“回答”信号的来到，而“请求”信号的撤销又导致“回答”信号的撤销，如图8-1（c）所示。全互锁方式给出了最高的灵活性和可靠性，当然也付出了增加接口电路复杂性的代价。

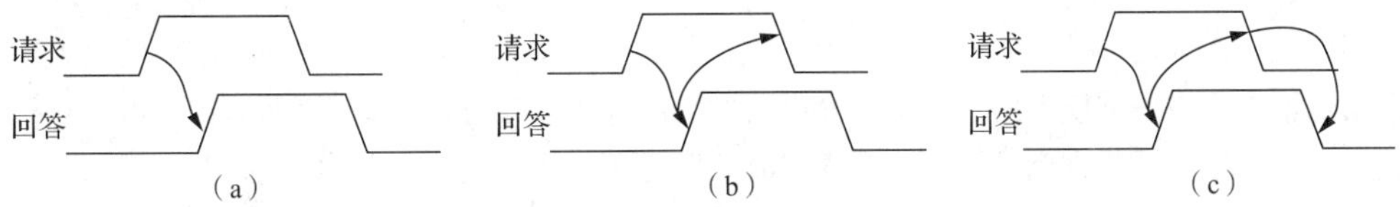

图8-1 请求与回答信号的互锁

8.1.3 总线仲裁

总线仲裁

为了保证同一时刻只有一个申请者使用总线，总线控制机构中设置有总线判优和仲裁控制逻辑，即按照一定的优先次序来决定哪个部件首先使用总线，只有获得总线使用权的部件才能开始数据传送。总线判优按其仲裁控制机构的设置可分为集中式控制和分布式控制两种。

总线控制逻辑集中在一处（如在CPU中）的称为集中式控制。就集中式控制而言，它有3种常见的优先权仲裁方式。

1. 链式查询方式

链式查询方式如图8-2所示，总线控制器使用3根控制线与所有部件和设备相连，而AB和DB分别代表地址总线和数据总线。3个控制信号如下。

总线请求（BR）：该线有效，表示至少有一个部件或设备要求使用总线。

总线忙（BS）：该线有效，表示总线正在被某部件或设备使用。

总线批准（BG）：该线有效，表示总线控制器响应总线请求。

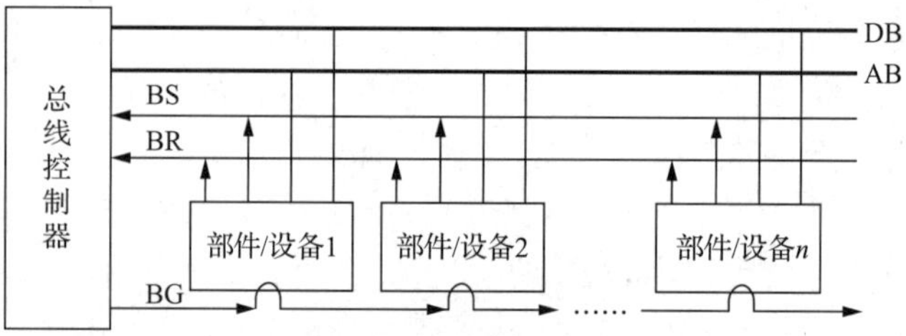

图8-2 链式查询方式

与总线相连的所有部件经公共的BR线发出总线请求，只有在BS信号未建立前，BR才能被总线控制器响应，并送出BG回答信号。BG信号串行地通过每个部件，如果某个部件本身没有总线请求，则将该信号传给下一个部件；如果这个部件有总线请求，就停止传送BG信号，该部件获得总线使用权。这时该部件将建立BS信号，表示它占用了总线，并撤销总线请求信号，进行数据的传送。BS信号在数据传送完后撤销，BG信号也随之撤销。

显然，链式查询方式的优先次序是由BG线上串接部件的先后位置来确定的，在查询链中离总线控制器最近的设备具有最高优先权。

链式查询方式的优点是只用3根线就能按一定的优先次序来实现总线控制，并很容易实现扩充；缺点是对查询链的故障很敏感，如果第i个部件中的查询链电路有故障，那么第i个以后的部件都不能工作。另外，因为查询的优先级是固定的，所以若优先级较高的部件出现频繁的总线请求时，优先级较低的部件就可能会难以得到响应。

2. 计数器定时查询方式

计数器定时查询方式如图8-3所示。总线上的每个部件可以通过公共的BR线发出请求，总线控制器收到请求之后，在BS为0的情况下，让计数器开始计数，定时地查询各个部件以确定是谁发出的请求。当查询线上的计数值与发出请求的部件号一致时，该部件就使BS线置1，获得总线使用权，并中止计数查询，直至该部件完成数据传送之后，撤销BS信号。

这种计数可以从0开始，也可以从中止点开始。如果从0开始，各部件的优先次序和链式查询方式的优先次序相同，优先级的次序是固定的。如果从中止点开始，即循环优先级，各个部件使用总线的机会将相同。计数器的初始值还可以由程序来设置，这样就可以方便地改变优先次序，增加系统的灵活性。定时查询方式的控制线数较多，n个部件共需$2+\lceil \log_2 n \rceil$根。

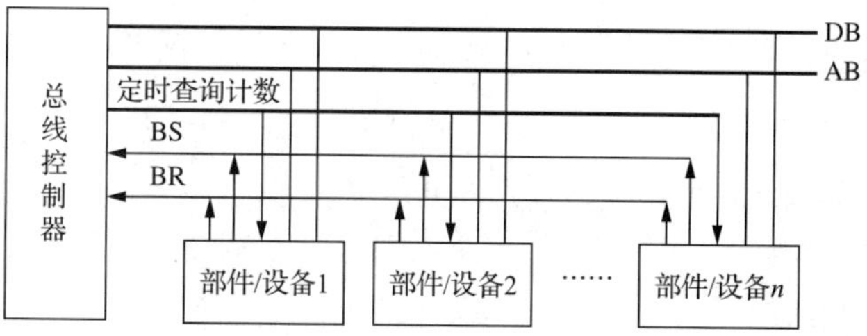

图8-3 计数器定时查询方式

3. 独立请求方式

独立请求方式如图8-4所示。在这种方式中，每一个共享总线的部件均有一对控制线：总线请求BR_i和总线批准BG_i。当某个部件请求使用总线时，便发出BR_i；总线控制器中有一排电路，根据一定的优先次序决定首先响应哪个部件的请求BR_i，然后给该部件送回批准信号BG_i。

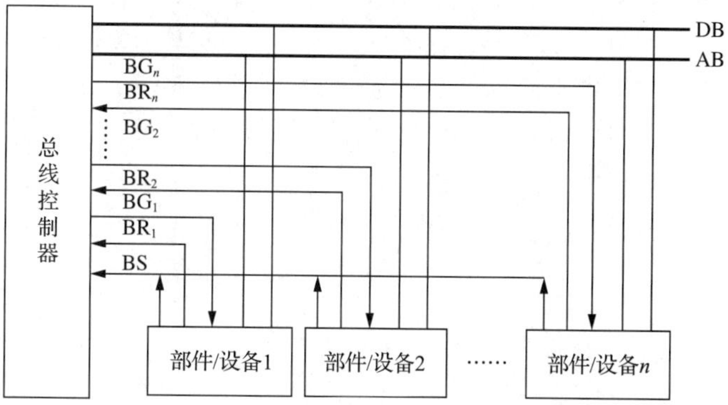

图8-4 独立请求方式

独立请求方式的优点是响应快，然而这是以增加控制线数和硬件电路为代价的，对于n个部件，控制线的数量将达$2n+1$根。此方式对优先次序的控制也是相当灵活的，优先次序可以预先固定，也可以通过程序来改变。

而分布仲裁方式不需要中央仲裁器，即总线控制逻辑分散在连接于总线上的各个部件或设备中。连接到总线上的主方可以启动一个总线周期，而从方只能响应主方的请求。每次总线操作，只能有一个主方占用总线使用权，但同一时间里可以有一个或多个从方。对多个主设备提出的占用总线请求一般采用优先级、冲突检测或公平策略等方法进行仲裁。其中，冲突检测仲裁方式一般用在网络通信总线上，具体来说就是“谈前先听，冲突重发”，主方在传输前，会侦听总线是否空闲，若空闲则立即使用总线；在传输过程中，还会侦听总线是否发生冲突，若发生冲突，则两个设备都会停止传输，延迟一个随机时间后再重新使用总线。

8.2 外部设备

CPU和主存储器构成计算机的主机。除主机以外，围绕着主机设置的各种硬件装置称为外部设备或外围设备。它们主要用来完成数据的输入、输出、成批存储以及对信息加工处理的任务。

8.2.1 外存储器

外存储器是指主机以外的存储装置，它又称为辅助存储器。常见外存储器有硬盘存储器、磁盘阵列等。

1. 硬盘存储器

硬盘存储器包括硬盘控制器、硬盘驱动器以及连接电缆。新型的硬盘都已将控制器集成到驱动器单元中去了。

（1）硬盘的信息分布

在硬盘中信息分布呈以下层次：记录面、圆柱面、磁道和扇区，如图8-5所示。一个硬盘驱动器中有多个盘片，每个盘片有两个记录面，每个记录面对应一个磁头，所以记录面号就是磁头号，如图8-5（a）所示。在记录面上，一条条磁道形成一组同心圆，通常将一条磁道划分为若干个段，每个段称为一个扇区或扇段，每个扇区存放一个定长信息块（如512字节），如图8-5（b）所示。在一个盘组中，各记录面上相同编号（位置）的诸磁道构成一个圆柱面，如图8-5（c）所示。例如，某驱动器有4片8面，则8个0号磁道构成0号圆柱面，8个1号磁道构成1号圆柱面……硬盘的圆柱面数就等于一个记录面上的磁道数，圆柱面号即对应的磁道号。在存入文件时，应首先将一个文件尽可能地存放在同一圆柱面中。这是因为如果选择同一圆柱面上的不同磁道，则由于各记录面的磁头已同时定位，换道的时间只是磁头选择电路的译码时间，相对于定位操作可以忽略不计。而如果选择同一记录面上的不同磁道，则每次换道时都要进行磁头定位操作，速度较慢。

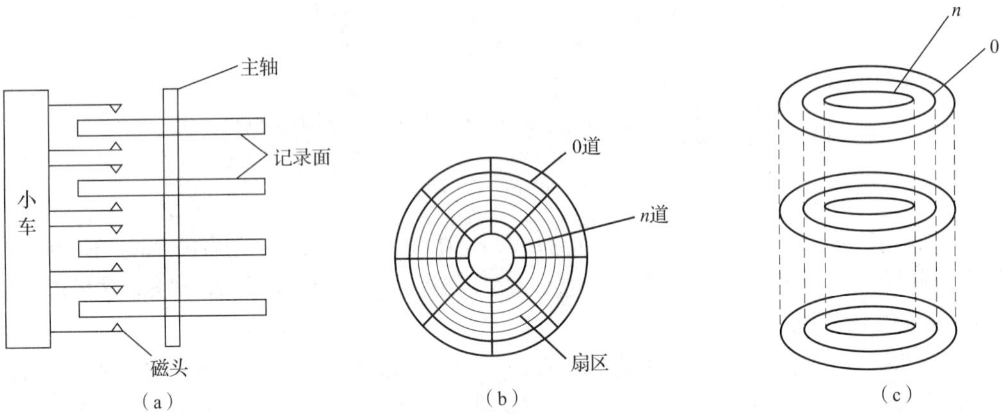

图8-5　硬盘信息分布示意图

（2）磁盘地址

主机向磁盘控制器送出有关寻址信息，磁盘地址一般表示为：

驱动器号　圆柱面（磁道）号　记录面（磁头）号　扇区号（块号）

（3）硬盘的主要性能指标

硬盘标称的容量是指格式化容量，即用户实际可以使用的存储容量；非格式化容量是指磁记录介质上全部的磁化单元数。格式化容量一般约为非格式化容量的60%～70%。

硬盘转速是指硬盘主轴电机的旋转速度，它是决定硬盘内部传输率的关键因素之一，在很大程度上直接影响到硬盘的速度。硬盘转速以每分钟多少转（r/min）来表示。

记录密度是指硬盘存储器上单位长度或单位面积所存储的二进制信息量，通常以道密度和位密度表示。道密度是指沿半径方向上单位长度中的磁道数量，道密度的单位是道/in或道/mm。位密度是指沿磁道方向上单位长度中所记录的二进制信息的位数，位密度的单位为位/in或位/mm。

硬盘的存取时间主要包括4个部分：第一部分是指磁头从原先位置移动到目的磁道所需要的时间，其称为定位时间或寻道时间；第二部分是指在到达目的磁道以后，等待被访问的记录块旋转到磁头下方的等待时间，其称为旋转时间或等待时间；第三部分是信息的读写操作时间，其也称为传输时间；最后是磁盘控制器的开销。由于寻找不同磁道和等待不同记录块所用的时间不同，因此通常取它们的平均值。传输时间和控制器的开销相对平均寻道时间T_s和平均等待时间T_w来说要短得多，可以忽略不计，所以磁盘的平均存取时间T_a可按如下公式计算。

$$T_a \approx T_s + T_w = \frac{t_{smin} + t_{smax}}{2} + \frac{t_{wmin} + t_{wmax}}{2}$$

硬盘缓存存在的目的是解决硬盘内部与接口数据之间速度不匹配的问题，它可以提高硬盘的读写速度。

硬盘的数据传输率分为内部数据传输率和外部数据传输率。内部数据传输率是指磁头与硬盘缓存之间的数据传输率；外部数据传输率是指系统总线与硬盘缓存之间的数据传输率，外部数据传输率与硬盘接口类型和缓存大小有关。

2. 磁盘阵列

磁盘阵列（RAID）将一组磁盘驱动器用某种逻辑方式联系起来，作为逻辑上的一个磁盘驱动器来使用。一般情况下，组成的逻辑磁盘驱动器的容量要小于各个磁盘驱动器容量的总和。

RAID的优点如下。

① 成本低，功耗小，传输速率高。RAID可以让很多磁盘驱动器同时传输数据，而这些磁盘驱动器在逻辑上又是一个磁盘驱动器，所以使用RAID可以达到单个磁盘驱动器几倍、几十倍，甚至上百倍的速率。

② 提供容错功能。这是使用RAID的第二个原因，如果不考虑磁盘上的循环冗余校验（CRC）码，普通磁盘驱动器无法提供容错功能。RAID的容错是建立在每个磁盘驱动器的硬件容错功能之上的，所以它可提供更高的安全性。

③ RAID比起传统的大直径磁盘驱动器，在同样的容量下，价格要低许多。

通常将RAID分为7个级别，即RAID0～RAID6，如表8-1所示。在RAID1～RAID6的几种方案中，不论何时有磁盘损坏都可以随时拔出损坏的磁盘后再插入好的磁盘（需要硬件上的热插拔支持），数据不会受损，失效盘的内容可以很快地重建，重建的工作由RAID硬件或RAID软件来完成。但是，RAID0不提供错误校验功能，所以有人说它不能算作是RAID，其实这也是RAID0被称为0级RAID的原因——0本身就代表“没有”。

表 8-1 RAID 的分级

RAID级别	名称	数据磁盘数	可正常工作的最多失效磁盘数	检测磁盘数
RAID0	无冗余无校验的磁盘阵列	8	0	0
RAID1	镜像磁盘阵列	8	1	8
RAID2	纠错汉明码磁盘阵列	8	1	4

续表

RAID级别	名称	数据磁盘数	可正常工作的最多失效磁盘数	检测磁盘数
RAID3	位交叉奇偶校验的磁盘阵列	8	1	1
RAID4	块交叉奇偶校验的磁盘阵列	8	1	1
RAID5	无独立校验盘的奇偶校验磁盘阵列	8	1	1
RAID6	双维无独立校验盘的奇偶校验磁盘阵列	8	2	2

RAID级别的选择有3个主要因素：可用性（数据冗余）、性能和成本。如果不要求可用性，选择RAID0，以获得最佳性能。如果可用性和性能是重要的而成本不是一个主要因素，则根据硬盘数量选择RAID1。如果可用性、成本和性能都同样重要，则根据一般的数据传输和硬盘的数量选择RAID3、RAID5等。

8.2.2 常见输入设备

从计算机的角度出发，向计算机输入信息的外部设备称为输入设备。常见的输入设备有键盘、鼠标等。

1. 键盘

键盘是计算机系统不可或缺的输入设备。人们通过键盘上的按键直接向计算机输入各种数据、命令及指令，从而使计算机完成不同的运算及控制任务。

键盘上的每个按键各起一个开关的作用，故又称为键开关。键开关分为接触式和非接触式两大类。

接触式键开关中有一对触点，最常见的接触式键开关是机械式键，它是靠按键的机械动作来控制开关开启的。当键帽被按下时，两个触点被接通；当键帽被释放时，弹簧恢复原来触点断开的状态。这种键开关结构简单、成本低，但开关通断会产生触点抖动，而且使用寿命较短。

非接触式键开关的特点是：开关内部没有机械接触，只是利用按键动作改变某些参数或者利用某些效应来实现电路的通、断转换。非接触式键开关主要有电容式键和霍尔键两种，其中电容式键是比较常用的。这种键开关无机械磨损，不存在触点抖动现象，性能稳定，寿命长，已成为当前键盘的主流。

按照键码的识别方法，键盘可分为以下两大类型。

编码键盘是用硬件电路来识别按键代码的键盘，即当某键按下后，相应电路给出一组编码信息（如ASCII）送主机去进行识别及处理。编码键盘的响应速度快，但它以复杂的硬件结构为代价，并且其硬件的复杂程度随着键数的增加而增加。

非编码键盘是用较为简单的硬件和专门的键盘扫描程序来识别按键的位置，即当按某键以后并不给出相应的ASCII，而提供与按下键相对应的中间代码，然后把中间代码转换成对应的ASCII。非编码键盘的响应速度不如编码键盘的快，但是它通过软件编程可为键盘中某些键的重新定义提供更大的灵活性，因此得到广泛使用。

2. 鼠标

鼠标是控制显示器中鼠标指针移动的输入设备。由于它能在屏幕上实现快速、精确的鼠标指针定位，可用于屏幕编辑、选择菜单和屏幕作图。鼠标已成为计算机系统中必不可少的输入设备。

鼠标按其内部结构的不同可分为机械式、光机式和光电式3类。尽管结构不同，但从控制鼠标指针移动的原理上讲，三者基本相同，它们都是把鼠标的移动距离和方向变为脉冲信号送给计算机，计算机再把脉冲信号转换成显示器上鼠标指针的坐标数据，从而达到指示位置的目的。

8.2.3 常见输出设备

从计算机的角度出发，接收计算机输出信息的外部设备称为输出设备。常见的输出设备有显示器和打印机等。

1. 显示器

显示器是将电信号转换成视觉信号的一种装置。在计算机系统中，显示器被用作输出设备和人机对话的重要工具。显示器输出的内容不能长期保存，当显示器关机或显示别的内容时，原有内容就消失了，所以显示器属于软拷贝输出设备。

计算机系统中的显示器，按显示对象的不同可分为字符显示器、图形显示器和图像显示器，按显示原理可分为主动显示器件和被动显示器件。目前，计算机系统中使用最广泛的是液晶显示器。液晶显示器体积小，重量轻，功耗低，辐射小，但亮度较低，色彩不够鲜明，且成本较高。

为了保持显示画面流畅，要输出和要处理的像素数据必须存储在一个显示缓冲区中，这个缓冲区又称为视频存储器（VRAM）。对VRAM的操作是显示器工作的软、硬件界面所在。VRAM的容量由分辨率和灰度级决定，分辨率越高、灰度级越高，VRAM的容量就越大。同时，VRAM的存取周期必须满足刷新率的要求。分辨率由每帧画面的像素数决定，而像素具有明暗和色彩属性。黑白图像的明暗程度称为灰度，明暗变化的数量称为灰度级，所以在单色显示器中，仅有灰度级指标。彩色图像是由多种颜色构成的，在彩色显示器中能显示的颜色种类称为颜色数。

显示方式从功能上分为两大类：字符显示方式和图形显示方式。

在字符显示方式中，将一屏中可显示的最多字符数称为分辨率，例如80列×25行。字符显示方式的VRAM通常分成两个部分：字符代码缓存和显示属性缓存。字符代码缓存中存放着显示字符的ASCII，每个字符占1字节；显示属性缓存中存放着字符的显示属性，一般也占1字节。VRAM的最小容量是由屏幕上字符显示的行、列规格来决定的。例如，一帧字符的显示规格为80×25，那么VRAM中的字符代码缓存的最小容量就是2KB。字符方式需要的VRAM较小，显示更新的速度非常快，但缺点是无法显示图形。

在图形显示方式中，将一屏中可显示的像素点数称为分辨率。图形显示方式的显示信息以二进制的形式存储在VRAM中。在最简单的情况下，只需要存储二值图形，即0表示黑色（暗点），1表示白色（亮点）。用VRAM的1位表示1个点，所以VRAM的1字节可以存放8个点，例如，一个CRT显示器的分辨率为640×200，在无灰度级的单色显示器中只需要16KB的VRAM。在彩色显示或单色多灰度显示时，每个点需要若干位来表示，例如，若用两位二进制代码表示1个点，那么每个点便能选择显示4种颜色，此时VRAM的1字节只能存放4个点。如果显示器的分辨率不变，VRAM的容量就要增加一倍。反之，若VRAM容量一定，随着分辨率的增大，显示的颜色数将减少。所以在图形显示方式下，对VRAM的需求随显示分辨率的大小和颜色数的多少而不同，公式如下。

$$\text{VRAM的容量}=\text{分辨率}\times\text{颜色深度}$$

其中，颜色深度与颜色数的对应关系为：

$$\text{颜色深度}=\log_2\text{颜色数}$$

2. 打印机

打印机的功能是将计算机的处理结果以字符或图形的形式打印到打印介质上，以便于人们阅读和保存。由于打印输出结果能永久性保留，故称为硬拷贝输出设备。

按照打印的工作原理不同，打印机分为击打式和非击打式两大类。击打式打印机是利用机械作用使印字机构与色带和纸相撞击而打印字符的，它的工作速度一般不高，而且不可避免地要产生工作噪声，但是设备成本低，针式打印机就是使用最广泛的击打式打印机。非击打式打印机是采用电、磁、光、喷墨等物理或化学方法印刷出文字和图形的，其由于印字过程没有击打动作，因此印字速度快、噪声低，目前主要有喷墨打印机、激光打印机等。

打印机按照输出工作方式可分为串式打印机、行式打印机和页式打印机3种。串式打印机是单字锤的逐字打印，它在打印一行字符时，不论所打印的字符是相同的还是不同的，均按顺序沿字行方向依次逐个字符打印，因此打印速度较慢，一般用字每秒（CPS）来衡量其打印速度；行式打印机是多字锤的逐行打印，它一次能同时打印一行（多个字符），打印速度较快，常用行每分（LPM）来衡量其打印速度；页式打印机一次可以打印一页，打印速度最快，一般用页每分（PPM）来衡量其打印速度。

打印机按印字机构不同，可分为固定字模（活字）式打印机和点阵式打印机两种。固定字模式打印机是将各种字符塑压或刻制在印字机构的表面上，印字机构如同印章一样，可将其上的字符在打印纸上印出；而点阵式打印机则借助若干点阵来构成字符。固定字模式打印机字迹清晰，但字模数量有限，组字不灵活，不能打印汉字和图形，所以基本上已被淘汰。点阵式打印机以点阵图拼出所需字形，不需固定字模，组字非常灵活，可打印各种字符（包括汉字）和图形、图像等。现在人们普遍有一种误解，即只把针式打印机看作点阵打印机，这种认知是不全面的。事实上，非击打式打印机输出的字符和图形也是由点阵构成的。

打印机通常有两种工作模式，即文本模式（字符模式）和图形模式。在文本模式下，主机向打印机输出字符代码（ASCII）或汉字代码（国标码），打印机则依据代码从位于打印机上的字符库或汉字库中取出点阵数据，在纸上打出相应字符或汉字。与图形模式相比，文本模式所需传送的数据量少，占用主机CPU的时间少，因而效率较高，但所能打印的字符或汉字的数量受到字库的限制。在图形模式下，主机向打印机直接输出点阵图形数据，从而可打印出字符、汉字、图形、图像等，但图形模式所需传送的数据量大。例如打印一个24×24点阵的汉字，字符点阵的数据量为72字节，远大于字符代码的数据量（2字节）。

8.3 主机与外设的连接

现代计算机系统中外设的种类繁多，各类外设不仅结构和工作原理不同，而且与主机的连接方式也是复杂多变的。

8.3.1 接口的功能与基本组成

1. 接口的功能

（1）实现主机和外设的通信联络控制

接口中的同步控制电路用来解决主机与外设的时间配合问题。

（2）进行地址译码和设备选择

当CPU送来选择外设的地址码后，接口必须对地址进行译码以产生设备选择信息，使主机能与指定外设交换信息。

（3）实现数据缓冲

数据缓冲寄存器用于数据的暂存，以避免丢失数据。在传送过程中，先将数据送入数据缓冲寄存器中，然后送到输出设备或主机中。

（4）数据格式的变换

为了满足主机或外设的各自要求，接口电路中必须具有各类数据相互转换的功能。例如，并–串转换、串–并转换、模–数转换、数–模转换以及二进制数和ASCII的相互转换等。

（5）传递控制命令和状态信息

当CPU要启动某一外设时，通过接口中的命令寄存器向外设发出启动命令；当外设准备就绪时，则有“准备好”状态信息送回接口中的状态寄存器，为CPU提供外设已经具备与主机交换数据条件的反馈信息。当外设向CPU提出中断请求和直接存储器访问请求时，CPU也应有相应的响应信号反馈给外设。

2. 接口的基本组成

接口中要分别传送数据信息、控制信息和状态信息，这些信息都通过数据总线来传送。大多数计算机都把外部设备的状态信息视为输入数据，而把控制信息看成输出数据，并在接口中分设各自相应的寄存器，赋以不同的端口地址，各种信息分时地使用数据总线传送到各自的寄存器中去。接口的基本组成及与主机、外设间的连接如图8–6所示。

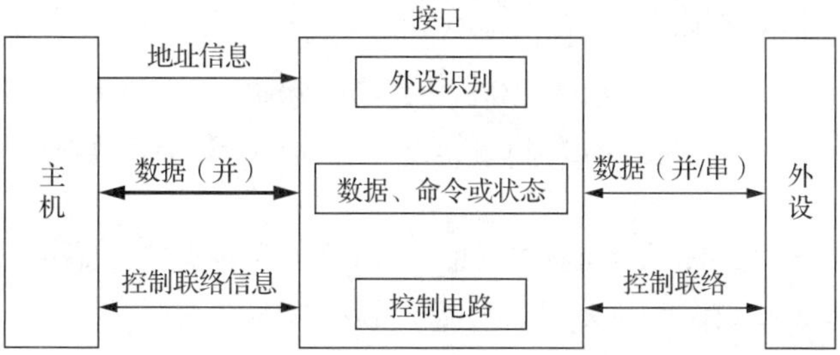

图8–6　接口的基本组成及与主机、外设间的连接

接口与端口是两个不同的概念。端口是指接口电路中可以被CPU直接访问的寄存器，若干个端口加上相应的控制逻辑电路才组成接口。

通常，一个接口中包含数据端口、命令端口和状态端口。存放数据信息的寄存器称为数据端口，存放控制命令的寄存器称为命令端口，存放状态信息的寄存器称为状态端口。CPU通过输入指令可以从有关端口中读取信息，通过输出指令可以把信息写入有关端口。CPU对不同端口的操作有所不同，有的端口只能写或只能读，有的端口既可以读又可以写。例如，对状态端口只能读，将外设的状态标志送到CPU中；对命令端口只能写，将CPU的各种控制命令发送给外设。为了节省硬件，在有的接口电路中，状态信息和控制信息可以共用一个寄存器（端口），称为设备的控制/状态寄存器。

8.3.2 外设的识别与端口寻址

为了能在众多的外设中寻找或挑选出要与主机进行信息交换的外设，就必须对外设进行编址。外设识别是通过地址总线和接口电路中的外设识别电路来实现的，I/O端口地址就是主机与外设直接通信的地址，CPU可以通过端口发送命令、读取状态和传送数据。要想实现对这些端口的访问，就会涉及对I/O端口的编址。

1. 端口地址编址方式

I/O端口编址方式有两种：一种是I/O映射方式，即把I/O端口地址与存储器地址分别进行独立编址；另一种是存储器映射方式，即把端口地址与存储器地址统一编址。关于输入/输出指令的编址已在第3章中进行过介绍，这里则从外设识别的角度加以进一步讨论。

（1）独立编址

在这种编址方式中，主存地址空间和I/O端口地址空间是相对独立的，分别单独编址。例如，在8086中，其主存地址范围是从00000H到FFFFFH，其I/O端口地址范围是从0000H到FFFFH，它们互相独立，互不影响。CPU访问主存时，由主存读写控制线控制；CPU访问外设时，由I/O读写控制线控制，所以在指令系统中必须设置专门的I/O指令。当CPU使用I/O指令时，其指令的地址字段直接或间接地指示出端口地址。这些端口地址被接口电路中的地址译码器接收并进行译码，符合者就是CPU所指定的外设寄存器，该外设寄存器会被CPU访问。

（2）统一编址

在这种编址方式中，I/O端口地址和主存单元地址是统一编址的，把I/O接口中的端口作为主存单元一样进行访问，不设置专门的I/O指令。当CPU访问外设时，把分配给该外设的地址码（具体到该外设接口中的某一寄存器号）送到地址总线上，然后各外设接口中的地址译码器对地址码进行译码，如果符合即是CPU指定的外设寄存器。

2. 独立编址方式的端口访问

独立编址方式广泛应用于Intel系列计算机中，Intel 80x86的I/O地址空间由64K（2^{16}）个独立编址的8位端口组成。两个连续的8位端口可作为16位端口处理；4个连续的8位端口可作为32位端口处理。

80x86的专用I/O指令IN和OUT有直接寻址和间接寻址两种类型。直接寻址I/O端口的寻址范围为00～FFH，至多为256个端口地址。这时程序可以指定：

编号0～255的256个8位端口；

编号0、2、4……252、254的128个16位端口；

编号0、4、8……248、252的64个32位端口。

间接寻址由DX寄存器间接给出I/O端口地址。DX寄存器字长为16位，所以最多可寻址2^{16}=64K个端口地址，这时程序可指定：

编号0～65535的65 536个8位端口；

编号0、2、4……65532、65534的32 768个16位端口；

编号0、4、8……65528、65532的16 384个32位端口。

CPU一次可实现字节（8位）、字（16位）或双字（32位）的数据传送。32位端口应对准可被4整除的地址；16位端口应对准偶地址。

8.4 输入/输出信息传送控制方式

主机和外设之间的信息传送控制方式，经历了由低级到高级、由简单到复杂、由集中管理到各部件分散管理的发展过程，按其发展的先后次序和主机与外设并行工作的程度，可以分为程序查询方式、程序中断方式、直接存储器存取方式和通道控制方式4种。

8.4.1 程序查询方式

1. 程序查询方式的基本思想

程序查询方式是一种程序直接控制方式，也是主机与外设间进行信息交换的最简单方式。在这种方式下，输入和输出完全是通过CPU执行程序来完成的。一旦某一外设被选中并启动之后，CPU将查询这个外设的某些状态位，看其是否准备就绪（准备就绪是指CPU在执行输入指令时外设一定是“准备好”的，在执行输出指令时外设一定是“缓冲器空”的）。若外设未准备就绪，CPU就循环等待，只有当外设已做好准备，CPU才能执行I/O指令进行一次数据传送，这就是程序查询方式的基本思想。

这种方式控制简单，但外设和主机不能同时工作，各外设之间也不能同时工作，系统效率很低，因此，仅适用于外设数量不多、对I/O处理的实时要求不那么高、CPU的操作任务比较单一且不很忙的情况。

2. 程序查询方式的工作流程

程序查询方式的工作流程如下。

（1）预置传送参数。在传送数据之前，由CPU执行一段初始化程序，预置传送参数。传送参数包括存取数据的主存缓冲区首地址和传送数据的个数。

（2）向外设接口发出命令字。当CPU选中某个外设时，执行输出指令向外设接口发出命令字启动外设，为接收数据或发送数据做应有的操作准备。

（3）从外设接口取回状态字。CPU执行输入指令，从外设接口中取回状态字并进行测试，判断数据传送是否可以进行。

（4）查询外设标志。CPU不断查询状态标志。如果外设没有准备就绪，CPU就踏步等待，转至第（3）步，一直到这个外设准备就绪，并发出“外设准备就绪”信号为止。

（5）传送数据。只有外设准备好，才能实现主机与外设间的一次数据传送。输入时，CPU执行输入指令，从外设接口的数据缓冲寄存器中接收数据；输出时，CPU执行输出指令，将数据写入外设接口的数据缓冲寄存器中。

（6）修改传送参数。每进行一次数据传送之后必须要修改传送参数，其中包括主存缓冲区地址加1，传送个数计数器减1。

（7）判断传送是否结束。如果传送个数计数器不为0，则转至第（3）步，继续传送，直到传送个数计数器为0，表示传送结束。

程序查询方式的工作流程图如图8-7所示，其程序查询的核心为图8-7中虚线框部分，真正传送数据的操作由输入或输出指令完成。

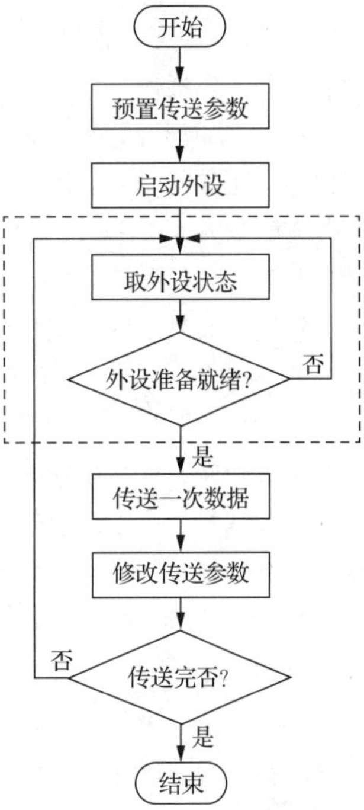

图8-7 程序查询方式的工作流程图

8.4.2 程序中断方式

1. 中断的提出

程序查询方式虽然简单，却存在着下列明显的缺点。

① 在查询过程中，CPU长期处于踏步等待状态，使系统效率极大降低。

② CPU在一段时间内只能与一个外设交换信息，其他设备不能同时工作。

③ 不能发现和处理预先无法估计的错误或异常情况。

为了提升输入/输出能力和CPU的效率，程序中断方式被引入计算机系统。程序中断方式的思想为：CPU在程序中安排好某一时刻启动某一个外设，然后CPU继续运行原来程序，不需要像查询方式那样一直等待外设的准备就绪状态；一旦外设完成数据传送的准备工作（输入设备的数据准备好或输出设备的数据缓冲器为空）时，便主动向CPU发出一个中断请求，请求CPU为自己服务；在可以响应中断的条件下，CPU暂时中止正在运行的程序，转去执行中断服务程序为中断请求者服务，在中断服务程序中完成一次主机与外设之间的数据传送，传送完成后，CPU仍返回原来的程序，从断点处继续执行。图8-8所示为程序中断方式示意图。

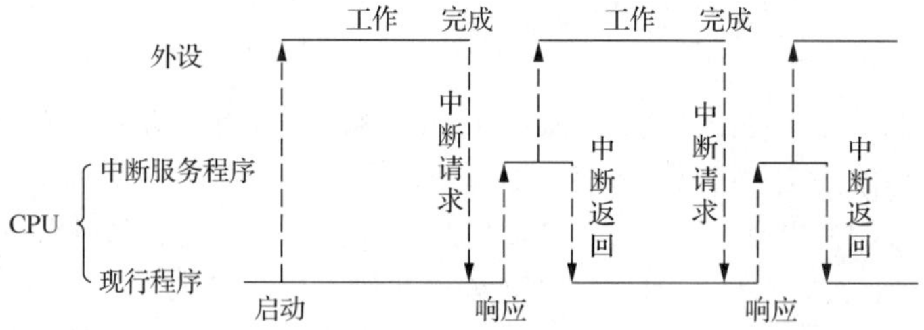

图8-8 程序中断方式示意图

从图8-8中可以看到，中断方式在一定程度上实现了CPU和外设的并行工作，使CPU的效率得到充分的发挥。不仅如此，中断的引入还能使多个外设并行工作，CPU根据需要启动多个外设，被启动的外设分别同时独立地工作，一旦外设准备就绪，即可向CPU发出中断请求，CPU可以根据预先安排好的优先顺序，按轻重缓急处理外设与自己的数据传送。程序中断不仅适用于外设的输入/输出操作，也适用于对外界发生的随机事件的处理。计算机在运行过程中可能会发生预料不到的异常事件，如运算错、掉电、溢出等，中断的引入使计算机可以捕捉到这些故障和错误，及时予以处理。所以现代计算机无论是巨型机、大型机、小型机还是微型机都具有中断处理的能力。

从图8-8中还可以看到，中断的处理过程实际上是程序的切换过程，即从现行程序切换到中断服务程序，再从中断服务程序返回到现行程序。CPU每次运行中断服务程序前总要保护断点、保护现场，运行完中断服务程序返回现行程序之前又要恢复现场、恢复断点。这些中断的辅助操作都将会限制数据传送的速度。

程序中断在信息交换方式中处于最重要的地位，它不仅允许主机和外设同时并行工作，并且允许多个外设同时工作。但是，完成一次程序中断还需要许多辅助操作，当外设数量较多时，中断请求过分频繁，可能使CPU应接不暇；另外，一些高速外设的信息交换是成批的，如果处理不及时，可能会造成信息丢失，因此，程序中断主要适用于中、低速外设。

2. 程序中断与调用子程序的区别

程序中断是指计算机运行现行程序的过程中出现某些急需处理的异常情况和特殊请求，CPU暂时中止现行程序，而转去对随机发生的更紧迫事件进行处理，并且在处理完后，CPU将自动返回原来的程序继续运行。

从表面上看起来，计算机的中断处理过程有点类似于调用子程序的过程，这里现行程序相当于主程序，中断服务程序相当于子程序。但是，它们之间却有着本质上的区别，主要的区别如下。

① 子程序的执行是由程序员事先安排好的（由一条调用子程序指令转入），而中断服务程序的执行则是由随机的中断事件引起的。

② 子程序的执行受到主程序或上层子程序的控制，而中断服务程序一般与被中断的现行程序毫无关系。

③ 不存在同时调用多个子程序的情况，而有可能发生多个外设同时请求CPU为自己服务的情况。

因此，中断的处理要比调用子程序指令的执行复杂得多。

3. 中断的基本类型

（1）自愿中断和强迫中断

自愿中断又称程序自中断，它不是随机产生的中断，而是在程序中安排的有关指令。这些指令可以使机器进入中断处理的过程，如80x86指令系统中的软中断指令INT *n*。

强迫中断是随机产生的中断，不是程序中事先安排好的。这种中断产生后，由中断系统强迫计算机中止现行程序并转入中断服务程序。

（2）程序中断和简单中断

程序中断就是前面提到的中断，主机在响应中断请求后，通过执行一段中断服务程序来处理更紧迫的任务，这样的中断处理过程需要占用一定的CPU时间。

简单中断就是外设与主存间直接进行信息交换的方法，即直接存储器访问方式。这种中断不去执行中断服务程序，故不破坏现行程序的状态。主机发现有简单中断请求（也就是直接存储器访问请求）时，让出一个或几个存取周期供外设与主存交换信息，然后继续执行程序。简单中断是早期对直接存储器访问方式的一种叫法；为避免误解，现在一般很少使用这个名词。

（3）内中断和外中断

内中断是指由于CPU内部硬件或软件原因引起的中断，如单步中断、溢出中断等。

外中断是指由CPU以外的部件引起的中断。通常，外中断又可以分为不可屏蔽中断和可屏蔽中断两种。不可屏蔽中断优先级别较高，常用于应急处理，如掉电、主存读写校验错等；可屏蔽中断级别较低，常用于一般I/O设备的数据传送。

（4）向量中断和非向量中断

向量中断是指那些中断服务程序的入口地址是由中断事件自己提供的中断。中断事件在提出中断请求的同时，通过硬件向主机提供中断服务程序入口地址，即向量地址。

非向量中断的中断事件不能直接提供中断服务程序的入口地址。

（5）单重中断和多重中断

单重中断在CPU执行中断服务程序的过程中不能被再打断。

多重中断在执行某个中断服务程序的过程中，CPU可去响应级别更高的中断请求，所以该中断又称为中断嵌套。多重中断表征计算机中断功能的强弱，有的计算机能实现8级以上的多重中断。

8.4.3 直接存储器访问方式

无论是程序查询还是程序中断，主要的工作都是由CPU执行程序完成的，这样需要占用CPU时间，因此不能保证高速外设与主机间的信息交换。

直接存储器访问（DMA）方式是指在外设与主存之间开辟一条“直接数据通道”，在不需要CPU干预也不需要软件介入的情况下以便在两者之间进行高速数据传送的方式。这样不仅能保证CPU的高效率，而且能满足高速外设的需要。

1. DMA方式的特点

DMA方式具有下列特点。

① 它使主存与CPU的固定联系脱钩，主存既可被CPU访问，又可被外设访问。

② 在数据块传送时，主存地址的确定、传送数据的计数等都由硬件电路直接实现。

③ 主存中要开辟专用缓冲区，及时供给和接收外设的数据。

④ DMA传送速度快，CPU和外设并行工作，可提高系统的效率。

⑤ DMA在传送开始前要通过程序进行预处理，结束后要通过中断方式进行后处理。

2. DMA与中断的主要区别

DMA与中断的主要区别如下。

① 中断方式是程序切换，需要保护和恢复现场；而DMA方式除了开始和结尾时，不占用CPU的任何资源。

② 对中断请求的响应时间只能发生在每条指令执行完毕时；而对DMA请求的响应时间可以发生在每个机器周期结束时，如图8-9所示。

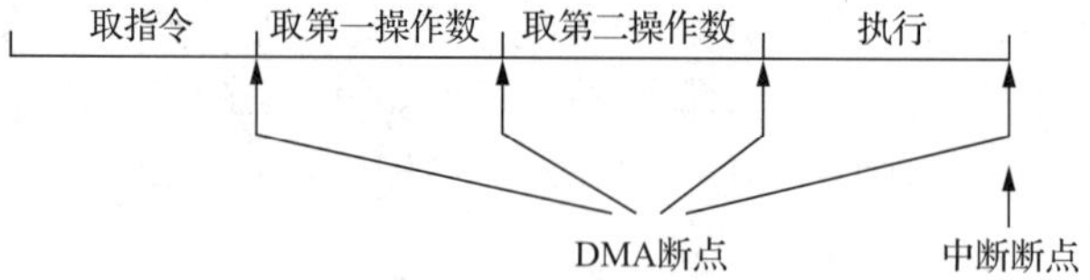

图8-9 两种请求的响应时间比较

③ 中断传送过程需要CPU的干预；而DMA传送过程不需要CPU的干预，故数据传输速率非常高，DMA方式适用于高速外设的成组数据传送。

④ DMA请求的优先级高于中断请求。

⑤ 中断方式具有对异常事件的处理能力，而DMA方式仅局限于完成传送数据块的I/O操作。

3. DMA方式的应用

DMA方式一般应用于主存与高速外设间的简单数据传送。如磁盘、磁带、光盘等辅助存储器以及其他带有局部存储器的外设、通信设备等都是高速外设。

对磁盘的读写是以数据块为单位进行的，一旦找到数据块起始位置，就将连续地读写。往磁盘中写入数据或从磁盘中读出数据时，一般采用DMA方式传送，即直接将数据由主存经数据总线输出到磁盘接口，然后写入盘片，或者将数据由盘片读出到磁盘接口，然后经数据总线写入主存。在大批量数据采集系统中，也可以采用DMA方式。

许多计算机系统中选用DRAM，并用异步方式安排刷新周期。DRAM的刷新操作可视为存储器内部的数据批量传送，因此，也可采用DMA方式实现，将每次刷新请求当成DMA请求。CPU在刷新周期中让出系统总线，按行地址（刷新地址）访问主存，实现各芯片中的一行刷新。利用系统的DMA机制实现动态刷新，可简化专门的动态刷新逻辑，提高主存的利用率。

DMA传送是直接依靠硬件实现的，可用于快速的数据直传。也正是由于这一点，DMA方式本身不能处理较复杂的事件。因此，在某些场合常综合应用DMA方式与程序中断方式，二者互为补充。

DMA方式只能进行简单的数据传送操作，在数据块传送的起始和结束时还需CPU及中断系统进行预处理和后处理。

4. DMA控制器

在DMA传送方式中，对数据传送过程进行控制的硬件称为DMA控制器。当外设需要进行数据传送时，通过DMA控制器向CPU提出DMA传送请求，CPU响应之后将让出系统总线，由DMA控制器接管总线进行数据传送。

在DMA传送过程中，DMA控制器将接管CPU的地址总线、数据总线和控制总线，CPU的主存控制信号被禁止使用。而当DMA传送结束后，将恢复CPU的一切权限并开始执行其操作。由此可见，DMA控制器必须具有控制系统总线的能力，也就是说能够像CPU一样输出地址信号，接收或发出控制信号，输入或输出数据信号。

DMA控制器在外设与主存之间直接传送数据期间，完全代替CPU进行工作。它的主要功能如下。

① 接收外设发出的DMA请求，并向CPU发出总线请求。

② 当CPU响应此总线请求，发出总线响应信号后，接管对总线的控制，进入DMA操作周期。

③ 确定传送数据的主存单元地址及传送长度，并能自动修改主存地址计数值和传送长度计数值。

④ 规定数据在主存与外设之间的传送方向，发出读写或其他控制信号，并执行数据传送的操作。

⑤ 向CPU报告DMA操作的结束。

8.4.4 通道控制方式

大型计算机系统中所连接的I/O设备数量多，输入/输出频繁，要求整体的速度快，单纯依靠主CPU采取程序中断和DMA等控制方式已不能满足要求，于是通道控制方式被引入计算机系统。

1. 通道控制方式与DMA方式的区别

通道控制方式是DMA方式的进一步发展。实质上，通道也是实现外设与主存之间直接交换数据的控制器。与DMA控制器相比，两者的主要区别如下。

① DMA控制器通过专门设计的硬件控制逻辑来实现对数据传送的控制；而通道则是一个具有特殊功能的处理器，它具有自己的指令和程序，通过执行通道程序来实现对数据传送的控制，故通道具有更强的独立处理数据输入/输出的功能。

② DMA控制器通常只能控制一台或少数几台同类设备；而一个通道则可以同时控制许多台同类或不同类的设备。

2. 通道的功能

通道能独立地执行通道程序，产生相应的控制信号，实现对外设的统一管理和外设与主存之间的数据传送。但它不是一个完全独立的处理器，不能完全脱离CPU工作。通道还要受到CPU的管理，如启动、停止等，而且通道还应该向CPU报告自己的状态，以便CPU决定下一步的处理。因此，它是从属于CPU的一个专用处理器。

通道应具有以下几个方面的功能。

① 接收CPU的I/O指令，按指令要求与指定的外设进行联系。

② 从主存取出属于该通道程序的通道指令，经译码后向设备控制器和设备发送各种命令。

③ 实施主存和外设间的数据传送，如为主存或外设装配和拆卸信息，提供数据中间缓存的空间以及指示数据存放的主存地址和传送的数据量。

④ 从外设获得设备的状态信息，形成并保存通道本身的状态信息，然后根据要求将这些状态信息送到主存的指定单元，供CPU使用。

⑤ 将外设的中断请求和通道本身的中断请求按次序及时报告CPU。

8.5 中断系统

中断系统是计算机实现中断功能软、硬件的总称。一般在CPU中配置中断机构，在外设接口中配置中断控制器，在软件上设计相应的中断服务程序。

8.5.1 中断请求与中断判优

1. 中断源与中断请求信号

中断源是指中断请求的来源，即引起计算机中断的事件。通常，一台计算机允许有多个中断源。每个中断源向CPU发出中断请求的时间是随机的，为了记录中断事件并区分不同的中断源，设计者可采用具有存储功能的触发器来记录中断源，这个触发器称为中断请求触发器（INTR）。当某一个中断源有中断请求时，其相应的中断请求触发器置成“1”状态，表示该中断源向CPU提出中断请求。

中断请求触发器可以分散在各个中断源中，也可以集中到中断接口电路中。在中断接口电路中，多个中断请求触发器构成一个中断请求寄存器。中断请求寄存器的每一位对应一个中断源，其内容称为中断字或中断码。中断字中为“1”的位就表示对应的中断源有中断请求。

2. 中断优先级与判优方法

当多个中断源同时发出中断请求时，CPU在任何瞬间只能接受一个中断源的请求。究竟首先响应哪一个中断请求呢？通常，把全部中断源按中断的性质和处理的轻重缓急安排优先级，并进行排队。

确定中断优先级的原则是：对那些提出中断请求后需要立刻处理（否则就会造成严重后果）的中断源规定最高的优先级；而对那些可以延迟响应和处理的中断源规定较低的优先级。例如，故障中断一般优先级较高，其次是简单中断，接着才是I/O设备中断。

每个中断源均有一个为其服务的中断服务程序，每个中断服务程序都有与之对应的优先级别。另外，CPU正在执行的程序也有优先级。只有当某个中断源的优先级别高于CPU现在的优先级别时，才能中止CPU执行当前的程序。

中断判优的方法可分为软件判优和硬件判优两种。软件判优法就是用程序来判别优先级，图8-10所示为软件判优的流程。CPU接到中断请求信号后，就执行查询程序，逐个检测中断请求寄存器的各位状态。检测顺序是按优先级的大小排列的，最先检测的中断源具有最高的优先级，其次检测的中断源具有次高优先级，如此下去，最后检测的中断源具有最低的优先级。显然，软件判优是与识别中断源结合在一起的，查询到中断请求信号的发出者也就是找到了中断源，此时可以立即转入对应的中断服务程序中去。软件判优方法简单，可以灵活地修改中断源的优先级别；但查询、判优完全是靠程序实现的，不但占用CPU时间，而且判优速度慢。

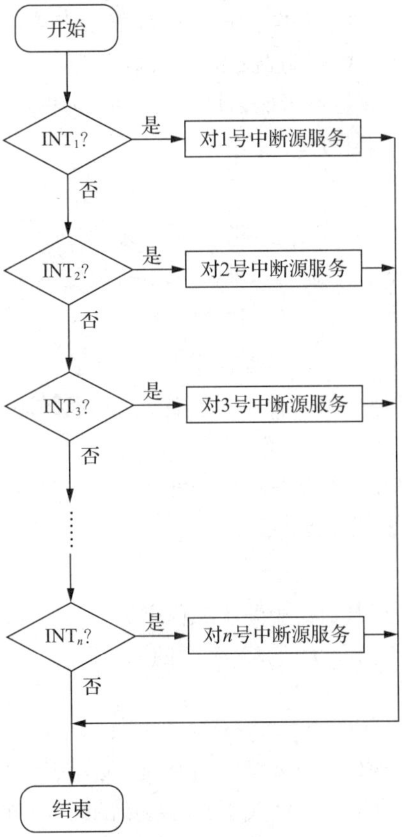

图8-10　软件判优的流程

采用硬件判优电路实现中断优先级的判定可节省CPU时间，判优速度快，但是成本较高。根据中断请求信号的传送方式不同，有不同的优先排队电路。这些排队电路的共同特点是：优先级别高的中断请求将自动封锁优先级别低的中断请求。硬件排队电路一旦设计连接好之后，将无法改变其优先级别。

8.5.2 中断响应与中断处理

1. CPU 响应中断的条件

CPU响应中断必须满足下列条件。

① CPU接收到中断请求信号。首先中断源要发出中断请求，同时CPU还要接收到这个中断请求信号。

② CPU允许中断。CPU允许中断，即开中断。CPU内部有一个中断允许触发器（EINT），只有当EINT=1时，CPU才可以响应中断源的中断请求（中断允许）；如果EINT=0，CPU处于不允许中断状态，即使中断源有中断请求，CPU也不响应（中断关闭）。通常，中断允许触发器由开中断指令来置位，由关中断指令或硬件自动使其复位。

③ 一条指令执行完毕。一条指令执行完毕是CPU响应中断请求的时间限制条件。一般情况下，CPU在一条指令执行完毕且没有更紧迫的任务时才能响应中断请求。

2. 中断隐指令

CPU响应中断之后，经过某些操作，转去执行中断服务程序。这些操作是由硬件直接实现的，把它称为中断隐指令。中断隐指令并不是指令系统中真正的指令，它没有操作码，所以中断隐指令是一种不允许、也不可能为用户使用的特殊指令。中断隐指令主要完成以下操作。

（1）保存断点

为了保证在中断服务程序执行完毕能正确返回原来的程序，必须将原来程序的断点（即程序计数器的内容）保存起来。断点可以压入堆栈，也可以存入主存的特定单元中。

（2）暂不允许中断

暂不允许中断，即关中断。在中断服务程序中，为了确保保护中断现场（即CPU主要寄存器的内容）期间不被新的中断所打断，必须要关中断，从而保证被中断的程序在中断服务程序执行完后能接着原断点正确地执行下去。

并不是所有的计算机都在中断隐指令中由硬件自动地关中断，有些计算机的这一操作是由软件（中断服务程序中的关中断指令）来实现的。

（3）引出中断服务程序

引出中断服务程序的实质就是取出中断服务程序的入口地址送程序计数器。对于向量中断和非向量中断，引出中断服务程序的方法是不相同的。

3. 中断周期

以上几个基本操作在不同的计算机系统中的处理方法是各异的。通常，在组合逻辑控制的计算机中，专门设置了一个中断周期来完成中断隐指令的任务。在微程序控制的计算机中，则专门安排有一段微程序来完成中断隐指令的这些操作。

假设将断点存至主存的0号单元，且采用硬件向量中断法寻找中断服务程序的入口地址（向量地址=中断服务程序的入口地址），则在中断周期需完成如下操作。

① 将特定地址“0”送至存储器地址寄存器，记作0→MAR。

② 将PC的内容（断点）送至MDR，记作(PC)→MDR。

③ 向主存发写命令，启动存储器做写操作，记作Write。

④ 将MDR的内容通过数据总线写入MAR所指示的主存单元（0#）中，记作MDR→M(MAR)。

⑤ 将向量地址形成部件的输出送至PC，为进入中断服务程序做准备，记作向量地址→PC。

⑥ 关中断，将中断允许触发器清0，记作0→EINT。

如果断点存入堆栈，只需将上述①改为堆栈指针的内容送MAR，记作(SP)→MAR。当然，断点进栈，同时需要修改栈指针。

4．进入中断服务程序

识别中断源的目的在于使CPU转入为该中断源专门设置的中断服务程序。解决这个问题的方法可以用软件方法，也可以用硬件方法，或者用两者相结合的方法。

软件方法就是由中断隐指令控制进入一个中断总服务程序，在那里判优、寻找中断源并转入相应的中断服务程序。这种方法方便、灵活，硬件极简单，但效率较低。

下面着重讨论硬件向量中断法。当CPU响应某一中断请求时，硬件能自动形成并找出与该中断源对应的中断服务程序的入口地址。

向量中断过程如图8-11所示。当中断源向CPU发出中断请求信号$\overline{\text{INTR}}$之后，CPU进行一定的判优处理。若决定响应这个中断请求，则向中断源发出中断响应信号INTA。中断源接到INTA信号后就通过自己的向量地址形成部件向CPU发送向量地址，CPU接收该向量地址之后就可转入相应的中断服务程序。

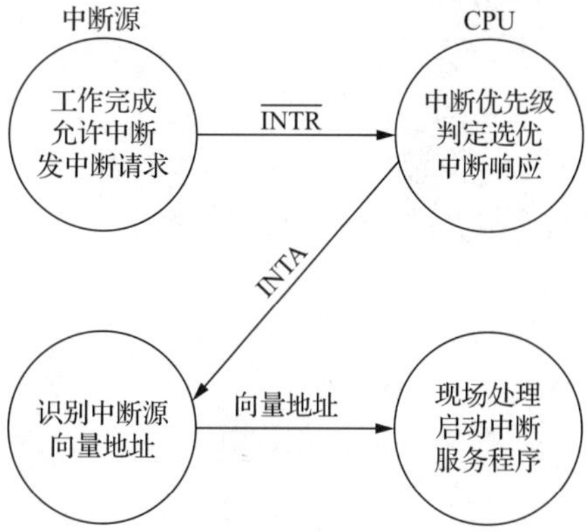

图8-11 向量中断过程

向量地址通常有以下两种情况。

（1）向量地址是中断服务程序的入口地址

如果向量地址就是中断服务程序的入口地址，则CPU不需要再经过处理就可以进入相应的中断服务程序，各中断源在接口中由硬件电路形成一条含有中断服务程序入口地址的特殊指令（重新启动指令），从而转入相应的中断服务程序。

（2）向量地址是中断向量表的指针

如果向量地址是中断向量表的指针，则向量地址指向一个中断向量表，从中断向量表的相应单元中再取出中断服务程序的入口地址，此时中断源给出的向量地址是中断服务程序入口地址的地址。目前，大多数微型计算机都采用这种方法。

5．中断现场的保护与恢复

中断现场指的是发生中断时CPU的主要状态，其中最重要的是断点，另外还有一些通用寄存器的状态。之所以需要保护和恢复现场是因为CPU要先后执行两个完全不同的程序（现行程序和中断服务程序），必须进行两种程序运行状态的转换。一般来说，在中断隐指令中，CPU硬件将自动保存断点，有些计算机还自动保存程序状态字（PSW）。但是，在许多应用中，要保证中断返回后原来的程序能正确地继续运行，仅保存这一两个寄存器的内容是不够的。为此，在中断服务程序开始时，应由软件去保存那些硬件没有保存，而在中断服务程序中又可能用到的寄存器（如某些通用寄存器）的内容，并且在中断返回之前，这些内容还应该被恢复。

现场的保护和恢复方法不外乎有纯软件方法和软、硬件相结合方法两种。纯软件方法是在CPU响应中断后，用一系列传送指令把要保存的现场参数传送到主存某些单元中去，当中断服务程序结束后，再采用传送指令进行相反方向的传送。这种方法不需要硬件代价，但是占用了CPU的宝贵时间，速度较慢。现代计算机一般都先采用硬件方法来自动、快速地保护和恢复部分重要的现场，其余寄存器的内容再由软件完成保护和恢复，这种方法的硬件支持是堆栈。

软、硬件方法保护现场往往是与向量中断结合在一起使用的。首先把断点和PSW自动压入堆栈，这样就是保护旧现场；接着根据中断源送来的向量地址自动取出中断服务程序入口地址和新的程序状态字，这样就是建立新现场；最后由一些指令实现对必要的通用寄存器的保护。恢复现场则是保护现场的逆处理。

8.5.3 多重中断与中断屏蔽

多重中断与中断屏蔽

1. 中断嵌套

中断嵌套过程如图8-12所示。中断嵌套的层次可以有多层，越在里层的中断请求越急迫，优先级越高，因此优先得到CPU的服务。

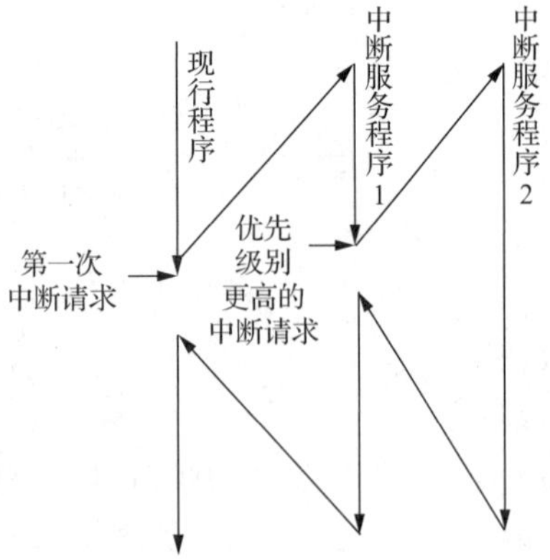

图8-12 中断嵌套过程

要使计算机具有多重中断的能力，首先要能保护多个断点，而且先发生中断请求的断点，先保护后恢复；后发生中断请求的断点，后保护先恢复。堆栈的先进后出特点正好满足多重中断这一先后次序的需要。同时，在CPU进入某一中断服务程序之后，系统必须处于开中断状态，否则中断嵌套是不可能实现的。

2. 允许与禁止中断

允许中断还是禁止中断是用CPU中的中断允许触发器控制的，即当中断允许触发器被置

"1"，则允许中断；当中断允许触发器被置"0"，则禁止中断。

允许中断，即开中断。下列情况应开中断。

① 无论是单重中断还是多重中断，在中断服务程序执行完毕，恢复中断现场之后。

② 在多重中断的情况下，保护中断现场之后。

禁止中断，即关中断。下列情况应关中断。

① 当响应某一级中断请求，不再允许被其他中断请求打断时。

② 在中断服务程序的保护和恢复现场之前。

3. 中断屏蔽

中断源发出中断请求之后，这个中断请求并不一定能真正送到CPU去。在有些情况下，用程序方式可以有选择地封锁部分中断，这种中断称为中断屏蔽。

如果给每个中断源都相应地配备一个中断屏蔽触发器（MASK），则每个中断请求信号在送往判优电路之前，还要受到屏蔽触发器的控制。当MASK=1，表示对应中断源的请求被屏蔽；中断请求触发器和中断屏蔽触发器是成对出现的，只有当$INTR_i$=1（中断源有中断请求）、$MASK_i$=0（该级中断未被屏蔽）时，才允许对应的中断请求送往CPU。

在中断接口电路中，多个屏蔽触发器组成一个屏蔽寄存器，其内容称为屏蔽字或屏蔽码，由程序来设置。屏蔽字某一位的状态将成为本中断源能否真正发出中断请求信号的必要条件之一。这样，就可实现CPU对中断处理的控制，使中断能在系统中合理、协调地进行。中断屏蔽寄存器的作用如图8-13所示。具体地说，用程序设置的方法将屏蔽寄存器中的某一位置"1"，则对应的中断请求被封锁，无法去参加排队判优；若屏蔽寄存器中的某一位置"0"，才允许对应的中断请求送往CPU。

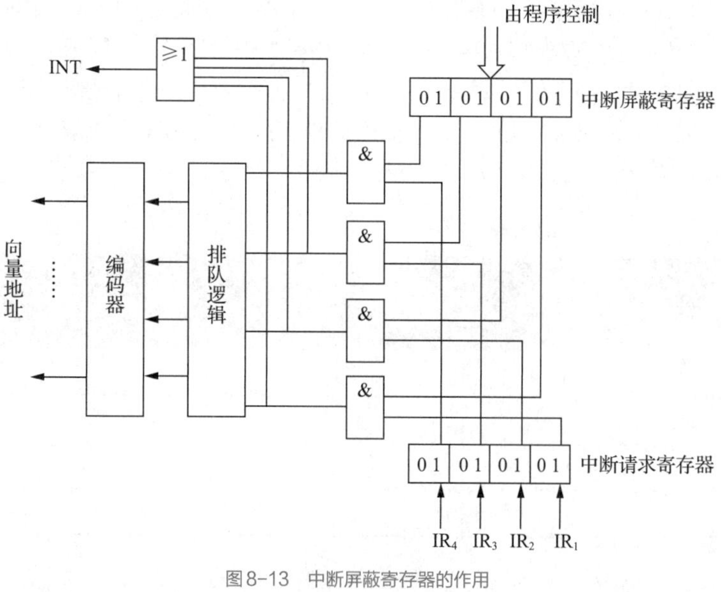

图8-13 中断屏蔽寄存器的作用

例如，一个中断系统有16个中断源，每一个中断源按其优先级别赋予一个屏蔽字。屏蔽字与中断源的优先级别是一一对应的，0表示开放，1表示屏蔽。表8-2中列出了各中断源对应的屏蔽字。

表 8-2 各中断源对应的屏蔽字

中断源的优先级	屏蔽字（16位）
1	111…111
2	011…111
3	001…111
⋮	⋮
15	000…011
16	000…001

表8-2中第1级中断源的屏蔽字是16个“1”，它的优先级别最高，禁止本级和更低级的中断请求……第16级中断源的屏蔽字只有第16位（最低位）为“1”，其余各位为“0”，它的优先级别最低，仅禁止本级的中断请求，而对其他高级的中断请求全部开放。

此外，也有些中断请求是不可屏蔽的，即不受中断屏蔽寄存器的控制。这种中断源的中断请求一旦提出，CPU必须立即响应，它们具有最高的优先级别，例如，电源掉电、主存校验错等。

4. 中断升级

中断屏蔽字的另一个作用是可以改变中断优先级。将原级别较低的中断源变成较高的级别，称之为中断升级。这种中断升级方法实际上是一种动态改变中断优先级的方法。

这里所说的改变中断优先级是指改变中断的处理次序。中断处理次序和中断响应次序是两个不同的概念，中断响应次序是由硬件排队电路决定的，无法改变。但是，中断处理次序是可以由屏蔽码来改变的，故把屏蔽码看成软排队器。中断处理次序可以不同于中断响应次序。

例如，某计算机的中断系统有4个中断源，每个中断源对应一个屏蔽码。表8-3所示为程序优先级与屏蔽码的关系，中断响应的优先次序为1→2→3→4。根据表8-3给出的屏蔽码，中断的处理次序和中断的响应次序是一致的。

表 8-3 程序优先级与屏蔽码的关系

程序优先级	屏蔽码			
	1级	2级	3级	4级
第1级	1	1	1	1
第2级	0	1	1	1
第3级	0	0	1	1
第4级	0	0	0	1

根据这一次序，可以看到CPU的运动轨迹，如图8-14所示。当多个中断请求同时出现时，处理次序与响应次序一致；当中断请求先后出现时，允许优先级别高的中断请求打断优先级别低的中断服务程序，实现中断嵌套。

在不改变中断响应次序的条件下，通过改写屏蔽码可以改变中断处理次序，例如，要使中断处理次序改为1→4→3→2，则只需将中断屏蔽码改为表8-4所示即可。

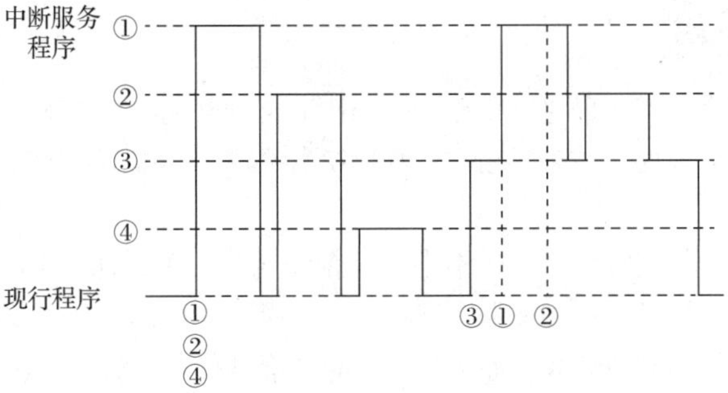

图8-14　CPU的运动轨迹

表 8-4　改变处理次序的屏蔽码

程序优先级	屏蔽码			
	1级	2级	3级	4级
第1级	1	1	1	1
第2级	0	1	0	0
第3级	0	1	1	0
第4级	0	1	1	1

在同样中断请求的情况下，CPU的运动轨迹发生了变化，如图8-15所示。CPU正在执行现行程序时，中断源①、②、④同时请求中断服务，显然它们都没有被屏蔽。按照中断优先级别的高低，CPU首先响应并处理第①级中断请求；当第①级中断处理完后，响应第②级中断请求。CPU在处理第②级中断时，其屏蔽码对第④级中断是开放的，所以当第②级的中断服务程序执行到开中断指令后，立即被第④级中断请求打断，CPU转去执行第④级的中断服务程序，待第④级的中断服务程序执行完后再返回接着执行第②级中断服务程序。当第③级中断请求到来并在执行其中断服务程序的过程中，又来了第①级中断请求，第③级中断服务程序会被第①级中断请求打断，转去执行第①级中断服务程序。在此过程中，虽然出现了第②级中断请求，但因第②级的处理级别最低，故不理睬它的请求，直至第③级的中断服务程序执行完毕，再响应第②级中断请求。

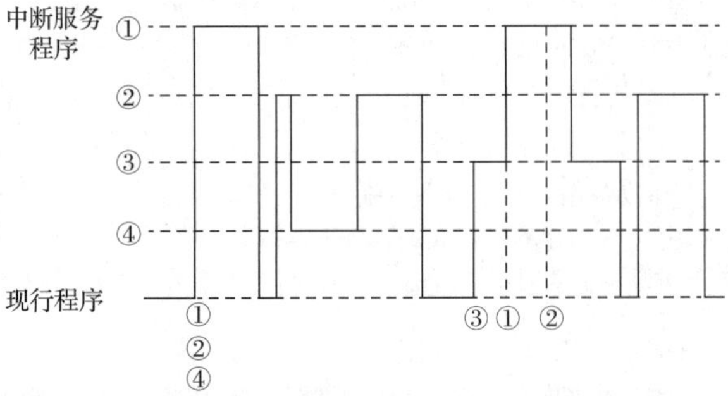

图8-15　处理次序改变后CPU的运动轨迹

由此可见，屏蔽技术向使用者提供了一种手段，即可以用程序控制中断系统，动态地调度多重中断优先处理的次序，从而提高中断系统的灵活性。

8.5.4 中断全过程

这里所说的中断全过程指的是从中断源发出中断请求开始，CPU响应这个请求，现行程序被中断，转至中断服务程序，直到中断服务程序执行完毕，CPU再返回原来的程序继续执行的整个过程。

我们大致可以把中断全过程分为5个阶段：中断请求、中断判优、中断响应、中断处理和中断返回。其中中断处理就是执行中断服务程序，这是中断系统的核心。不同计算机系统的中断处理过程各具特色，但对多数计算机而言，其中断处理过程如图8-16所示。图8-16中红底框代表一条指令，白底框代表一段程序（往往不止一条指令）。

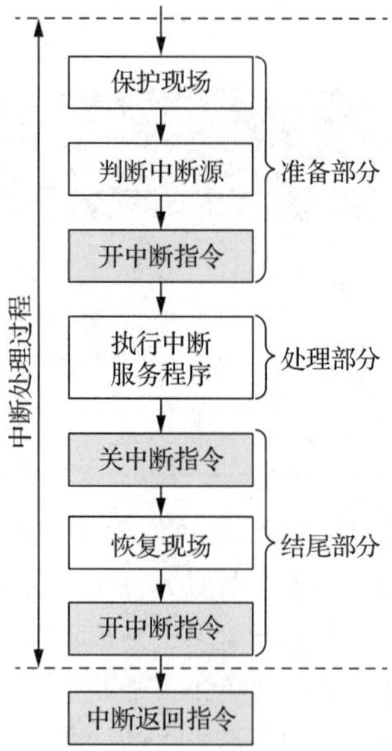

图8-16 中断处理过程

中断处理过程基本上由3个部分组成（以多重中断方式为例）：第一部分为准备部分，其基本功能是保护现场，非向量中断方式则需要判断中断源，最后开中断，允许更高级的中断请求打断低级的中断服务程序；第二部分为处理部分，即真正执行具体的为某个中断源服务的中断服务程序；第三部分为结尾部分，首先要关中断，以防止在恢复现场过程中被新的中断请求打断，接着恢复现场，然后开中断，以便返回原来的程序后可响应其他的中断请求。中断服务程序的最后一条指令一定是中断返回指令。

注 意

保护现场之前的关中断操作由中断隐指令完成。

多重中断方式与单重中断方式在中断服务程序的执行方面有所不同，表8-5列出了两者的区别。

表 8-5 多重中断方式与单重中断方式的区别

类别	多重中断方式	单重中断方式
中断隐指令	关中断 保存断点及旧PSW 取中断服务程序入口地址及新PSW	关中断 保存断点及旧PSW 取中断服务程序入口地址及新PSW

续表

类别	多重中断方式	单重中断方式
中断服务程序	保护现场 送新屏蔽字 开中断	保护现场
	服务处理 （允许响应更高级别请求）	服务处理 （不允许响应更高级别请求）
	关中断 恢复现场及原屏蔽字 开中断 中断返回	恢复现场 开中断 中断返回

8.5.5 中断与异常

中断和异常的定义在不同的计算机中有所不同。早期的Intel微处理器中不区分中断和异常，把两者统称为中断，由CPU内部产生的异常称为内中断，从CPU外部发出的中断请求称为外中断。目前的Intel微处理器统一把内中断称为内部异常，而把外中断称为外部中断。

外部中断是计算机的一种输入/输出方式，前面已经进行了详细的讨论，这里着重讨论内部异常的处理。

内部异常可分为故障、自陷和终止3类。

故障是在引起故障的指令启动后，执行结束前被检测到的一类异常事件。例如，指令译码时出现"非法操作码"；取指令或数据时，发生"缺页"；执行除法指令时，发现"除数为0"等。显然，"缺页"这类异常处理，可以继续回到发生故障的指令继续执行；"非法操作码""除数为0"等因为无法通过异常处理程序恢复故障，所以不能回到原断点继续执行，必须终止进程的执行。

自陷与故障等意外发生的异常事件不同，它是预先安排的一种CPU异常事件，就像预先设定的"陷阱"一样。首先通过某种方式将CPU设定为处于某个特定状态，然后在程序执行过程中，一旦某条指令的执行形成了满足相应状态的条件，则CPU调出特定的程序进行相应的处理。

终止是指在指令执行过程中发生了使机器无法继续执行的硬件故障，如电源掉电等，此时需要调出中断服务程序来重启系统。这种异常与故障和自陷不同，它不是由特定指令产生的，而是随机发生的。

中断请求在当前指令执行完后进行检测，而异常事件则在当前指令执行过程中进行检测，CPU对两者的处理过程也有所不同。中断的断点是当前指令后面一条指令的地址，而对于不同的异常事件，其断点是不一样的。例如，故障的断点是发生故障的当前指令的地址，自陷的断点则是自陷指令后面一条指令的地址，也就是说，断点的值由异常类型和发生异常时断点的值决定。为了能在异常处理后正确返回到原被中断程序继续执行，数据通路必须能正确计算断点值，不过断点的保存方法和中断方式相同。

8.6 DMA的实现

DMA方式是为了在主存与外设之间实现高速、批量数据交换而设置的。DMA方式的数据传送直接依靠硬件（DMA控制器）来实现，不需要执行任何程序。

8.6.1 DMA接口

通常将DMA方式的接口电路称为DMA控制器。

1. DMA控制器的基本组成

图8-17给出了一个简单的DMA控制器结构，它由以下几个部分组成。其中，设备选择模块仅在允许多个DMA设备连接到DMA控制器时使用。

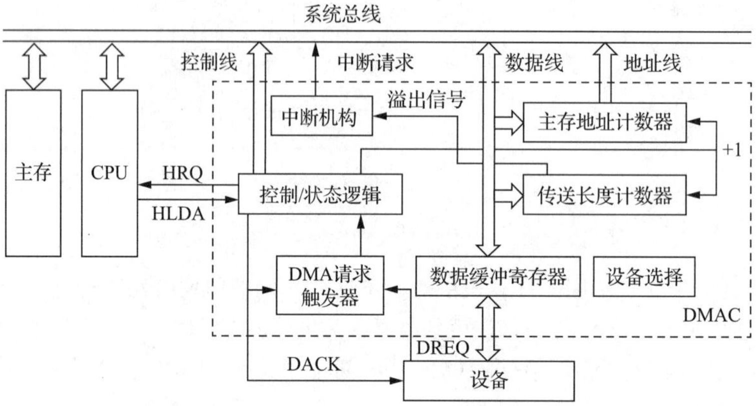

图8-17 简单的DMA控制器结构

（1）主存地址计数器

主存地址计数器用来存放待交换数据的主存地址。该计数器的初始值为主存缓冲区的首地址，当DMA传送时，每传送一个数据，将地址计数器加1，从而以增量方式给出主存中要交换的一批数据的地址，直至这批数据传送完毕为止。

（2）传送长度计数器

传送长度计数器用来记录传送数据块的长度。其初始值为传送数据的总字数或总字节数，每传送一个字或一字节，计数器自动减1，当其内容为0时表示数据已全部传送完毕。有些DMA控制器中，初始时将字数或字节数求补之后送计数器，每传送一个字或一字节，计数器加1，当计数器溢出时，表示数据传送完毕。

（3）数据缓冲寄存器

数据缓冲寄存器用来暂存每次传送的数据。输入时，数据由外设（如磁盘）先送往数据缓冲寄存器，再通过数据总线送到主存。反之，输出时，数据由主存通过数据总线送到数据缓冲寄存器，然后送到外设。

（4）DMA请求触发器

DMA请求触发器的作用是每当外设准备好数据后给出一个控制信号，使DMA请求触发器置位。

（5）控制/状态逻辑

控制/状态逻辑由控制和时序电路以及状态标志等组成，用于指定传送方向、修改传送参数，并对DMA请求信号和CPU响应信号进行协调和同步。

（6）中断机构

当一个数据块传送完后触发中断机构，向CPU提出中断请求，CPU将进行DMA传送的结尾处理。

有些商品化的DMA控制器芯片中看似并没有设置中断机构，但并不代表DMA的结尾处理不需要中断的参与，因为系统一定还同时配有中断控制器芯片，两个芯片共同完成DMA的功能。

2. DMA 控制器的引出线

DMA控制器必须有下列引出线。

（1）地址线

在DMA方式下，地址线呈输出状态，此时可对主存进行地址选择；在CPU方式下，地址线呈输入状态，此时可对DMA控制器中的有关寄存器进行寻址。

（2）数据线

在DMA方式下，用数据线进行数据传送；在CPU方式下，利用数据线可对DMA控制器的有关寄存器进行编程。

（3）控制数据传送方式的信号线

控制数据传送方式的信号线包括存储器读信号$\overline{\text{MEMR}}$、存储器写信号$\overline{\text{MEMW}}$、外设读信号$\overline{\text{IOR}}$和外设写信号$\overline{\text{IOW}}$。当数据从外设写入主存时，$\overline{\text{MEMW}}$和$\overline{\text{IOR}}$同时有效；而当数据从主存读出送外设时，$\overline{\text{MEMR}}$和$\overline{\text{IOW}}$将同时有效。

（4）DMA控制器与外设之间的联络信号线

DMA请求信号DREQ（输入）是外设向DMA控制器提出DMA操作的申请信号。

DMA响应信号DACK（输出）是DMA控制器给提出DMA请求的外设的应答信号。

（5）DMA控制器与CPU之间的联络信号线

总线请求信号HRQ（输出）是DMA控制器向CPU请求使用总线的信号。

总线响应信号HLDA（输入）是CPU向DMA控制器表示响应总线请求的信号。

3. DMA 控制器的连接和传送

图8-18所示为DMA控制器与CPU及主存、外设之间的连接。在进行DMA操作之前应先对DMA控制器编程，确定传送数据的主存起始地址、要传送的字节数、传送方式，以及是由外设将数据写入主存还是从主存将数据读出送外设。

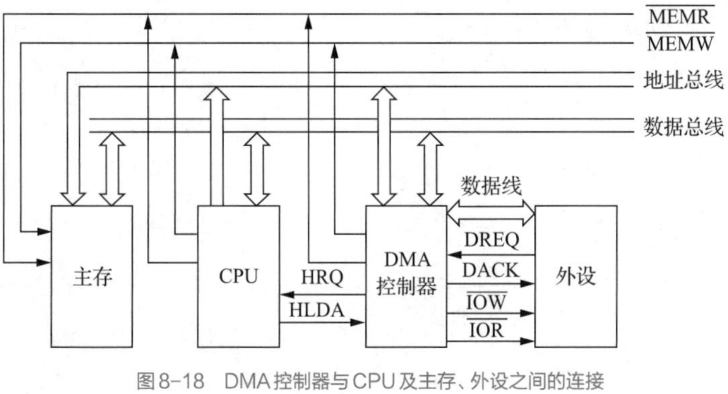

图8-18 DMA控制器与CPU及主存、外设之间的连接

下面以外设将一个数据块写入主存的操作为例，简述DMA控制器的操作过程。

① 由外设向DMA控制器发出DMA请求信号DREQ。

② DMA控制器向CPU发出总线请求信号HRQ。

③ CPU向DMA控制器发出总线响应信号HLDA，此时DMA控制器获取了总线的控制权。

④ DMA控制器向外设发出DMA响应信号DACK，表示DMA控制器已控制了总线，允许外设与主存交换数据。

⑤ DMA控制器按主存地址计数器的内容发出地址信号作为主存地址的选择，同时主存地址计数器的内容加1。

⑥ DMA控制器发出$\overline{IOR}$信号到外设，将外设数据读入数据缓冲寄存器，同时发出$\overline{MEMW}$信号，将数据缓冲寄存器中的数据写入选中的主存单元。

⑦ 传送长度计数器减1。

重复步骤⑤～步骤⑦，直到字节计数器减到0为止，数据块的DMA方式传送工作宣告完成。这时，DMA控制器的HRQ降为低电平，总线控制权交还CPU。

8.6.2 DMA 的传送方法

DMA的传送方法

DMA控制器与CPU通常采用以下3种方法使用主存。

1. CPU 停止访问主存法

CPU停止访问主存法是最简单的DMA传送方法，这种方法是用DMA请求信号迫使CPU让出总线控制权。CPU在现行机器周期执行完成之后，使其数据总线、地址总线处于三态（浮空状态），并输出总线批准信号。每次DMA请求获得批准，DMA控制器获得总线控制权以后，连续占用若干个存取周期（总线周期）进行成组连续的数据传送，直至批量传送结束，DMA控制器才把总线控制权交回CPU。在DMA操作期间，CPU处于保持状态，停止访问主存，仅能进行一些与总线无关的内部操作。图8-19（a）是这种传送方法的时间图，该方法只适用于高速外设的成组传送。

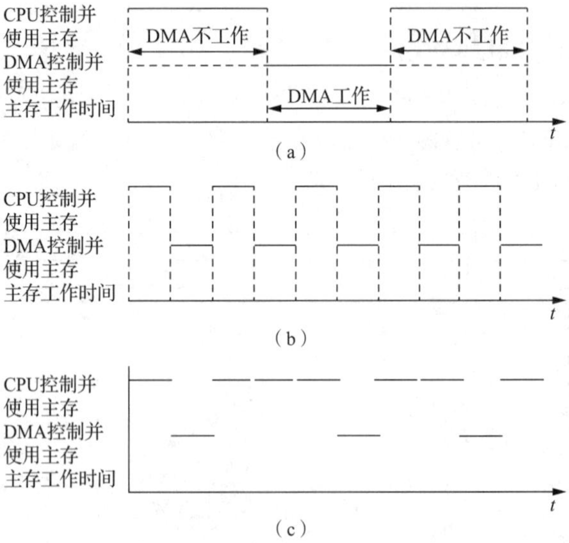

图8-19　DMA传送方法

当外设的数据传输率接近主存工作速度时，或者CPU除了等待DMA传送结束并无其他任务（如单用户状态下的个人计算机）时，常采用这种方法。这种方法可以减少系统总线控制权的交换次数，有利于提高输入/输出的速度。

2. 存储器分时法

把原来的一个存取周期分成两个时间片，一片分给CPU，另一片分给DMA，使CPU和DMA交替地访问主存。这种方法无须申请和归还总线，使总线控制权的转移几乎不需要什么时间，所以对DMA传送来讲效率是很高的，而且CPU既不停止现行程序的运行，也不进入保持状态，在CPU不知不觉中便进行了DMA传送；但这种方法需要主存在原来的存取周期内为两个部件服务，如果要维持CPU的访存速度不变，就要求主存的工作速度提高一倍。另外，由于大多数外设的速度都不能与CPU相匹配，因此供DMA使用的时间片可能成为空操作，将会造成一些不必要的浪费。图8-19（b）是这种方法的时间图。

3. 周期挪用法

周期挪用法是前两种方法的折中。当外设没有DMA请求时，CPU按程序要求访问主存；一旦外设有DMA请求并获得CPU批准后，CPU让出一个周期的总线控制权，由DMA控制器控制系统总线，挪用一个存取周期进行一次数据传送，传送一字节或一个字；然后，DMA控制器将总线控制权交回CPU，CPU继续进行自己的操作，等待下一个DMA请求的到来。重复上述过程，直至数据块传送完毕。在同一时刻，如果发生CPU与DMA的访存冲突，那么优先保证DMA工作，而CPU等待一个存取周期，如图8-19（c）所示。若DMA传送期间CPU无须访存，则周期挪用对CPU执行程序无任何影响。

当主存工作速度高出外设较多时，采用周期挪用法可以提高主存的利用率，对CPU的影响较小，因此，高速主机系统常采用这种方法。根据主存的存取周期与磁盘的数据传输率，可以计算出主存操作时间的分配情况：有多少时间需用于DMA传送（被挪用），有多少时间可用于CPU访存。这样在一定程度上可反映系统的处理效率。

8.6.3 DMA 的传送过程

DMA的传送过程可分为3个阶段：DMA传送前的预处理、数据传送和传送后的结束处理。

1. DMA 传送前的预处理

在DMA传送之前必须要做准备工作，即初始化。这是由CPU来完成的。CPU首先执行几条I/O指令，用于测试外设的状态、向DMA控制器的有关寄存器置初值、设置传送方向、启动该外部设备等。

在这些工作完成之后，CPU继续执行原来的程序。在外设准备好发送的数据（输入）或接收的数据已处理完毕（输出）时，外设向DMA控制器发DMA请求，再由DMA控制器向CPU发总线请求。

2. 数据传送

DMA的数据传送可以以单字节（或字）为基本单位，也可以以数据块为基本单位。对于以数据块为单位的传送，DMA控制器占用总线后的数据输入和输出操作都是通过循环来实现的，其传送过程如图8-20所示。

注 意

图 8-20 所示的数据传送过程不是由 CPU 执行程序实现的，而是由 DMA 控制器实现的。

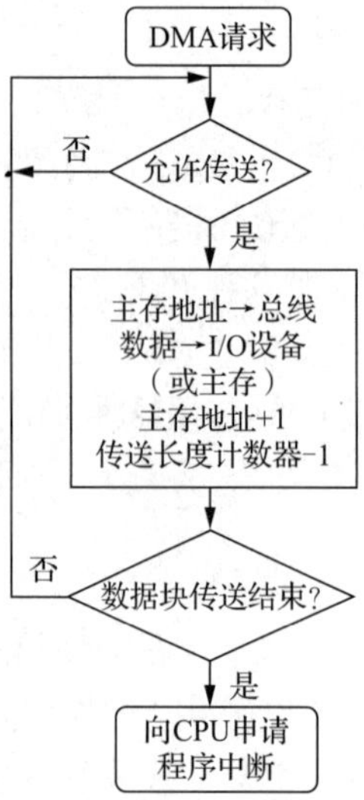

图8-20　DMA的数据传送过程

3．传送后的结束处理

当传送长度计数器计到0时，DMA操作结束，DMA控制器向CPU发中断请求，CPU停止原来程序的执行，转去执行中断服务程序做DMA结束处理工作。

8.7　通道处理机

为了把对外设的管理工作从CPU中分离出来以使CPU摆脱繁重的输入/输出负担，大型计算机系统中普遍采用通道技术。

8.7.1　通道的工作过程

用户通过调用通道完成一次数据传输的过程如图8-21所示，CPU执行用户程序和管理程序，通道执行通道程序的时间关系如图8-22所示。

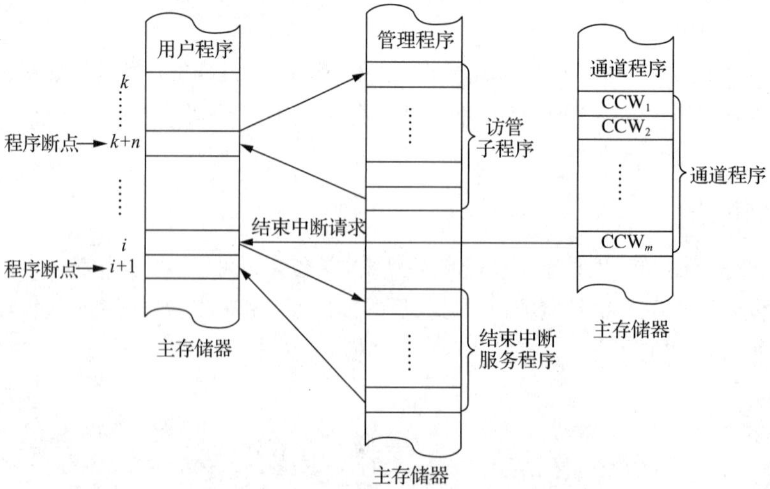

图8-21　通道完成一次数据传输的过程

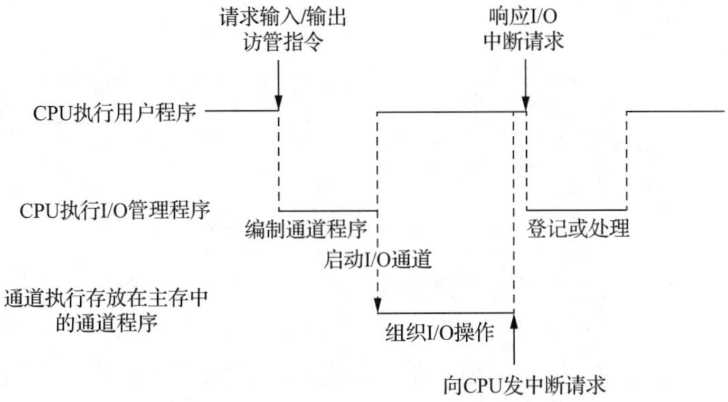

图8-22 执行用户程序、管理程序与通道程序的时间关系

主要过程分为如下3步。

① 在用户程序中使用访管指令进入管理程序，由CPU通过管理程序组织一个通道程序，并启动通道。

② 通道执行CPU为它组织的通道程序，完成指定的数据输入/输出工作。

③ 通道程序结束后向CPU发中断请求。CPU响应这个中断请求后，第二次调用管理程序对中断请求进行处理。

需要指出的是，CPU进行输入/输出操作时，在用户程序中使用访管指令（地址为k）迫使CPU由用户程序（目态）进入管理程序（管态）；访管指令是广义指令，它除给出访管子程序的入口地址外，还给出如设备号、交换长度、主存起始地址等参数，以便管理程序编制通道程序。管理程序根据访管指令给定的参数编写通道程序写入主存的一片区域中，并将其首地址置入通道地址字（CAW）中，然后便可启动该通道开始工作，CPU返回用户程序的断点$k+n$继续工作。从此时开始，CPU与通道处于并行工作状态。通道从CAW中获得通道程序的入口地址，逐条取出通道指令并执行它，待通道程序执行完毕可向CPU发出中断请求，CPU响应该中断请求，再次进入管理程序进行结束处理，本次输入/输出操作完成。从图8-22中可以看出，整个输入/输出操作的过程是在通道控制下完成的，而通道的控制是通过执行通道程序实现的。

这样，每完成一次输入/输出工作，CPU只需要两次调用管理程序，极大减少了对用户程序的影响。

8.7.2 通道的类型

按照输入/输出信息的传送方式，通道可分为3种类型，即字节多路通道、选择通道和数组多路通道。

1. 字节多路通道

字节多路通道是一种简单的共享通道，它用于连接与管理多台低速设备，以字节交叉方式传送信息，其传送方式示意图如图8-23所示。字节多路通道先选择设备A，为其传字节A_1，然后选择设备B，传送字节B_1，再选择设备C，传送字节C_1。后续通道再交叉地传送A_2、B_2、C_2……，因此字节多路通道的功能好比一个多路开关，交叉（轮流）地接通各台设备。

一个字节多路通道包括多个按字节方式传送信息的子通道。每个子通道服务一个设备控制器，每个子通道都可以独立地执行通道程序。各个子通道可以并行工作，但是，所有子通道的控制部分是公共的，各个子通道可以分时地使用。

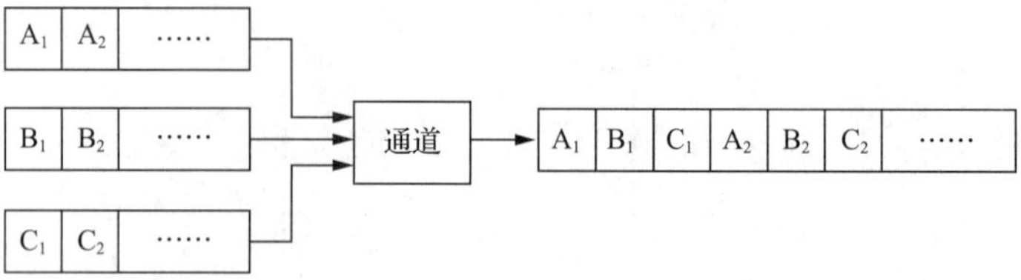

图8-23　字节多路通道传送方式示意图

通道不间断地、轮流地启动每个设备控制器，即通道为一个设备传送完一字节后，就转去为另一个设备服务。当通道为某一设备传送时，其他设备可以并行地工作，准备需要传送的数据字节或处理收到的数据字节。这种轮流服务是建立在主机的速度比外设的速度高得多的基础之上的，它可以提高系统的工作效率。

2. 选择通道

对于高速设备而言，字节多路通道显然是不合适的。选择通道又称高速通道，在物理上它也可以连接多个设备，但这些设备不能同时工作，在一段时间内通道只能选择一台设备进行数据传送，此时该设备可以独占整个通道。因此，选择通道一次只能执行一个通道程序，只有当它与主存交换完信息后，才能再选择另一台外部设备并执行该设备的通道程序。如图8-24所示，选择通道先选择设备A，成组连续地传送A_1、A_2……，当设备A传送完后，选择通道又选择通道B，成组连续地传送B_1、B_2……，再选择设备C，成组连续地传送C_1、C_2……

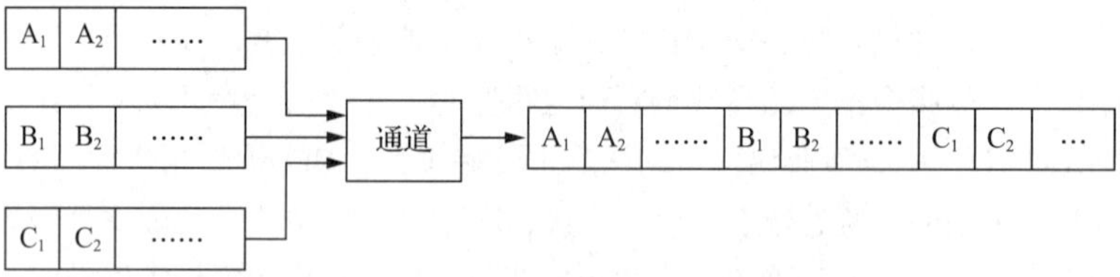

图8-24　选择通道传送方式示意图

每个选择通道只有一个以成组方式工作的子通道，逐个为多台高速外设服务。选择通道主要用于连接高速外设，如磁盘、磁带等，信息以成组方式高速传送。但是，在数据传送过程中还有一些辅助操作（如磁盘机的寻道等），此时会使通道处于等待状态，所以虽然选择通道具有很高的数据传输速率，但整个通道的利用率并不高。

3. 数组多路通道

数组多路通道是把字节多路通道和选择通道的特点结合起来的一种通道结构。它的基本思想是：当某设备进行数据传送时，通道只为该设备服务；当设备在执行辅助操作时，通道暂时断开与这个设备的连接，挂起该设备的通道程序，去为其他设备服务。

数组多路通道有多个子通道，既可以执行多路通道程序（即像字节多路通道那样，所有子通道分时共享总通道），又可以用选择通道那样的方式成组地传送数据；既具有多路并行操作的能力，又具有很高的数据传输速率，使通道的效率充分得到发挥。

选择通道和数组多路通道都适用于连接高速外设，但前者的数据宽度是不定长的数据块，后者的数据宽度是定长的数据块。3种类型通道的比较如表8-6所示。3种类型的通道组织在一起，可配置若干台不同种类、不同速度的I/O设备，使计算机的I/O组织更合理、功能更完善、管理更方便。

表 8-6 3 种类型通道的比较

性能	通道类型		
	字节多路	选择	数组多路
数据宽度	单字节	不定长块	定长块
适用范围	大量低速设备	优先级高的高速设备	大量高速设备
工作方式	字节交叉	独占通道	成组交叉
共享性	分时共享	独占	分时共享
选择设备次数	多次	一次	多次

通道在单位时间内传送的位数或字节数叫作通道的数据传输率或流量，它标志了计算机系统中的系统吞吐量，也表明了通道对外设的控制能力和效率。在单位时间内允许传送的最大字节数或位数叫作通道的最大数据传输率或通道极限流量，它是设计通道的最重要依据。

字节多路通道的实际流量是该通道上所有设备的数据传输率之和。而选择通道和数组多路通道由于在一段时间内只能为一台设备传送数据，此时的通道流量就等于这台设备的数据传输率，因此，这两种通道的实际流量等于连接在这个通道上的所有设备中流量最大的那一个。

8.7.3 通道的流量分析

通道流量是指通道在数据传送期内，单位时间里传送的字节数。它能达到的最大流量称为通道极限流量。

假设通道选择一次设备的时间为T_S，每传送一字节的时间为T_D，通道工作时的极限流量分别如下。

（1）字节多路通道

$$f_{\max\cdot\text{byte}}=\frac{P\times n}{(T_S+T_D)\times P\times n}=\frac{1}{T_S+T_D}$$

每选择一台设备只传送一字节。

（2）选择通道

$$f_{\max\cdot\text{select}}=\frac{P\times n}{\left(\frac{T_S}{n}+T_D\right)\times P\times n}=\frac{1}{\frac{T_S}{n}+T_D}=\frac{n}{T_S+nT_D}$$

每选择一台设备就把n字节全部传送完。

（3）数组多路通道

$$f_{\max\cdot\text{block}}=\frac{P\times n}{\left(\frac{T_S}{k}+T_D\right)\times P\times n}=\frac{1}{\frac{T_S}{k}+T_D}=\frac{k}{T_S+kT_D}$$

每选择一台设备传送定长k字节。

若通道上接P台设备，则通道要求的实际流量分别如下。

（1）字节多路通道

$$f_{\text{byte}}=\sum_{i=1}^{P}f_i$$

即所接P台设备的速率之和。

（2）选择通道

$$f_{\text{select}} = \max_{i=1}^{P} f_i$$

即所接P台设备中速率最高者。

（3）数组多路通道

$$f_{\text{block}} = \max_{i=1}^{P} f_i$$

即所接P台设备中速率最高者。

为使通道所接外部设备在满负荷工作时仍不丢失信息，应使通道的实际最大流量不超过通道的极限流量。如果在I/O系统中有多个通道，各个通道是并行工作的，则I/O系统的极限流量应当是各通道或各子通道工作时的极限流量之和。

例8-1　一个字节多路通道连接D_1、D_2、D_3、D_4、D_5共5台设备，这些设备分别每10μs、30μs、30μs、50μs和75μs向通道发出一次数据传送的服务请求，请回答下列问题。

（1）计算这个字节多路通道的实际流量和工作周期。

（2）如果设计字节多路通道的最大流量正好等于通道实际流量，并假设对数据传输率高的设备，通道响应它的数据传送请求的优先级也高。5台设备在0时刻同时向通道发出第一次传送数据的请求，并在以后的时间里按照各自的数据传输率连续工作。画出通道为每台设备服务的分时时间关系图，并计算这个字节多路通道处理完各台设备的第一次数据传送请求的时刻。

（3）从时间关系图上可以发现什么问题？如何解决这个问题？

解：

（1）这个字节多路通道的实际流量为：

$$f_{\text{byte}} = \frac{1}{10} + \frac{1}{30} + \frac{1}{30} + \frac{1}{50} + \frac{1}{75} = 0.2\ (\text{MB/s})$$

通道的工作周期为：

$$T = \frac{1}{f_{\text{byte}}} = 5\ (\mu\text{s})$$

T包括设备选择时间T_S和传送一字节的时间T_D。

（2）5台设备向通道请求传送和通道为它们服务的时间关系如图8-25所示，其中向上的箭头表示设备的数据传送请求，有阴影的长方形表示通道响应设备的请求并为设备服务所用的工作周期。

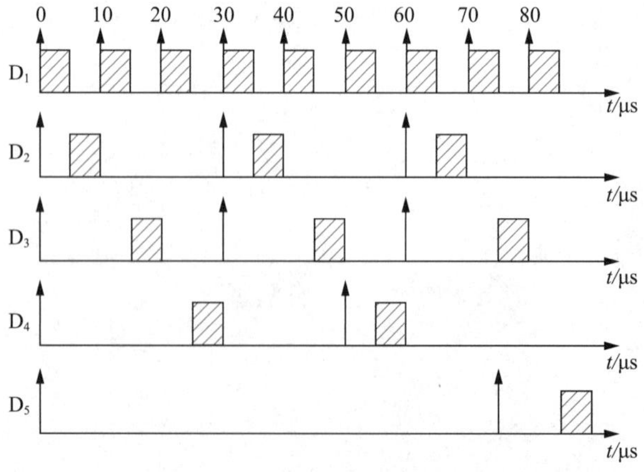

图8-25　字节多路通道响应设备请求和为设备服务的时间关系

在图8-25中，5台设备在0时刻同时向字节多路通道发出第一次传送时间的请求，通道处理完各设备第一次请求的时间分别为：

处理完设备D_1的第一次请求的时刻为5μs；

处理完设备D_2的第一次请求的时刻为10μs；

处理完设备D_3的第一次请求的时刻为20μs；

处理完设备D_4的第一次请求的时刻为30μs。

设备D_5的第一次请求没有得到通道的响应，直到第85μs通道才开始响应设备D_5的服务请求，这时，设备已经发出了两个传送数据的服务请求，因此第一次传送的数据有可能丢失。

（3）当字节多路通道的最大流量与连接在这个通道上的所有设备的数据流量之和非常接近时，虽然能够保证在宏观上通道不丢失设备的信息，但不能保证在某个局部时刻不丢失信息。高速设备在频繁地发出要求传送数据的请求时总是被优先得到响应和处理，这样就可能使低速设备的信息一时得不到处理而丢失，如本例中的设备D_5。为了保证本例中的字节多路通道能正常工作，可以采取以下措施来解决。

① 增加通道的最大流量，保证连接在通道上的所有设备的数据传送请求能够及时得到通道的响应。

② 动态改变设备的优先级。例如，在图8-25中，只要在30～70μs之间临时提高设备D_5的优先级，就可使设备D_5的第一次传送请求及时得到通道的响应，其他设备的数据传送请求也能正常得到通道的响应。

③ 增加一定数量的数据缓冲器，特别是对优先级比较低的设备。例如，在图8-25中，只要为设备D_5增加一个数据缓冲器，它的第一次数据传送请求可在85μs处得到通道的响应，第二次数据传送请求可以在145μs处得到通道的响应，所有设备的数据都不会丢失。

习　题

8-1　假设总线的工作频率为22MHz，总线宽度为16位，问总线带宽是多少？

8-2　假定某同步总线在一个时钟周期内传送一个4B的数据，总线时钟频率为33MHz，求总线带宽是多少？如果数据总线宽度改为64b，一个时钟周期能传送2次数据，总线时钟频率为66MHz，则总线带宽为多少？提高了多少倍？

8-3　某总线时钟频率为66MHz，在一个64位总线中，总线数据传输的周期是7个时钟周期传输6个字的数据块。

（1）总线的数据传输率是多少？

（2）如果不改变数据块的大小，而是将时钟频率减半，这时总线的数据传输率是多少？

8-4　总线的同步通信和异步通信有何不同？试举例说明一次全互锁异步应答的通信情况。

8-5　为什么要设立总线仲裁机构？集中式总线控制常用哪些方式？它们各有什么优缺点？

8-6　某磁盘组有6片磁盘，每片可有两个记录面，存储区域内径为22cm，外径为33cm，道密度为40道/cm，位密度为400b/cm，转速为2400r/min。问：

（1）共有多少个存储面可用？

（2）共有多少个圆柱面？

（3）整个磁盘组的总存储容量有多少？

（4）数据传送率是多少？

（5）如果某文件长度超过一个磁道的容量，应将它记录在同一存储面上还是记录在同一圆柱面上？为什么？

（6）如果采用定长信息块记录格式，直接寻址的最小单位是什么？寻址命令中如何表示磁盘地址？

8-7　假定某磁盘的转速是12 000r/min，平均寻道时间为6ms，传输速率为50MB/s，有关控制器的开销为1ms，请计算出连续地读写256个扇区（每一扇区大小为512B）所需要的平均时间（忽略扇区间可能有的间隔）。

8-8　键盘属于什么设备？它有哪些类型？如何消除键开关的抖动？简述非编码键盘查询键位置码的过程。

8-9　针式打印和字模式打印有何不同？它们各有什么优缺点？

8-10　什么是分辨率？什么是灰度级？它们各有什么作用？

8-11　某字符显示器，采用7×9点阵方式，每行可显示60个字符，缓存容量至少为1260B，并采用7位标准编码，问：

（1）如改用5×7字符点阵，其缓存容量为多少（设行距、字距不变——行距为5，字距为1）？

（2）如果最多可显示128种字符，上述两种显示方式各需多大容量的字符发生器ROM？

8-12　某CRT显示器可显示64种ASCII字符，每帧可显示64列×25行，每个字符点阵为7×8（即横向7点，字间间隔1点；纵向8点，排间间隔6点），场频50Hz，采用逐行扫描方式。问：

（1）缓存容量有多大？

（2）字符发生器（ROM）容量有多大？

（3）缓存中存放的是字符的ASCII还是字符的点阵信息？

8-13　程序查询方式、程序中断方式、DMA方式各自适用什么范围？下面这些结论正确吗？为什么？

（1）程序中断方式能提高CPU利用率，所以在设置了中断方式后就没有再应用程序查询方式的必要了。

（2）DMA方式能处理高速外部设备与主存间的数据传送，高速工作性能往往能覆盖低速工作要求，所以DMA方式可以完全取代程序中断方式。

8-14　如果采用程序查询方式从磁盘上输入一组数据，设主机执行指令的平均速度为100万条指令/秒，试问从磁盘上读出相邻两个数据的最短允许时间间隔是多少？若改为中断式输入，这个间隔是更短些还是更长些？由此可得出什么结论？

8-15　在程序查询方式的输入/输出系统中，假设不考虑处理时间，每一个查询操作需要100个时钟周期，CPU的时钟频率为50MHz。现有鼠标和硬盘两个设备，而且CPU必须每秒对鼠标进行30次查询，硬盘以32位字长为单位传输数据，即每32位被CPU查询一次，传输率为2MB/s。求CPU对这两个设备查询所用的时间比率，由此可得出什么结论？

8-16　在程序中断处理中，要做到现行程序向中断服务程序过渡和中断服务程序执行完毕返回现行程序，必须进行哪些关键性操作？一般采用什么方法实现这些操作？

8-17　假定某机的中断处理方式是将断点存入00000Q单元，并从77777Q单元取出指令（即中断服务程序的第一条指令）执行。试排出完成此功能的中断周期微操作序列，并判断出中断服务程序的第一条指令是何指令（假定主存容量为2^{15}个单元）。

8-18　假设有设备1和设备2两个设备，其优先级为设备1＞设备2，若它们同时提出中断请求，试说明中断处理过程，画出其中断处理过程示意图，并标出断点。

8-19　设某计算机有4个中断源，优先顺序按1→2→3→4降序排列，若1、2、3、4中断源的服务程序中对应的屏蔽字分别为1110、0100、0110、1111，试写出这4个中断源的中断处理次序（按降序排列）。若4个中断源同时有中断请求，画出CPU执行程序的轨迹。

8-20　现有A、B、C、D共4个中断源，其优先级由高向低按A→B→C→D顺序排列。若中断服务程序的执行时间为20μs，根据图8-26所示时间轴给出的中断源请求中断的时刻，画出CPU执行程序的轨迹。

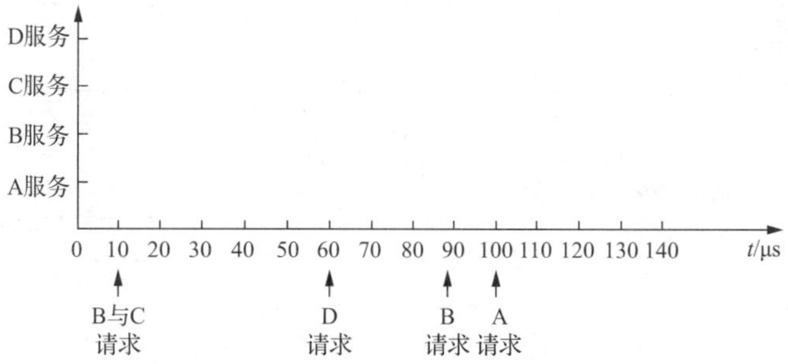

图8-26　中断请求时间轴

8-21　设某机有5级中断：L_0、L_1、L_2、L_3、L_4，其中断响应优先次序为L_0最高、L_1次之……L_4最低。现在要求将中断处理次序改为L_1→L_3→L_0→L_4→L_2。

（1）各级中断服务程序中的各中断屏蔽码应如何设置（设每级对应一位，当该位为“0”，表示中断允许；当该位为“1”，表示中断屏蔽）？

（2）若这5级同时都发出中断请求，试画出进入各级中断处理过程示意图。

8-22　CPU响应DMA请求和响应中断请求有什么区别？为什么通常使DMA请求的优先级高于中断请求？

8-23　以主存接收从磁盘传送来的一批信息为例，试回答以下问题。

（1）假定主存的周期为1μs，若采用程序查询方式传送，试估算在磁盘上相邻两数据字间必须具有的最短允许时间间隔是多少？

（2）若改为中断方式传送，这个时间又会怎样？是否还有更好的传送方式？

（3）在采用更好的传送方式下，假设磁盘上两数据字间的间隔为1μs，主存又要被CPU占有一半周期时间，试计算这种情况下主存周期最少应是多少？

8-24　磁盘机采用DMA方式与主机通信，若主存周期为1μs，能否满足传输速率为1MB/s的磁盘机的要求？此时CPU处于什么状态？若要求主存有一半时间允许CPU访问，该如何处理？

8-25　假定一个字长为32位的CPU的主频为500MHz，硬盘的传输速率为4MB/s，问：

（1）采用中断方式进行数据传送，每次中断传输4字块数据。每次中断的开销（包括中断响应和中断处理的时间）是500个时钟周期，问CPU用于磁盘数据传送的时间占整个CPU时间的百分比是多少？

（2）采用DMA方式进行数据传送，每次DMA传输的数据量为8KB。如果CPU在DMA预处理时用了1000个时钟周期，在DMA后处理时用了500个时钟周期，问CPU用于磁盘数据传送的时间占整个CPU时间的百分比是多少？

8-26　某计算机I/O系统中，接有一个字节多路通道和一个选择通道。字节多路通道包括3个子通道：0号子通道上接有两台打印机（传输率为5KB/s）；1号子通道上接有3台卡片输入机（传输率为1.5KB/s）；2号子通道上接8台显示器（传输率为1KB/s）。选择通道上接两台磁盘机（传输率为800KB/s）和5台磁带机（传输率为250KB/s）。求I/O系统的实际最大流量。若I/O系统的极限容量为822KB/s，问能否满足所连接设备流量的要求？

8-27　假定通道在数据传送期内，选择设备需9.8μs，传送一字节数据需0.2μs，某低速设备每隔500μs发出一个字节数据传送请求，试问至多可接几台这种低速设备？对于以下A～F这6种高速设备，一次通信传送的字节数不少于1024字节，哪些设备可以挂在此通道上？哪些则不能？其中A～F设备每发一个字节数据传送请求的时间间隔分别如表 8 -7所示。

表 8-7　A ～ F 设备每发一个字节数据传送请求的时间间隔

设备	A	B	C	D	E	F
发申请间隔（μs）	0.2	0.25	0.5	0.19	0.4	0.21

8-28　某字节多路通道连接6台外设，其数据传输率分别如表8-8所示。

表 8-8　某字节多路通道 6 台外设的数据传输率

设备号	1	2	3	4	5	6
传送速率（KB/s）	50	15	100	25	40	20

（1）计算所有设备都工作时的通道最大实际流量。

（2）设计通道实际工作周期使通道极限流量恰好与通道最大实际流量相等，以满足流量设计的基本要求，同时让速率越高的设备被响应的优先级越高，然后从6台设备同时发出请求开始，画出此通道在数据传送期内响应和处理各外设请求的时间示意图，并描述能发现什么问题。

（3）在（2）的基础上，求在哪台设备内设置多少字节的缓冲器就可以避免设备信息丢失。那么，这是否说关于流量设计的基本要求是没有必要的了呢？为什么？

8-29　某字节多路通道连接有5台设备，它们的数据传输率如表8-9所示。

表 8-9　某字节多路通道 5 台设备的相关数据

设备名称	D1	D2	D3	D4	D5
数据传输速率（KB/s）	100	33.3	33.3	20	10
服务优先级	1	2	3	4	5

（1）计算这个字节多路通道的实际流量。

（2）为了使通道能够正常工作，请设计通道的最大流量和工作周期。

（3）当这个字节多路通道工作在最大流量时，5台设备都在0时刻同时向通道发出第一次传送数据的请求，并在以后的时间里按照各自的数据传输速率连续工作。画出通道分时为各台设备服务的时间关系图，并计算这个字节多路通道处理完各台设备第一次数据服务请求的时刻。

8-30　某字节多路通道连接有4台设备，每台设备发出输入/输出服务请求的时间间隔、它们的服务优先级和发出第一次服务请求的时刻如表8-10所示。

表 8-10　某字节多路通道 4 台设备的相关数据

设备名称	D1	D2	D3	D4
发服务请求间隔（μs）	10	75	15	50
服务优先级	1	4	2	3
发出第一次请求的时刻（μs）	0	70	10	20

（1）计算这个字节多路通道的实际流量和工作周期。

（2）在数据传送期间，如果通道选择一次设备的时间为3μs，传送一字节数据的时间为2μs，画出这个字节多路通道响应各设备请求和为设备服务的时间关系图。

（3）从（2）时间关系图中，计算通道处理完成各设备第一次服务请求的时刻。

（4）从（2）时间关系图中看，这个字节多路通道能否正常工作？

（5）描述设计字节多路通道的工作流量时可以采用哪些措施来保证通道能够正常工作。

第9章 并行体系结构

并行性是指计算机系统具有可以同时进行多于两个运算或操作的特性。并行体系结构是指许多指令能同时执行的体系结构，一般从时间和空间两方面考虑。本章主要介绍并行处理系统的发展以及几类典型并行处理系统的基本结构。

学习指南

1. 知识点和学习要求

- 并行处理机系统概述
  理解体系结构中的并行性概念
  理解并行处理系统的分类
- 指令级高度并行的处理机
  理解3种指令级并行处理机的特点
  了解3种指令级并行处理机性能比较
- 超长指令字处理机
  了解VLIW处理机的特点
  了解VLIW处理机的基本结构
- 超线程与多核处理器
  了解指令级并行与线程级并行的区别
  理解超线程技术
  理解多核处理技术
- 向量处理机
  理解向量处理的基本概念
  了解并行向量流水处理机
- 并行处理机
  了解并行处理机的工作方式和两种基本结构形式
  领会阵列处理机的并行算法
  理解基本的单级互连网络
- 多处理机与多计算机
  了解多处理机和多计算机耦合度的区别
  理解多处理机的概念和结构
  理解多处理机的Cache一致性
  了解多处理机的机间互连形式
  了解多处理机操作系统
  了解大规模并行处理机
  了解机群系统
  了解高性能并行计算机系统结构的比较

2. 重点与难点

本章的重点：并行处理系统的概念与分类、指令级并行处理机、超长指令字处理机、超线程技术和多核处理技术、向量处理机、并行处理机、多处理机与多计算机等。

本章的难点：指令级并行处理机的特点与比较、向量处理的基本概念、基本的单级互连网络、多处理机和多计算机耦合度、高性能并行计算机系统结构的比较等。

9.1 并行处理机系统概述

并行处理机系统概述

并行处理是指同时执行两个或多个处理的一种计算方法。并行处理系统则是指同时执行多个任务或多条指令，抑或同时对多个数据项进行处理的计算机系统。

9.1.1 系统结构中的并行性

1. 并行性的含义与并行性级别

并行性是指计算机系统在同一时刻或者同一时间间隔内进行多种运算或操作。只要在时间上相互重叠，就存在并行性。并行性包含同时性和并发性两重含义。

① 同时性——两个或多个事件在同一时刻发生。

② 并发性——两个或多个事件在同一时间间隔内发生。

从计算机系统中执行程序的角度来看，并行性等级从低到高可以分为5级。它们分别如下。

① 指令内部并行——一条指令内部各个微操作之间的并行。

② 指令级并行——多条指令的并行执行。

③ 线程级并行——并行执行两个或两个以上的线程。

④ 任务或进程间并行——多个任务或程序段的并行执行。

⑤ 作业或程序间并行——多个作业或多道程序的并行。

从计算机系统中处理数据的并行性来看，并行性等级从低到高分别如下。

① 位串字串——同时只对一个字的一位进行处理。这种方式是最基本的串行处理方式，没有并行性。

② 位并字串——同时对一个字的全部位进行处理，不同字之间是串行。它通常是指传统的并行单处理机开始出现并行性。

③ 位片串字并——同时对许多字的同一位（称为位片）进行处理。这种方式具有较高的并行性，开始进入并行处理领域。

④ 全并行——同时对许多字的全部或部分位进行处理。它是最高级的并行。

并行性是贯穿于计算机信息加工的各个步骤和阶段的。从这个角度来看，并行性等级又可分为如下几类。

① 存储器操作并行——采用单体多字、多体单字或多体多字方式在一个存储周期内访问多个字，进而采用按内容访问方式在一个存储周期内用位片串字并或全并行方式实现对存储器中大量字的高速并行比较、检索、更新、变换等操作。典型的例子是并行存储器系统和以相联存储器为核心构成的相联处理机。

② 处理器操作步骤并行——处理器操作步骤可以指一条指令的取指、分析、执行等操作步骤，也可指如浮点加法的求阶差、对阶、尾数加、舍入、规格化等具体操作的执行步骤。处理器操作步骤并行是将操作步骤或具体操作的执行步骤在时间上重叠流水地进行。典型的例子是流水线处理机。

③ 处理器操作并行——为支持向量、数组运算，设计者可以通过重复设置大量处理单元，让它们在同一控制器的控制下，按照同一条指令的要求对多个数据组同时操作。典型的例子是阵列处理机。

④ 指令、任务、作业并行——一种较高级的并行。虽然它也可包含如操作、操作步骤等较低等级的并行，但从根本上与操作级并行是不同的。指令级以上的并行是多个处理机同时对多条指令及有关的多数据组进行处理，而操作级并行是对同一条指令及其有关的多数据组进行处理。因此，前者构成的是多指令流多数据流计算机，后者构成的则是单指令流多数据流计算机。典型的例子是多处理机系统。

2. 提高并行性的途径

计算机系统中提高并行性的措施可以归纳成以下3条途径。

（1）时间重叠

在并行性概念中引入时间因素，让多个处理过程在时间上相互错开，轮流重叠地使用同一套硬件设备的各个部分，以加快硬件周转而赢得速度。关于指令流水线已经在第7章中进行过讨论，故在此不再赘述。

（2）资源重复

在并行性概念中引入空间因素，以数量取胜，通过重复设置硬件资源来提高可靠性或性能。图9-1中有N个完全相同的处理单元（PE），在同一控制器（CU）控制下，给各处理单元分配不同的数据完成指令要求的同一种运算或操作，以提高速度性能。

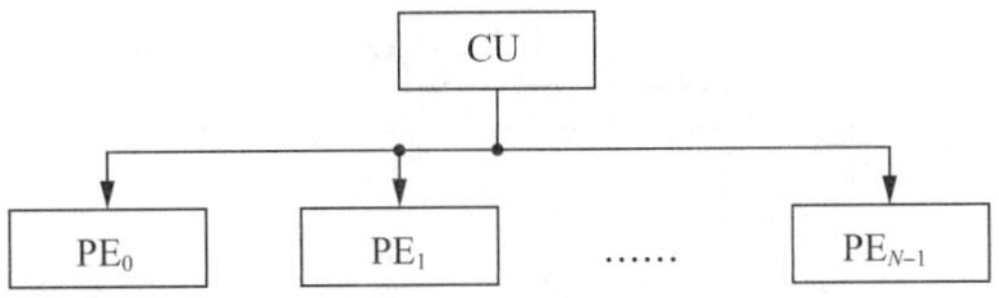

图9-1 资源重复的例子

（3）资源共享

利用软件方法让多个用户按一定时间顺序轮流使用同一套资源，以提高利用率，这样也可以提高整个系统的性能。多道程序、分时系统就是遵循这一途径而产生的。资源共享不只限于硬件资源的共享，也包括软件、信息资源的共享。

9.1.2 并行处理系统的分类

从不同观点、不同角度，可对现有的计算机系统提出许多不同的分类方法。

通常计算机系统按其性能与价格的综合指标分为巨型机、大型机、中型机、小型机、微型机等。但是，随着技术的不断进步，各种型号的计算机性能指标都在不断提升，以至于过去的一台大型计算机的性能甚至还比不上今天的一台微型计算机。可见，按巨型机、大型机、中型机、小型机、微型机来划分的绝对性能标准是随时间变化而变化的。

计算机系统还可以按处理机个数和种类分，如分为单处理机、多处理机、并行处理机、相联处理机、超标量处理机、超流水线处理机、大规模并行处理机（MPP）等。

计算机系统分类法有很多种，最常见的是M.J.弗林教授1966年提出的弗林分类法，它按照指令流和数据流的多倍性特征对计算机系统进行分类。弗林分类法中有如下定义。

① 指令流：计算机执行的指令序列。

② 数据流：由指令流调用的数据序列，其包括输入数据和中间结果。

③ 多倍性：在系统性能瓶颈部件上处于同一执行阶段的指令或数据的最大可能个数。

按照指令流和数据流的不同组织方式，可把计算机系统划分为以下4类（见表9-1）。

① 单指令流单数据流（SISD）。
② 单指令流多数据流（SIMD）。
③ 多指令流单数据流（MISD）。
④ 多指令流多数据流（MIMD）。

表 9-1　计算机系统的弗林分类方法

指令流	数据流	
	单	多
单	SISD	SIMD
多	MISD	MIMD

图9-2所示为这4类计算机系统相对应的系统结构。

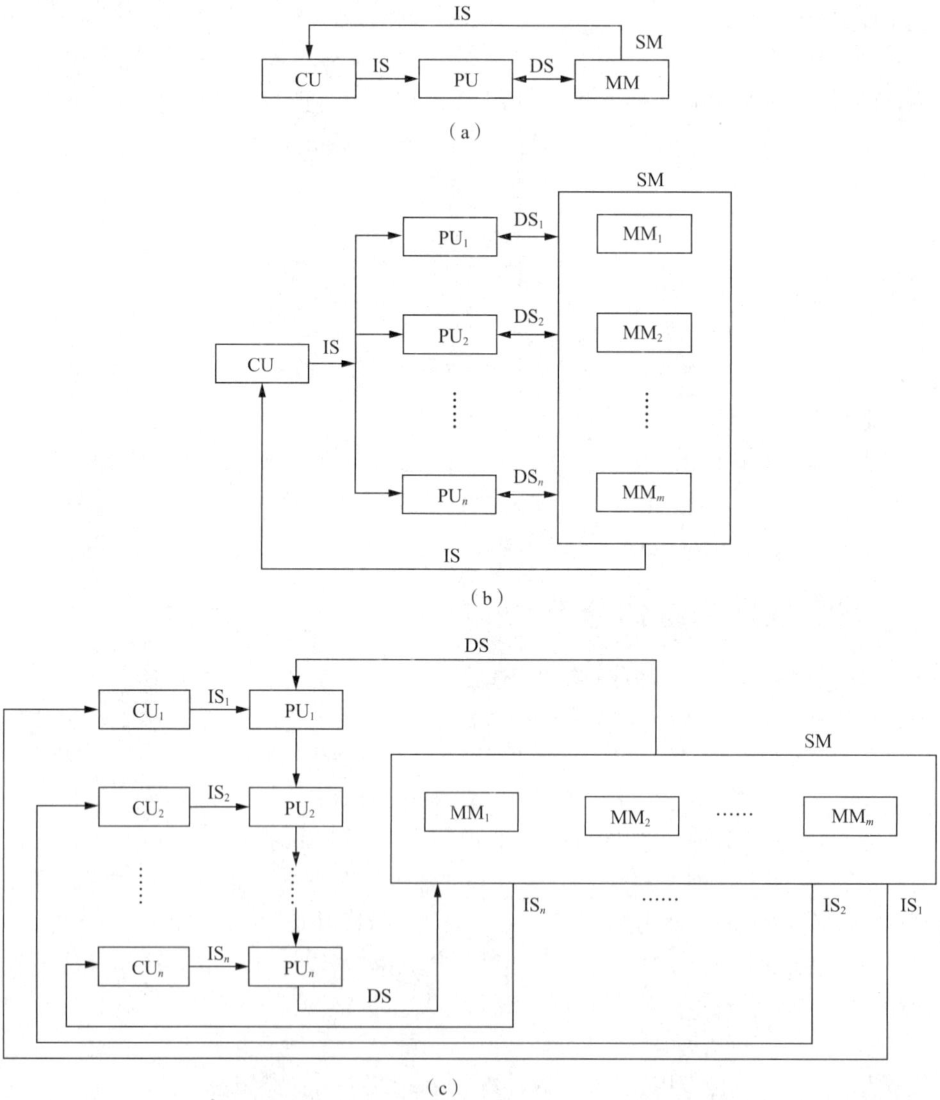

CU——控制器；PU——处理部件；MM——主存模块；SM——共享主存；IS——指令流；DS——数据流

图9-2　弗林分类法4种基本的系统结构

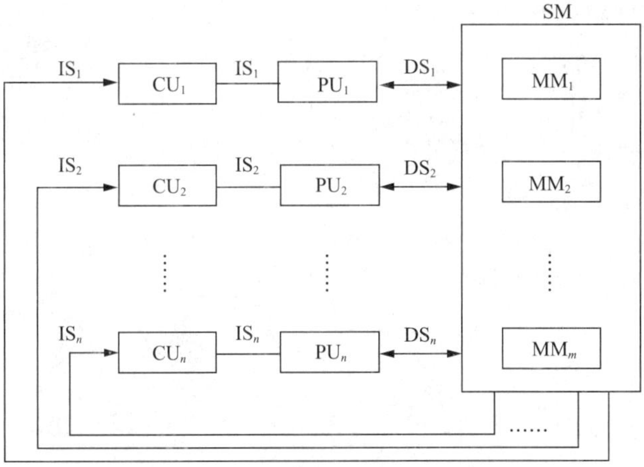

（d）

CU——控制器；PU——处理部件；MM——主存模块；SM——共享主存；IS——指令流；DS——数据流

图9-2　弗林分类法4种基本的系统结构（续）

传统的单处理机属SISD类型，它每次只对一条指令译码，并只给一个操作部件分配数据。目前的传统计算机均属此类，如图9-2（a）所示。

SIMD类型系统以并行处理机为代表，系统中有多个相同的PU，但由单一的CU控制，多个各自的数据完成同一条指令规定的操作。从CU看，指令顺序（串行）执行；从PU看，数据并行执行，如图9-2（b）所示。

MISD类型系统如图9-2（c）所示。系统具有n个PU，按n条不同指令的要求对同一数据流及其中间结果进行不同的处理。一个PU的输出又作为另一个PU的输入。过去认为，与MISD类型对应的机器实际上并不存在，因为几条指令对同一个数据进行不同处理，要求系统在指令级上并行，而在数据级上又不并行，这是不太现实的。但现在也有些学者有不同的看法，在有些文献中将超标量处理机以及超长指令字计算机等看作MISD类型。

MIMD类型系统是能实现作业、任务、指令、数组各级全面并行的多机系统，它包括大多数多处理机及多计算机系统，如图9-2（d）所示。

人们对流水线处理机应该归于哪一类有不同的看法。不少人认为，将标量流水线处理机划入SISD、将向量流水线处理机划入SIMD比较合适。

9.2　指令级高度并行的处理机

在RISC之后出现了一些提高指令级并行程度的超级处理机，从而让单处理机在每个时钟周期里可解释多条指令。它们就是超标量处理机、超流水线处理机、超标量超流水线处理机。

指令级高度并行的处理机

9.2.1　超标量处理机

第7章提到的流水线技术是指常规的单处理机标量流水线，流水线在每个Δt期间最多流出一条指令。假设流水线分为取指令（IF）、译码（ID）、执行（EX）、写回（WB）4个流水段，处理机在每个周期只取一条指令，只译码一条指令，只执行一条指令，只写回一个运算结果。

1. 超标量处理机的指令执行

超标量处理机采取设置m条指令流水线同时并行工作的方式，每隔一个Δt最多可流出m条指令，即每个基本时钟周期同时取多条指令，同时译码多条指令，同时执行多条指令，同时写回多个运算结果。m=3时超标量处理机的指令流水线执行过程如图9-3所示。从中可以看到同时发送3条指令，每个时钟周期取3条指令。

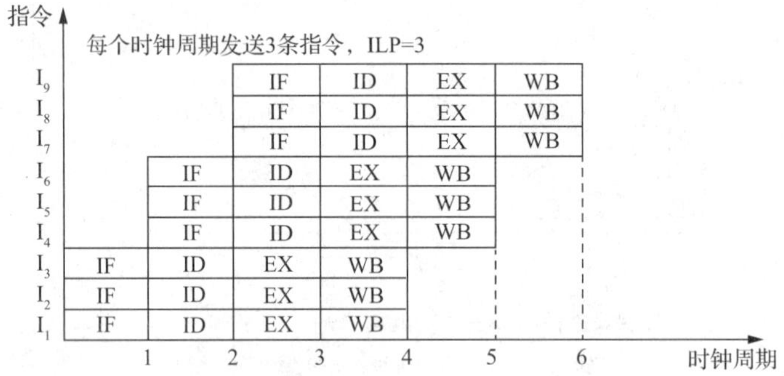

图9-3 超标量处理机的指令流水线执行过程

2. 超标量处理机的性能

指令级并行度为(m,1)的超标量处理机执行N条指令所用的时间为：

$$T(m,1)=\left(k+\frac{N-m}{m}\right)\Delta t$$

超标量处理机相对单流水线普通标量处理机的加速比为：

$$S(m,1)=\frac{T(1,1)}{T(m,1)}=\frac{(k+N-1)\Delta t}{\left(k+\dfrac{N-m}{m}\right)\Delta t}$$

即

$$S(m,1)=\frac{m(k+N-1)}{mk+N-m}$$

当$N\to\infty$时，在没有资源冲突、没有数据相关和控制相关的理想情况下，超标量处理机加速比的最大值为$S(m,1)_{MAX}=m$。

9.2.2 超流水线处理机

超标量处理机采用的是空间并行性，通过增加硬件资源为代价来换取处理机性能。而超流水线处理机采用的是时间并行性，通过各硬件部件充分重叠工作来提高处理机性能，并且只需增加少量硬件便可以更小的节拍工作。

1. 超流水线处理机的指令执行

超流水线处理机在一个时钟周期内可以分时发送多条指令。假设每个时钟周期Δt分时地发送n条指令，则每隔$\Delta t'$就流出一条指令，此时$\Delta t'=\Delta t/n$，即每隔$1/n$个时钟周期发送一条指令，流水线周期为$1/n$个时钟周期。

每个时钟周期分时发送3条指令的超流水线处理机的指令流水线执行过程如图9-4所示。

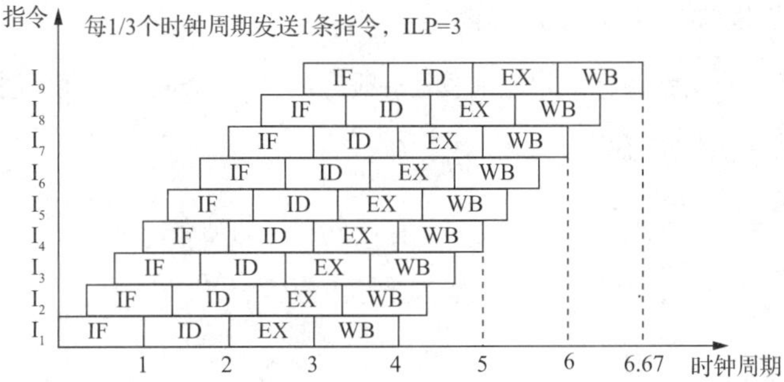

图9-4 超流水线处理机的指令流水线执行过程

2. 超流水线处理机的性能

指令级并行度为(1,*n*)的超流水线处理机执行*N*条指令所用的时间为：

$$T(1,n)=\left(k+\frac{N-1}{n}\right)\Delta t$$

超流水线处理机相对单流水线普通标量处理机的加速比为：

$$S(1,n)=\frac{T(1,1)}{T(1,n)}=\frac{(k+N-1)\Delta t}{\left(k+\dfrac{N-1}{n}\right)\Delta t}$$

即

$$S(1,n)=\frac{n(k+N-1)}{nk+N-1}$$

当$N\to\infty$时，在没有资源冲突、没有数据相关和控制相关的理想情况下，超流水线处理机加速比的最大值为$S(1,n)_{MAX}=n$。

9.2.3 超标量超流水线处理机

把超标量与超流水线技术结合在一起，就可得到超标量超流水线处理机。

1. 超标量超流水线处理机的指令执行

超标量超流水线处理机在一个时钟周期内分时发送指令*n*次，每次同时发送指令*m*条，每个时钟周期总共发送指令$m\times n$条。

每个时钟周期发送3次、每次3条指令的超标量超流水线处理机的指令流水线执行过程如图9-5所示。每个时钟周期分*n*个格，每格发送*m*条指令。当*m*和*n*都为3时，每个时钟周期发送9条指令。

图9-5 超标量超流水线处理机的指令流水线执行过程

2. 超标量超流水线处理机的性能

指令级并行度为(m,n)的超标量超流水线处理机连续执行N条指令所用的时间为：

$$T(m,n)=\left(k+\frac{N-m}{m\times n}\right)\Delta t$$

超标量超流水线处理机相对单流水线普通标量处理机的加速比为：

$$S(m,n)=\frac{T(1,1)}{T(m,n)}=\frac{(k+N-1)\Delta t}{\left(k+\dfrac{N-m}{m\times n}\right)\Delta t}$$

即

$$S(m,n)=\frac{m\times n\times(k+N-1)}{m\times n\times k+N-m}$$

当$N\to\infty$时，在没有资源冲突、没有数据相关和控制相关的理想情况下，超标量超流水线处理机加速比的最大值为$S(m,n)_{MAX}=m\times n$。

9.2.4 指令级并行处理机性能比较

指令级并行（ILP）中“度”是指一个时钟周期内流水线上流出的指令数。常规标量流水线处理机的度≤1；超标量处理机假设每个时钟周期发送m条指令，则有$1<$度$\leq m$；超流水线处理机假设每个时钟周期Δt分时地发送n条指令，则有$1<$度$\leq n$；超标量超流水线处理机则集中了超标量处理机和超流水线处理机的特点，则有$1<$度$\leq m\times n$。表9-2列出了4种不同类型处理机的性能比较。

表 9-2 4 种不同类型处理机的性能比较

比较项目	常规标量流水线处理机	m度超标量处理机	n度超流水处理机	$m\times n$度超标量超流水线处理机
机器流水线周期数	1	1个	$1/n$个	$1/n$个
同时发送指令条数	1	m条	1条	m条
指令发送等待时间（周期数）	1	1个	$1/n$个	$1/n$个
指令级并行度	1	m	n	$m\times n$

3种指令级高度并行的处理机相对常规标量流水线处理机而言，超标量处理机的相对性能最高，其次是超标量超流水线处理机，超流水线处理机的相对性能最低，主要原因如下。

① 超标量处理机在每个时钟周期的一开始就同时发送多条指令，而超流水线处理机则要把一个时钟周期平均分成多个流水线周期，每个流水线周期发送一条指令，因此超流水线处理机的启动延迟比超标量处理机大。

② 由条件转移造成的损失，超流水线处理机要比超标量处理机大。超流水线处理机会白白取来更多的指令。

③ 在指令执行过程中的每一个功能段，超标量处理机都重复设置有多个相同的指令执行部件，而超流水线处理机只是把同一个指令执行部件分解为多个流水级，依托频率的提高，因此超标量处理机指令执行部件的冲突要比超流水线处理机的小。

在实际设计超标量处理机、超流水线处理机、超标量超流水线处理机的度时要适当，否则有可能造成使用了大量的硬件，但实际上处理机所能达到的度并不高。目前一般认为，m和n取值都不要超过4。

9.3 超长指令字处理机

超长指令字（VLIW）是一种非常长的指令组合，它把许多条指令连在一起，以增加运算的速度。在这种处理机中，编译器把许多简单、独立的指令组合到一个指令字中。当这个指令字从主存中取出放到处理器中时，它被容易地分解成几条简单的指令，这些简单的指令被分派到一些独立的执行单元去执行。

9.3.1 VLIW处理机的特点

20世纪80年代，迅速发展的RISC处理器广泛采用超标量和超流水线等指令级并行处理技术。由于相关性问题的存在，尽管这两种技术都采用了硬件逻辑电路来解决和处理相关性问题，但指令序列并不能够充分流水化，使处理器不能充分实现指令级并行处理，影响了计算机性能的提高。1983年，J.费希尔教授提出了超长指令字体系结构。VLIW处理机指令字较长，一般为数百位。指令字被划分成多个独立控制字段，且具有固定格式，每个控制字段可直接独立控制相应的功能部件。也就是说，一个控制字段就相当于其他处理机中的一条指令。

超长指令字有助于开发程序中的指令级并行性。一个超长指令字包含多条基本指令，它们被分发到不同的功能部件中并行执行。但是这个分发任务不是在执行时由硬件负责，而是由编译器赋予的。编译器在生成的目标代码中把彼此独立的基本指令分到一个组里，以便并行执行。由于超长指令字处理机不需要动态调度，也不需要进行重定向操作，所以它的控制逻辑相当简单。

超长指令字处理机在一个时钟周期内可以发送一条超长指令字中的多条基本指令，实现多条指令的并行执行。它与同样具有多发送指令的超标量处理机不同，超标量处理机指令的并行性由处理模块硬件来检验，无须编译保证。由于超长指令字处理机的指令并行调度由编译完成，运行时不需要检验，因此VLIW方式可简化控制电路，使得它的结构简单，芯片制造成本低，功耗小。超长指令字处理机的指令流水线执行过程如图9-6所示，并行操作是在流水线的执行阶段进行的。图9-6中并行执行3个操作，相当于指令并行度为3。

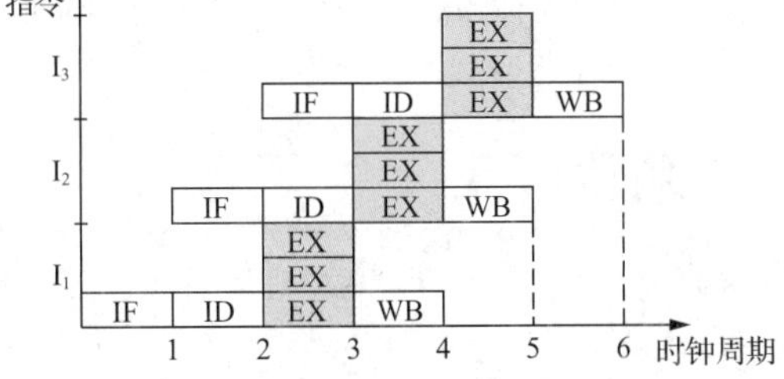

图 9-6 超长指令字处理机的指令流水线执行过程

VLIW处理机的主要特点如下。

① 超长指令字的生成是由编译器来完成的，由它将串行的操作序列合并为可并行执行的指令序列，以最大限度实现操作并行性。

② 单一的控制流只有一个控制器，每个时钟周期启动一条长指令。

③ 超长指令字被分成多个控制字段，每个字段直接独立地控制每个功能部件。

④ 含有大量的数据通路和功能部件。由于编译器在编译时已解决可能出现的数据相关和资源冲突，故控制硬件比较简单。

9.3.2　VLIW 处理机的基本结构

VLIW处理机的每个超长指令字包含多个操作字段，每个字段可与相应的功能部件对应。这些操作字段包括可并行执行的多个运算器控制指令字段、若干个存储器控制指令字段和其他操作控制字段。各运算部件和共享的大容量寄存器堆直接相连，以便提供运算所需要的操作数或存放运算结果，对数据的读/写操作也可以通过存储器指令字段对指定存储模块中的存储单元进行。运行时不需要用软件或硬件来检测其并行性，而直接由超长指令字来控制机器中多个相互独立的功能部件并行操作。虽然这种字段控制方式的思路来自微程序控制器的水平微指令方式，但微指令只对一个运算部件进行控制，而VLIW是对多个功能部件并行进行控制。

超长指令字处理机可以看作将水平型微码和超标量处理两者相结合。在编译时，将多个能并行执行的不相关或无关的操作组合在一起，形成一条有多个操作码字段的超长指令字。运行时，直接控制机器中多个相互独立的功能部件并行操作来实现同时执行多条指令。VLIW处理机组成和指令格式如图9-7所示。

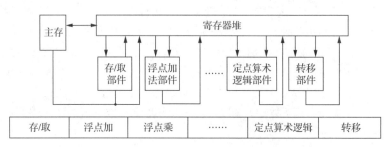

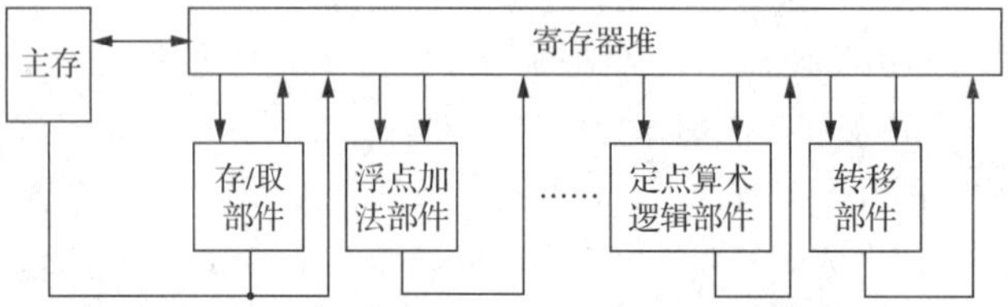

存/取	浮点加	浮点乘	……	定点算术逻辑	转移

图9-7　VLIW处理机组成和指令格式

实际上，VLIW的实现是由编译器将多条可以发送的基本指令捆绑在一条超长指令字中。基于多个可同时执行功能部件的支持，实现多条指令的并行执行。

9.4　超线程与多核处理器

目前，高性能微处理器研究的逐渐从开发指令级并行（ILP）转向开发线程级并行（TLP），而线程级并行主要依赖于超线程技术和多核处理技术的支撑。

9.4.1　指令级并行与线程级并行

前面已经详细讨论了指令级并行的问题。计算机处理问题是通过指令实现的，当指令之间不存在相关时，它们在流水线中是可以重叠起来并行执行的。指令级并行性又称细粒度并行，而这里主要是相对粗粒度并行而言的。粗粒度并行是指存在于程序间，主要是进程或线程间的并行性。

进程是系统进行资源分配和调度的一个独立单位。线程是进程的一个实体，是CPU调度和分派的基本单位，它是比进程更小的能独立运行的基本单位。线程自己基本上不拥有系统资源，只拥有一些在运行中必不可少的资源（如程序计数器、一组寄存器和堆栈），但是它可与同属一个进程的其他线程共享进程所拥有的全部资源。

简单地说，一个程序包含着若干个进程，一个进程又包含着若干个线程，即程序>进程>线程。每个线程对CPU来说是一个程序的细小部分，为了提升CPU的速度，我们迫切需要一个能支持同时处理两个以上线程的处理器，这时就涉及线程级并行了。

9.4.2 超线程技术

超线程（HT）是Intel公司提出的一种提高CPU性能的技术。简单地说，它就是将一个物理CPU当作两个逻辑CPU使用，使CPU可以同时执行多重线程，从而得到更高的效率。超线程技术利用特殊的硬件指令把两个逻辑内核模拟成两个物理芯片，让单个处理器都能使用线程级并行计算，进而兼容多线程操作系统和应用软件，减少CPU的闲置时间，提高CPU的运行效率。

超线程技术可以使操作系统或者应用软件的多个线程同时运行于一个超线程处理器上，其内部的两个逻辑处理器共享一组处理器执行单元，并行完成加、乘、加载等操作。这样使得处理器的处理能力提高约30%，这是因为在同一时间里应用程序可以充分使用芯片的各个运算单元。

对于单线程芯片来说，虽然也可以每秒处理成千上万条指令，但是在某一时刻，它只能够对一条指令（单个线程）进行处理，结果必然使处理器内部的其他处理单元闲置。而超线程技术则可以使处理器在某一时刻同步并行处理更多指令和数据（多个线程）。所以超线程是一种可以将CPU内部暂时闲置处理资源充分“调动”起来的技术。

在处理多个线程的过程中，多线程处理器内部的每个逻辑处理器均可以单独对中断做出响应，当第一个逻辑处理器跟踪一个软件线程时，第二个逻辑处理器也开始对另外一个软件线程进行跟踪和处理。另外，为了避免CPU处理资源冲突，负责处理第二个线程的那个逻辑处理器，其使用的仅是运行第一个线程时被暂时闲置的处理单元。例如，当一个逻辑处理器在执行浮点运算（使用处理器的浮点运算单元）时，另一个逻辑处理器可以执行加法运算（使用处理器的整数运算单元）。这样做，无疑可极大提高处理器内部处理单元的利用率和相应数据、指令的吞吐能力。

超线程技术实现的前提条件是需要五大支持，即CPU支持、主板芯片组支持、主板BIOS支持、操作系统支持和应用软件支持。只有满足这些条件，才能使得系统效能得到提升。需要指出的是，超线程技术仅在多任务处理时有优势，进行单个任务处理时优势表现不出来，而且因为打开了超线程（在BIOS中），处理器内部缓存就会被划分成几个区域，互相共享内部资源，反而会造成单个子系统性能下降。

9.4.3 多核处理技术

1. 双核处理器

双核处理器是指在一个处理器上集成两个运算核心，从而提高计算能力。每个核由一个独立处理器的所有组件组成，它可以独立运行程序指令（多指令），也可以访问存储器的不同部分（多数据）。此外，在现代多核处理器上还包括L2 Cache，某些情况下还设置了L3 Cache。图9-8所示是一个双核处理器结构示意图。

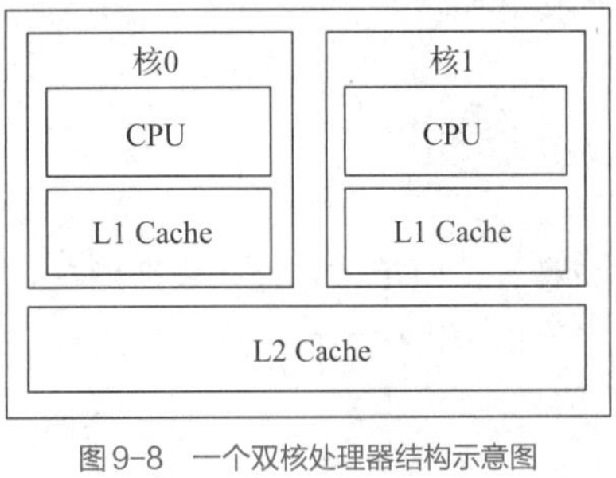

图9-8 一个双核处理器结构示意图

双核处理器并不能达到1+1=2的效果，也就是说，双核处理器并不会比同频率的单核处理器提高一倍的性能。双核处理器的优势在于多线程应用，如果只是处理单个任务，运行单个程序，也许双核处理器与同频率的单核处理器得到的效果是一样的。

2. 超线程技术与双核心技术的区别

以Pentium系列微处理器为例，开启了超线程技术的Pentium 4（单核）与Pentium D（双核）在操作系统中都同样被识别为两个处理器，它们究竟是不是一样的呢？这个问题确实具有迷惑性。其实，我们可以简单地把双核心技术理解为两个“物理”处理器，是一种“硬”的方式；而超线程技术只是两个“逻辑”处理器，是一种“软”的方式。

支持超线程的Pentium 4能同时执行两个线程，但超线程中的两个逻辑处理器并没有独立的执行单元、整数单元、寄存器，甚至缓存等资源。它们在运行过程中仍需要共用执行单元、缓存和系统总线接口。执行多线程时两个逻辑处理器均是交替工作，如果两个线程都同时需要某一个资源时，其中一个要暂停并要让出资源，要待那些资源闲置时才能继续。因此，超线程技术仅可以视为对单个处理器运算资源的优化利用。

双核心技术则是通过“硬”的物理核心实现多线程工作，每个核心拥有独立的指令集、执行单元，这与超线程技术所采用的模拟共享机制完全不一样。在操作系统看来，它是实实在在的双处理器，可以同时执行多项任务，能让处理器资源真正实现并行处理模式，其效率和性能提升要比超线程技术高得多，两者不可同日而语。

3. 多核多线程技术

多核处理器也被称为片上多处理机（CMP），它是多处理机的一种特殊形式，是实现TLP的一种新型体系结构。目前多核处理器的应用范围已覆盖了多媒体计算、嵌入式设备、个人计算机、商用服务器和高性能计算机等众多领域。

CMP在一个芯片上集成多个微处理器核，每个微处理器核实质上都是一个相对简单的单线程微处理器或者比较简单的多线程微处理器，这样多个微处理器核就可以并行地执行程序代码，因而具有较高的线程级并行性。

多核处理器中的每个核可以完全独立地完成各自的工作。通过在多个核上分配工作负荷，并且依靠到主存和输入/输出的高速片上互联及高带宽通道对系统性能进行提升，从而能在平衡功耗的基础上极大地提高CPU性能。通过将多核与多线程技术结合，多个线程可以放到不同的核上同时运行，也可以放到一个核上同时运行。

按照单芯片多处理器上的处理器是否相同，可以分为同构CMP和异构CMP。同构 CMP 在一块芯片中集成多个相同的处理器核，同一个任务可以分配给任意一个核处理，这样可简化任务分配。异构CMP中包含不同结构的处理器核，有事务处理型的，也有计算型的等。可用不同类型的处理器核处理不同的任务是异构CMP的优势所在。

9.5 向量处理机

向量处理机面向向量型并行计算。向量型并行计算是指在向量各分量上执行的运算操作一般都是彼此无关、各自独立的，因而可以按多种方式并行执行。向量处理机是以流水线结构为主的并行处理计算机。

9.5.1 向量处理的基本概念

由于向量中的各个元素很少相关，而且一般都是进行相同的运算或处理，因此与标量运算相比，向量运算更能发挥出流水线的性能。但是，如果处理方式不当，也会造成相关或频繁的功能切换，使流水线性能得不到充分发挥。

对向量的运算可以采用3种不同的处理方式。例如，要计算$\boldsymbol{D}=\boldsymbol{A}\times(\boldsymbol{B}+\boldsymbol{C})$，其中，$\boldsymbol{A}$、$\boldsymbol{B}$、$\boldsymbol{C}$、$\boldsymbol{D}$都是具有$N$个元素的向量，我们应该采用什么样的处理方式才能最大程度地发挥流水线的性能呢?

1. 横向处理方式

采用逐个求$\boldsymbol{D}$向量元素的方法，即访存取a_i、b_i、c_i元素，按上述算术表达式求出d_i，再取a_{i+1}、b_{i+1}、c_{i+1}，求d_{i+1}，被称为横向（水平）处理方式。每个d_i元素的计算至少需要用到加、乘两条指令，分别进行$b_i+c_i \rightarrow k$和$k\times a_i \rightarrow d_i$操作。

横向处理方式对逐个分量进行处理。假设中间结果为$\boldsymbol{T}(\mathrm{I})$，则运算过程如下。

计算第1个分量:

$$\boldsymbol{T}(1)=\boldsymbol{B}(1)+\boldsymbol{C}(1)$$
$$\boldsymbol{D}(1)=\boldsymbol{A}(1)\times \boldsymbol{T}(1)$$

计算第2个分量:

$$\boldsymbol{T}(2)=\boldsymbol{B}(2)+\boldsymbol{C}(2)$$
$$\boldsymbol{D}(2)=\boldsymbol{A}(2)\times \boldsymbol{T}(2)$$

……

计算最后1个分量:

$$\boldsymbol{T}(N)=\boldsymbol{B}(N)+\boldsymbol{C}(N)$$
$$\boldsymbol{D}(N)=\boldsymbol{A}(N)\times \boldsymbol{T}(N)$$

这种方式会出现N次先写后读相关，并引起流水线2N次的功能切换，使流水线的吞吐率下降，所以横向处理方式不适用于流水处理向量处理机，而适宜在标量机上用循环程序达成操作目标。

2. 纵向处理方式

纵向处理方式也称为垂直处理方式，其基本思想是先将$\boldsymbol{B}$和$\boldsymbol{C}$向量元素对的相加运算计算完，中间结果暂存到k_1～k_N中，然后纵向进行所有对应元素的乘法运算，即先完成全部的$b_i+c_i \rightarrow k_i$（i从1到N），再完成全部的$k_i\times a_i \rightarrow d_i$（$i$从1到$N$）。采用纵向处理方式的运算过程如下。

$$\boldsymbol{T}(1)=\boldsymbol{B}(1)+\boldsymbol{C}(1)$$
$$\boldsymbol{T}(2)=\boldsymbol{B}(2)+\boldsymbol{C}(2)$$
$$\cdots\cdots$$
$$\boldsymbol{T}(N)=\boldsymbol{B}(N)+\boldsymbol{C}(N)$$
$$\boldsymbol{D}(1)=\boldsymbol{A}(1)\times \boldsymbol{T}(1)$$
$$\boldsymbol{D}(2)=\boldsymbol{A}(2)\times \boldsymbol{T}(2)$$
$$\cdots\cdots$$
$$\boldsymbol{D}(N)=\boldsymbol{A}(N)\times \boldsymbol{T}(N)$$

若采用向量指令则只需要下面两条指令：

```
VADD    B, C, T
VMUL    A, T, D
```

这种方式只需一次功能切换，也仅有一次先写后读相关，有利于发挥出流水线的性能，适合在向量处理机中应用。由于向量长度一般较长，难以用大量的高速寄存器来存放中间变量，所以我们往往采用存储器–存储器型的流水线处理。

3. 纵横处理方式

纵横处理方式又称为分组处理方式，它是将上述两种方式相结合而形成的组内按纵向方式处理、组间采用横向方式处理的方式。

向量寄存器的长度是有限的，例如，每个向量寄存器有64个寄存器。若以n为一组，当向量长度N大于向量寄存器长度n时，需要分组处理。

分组方法是$N=k\times n+r$，其中r为余数，共分k+1组。

采用纵横处理方式运算过程如下。

第1组：

$\boldsymbol{T}(1,n)=\boldsymbol{B}(1,n)+\boldsymbol{C}(1,n)$

$\boldsymbol{D}(1,n)=\boldsymbol{A}(1,n)\times\boldsymbol{T}(1,n)$

第2组：

$\boldsymbol{T}(n+1,2n)=\boldsymbol{B}(n+1,2n)+\boldsymbol{C}(n+1,2n)$

$\boldsymbol{D}(n+1,2n)=\boldsymbol{A}(n+1,2n)\times\boldsymbol{T}(n+1,2n)$

……

最后第k+1组：

$\boldsymbol{T}(kn+1,N)=\boldsymbol{B}(kn+1,N)+\boldsymbol{C}(kn+1,N)$

$\boldsymbol{D}(kn+1,N)=\boldsymbol{A}(kn+1,N)+\boldsymbol{T}(kn+1,N)$

每组用两条向量指令，发生数据相关两次，其中组内发生数据相关一次，组间切换时发生数据相关一次。

纵横处理方式的优点是可减少访问主存储器的次数，中间变量$\boldsymbol{T}$不用写入主存储器。纵横处理方式适用于寄存器–寄存器结构的向量处理机。

9.5.2 向量流水处理机

1. 向量处理机的指令系统

在普通计算机中，机器指令的基本操作对象是标量，而向量处理机除了有标量处理功能外，还具有功能齐全的向量运算指令系统。向量处理机的指令系统一般应包含向量型和标量型两类指令。向量型运算类指令一般又可以有如下几种。

向量$\boldsymbol{V}_1$运算得向量$\boldsymbol{V}_2$，如$\boldsymbol{V}_2$=SIN($\boldsymbol{V}_1$)。

向量$\boldsymbol{V}$运算得标量S，如$S=\sum_{i=1}^{n}V_i$。

向量$\boldsymbol{V}_1$与向量$\boldsymbol{V}_2$运算得向量$\boldsymbol{V}_3$，如$\boldsymbol{V}_3=\boldsymbol{V}_1\wedge\boldsymbol{V}_2$。

向量$\boldsymbol{V}_1$与标量S运算得向量$\boldsymbol{V}_2$，如$\boldsymbol{V}_2=S*\boldsymbol{V}_1$。

2. 向量流水处理机的结构举例

向量流水处理机的结构因具体机器不同而不同。它有两种典型的结构：存储器–存储器型结构和寄存器–寄存器型结构。纵向处理方式宜采用前者，而分组处理方式则宜采用后者。

CRAY-1是典型的寄存器-寄存器型向量流水处理机。中央处理机的运算部分有12条可并行工作的单功能流水线，它们可分别流水地进行地址、向量、标量的各种运算。另外，还有可由流水线功能部件直接访问的向量寄存器组V0～V7、标量寄存器S0～S7及地址寄存器A0～A7。CRAY-1的向量流水处理部分过程如图9-9所示。

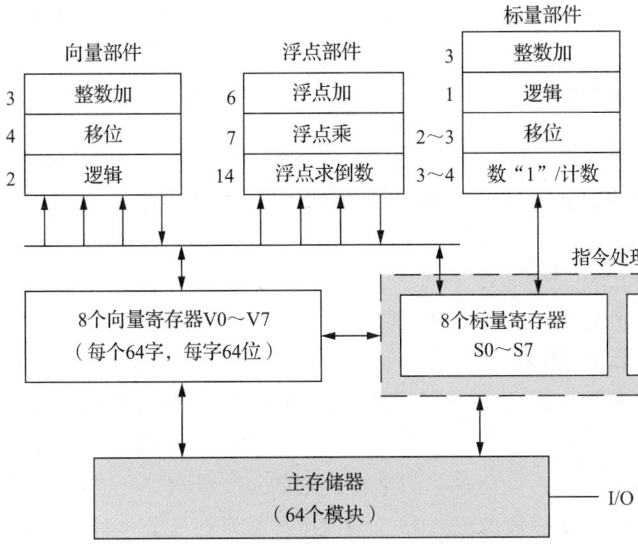

图9-9 CRAY-1的向量流水处理部分过程

图9-9中的12条单功能流水线被分为4组。其中第一组是向量部件，它有整数加、移位、逻辑3个功能部件；第二组是浮点部件，它有浮点加、浮点乘、浮点求倒数3个功能部件；第三组是标量部件，它有整数加、逻辑、移位、数“1”/计数4个功能部件；第四组是地址运算部件，它有整数加2、整数乘6两个功能部件。图9-9中每个功能部件左边的数字表示流水线延迟的时钟周期数。

上述12个功能部件都是独立的，只要满足一定的约束条件，它们可以并行工作。约束条件是：①不存在向量寄存器使用冲突；②不存在功能部件使用冲突。

9.5.3 并行向量处理机

CRAY-1是单处理机体系结构的向量计算机，它诞生于20世纪70年代中期，属于SIMD结构。向量处理机在20世纪70年代到20世纪90年代期间曾经成为超级计算机设计的主导方向。

为了更有效地提高向量处理性能，新型向量机采用了多处理机体系结构，用时间并行+空间并行技术实现向量处理的高速化。例如，在CRAY-1的基础上，CRAY公司在20世纪80年代推出了CRAY-2、CRAY X-MP，20世纪90年代推出了CRAY Y-MP、C-90，这些机器基本保持了CRAY-1的基本结构，但都已经发展成为多处理机系统。CRAY-2包含4个向量处理机，CRAY Y-MP、C-90最多可包含16个向量处理机。

并行向量处理机（PVP）一般由若干台高性能向量处理机（VP）构成。这些向量处理机是专门设计和定制的，拥有很高的向量处理性能。PVP中经常采用专门设计的高带宽交叉开关网络，把各VP与共享存储器模块（SM）连接起来，如图9-10所示。这样的机器通常不使用Cache，而是使用大量的向量寄存器和指令缓冲器。并行向量处理机属于MIMD结构。

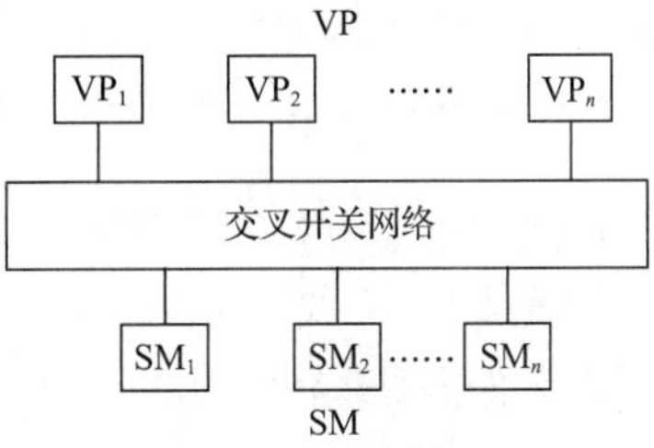

图9-10 并行向量处理机结构

9.6 并行处理机

并行处理机也称为阵列处理机，它由多个重复设置的相同处理单元（PE）构成。这些PE按照一定方式互连成阵列，在同一个控制部件（CU）的控制下，对各自所分配的不同数据完成同一条指令规定的操作。

9.6.1 并行处理机原理

并行处理机从CU看，指令是串行执行的；从PE看，数据是并行处理的。所以按照弗林分类法，它属于操作级并行的SIMD计算机。并行处理机的应用领域主要是高速向量或矩阵运算。并行处理机的主要特点如下。

① 速度快，而且潜力大。

② 模块性好，生产和维护方便。

③ 可靠性高，容易实现容错和重构。

④ 效率低（与流水线处理机、向量处理机等比较）。通常作为专用计算机，因此，在很大程度上依赖于并行算法。

并行处理机依靠的是资源重复，而不是时间重叠，它的每个处理单元要担负多种处理功能，其效率要低一些。另外，它依靠增加PE个数。与流水线处理机主要依靠缩短时钟周期相比，其提高速度的潜力要大得多。

并行处理机依赖于互连网络和并行算法。互连网络决定了PE之间的连接模式，也决定了并行处理机能够适应的算法。

并行处理机还需要有一台高性能的标量处理机。如果一台机器的向量处理速度极高，但标量处理速度只是每秒一百万次，那么对于标量运算占10%的情况来说，总的有效速度就不过是每秒一千万次。

由于并行处理机中的多个处理单元互连成阵列，所以该处理机经常被称为阵列处理机。阵列处理机利用多个处理单元对向量或数组所包含的各个分量同时计算，从而获得很高的处理速度。

阵列处理机的每个处理单元要同等地担负起各种运算功能，但其设备利用率却可能没有多个单功能流水线部件那样高。因此，只有在硬件价格有大幅度下降及系统结构有较大改进的情况下，阵列处理机才能具有较高的性能价格比。

阵列处理机实质上是由专门应对数组运算的处理单元阵列组成的处理机、专门从事处理单元阵列的控制及标量处理的处理机和专门从事系统输入/输出及操作系统管理的处理机3个部分构成的一个异构型多处理机系统。

9.6.2 阵列处理机的结构

由于存储器的组成方式不同，阵列处理机可分为两种基本结构，即分布式存储器的阵列处理机结构和集中式共享存储器的阵列处理机结构。

1. 分布式存储器的阵列处理机结构

在采用分布式存储器结构的阵列处理机中，每个PE_i都有自己的局部存储器PEM_i，PEM_i中存放着本PE_i直接访问的数据。CU内的主存储器（CUM）用来存放系统程序、用户程序和标量数据。在执行用户程序时，所有指令都在控制部件中进行译码，把只适合串行处理的标量或控制指令留给控制部件自己执行，把只适合并行处理的向量类指令“播送”给各个PE，控制处于“活跃”的那些PE并行执行。在运算过程中，PE间可通过互连网络来交换数据。互连网络的连通路径选择也由CU统一控制。管理处理机（SC）用于管理系统资源，运行操作系统。分布式存储器结构是SIMD阵列机的主流。具有分布式存储器的阵列处理机结构如图9-11所示，重复设置多个同样的PE，每个PE有各自的本地存储器。

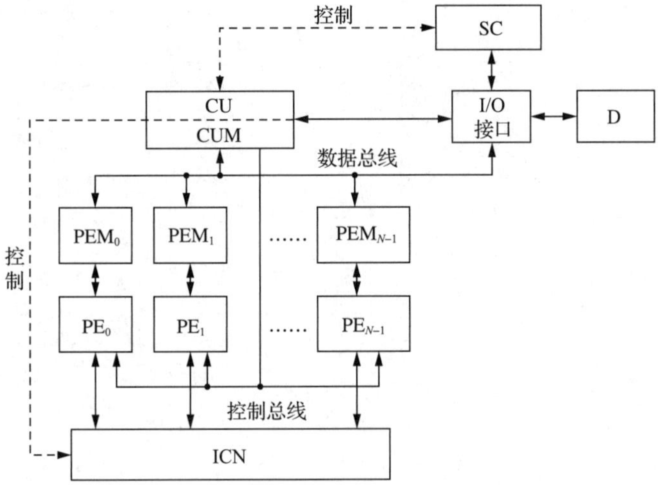

图9-11 分布式存储器的阵列处理机结构

2. 集中式共享存储器的阵列处理机结构

具有集中式共享存储器的阵列处理机结构如图9-12所示。在采用集中式共享存储器的阵列处理机结构中，K个存储分体的ICN为全部N个处理单元所共享，要求$K \geqslant N$。此时，ICN的作用是在处理单元与存储器分体之间进行转接构成数据通路，希望各PE能高效、灵活、动态地与不同的存储体相连，使尽可能多的PE能无冲突地访问共享的主存模块。

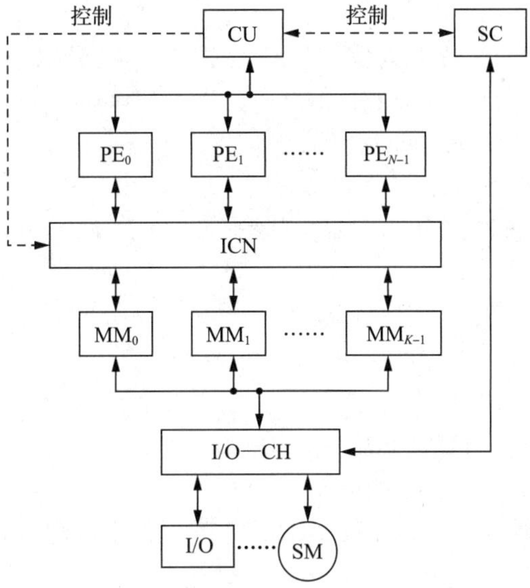

图9-12 集中式共享存储器的阵列处理机结构

9.6.3 ILLIAC Ⅳ机的互连结构

超级计算机ILLIAC Ⅳ是第一台全面使用大规模集成电路作为逻辑元件和存储器的计算机，它是一台使用分布式存储器结构的阵列处理机。ILLIAC Ⅳ有64个处理部件PU_i（每个PU都包含处理单元PE、局部存储器PEM和存储器逻辑部件MLU），排列成8×8的方阵，如图9-13所示。

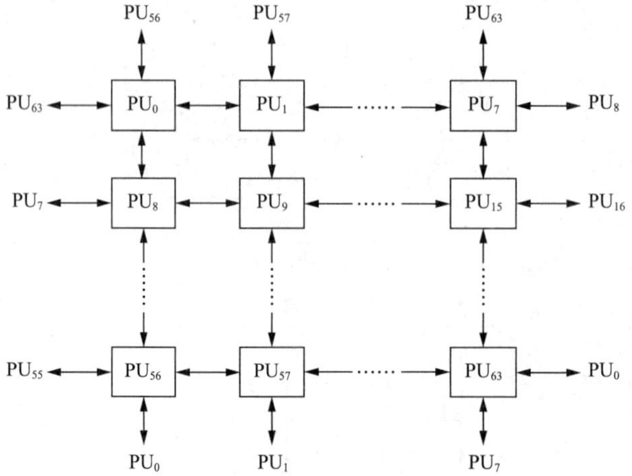

图9-13　ILLIAC Ⅳ机的互连结构

任何一个处理部件PU_i只能直接与其上、下、左、右4个近邻PU_{i-8}（mod 64）、PU_{i+8}（mod 64）、PU_{i-1}（mod 64）和PU_{i+1}（mod 64）相连。循此规则，同一列上、下两端的PU连成环，左右每一行右端的PU与下一行左端的PU相连，最下面一行右端的PU与最上面一行左端的PU相连，从而形成一个闭合的螺旋线阵列。处理部件所用的互连模式用到了PM2I互连函数中的4个函数，即$PM2_{\pm0}$和$PM2_{\pm3}$，关于PM2I互连函数将在9.6.6小节中介绍。

在这种阵列中，步距不等于±1或±8的任意处理单元之间，经过软件寻找，最多不超过7步传送即可完成数据的传送。普遍来讲，$N=\sqrt{N}\times\sqrt{N}$个处理单元组成的阵列中，任意两个处理单元之间的最短距离不会超过$\sqrt{N}-1$步。

ILLIAC Ⅳ机的处理单元是累加器型运算单元，把累加寄存器RGA中的数据与从存储器取来的数据进行运算，结果保留在累加寄存器RGA中。每个处理单元内有一个数据传送寄存器RGR收发数据，实现数据在处理单元之间的传送。

在图9-14中，要将PU_{63}的信息传送到PU_{10}，最快可经$PU_{63}\to PU_7\to PU_8\to PU_9\to PU_{10}$共4步即可实现，而要将$PU_9$的信息传送到$PU_{45}$，最快可经$PU_9\to PU_1\to PU_{57}\to PU_{56}\to PU_{48}\to PU_{47}\to PU_{46}\to PU_{45}$共7步实现。

例如，从PU_0到PU_{36}采用普通网格结构必须走8步，具体如下所示。

$PU_0\to PU_1\to PU_2\to PU_3\to PU_4\to PU_{12}\to PU_{20}\to PU_{28}\to PU_{36}$。

或

$PU_0\to PU_8\to PU_{16}\to PU_{24}\to PU_{32}\to PU_{33}\to PU_{34}\to PU_{35}\to PU_{36}$。

……（等于8步的很多，大于8步的更多）。

如果采用闭合螺旋线结构，从PU_0到PU_{36}只需要7步，具体如下所示。

$PU_0\to PU_{63}\to PU_{62}\to PU_{61}\to PU_{60}\to PU_{52}\to PU_{44}\to PU_{36}$。

或

$PU_0\to PU_{63}\to PU_{55}\to PU_{47}\to PU_{39}\to PU_{38}\to U_{37}\to PU_{36}$。

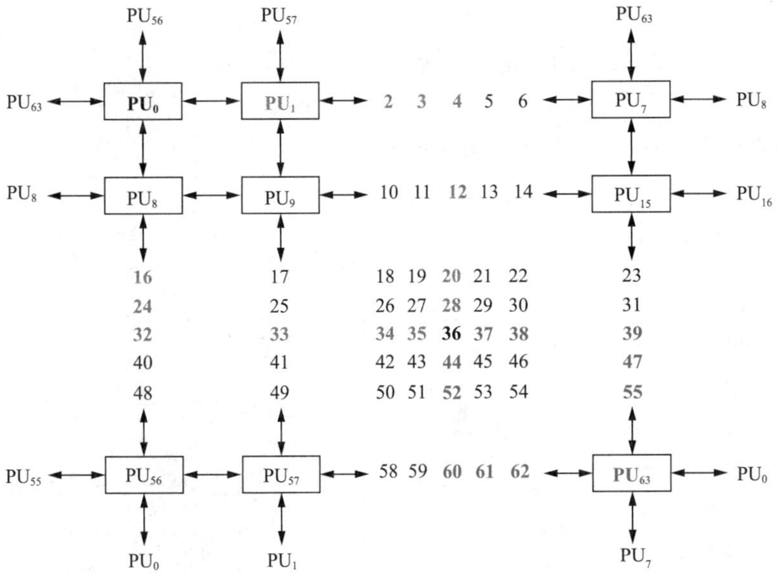

图9-14　ILLIAC Ⅳ机互连实例

9.6.4　阵列处理机的并行算法

阵列处理机在很大程度上依赖并行算法，下面以ILLIAC Ⅳ机为例讨论算法问题。

1．矩阵加

在阵列处理机上，解决矩阵加法是最简单的一种情况。若有两个8×8的矩阵***A***、***B***相加，所得结果矩阵***C***也是一个8×8的矩阵。只需把***A***、***B***居于相应位置的分量存放在同一个PEM内，且在全部64个PEM中令***A***的分量均为同一地址ALPHA，***B***的分量单元均为同一地址ALPHA+1，而结果矩阵***C***的各个结果分量也相应存放于各PEM同一地址ALPHA+2的单元内，如图9-15所示。这样，只需用下列3条ILLIAC Ⅳ的汇编指令就可以一次实现矩阵相加。

LDA	ALPHA	#全部(ALPHA)由PEM$_i$送PE$_i$的累加器RGA$_i$
ADRN	ALPHA+1	#全部(ALPHA+1)与(RGA$_i$)进行浮点规格加法，结果送RGA$_i$
STA	ALPHA+2	#全部(RGA$_i$)由PE$_i$送PEM$_i$的ALPHA+2单元，这里$0 \leqslant i \leqslant 63$

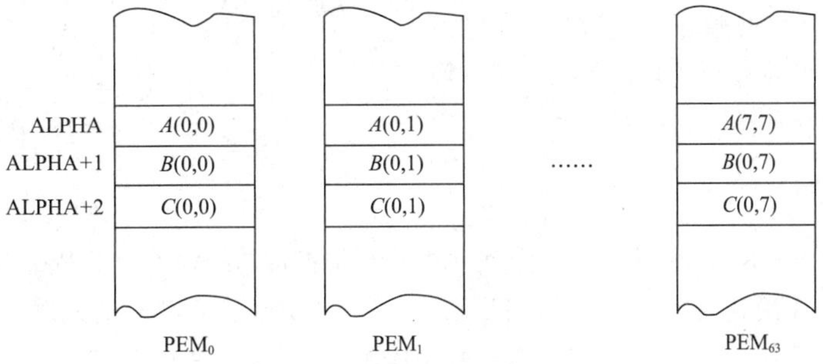

图9-15　矩阵相加的存储器分配举例

从以上这个例子可以看出单指令流（3条指令顺序执行）、多数据流（64个元素并行相加）以及数组并行的“全并行”工作特点。由于是64个处理单元在并行操作，速度提高为顺序处理的64倍。

2．矩阵乘

由于矩阵乘是二维数组运算，故它比矩阵加要复杂一些。设***A***、***B***和***C***为3个8×8的二维矩阵，若给定***A***和***B***，则为计算***C***=***A***×***B***的64个分量，计算点积可用下列公式。

$$c_{ij}=\sum_{k=0}^{7}a_{ik}\cdot b_{kj}$$

其中，$0\leqslant i\leqslant 7$且$0\leqslant j\leqslant 7$。

在SISD计算机上求解这个问题，可执行用FORTRAN语言编写的下列程序。

```
            DO 10 I=0,7
            DO 10 J=0, 7
            C(I,J)=0
            DO 10 K=0, 7
10          C(I,J)=C(I,J)+A(I,K)*B(K,J)
```

以上程序需要经过I、J和K三重循环完成。每重循环执行8次，总共需要进行512次乘、加，此外每次还应包括执行循环控制、判别等其他操作。如果在SIMD阵列处理机上运算，则可用8个处理单元并行计算矩阵C(I,J)的某一行或某一列，即将J循环或I循环转换成一维的向量处理，从而消去了一重循环。

以消去J循环为例，可执行用FORTRAN语言编写的下列程序。

```
            DO 10 I=0, 7
            C(I,J)=0
            DO 10 K=0, 7
10          C(I,J)=C(I,J)+A(I,K)*B(K,J)
```

让J=0～7各部分同时在PE_0～PE_7上运算，这样只需要K、I二重循环，速度可以提高8倍。矩阵乘程序的流程如图9-16所示，矩阵乘的存储器分配举例如图9-17所示。

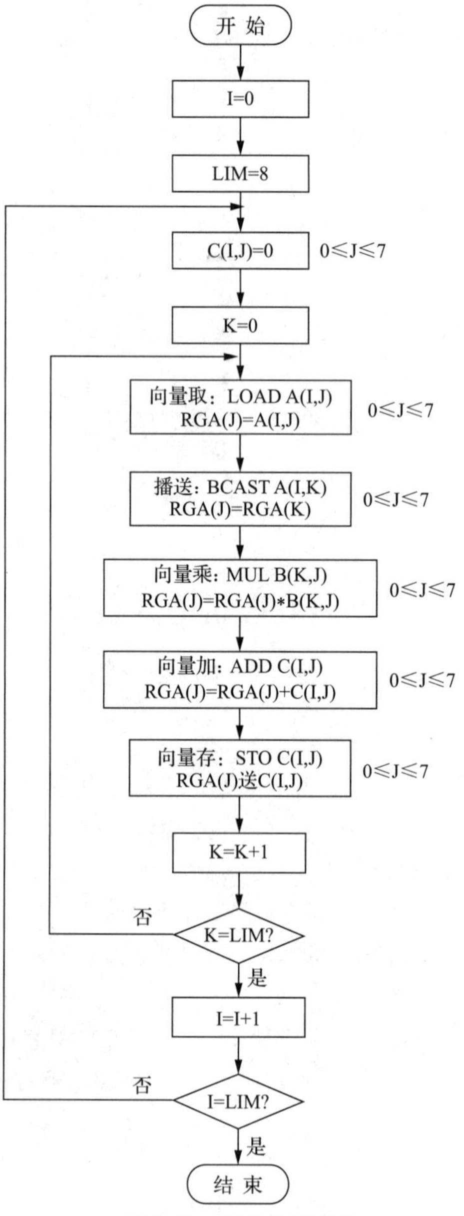

图9-16　矩阵乘程序的流程

3．累加和

这是一个将*N*个数的顺序相加过程转变为并行相加过程的问题。为了得到各项累加的部分和及最后的总和，要用到处理单元中的活跃标志位。只有处于活跃状态的处理单元，才能执行相应的操作。为叙述方便，取*N*为8，即有8个数A(I)顺序累加，其中0≤I≤7。

在SISD计算机上可写成下列FORTRAN程序。

```
            C=0
            DO 10 I=0,7
10          C=C+A(I)
```

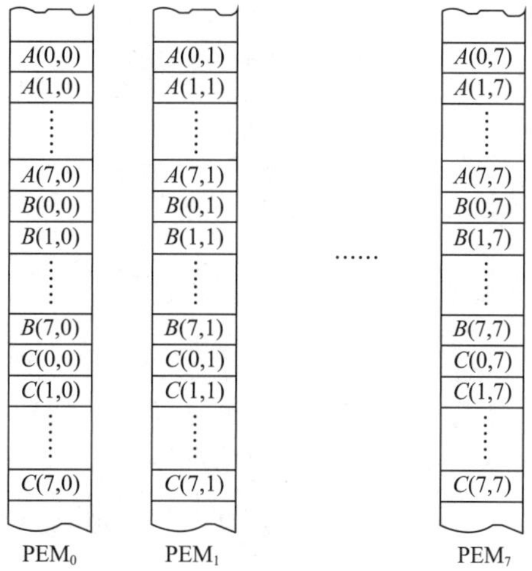

图9-17　矩阵乘的存储器分配举例

这是一个串行程序，需要进行8次加法计算。

如果在并行处理机上采用成对递归相加的算法，则只需进行$\log_2 8=3$次加法计算就够了。首先，原始数据A(I)分别存放在8个PEM的α单元中，其中$0\leqslant I\leqslant 7$。然后，按照下面的步骤求累加和。

第1步　置全部PE_i为活跃状态，$0\leqslant i\leqslant 7$。

第2步　全部A(I)从PEM_i的α单元读到相应PE_i的累加寄存器RGA_i中，$0\leqslant i\leqslant 7$。

第3步　令$k=0$。

第4步　将全部PE_i的(RGA_i)转送到传送寄存器RGR_i，$0\leqslant i\leqslant 7$。

第5步　将全部PE_i的(RGR_i)经过互连网络向右传送2^k步距，$0\leqslant i\leqslant 7$，即1、2、4……。

第6步　令$j=2^k-1$，即0、1、3……。

第7步　置PE_0至PE_j为不活跃状态。

第8步　处于活跃状态的所有PE_i执行$(RGA_i)=(RGA_i)+(RGR_i)$，$j<i\leqslant 7$。

第9步　$k=k+1$。

第10步　如$k<3$，则转回第4步，否则往下继续执行。

第11步　置全部PE_i为活跃状态，$0\leqslant i\leqslant 7$。

第12步　将全部PE_i的累加寄存器内容(RGA_i)存入相应PEM_i的$\alpha+1$单元中，$0\leqslant i\leqslant 7$。

阵列处理机上累加和计算过程的示意图如图9-18所示。其中，框中的数字表明各处理单元每次循环后相加的结果；用数字0～7分别代表A(0)～A(7)；画有阴影线的处理单元表示此时不活跃。

由顺序相加转变成并行相加，经常要将一批处理单元的数据都按同一步距通过互连网络转送到另一批处理单元上，而且步距也是有规律变化的。

虽然经过变换可以实现累加和的并行计算，但由于屏蔽部分处理单元降低了它们的利用率，因此速度的提高倍数仅是$8/\log_2 8\approx 2.7$倍。

4. 并行算法对数据在存储器中的分布要求

在具有分布式存储器的阵列处理机上，应能根据解题算法的要求，将数据合理分配到各个不同的存储分体中，使之可以被多个PE同时访问而不发生分体冲突。

在实现矩阵加算法时，矩阵***A***、***B***、***C***中居于相同位置的元素存放在同一PEM内。

在实现矩阵乘算法时，矩阵***A***、***B***、***C***中的同一列元素依次存放在同一PEM内。

在实现累加和算法时，要求各元素分别存到不同的PEM中。

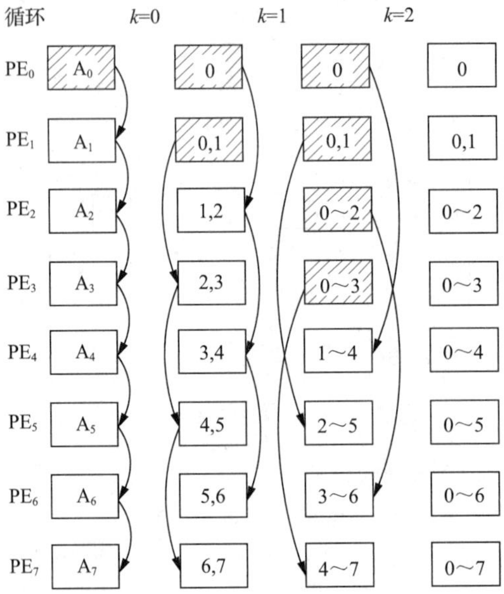

图9-18　阵列处理机上累加和计算过程的示意图

9.6.5　互连网络基本概念

互连网络用于实现计算机系统内部多个处理机或多个功能部件之间的相互连接。互连网络已成为并行处理系统的核心组成部分，对整个计算机系统的性能价格比有决定性的影响。

具有本地存储器、私有高速缓存、共享存储器和共享I/O与外设的一般处理机系统的互连结构如图9-19所示，其中，IPMN是处理器与存储器的互连网络，IPCN是CPU与CPU的互连网络，PION是处理器与外设的互连网络。每台处理机P_i与自己的本地存储器（LM）和私有高速缓存（C_i）相连，多处理机-存储器互连网络与共享存储器模块（SM）相连；处理机通过PION访问共享的I/O和外设；处理机之间通过IPCN进行通信。

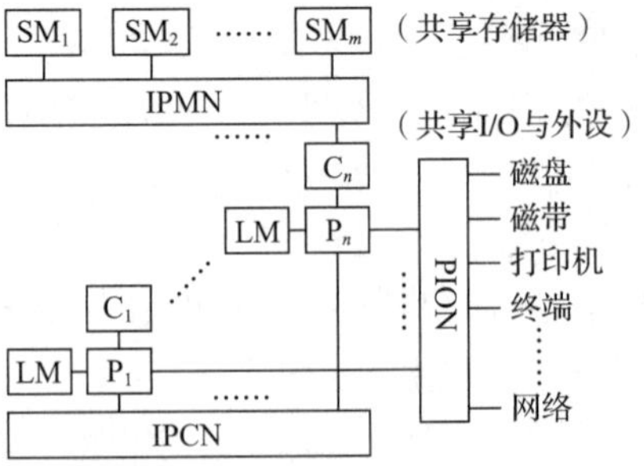

图9-19　一般处理机系统的互连结构

为了在输入节点与输出节点之间建立对应关系，互连网络有3种表示方法。

（1）互连函数表示法

为了反映不同互连网络的连接特性，每种互连网络可用一组互连函数来描述。互连函数表示相互连接的输出端号和输入端号之间的一一对应关系，即反映了所有N（0、1……j……N-1）

个入端，同时存在入端j连至出端$f(j)$的函数对应关系如下。

$$f(x_{n-1}\cdots x_1x_0)=x_0x_{n-2}\cdots x_1x_{n-1}$$

自变量和函数可以用二进制表示，也可以用十进制表示。互连函数表示哪个入端和哪个出端相连，输入i应与输出$f(i)$相连。

（2）图形表示法

互连网络图形表示法如图9-20所示，这种表示方法比较直观。

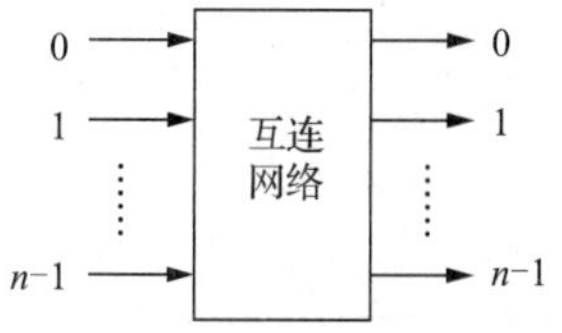

图9-20　互连网络图形表示法

（3）输入/输出对应表示法

用互连网络输入/输出对应表示法把互连函数表示为如下形式。

输入：0　　1　　……　　$N-1$

输出：$f(0)$　　$f(1)$　　……　　$f(N-1)$

这种方法表示对应的输入和输出相连。例如，N=8交换置换关系的这种表示形式如下。

输入: 0 1 2 3 4 5 6 7

输出: 1 0 3 2 5 4 7 6

互连网络的种类很多，分类方法也很多。根据互连特性，可分为如下几类。

① 静态互连网络：连接通路是固定的，一般不能实现任意节点到节点之间的互连。

② 循环互连网络：通过多次重复使用同一个单级互连网络以实现任意节点到节点之间的互连。

③ 多级互连网络：将多套相同的单级互连网络连接起来，实现任意节点到节点之间的互连。

④ 全排列互连网络：能同时实现任意节点到节点之间的互连。

⑤ 全交叉开关网络：能同时实现任意节点到节点之间的互连，还能够实现广播和多播。

9.6.6　基本的单级互连网络

由于篇幅的限制，在此仅讨论3种基本的单级互连网络。

1. 立方体单级网络

三维立方体结构的每一个顶点（网络的节点）代表一个处理单元，共有8个处理单元，用直角坐标系上zyx 3位二进制码编号。它所能实现的入、出端连接如同立方体各顶点间能实现的互连一样，即每个处理单元只能直接连到其二进制编号的某一位取反的其他3个处理单元上。如010只能连到000、011、110，不能直接连到对角线上的001、100、101、111。所以三维立方体单级网络有3种互连函数：$Cube_0$、$Cube_1$、$Cube_2$，其连接方式如图9-21中的实线所示。$Cube_i$函数表示相连的入端和出端的二进制编号只在右起第i位（i=0,1,2）上0、1互反，其余各位代码都相同。

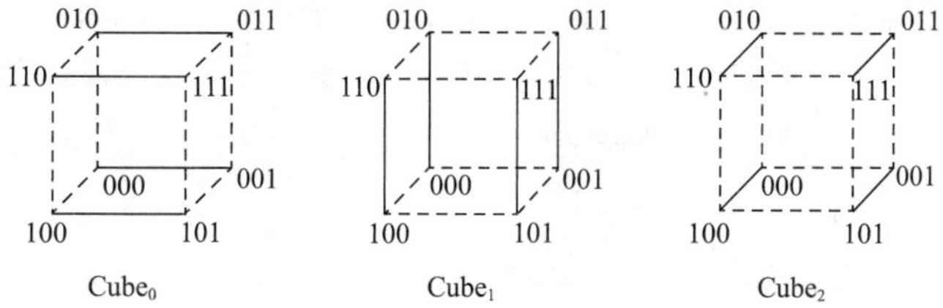

图9-21　三维立方体单级网络连接图

$Cube_0$中，只有顶点二进制编码的最右边一位不同的顶点之间可直接相连，如001与000、100与101、111与110相连。任意两个节点之间最大距离为3，如000与111之间通过000→001→011→111可达，其距离为3。同时，任意两个节点之间有3条路径，000与111之间除前述路径外，还有000→100→101→111和000→010→110→111两条路径可达。

同理，$Cube_1$中，只有顶点二进制编码的中间位不同的顶点之间可直接相连，如001与011、100与110、111与101相连；$Cube_2$中，只有顶点二进制编码的最左边一位不同的顶点之间可直接相连，如001与101、100与000、111与011相连。任意两个结点之间最大距离为3，任意两个节点之间有3条路径。

推广到n维时，N个节点的立方体单级网络共$n=\log_2 N$种互连函数，即有：

$$\mathrm{Cube}_i(P_{n-1}\cdots P_i\cdots P_1P_0)=P_{n-1}\cdots\overline{P_i}\cdots P_1P_0$$

式中，P_i为入端号二进制码的第i位，且$0\leqslant i\leqslant n-1$。单级立方体网络的最大距离为$n$，即最多经$n$次传送就可以实现任意一对入、出端间的连接。当维数$n>3$时，该网络称为超立方体网络。

2. PM2I 单级互连网络

PM2I单级互连网络是“加减2^i”单级互连网络的简称，能实现与j号处理单元直接相连的是编号为$j\pm 2^i$的处理单元，即

$$\mathrm{PM2}_{+i}(j)=j+2^i \bmod N$$

$$\mathrm{PM2}_{-i}(j)=j-2^i \bmod N$$

其中，$0\leqslant i\leqslant n-1$，$0\leqslant j\leqslant N-1$，$n=\log_2 N$。

因此，它共有$2n$个互连函数。由于总存在$\mathrm{PM2}_{+(n-1)}=\mathrm{PM2}_{-(n-1)}$，所以实际上，PM2I互连网络只有$2n-1$种不同的互连函数。$\mathrm{PM2}_{-(n-1)}=\mathrm{PM2}_{+(n-1)}$的推导如下。

$$j-2^{n-1}=(j+2^n-2^{n-1}) \bmod N=j+2^{n-1}$$

$N=8$时PM2I互连网络的互连函数有$\mathrm{PM2}_{+0}$、$\mathrm{PM2}_{-0}$、$\mathrm{PM2}_{+1}$、$\mathrm{PM2}_{-1}$、$\mathrm{PM2}_{\pm 2}$等，它们分别表示如下。

$\mathrm{PM2}_{+0}=j+2^0 \pmod 8$：(0 1 2 3 4 5 6 7)

$\mathrm{PM2}_{-0}=j-2^0 \pmod 8$：(7 6 5 4 3 2 1 0)

$\mathrm{PM2}_{+1}=j+2^1 \pmod 8$：(0 2 4 6)(1 3 5 7)

$\mathrm{PM2}_{-1}=j-2^1 \pmod 8$：(6 4 2 0)(7 5 3 1)

$\mathrm{PM2}_{\pm 2}=j\pm 2^2 \pmod 8$：(0 4)(1 5)(2 6)(3 7)

其中，(0 1 2 3 4 5 6 7)表示0连到1，1连到2，2连到3，……，7连到0；(0 2 4 6)表示0连到2，2连到4，……。图9-22中仅画出了其中3种互连函数的情况，如果$\mathrm{PM2}_{+0}$和$\mathrm{PM2}_{-1}$连接图中的连接箭头方向相反就可以很容易地得到$\mathrm{PM2}_{-0}$和$\mathrm{PM2}_{+1}$连接图。可见在PM2I中，0可以直接连接到1、2、4、6、7上，比立方体单级网络只能直接连到1、2、4的要灵活。

采用单向环网或双向环网实现处理器的互连可以看成PM2I网络的特例，它仅使用其中的$\mathrm{PM2}_{+0}$、$\mathrm{PM2}_{-0}$或$\mathrm{PM2}_{\pm 0}$互连函数。不难看出，ILLIAC Ⅳ处理单元的互连是PM2I互连网络的特例，只采用其中的$\mathrm{PM2}_{\pm 0}$和$\mathrm{PM2}_{\pm\frac{n}{2}}$（即$\mathrm{PM2}_{\pm 3}$）4个互连函数（ILLIAC Ⅳ机具有64个PU，即$N=64$，$n=3$）。

PM2I单级网络的最大距离为$\left\lceil \frac{n}{2} \right\rceil$。例如，三维PM2I互连网络最多经两步传送就可以实现任意两个处理单元之间的数据传送。

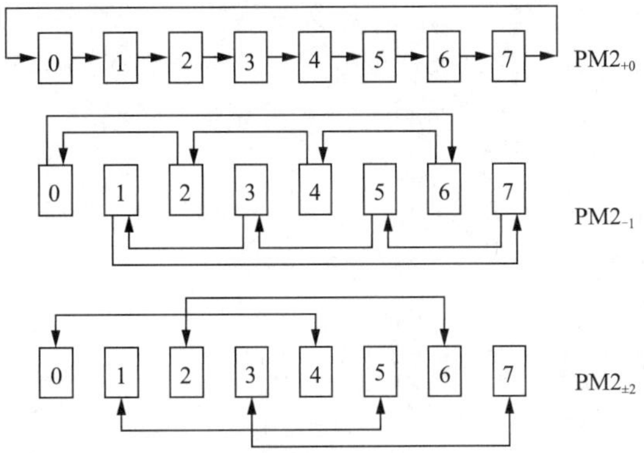

图9-22 PM2I互连网络的部分连接情况

从上面三维PM2I互连网络的例子就可以看出，最多只要二次使用，即可实现任意一对入端、出端号之间的连接。

3. 混洗交换单级互连网络

这种互连网络由全混洗和交换两个互连函数组成，先混洗后交换。图9-23表示8个处理单元的全混洗连接。其连接规律是把全部编码顺序排列的处理单元一分为二，前一半和后一半在连至出端时正好一一隔开，这正像洗扑克牌一样。n维全混洗互连函数表示为：

$$\mathrm{Shuffle}(P_{n-1}P_{n-2}\cdots P_1P_0)=P_{n-2}P_{n-3}\cdots P_0P_{n-1}$$

式中，$n=\log_2 N$，$P_{n-1}P_{n-2}\cdots P_1P_0$为入端编号的二进制码。新的最高位被移到最低位，相当于将处理单元的二进制编号中的最高位循环左移到最低位。

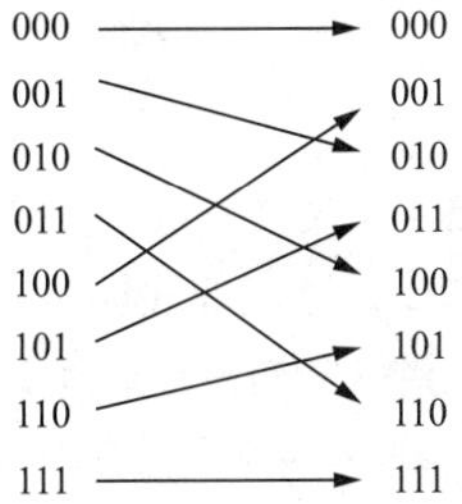

图9-23 8个处理单元的全混洗连接

全混洗互连网络不能实现编号为全“0”和全“1”的处理单元与其他单元的连接，所以还需引入Cube_0交换函数——全混交换单级网络。N=8的全混洗交换互连网络连接如图9-24所示，图9-24中实线表示交换，虚线表示全混洗。

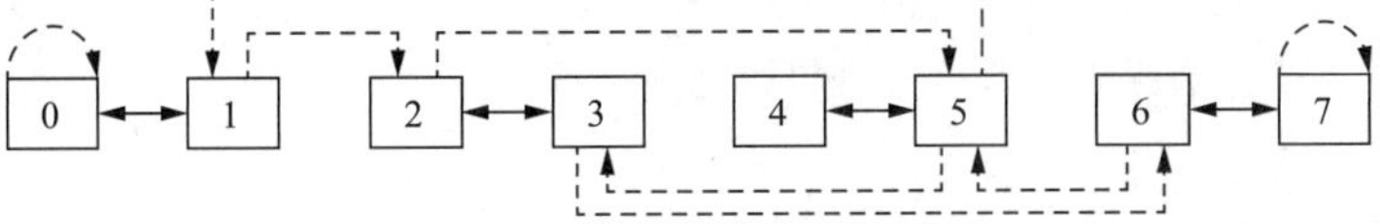

图9-24 N=8的全混洗交换互连网络连接

图9-24中，0节点到7节点之间距离最远，其距离为5，通过0→1→2→3→6→7可达。其中，0→1、2→3、6→7为交换，共3次；1→2、3→6为混洗，共2次。

Shuffle函数还有一个重要特性。如果把它再进行一次Shuffle函数变换，得到的是一组新的代码，即$P_{n-3}\cdots P_0P_{n-1}P_{n-2}$。这样，每全混一次，新的最高位就被移至最低位。当经过n次全混后，全部N个处理单元便又恢复到最初的排列次序。在多次全混的过程中，除了编号为全“0”和全“1”的处理单元外，各个处理单元都遇到了与其他多个处理单元连接的机会。

在混洗交换网络中，最大距离为$2n-1$。最远的两个PE（编号是全“0”和全“1”）连接需要经过n次交换和$n-1$次混洗。

9.7 多处理机与多计算机

多处理机系统与多计算机系统是有差别的。多处理机系统是由多台处理机组成的计算机系统，它们受逻辑上统一的操作系统控制；而多计算机系统则是由多台独立的计算机组成的系统，各计算机分别在逻辑上独立的操作系统控制下运行。

9.7.1 多处理机和多计算机的耦合度

多处理机系统和多计算机系统可以统称为多机系统。多处理机系统中的各处理机都可有自己的控制部件，可带自己的局部存储器，能执行各自的程序，它们都受逻辑上统一的操作系统控制，处理机间以文件、单一数据或向量、数组等形式交互作用，全面实现作业、任务、指令、数据各级的并行。多计算机系统中的各计算机分别在逻辑上独立的操作系统控制下运行，机间可以互不通信，即使通信也只是经通道或通信线路以文件或数据集形式进行，实现多个作业间的并行。

根据物理连接的紧密程度和交叉作用能力的强弱，可将多机分为紧耦合系统和松耦合系统两种类型。

（1）紧耦合系统

紧耦合系统也称为直接耦合系统。在这种系统中，各处理机通过公共硬件资源（例如共享存储器和I/O系统）实现机间通信和同步，这些处理机在同一操作系统控制下协同进行大而复杂的计算。紧耦合多处理机中的处理机共享全局地址空间、共享存储器，处理机之间需要严格同步。为了减少访问主存冲突，主存采用模m多体交叉存取。同时，处理机可自带小容量局部存储器或再加上自带Cache。通常将紧耦合处理机称为多处理机。

（2）松耦合系统

松耦合系统也称为间接耦合系统。多个处理机之间通过通道、通信线路或通信网络、消息传递系统实现处理机之间的通信和同步。各处理机都有一个容量较大的局部存储器（用于存放其常用的指令和数据），拥有各自的输入/输出设备，并分别受各自独立操作系统管理，本身就构成一台完整的计算机。松耦合系统中的处理机没有全局地址空间，无共享存储器，处理机之间的通信不需要同步。通常将松耦合处理机称为多计算机。

9.7.2 多处理机概念

多处理机是指由两台及两台以上处理机组成的计算机。各处理机拥有自己的控制部件、局部存储器，能执行各自的程序。处理机之间相互通信，协同进行大而复杂的计算，实现作业、任务、指令、数据等各个级别的并行运行。

1. 多处理机分类

根据实现并行性技术途径不同，多处理机可分为以下3种类型。

（1）同构型多处理机

基于资源重复，由大量同类型或是功能相同的处理机组成。把一道程序分解为若干个相互独立的程序段或称任务，分别指定给各个处理机并行执行，同时提升容错能力，进而提高可靠性。

（2）异构型多处理机

基于时间重叠，由负责不同功能的多个专用处理机组成。将任务分解成能够串行执行的子任务，分给各个处理机按顺序完成。不同任务在时间上重叠执行。

（3）分布式多处理机

基于资源共享，多个处理机协作完成任务的处理。各处理机之间通过通信网络相互通信，由统一的操作系统对各个分布的软、硬资源进行统一管理。

2. 多处理机的特点

与并行处理机相比，多处理机具有以下特点。

（1）结构灵活性

多个处理机由多个指令部件分别控制，通过公共硬件或互连网络实现处理器之间的通信。为适应多种算法，要求能实现处理机、存储器和I/O子系统之间灵活且多样的互连，同时要避免对共享资源的访问冲突，从而实现同时对多个向量或多个标量数据进行不同的处理，因此多处理机在结构上具有更大的灵活性和更强的通用性。

（2）程序并行性

多处理机并行性主要体现在指令外部，即表现在多个任务之间。设计者必须综合研究算法、程序语言、编译、操作系统、指令、硬件等，从多种途径挖掘各种可能存在的并行性，因此其并行性的识别较难。并行处理机并行性仅存在于指令内部，其并行性识别较易。

（3）并行任务派生

多处理机采用多指令流操作模式，一个程序中可能存在着多个并发的程序段，因此需要由专用指令或语句显式指明各程序段的并发关系，控制它们并发执行，使一个任务执行时可派生出另一些任务与它并行执行。并行处理机由指令反映数据间能否并行计算，并启动多个处理单元并行工作。

（4）进程同步

多处理机实现的是作业、任务、指令、数据等各个级别的并行运行。同一时刻，不同处理机执行着不同的指令，进程之间的数据相关和控制依赖决定要采取一定的进程同步策略。各进程的同步需要采取特殊措施来保证。并行处理机实现指令内数据操作的并行，受同一控制器控制，工作自然是同步的。

（5）资源分配和调度

多处理机执行并发任务所需要的处理机数量是不固定的，所需资源的品质和数量变化复杂，因此必须解决好动态资源分配和任务调度问题，以获得更高性能和更高效率。并行处理机只需用屏蔽手段来控制实际参加并行操作的处理单元数量。

9.7.3 多处理机结构

从存储器的分布和使用上看，多处理机分为共享存储器和分布式存储器两种结构。

1. 共享存储器结构

各处理机通过互连网络共享存储器和I/O设备，并通过共享存储器相互联系。任何一个处理机对存储单元的任何修改对其他处理机都是可见的。为了减少访存冲突，存储器由多个并行的存储体组成。共享存储器多处理机结构如图9-25所示。存储器可以是Cache、内存或磁盘等。

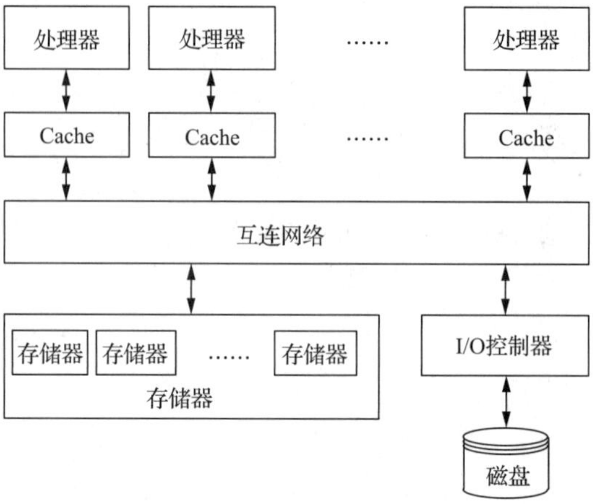

图9-25　共享存储器多处理机结构

共享存储器结构的多处理机系统具有以下特点。

① 各处理机共享存储空间，并通过对共享存储器的读/写实现相互通信。

② 对存储单元的任何修改对于其他处理机而言都是可见的。

③ 存储器访问延迟低，但扩展性差。

在这种系统中，通常处理机的数量有限。这主要受两方面约束：一是因采用共享存储器进行通信，所以当处理机数量增大时，将导致访问存储器冲突概率加大，使系统性能下降；二是处理机与存储器间互连网络的带宽有限，当处理机数量增多后，互连网络将成为系统性能的瓶颈。

根据访存时间是否相同，共享存储器结构又细分为两种结构：均衡存储器访问（UMA）结构和非均衡存储器访问（NUMA）结构。

均衡存储器访问结构也被称为集中式共享存储器结构。在均衡存储器访问结构中，各处理机通过互连网络共享一个主存储器和I/O设备，对存储器不同部分的访问时间相同。不同处理机对存储器的访问时间相同，访问功能相同，故这种结构的多处理机也被称为对称式共享存储器多处理机（SMP）。对称多处理机结构在现今的并行服务器中普遍采用，并且已经越来越多地出现在桌面计算机上。

非均衡存储器访问结构也被称为分布式共享存储器结构。在这种结构中，不设置物理上的共享存储器，而是将分布于各个处理机的存储器统一编址，形成一个逻辑上统一的存储空间，该空间被所有处理机共享访问。非均衡存储器结构允许处理机访问远程存储器。根据存储器位置的不同，各处理机对存储器的访问时间不相等。处理机访问本地存储器的速度较快，通过互连网络访问其他处理机上的远程存储器相对较慢。由于各处理机可以同时访问其本地存储器，因此，非均衡存储器访问结构的优点是可提高访问本地存储器带宽，缩短访问本地存储器的时间。其主要缺点是处理机之间的数据通信较为复杂，并且需要对软件设计提出更高要求，以充分利用分布式存储器高带宽的优点。如果在NUMA结构中引入高速缓存一致性确认机制，则称为高速缓存一致性非均匀存储访问（CC-NUMA）。

2. 分布式存储器结构

分布式存储器结构也被称为非远程存储访问（NORMA）模型。各处理机拥有自己的本地存储器，在本地操作系统控制下独立工作。各处理机的本地存储器是私有的，不能被其他处理机访问。各处理机借助互连网络、通过消息传递机制相互通信，实现数据共享。大规模并行处理机（MPP）、机群等采用了这种结构。分布式存储器多处理机结构如图9-26所示。

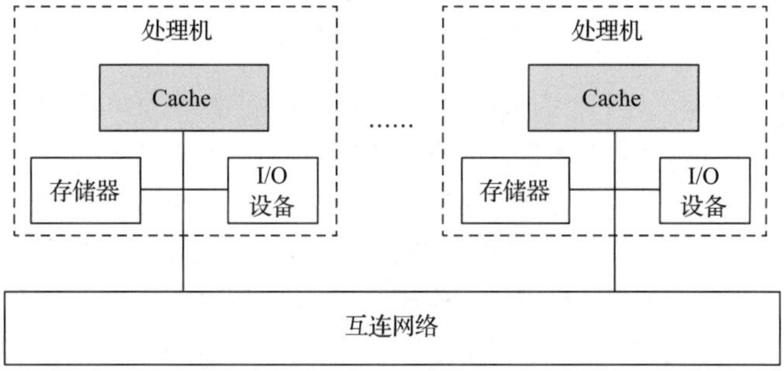

图9-26 分布式存储器多处理机结构

分布式存储器结构的多处理机具有以下特点。

① 各处理机拥有自己的本地存储器，可以独立工作，访问本地存储器速度快。

② 各处理机的本地存储器不能被其他处理机访问。

③ 各处理机借助互连网络、通过消息传递机制相互通信。

④ 结构灵活，扩展性较好。

⑤ 任务传输以及任务分配算法复杂，通常要设计专有算法。

⑥ 处理机之间的访问延迟较大。

⑦ 需要高带宽的互连网络。

9.7.4 多处理机的 Cache 一致性

1. 多 Cache 一致性问题的产生

Cache是提高系统性能的一种常用手段，多处理机也广泛应用Cache。在多处理机中，各处理机上对本地Cache中共享数据的修改（写入）会引起不同处理机上Cache内容互不相同，以及Cache内容与共享存储器中内容互不相同，从而产生Cache一致性问题。

在共享存储器结构的多处理机中，导致多处理机多Cache不一致的原因有3个：共享可写数据、I/O传输和进程迁移。其中进程迁移是指把一个尚未执行完的进程调度到另一个空闲的处理机中去执行，使系统负载平衡。I/O传输和进程迁移导致的Cache不一致问题可以分别通过禁止I/O通道与处理机共享Cache以及禁止进程迁移来解决，因而下面仅以共享可写数据的情况讨论多Cache不一致。

处理机的Cache通常缓存私有数据和共享数据。私有数据仅被该处理机使用，共享数据则被多个处理机共用。如果Cache缓存了私有数据，处理机对私有数据的访问就发生在本地Cache，此时由于没有其他处理机使用该数据，程序对该数据的读写与在单处理机系统一样。如果Cache缓存了共享数据，则该共享数据的副本会存在于多个处理机的本地Cache中。通过本地Cache访问该共享数据，但缓存共享数据会带来Cache一致性问题。图9-27说明了Cache不一致是如何发生的。

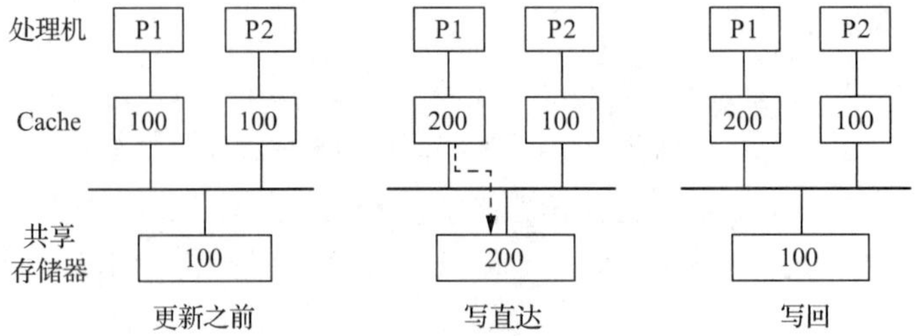

图9-27　共享可写数据引起的Cache不一致

假设共享存储器某单元X中的值为100，处理机A和B的本地Cache分别缓存了该单元X中的值。如果处理机A采用写直达策略（即同时修改共享存储器中的值）将Cache中的值修改成200，这时共享存储器中对应单元的值也修改为200，但此时处理机B本地Cache中的内容仍为100。当处理机B要读取单元X中的值时，它读到的是本地Cache中的内容，与共享存储器中的值不一致。如果处理机A采用写回策略，即不立即修改共享存储器中的值，此时共享存储器中对应单元的值仍为100。当处理机B要读取单元X中的值时，它读到的是100，而不是200，导致处理机A本地Cache的内容与共享存储器中的值不一致，与处理机B本地Cache内容也不一致。

2．Cache一致性问题解决方法

所有Cache一致性问题解决方法的目标都是让最近使用的本地变量进入适当的Cache，并允许读写，与此同时，使用某种方法维护在多个Cache中的共享变量的一致性。解决Cache一致性问题的方法分为两类：硬件方法和软件方法。

基于硬件的解决方法通常被称为Cache一致性协议，即维护多处理机Cache一致性的协议。实现这种方法的关键是跟踪数据共享状态、在何处保存状态信息、如何组织状态信息、何处实施一致性，以及实施一致性的机制。目前主要使用两种协议：监听协议和基于目录的协议。监听协议将维护Cache一致性的责任分散给多处理机中的所有Cache控制器，Cache必须识别其缓存的数据何时被其他Cache共享。如果在共享数据上执行了更新操作，则必须通过广播机制（例如总线）将该更新通告给所有其他Cache。每个Cache控制器都可以“监听”网络看是否有广播通知并进行相应操作。而基于目录的协议将数据的修改只通知给那些含有被修改数据副本的处理机，为此设置一个称为Cache目录的数据结构记载申请了某一数据的所有处理机。当数据被更新时，就根据目录的记载，向所有其Cache中包含该数据的处理机“点对点”地发送无效信息或更新后的数据。

基于软件的方法依靠编译和操作系统解决一致性问题。这种方法能将检测问题的开销从运行时转移到编译时，因此很有吸引力。但编译时的软件方法做出的决定通常比较保守，因此导致Cache利用率下降。基于编译的一致性机制对代码进行分析，确定哪些数据缓存是不安全的，并把这些数据标记出来，操作系统或硬件就不再缓存这些数据。最简单的方法是阻止共享变量的缓存，但这种方法比较保守，因为被共享的变量在某些时候可能是排他使用的，在其他时候可能是只读的，仅在至少一个进程可能更新且至少一个进程可能读取的时候，缓存该变量才会有问题。更有效的方法是分析代码，确定共享变量的安全期，然后由编译程序在生成的代码中插入指令，在临界期实施Cache一致性。

9.7.5　多处理机的机间互连形式

多处理机的机间互连要求在满足高速率、低成本的条件下，实现各种复杂、无规则的互连而不发生冲突，且具有良好的可扩展性。多处理机的互连一般采用总线、环形、交叉开关、多级交叉开关和多端口存储器等形式。

1. 总线

总线形式对机数少的多处理机来说具有结构简单，成本低，可扩充性好的优点，但总线的性能和可靠性严重受物理因素制约。总线形式需要使用相应的总线控制机构和总线仲裁算法来解决总线的访问冲突问题。常用的仲裁算法有静态优先级、固定时间片、动态优先级和先来先服务等。

2. 环形

环形互连形式采用点点连接，允许持有令牌的处理机向环上发送信息，信息经环形网络不断地向下一台处理机传递。环形互连控制简单，非常适合高带宽的光纤通信，但环中的信息传输延迟较大。

3. 交叉开关

交叉开关形式用纵横开关阵列将横向的处理机P及I/O通道与纵向的存储器模块M连接起来，如图9-28所示，其中m为存储器数，n为处理机数，i为I/O通道数。总线数等于相连的模块数（$n+i+m$），且$m \geqslant i+n$。交叉开关形式具有扩充性好、系统流量大的特点，适用于处理机数较多的场合。

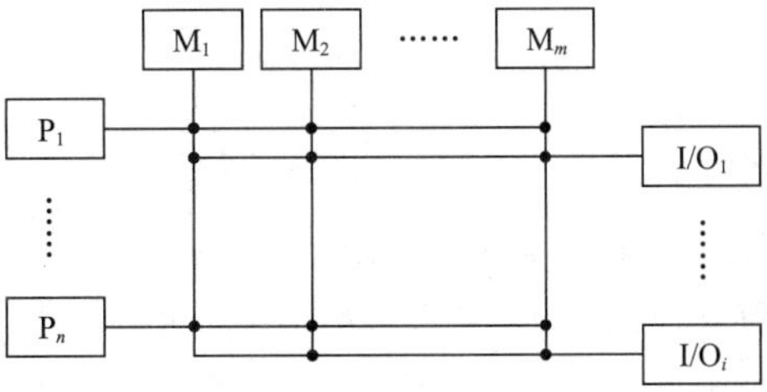

图9-28　交叉开关形式

4. 多级交叉开关

交叉开关的每个交叉点都是一套开关，其不仅要有多路转接逻辑，还要有处理访问存储器模块冲突的仲裁硬件，故整个交叉开关阵列是非常复杂的。

为了克服单级大规模交叉开关硬件量太大、成本过高的缺点，设计者可通过用多个较小规模的交叉开关“串联”和“并联”构成多级交叉开关网络，以取代单级的大规模交叉开关。图9-29是用3×3的交叉开关模块构成9×9的二级交叉开关网络，使设备量由原来的81个减少到54个。这样实际上是用3×3的交叉开关模块构成$3^2 \times 3^2$的交叉开关网络。其中，指数2为互连网络的级数。

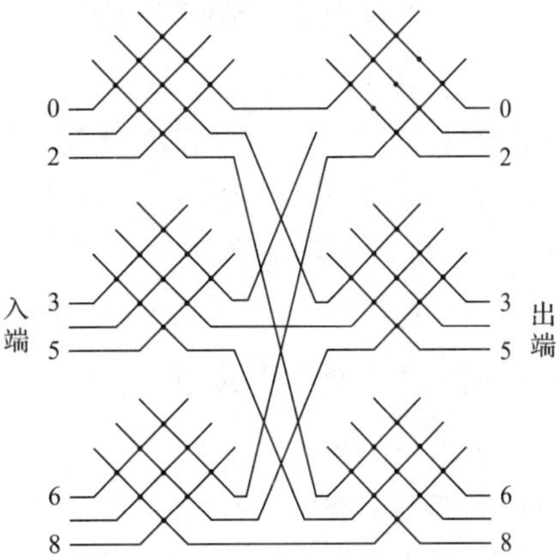

图9-29　用3×3的交叉开关模块构成9×9的二级交叉开关网络

推广到一般，当单级互连网络入、出数不同的时候，可用n级$a \times b$的交叉开关模块组成一个$a^n \times b^n$的交叉开关网络，即Delta网。

5. 多端口存储器

多端口存储器形式是将分布于交叉开关阵列中的控制、转移和优先级仲裁逻辑分别转移到相应的存储器模块接口中，允许通过任何一个端口写存储器，通过多个端口同时寻址和读存储器，如图9-30所示。它适用于处理机个数少的多处理机场合。

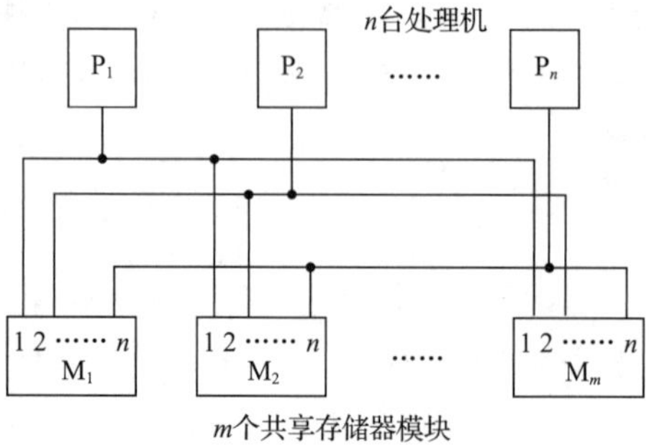

图9-30　多端口存储器形式

9.7.6　多处理机操作系统

从广义上说，多处理机操作系统就是由多台计算机协同工作来完成所要求任务的操作系统，负责处理机分配、进程调度、同步和通信、存储系统管理、文件系统与I/O设备管理、故障管理与恢复等。

多处理机操作系统有主从型、各自独立型和浮动型3类。

1. 主从型操作系统

主从型操作系统由一台主处理机记录、控制其他从处理机的状态，并分配任务给从处理机，采取集中控制。系统硬件比较简单，程序一般不必是可重入的，实现方便。但是，主处理机一旦出故障，容易使系统瘫痪。如果主处理机工作负荷太重，会影响整个系统的性能。主从型操作系统适用于工作负荷固定且从处理机能力明显低于主处理机，或者由功能相差很大的处理机组成的异构型多处理机系统。

2. 各自独立型操作系统

各自独立型操作系统也被称为独立监督式操作系统。各自独立型操作系统将控制功能分散到多台处理机上，由它们共同来完成相应任务。在这种操作系统中，每一个处理机均有各自的管理程序（核心）。某个处理机发生故障，不会引起整个系统瘫痪。但是，这种操作系统的实现较复杂，进程调度的复杂性和开销较大，若某台处理机发生故障难以恢复，各处理机负荷较难均衡。各自独立型操作系统适用于松耦合多处理机系统。

3. 浮动型操作系统

浮动型操作系统是介于主从型操作系统和各自独立型操作系统之间的一种折中方式。在浮动型操作系统中，每次只有一台处理机作为执行全面管理功能的“主处理机”，但根据需要“主处理机”是可浮动的，即从一台切换到另一台处理机。它是最复杂、最有效、最灵活的一种多处理机操作系统，其常用于对称多处理机系统。浮动型操作系统适用于紧耦合多处理机系统。

9.7.7 大规模并行处理机

由于VLSI和微处理器技术的发展，以及高科技应用领域的要求，大规模并行处理成为20世纪80年代中期计算机发展的热点。

大规模并行处理需要新的计算方法、存储技术、处理手段和结构组织方式。大规模并行处理机（MPP）是指由几百或几千台高性能、低成本处理机（节点）组成的大规模并行计算机系统，每个处理机都有自己的私有资源，如内存、局部存储器和网络接口等，处理机之间以定制的高带宽、低延迟的高速互连网络互连。

MPP具有性价比高的优点。如果一个微处理器的性能为100MFLOPS，则1024个这样的微处理器组成的MPP系统，其最高性能就可达到100GFLOPS。该系统性能比用单一主处理机构成巨型机的性能要高出许多倍，而造价可能只是它的1/5。

MPP系统大多采用分布式存储结构，以减少访存冲突。所有的存储器在物理上是分布的，而且都是私有的。每个处理器能直接访问的只有本地存储器，不能直接访问其他处理器的存储器。

早期的MPP大多属于SIMD型，处理单元数很多，每个处理单元功能很简单。后来的MPP大多均采用MIMD型。MIMD型的MPP系统是异步系统，其每个处理节点使用商品化的微处理器。多个进程分布在各个处理器上，每个进程有自己独立的地址空间，进程之间以消息传递方式来进行相互通信。

MPP具有以下特点。

① 处理节点使用商用微处理器，而且每个节点可以有多个微处理器。

② 具有较好的可扩展性，能扩展成具有成百上千个处理器。

③ 系统中采用分布式非共享的存储器，各节点有自己的地址空间。

④ 采用专门设计和定制的高性能互连网络。

⑤ 采用消息传递的通信机制。

9.7.8 机群系统

机群系统起源于20世纪90年代中期，它是由多台同构或异构的独立计算机通过高性能网络连接在一起而构成的高性能并行计算机系统。构成机群的计算机都拥有自己的存储器、I/O设备和操作系统，它们在机群操作系统的控制下协同完成特定的并行计算任务。

机群（cluster）也被称为集群（COW），它通过一组松耦合的计算机软件和/或硬件连接起来，以便高度紧密地协作完成计算工作。机群由建立在一般操作系统之上的并行编程环境完成系统的资源管理和相互协作，同时屏蔽各计算机及互连网络的差异，为用户和应用程序提供单一的系统映射。从外部来看，它们仅仅是一个系统，对外提供统一的服务。机群系统中的单个计算机通常称为节点，节点一般是可以单独运行的商品化计算机，如个人计算机、高性能工作站，甚至是SMP。这些节点通常通过高速通用网络（也可以是专门设计的）连接。

从节点和节点之间的通信方式来看，机群属于非均匀存储访问的MIMD型分布式存储并行计算机，主要利用消息传递方式实现各计算机之间的通信。

MPP可以近似看成没有本地磁盘的COW。COW的网络接口是松耦合的，即它是接到I/O总线上的，而不是像MPP那样直接接到处理器存储总线上。由于成本低，机群系统具有比MPP更高的性能价格比。机群系统继承了MPP系统的编程模型，更进一步加强其竞争优势。现今，MPP和COW之间的界限越来越模糊。

机群具有以下的优点。

① 高可伸缩性。机群具有很强的可伸缩性，即在机群系统中可以有多台计算机执行相同的操作，随着需求和负荷的增长，我们可以向机群添加更多的节点。

② 高可用性。高可用性是指在不需要操作者干预的情况下，防止系统发生故障或从故障中自动恢复的能力。通过把故障节点上的应用程序转移到备份节点上运行，机群系统能够把正常运行时间提高到大于99.9%，极大缩短应用程序的停机时间。

③ 高可管理性。系统管理员可以从远程管理一个甚至一组机群，就好像在单机系统中管理一样。

④ 高性价比。机群可以采用廉价的、符合工业标准的硬件构造高性能的系统。

9.7.9 高性能并行计算机系统结构比较

目前流行的高性能并行计算机系统结构通常可以分为以下5类。

① 并行向量处理机（PVP）。

② 对称式共享存储器多处理机（SMP）。

③ 分布式共享存储器多处理机（DSM）。

④ 大规模并行处理机（MPP）。

⑤ 机群计算机（COW）。

表9-3对这5类机器特征进行了简单的比较。

表 9-3　5 类高性能并行计算机比较

属性	PVP	SMP	DSM	MPP	COW
结构类型	MIMD	MIMD	MIMD	MIMD	MIMD
处理器类型	专用定制	商用	商用	商用	商用
互连网络	定制交叉开关	总线、交叉开关	定制网络	定制网络	商用网络（以太网、ATM）
通信机制	共享变量	共享变量	共享变量	消息传递	消息传递
地址空间	单地址空间	单地址空间	单地址空间	多地址空间	多地址空间
系统存储器	集中共享	集中共享	分布共享	分布非共享	分布非共享
访存模型	UMA	UMA	NUMA	NORMA	NORMA

习　题

9-1　简述并行性的含义，并从计算机系统执行程序的角度出发，分析其并行性的级别。

9-2　计算机系统在处理数据的并行上，可分为哪4个等级？给出简单解释，并各举一例。

9-3　提高计算机系统并行性的技术途径有哪些？简要解释并各举一系统类型例子。

9-4　分析并行处理机、单处理机流水、多处理机和单处理机一次重叠执行这4种系统各能达到什么并行性等级，并说明各自是遵循何种并行性途径发展而来的。

9-5　设指令由取指、分析、执行3个子部件组成，每个子部件经过时间为Δt，连续执行12条指令。请分别画出在常规标量流水处理机及度m均为4的超标量处理机、超长指令字处理机、超流水处理机工作的时空图，分别计算它们相对常规标量流水线处理机的加速比S_p。

9-6　简述如果设计一套超长指令字系统必须遵循的主要原则。

9-7　向量运算为什么最适合流水处理？向量处理方式有哪3种？它们各有何特点？

9-8　画出16台处理器仿ILLIAC Ⅳ机的连接模式进行互连的互连结构图，列出PU_0分别经一步、二步和三步传送，能将信息传送到的各处理器号。

9-9　编号为0、1……15的16个处理器用单级互连网络互连。当互连函数分别为$Cube_3$、$PM2_{+3}$、$PM2_{-0}$、Shuffle、Shuffle(Shuffle)时，第13号处理器各连至哪一个处理器？

9-10　假定8×8矩阵$\boldsymbol{A}=(a_{ij})$，顺序存放在存储器的64个单元中，用什么样的单级互连网络可实现对该矩阵的转置变换？总共需要传送多少步？

9-11　什么是多核处理器？多核处理器结构的设计主要考虑哪些因素？

9-12　多处理机有哪些基本特点？多处理机着重解决哪些技术问题？

9-13　多处理机和并行处理机在程序并行性上有何区别？

9-14　根据存储器分布和使用情况，多处理机有哪两种不同结构？简单介绍它们的特点。

9-15　什么是SMP？其主要特点是什么？

9-16　解决多处理机多Cache一致性问题有哪些方法？叙述它们的优缺点。

9-17　试比较3种类型的多处理机操作系统。

9-18　什么是大规模并行处理机？其主要特点是什么？

9-19　什么是机群？其主要特点是什么？与MPP相比，有哪些优点？

参考文献

[1] 蒋本珊. 计算机组成原理[M]. 4版. 北京: 清华大学出版社, 2019.

[2] 蒋本珊, 马忠梅, 郑宏, 等. 计算机体系结构简明教程（RISC-V版）[M]. 北京: 清华大学出版社, 2021.

[3] 唐朔飞. 计算机组成原理[M]. 2版. 北京: 高等教育出版社, 2008.

[4] 李学干. 计算机系统的体系结构[M]. 北京: 清华大学出版社, 2006.

[5] PATTERSON D A, HENNESSY J L. 计算机组成和设计——硬件/软件接口[M]. 2版. 郑纬民, 译. 北京: 清华大学出版社, 2003.

[6] STALLINGS W. Computer Organization & Architecture[M]. 北京: 高等教育出版社, 2001.